Programming in C

Fourth Edition

C语言程序设计

（第4版·修订版）

[美] 史蒂芬·G. 寇肯（Stephen G. Kochan） 著

王普聪 译

人民邮电出版社

北京

图书在版编目（CIP）数据

C语言程序设计 ：第4版 ：修订版 / （美）史蒂芬·G.寇肯（Stephen G. Kochan）著 ；王普聪译. -- 北京 ：人民邮电出版社，2025.1
ISBN 978-7-115-63740-6

Ⅰ. ①C… Ⅱ. ①史… ②王… Ⅲ. ①C语言－程序设计 Ⅳ. ①TP312.8

中国国家版本馆CIP数据核字(2024)第035950号

版权声明

◆ 著　　　　［美］史蒂芬·G. 寇肯（Stephen G. Kochan）
　译　　　　王普聪
　责任编辑　龚昕岳
　责任印制　王　郁　焦志炜

◆ 人民邮电出版社出版发行　　北京市丰台区成寿寺路 11 号
　邮编　100164　　电子邮件　315@ptpress.com.cn
　网址　https://www.ptpress.com.cn
　三河市君旺印务有限公司印刷

◆ 开本：787×1092　1/16
　印张：24.5　　　　2025 年 1 月第 1 版
　字数：752 千字　　2025 年 1 月河北第 1 次印刷
　著作权合同登记号　图字：01-2022-6373 号

定价：99.80 元

读者服务热线：(010)81055410　印装质量热线：(010)81055316
反盗版热线：(010)81055315
广告经营许可证：京东市监广登字 20170147 号

内容提要

本书通过程序示例讲解 C 语言的众多概念、函数和编程方法，帮助初学者更好地掌握 C 语言程序设计的内容。

本书从 C 语言的基础概念和编译过程出发，详细讲解 C 语言的变量、数据类型、算术表达式、循环语句、判断语句、数组、函数、结构体、字符串、指针、位运算、预处理器、输入/输出操作等基础知识，以及 goto 语句、联合体、逗号运算符、类型限定符、命令行参数、动态内存分配、程序调试、面向对象程序设计等高级特性。此外，本书提供了大量练习题，帮助读者巩固实践；并通过附录提供 C 语言概要、标准 C 语言库、使用 GCC 编译程序、常见的程序错误、C 语言编译器和集成开发环境等内容。

本书适合想要零基础入门 C 语言程序设计的读者阅读，也适合用作 C 语言课程的教学参考书。

关于作者

史蒂芬·G. 寇肯（Stephen G. Kochan）具有30多年的C语言开发经验。他曾是AT&T贝尔实验室的软件顾问，在那里进行过UNIX和C语言程序的开发和授课。他撰写了多本关于编程和UNIX的经典图书，包括《Objective-C 程序设计（第6版）》和《UNIX/Linux/OS X中的Shell编程（第4版）》等。

特约作者（第4版）

迪安·米勒（Dean Miller）是一名作家和编辑，在出版和特许消费产品业务方面拥有超过20年的经验。他是*Sams Teach Yourself C in One Hour a Day*和*Sams Teach Yourself Beginning Programming in 24 Hours*的合著者。

致谢

我要感谢Douglas McCormick、Jim Scharf、Henry Tabickman、Dick Fritz、Steve Levy、Tony Ianinno和Ken Brown在我编写本书不同版本时给予我的帮助。我还要感谢纽约大学的Henry Mullish，是他教授了我很多关于写作的知识，让我踏上了写书之旅。

我还要感谢Pearson公司的Mark Taber和我的项目编辑Mandie Frank，感谢我的文字编辑Charlotte Kughen和技术编辑Siddhartha Singh。最后，我要感谢Pearson公司所有参与这个项目的其他人员，尽管我没有直接与他们合作。

前言

C 语言是 20 世纪 70 年代早期由 Dennis Ritchie 在 AT&T 贝尔实验室设计的。然而，直到 20 世纪 70 年代末，这种编程语言才开始得到广泛的普及和支持。这是因为在此之前，C 语言编译器还不能在贝尔实验室以外方便地用于商业用途。最初，C 语言的流行在一定程度上受到了 UNIX 操作系统普及的推动，并且 C 语言的流行度不亚于 UNIX 操作系统。UNIX 操作系统也是贝尔实验室开发的，C 语言是它的“标准”编程语言。事实上，超过 90%的操作系统是用 C 语言编写的！

IBM PC 及其相似产品的巨大成功很快使 MS-DOS 成为最受欢迎的 C 语言环境之一。随着 C 语言在不同操作系统中越来越流行，越来越多的供应商加入了这一潮流，开始推销他们自己的 C 语言编译器。在很大程度上，他们使用的 C 语言版本基于由 Brian Kernighan 和 Dennis Ritchie 编写的第一本 C 语言编程图书——《C 程序设计语言》（*The C Programming Language*）中的附录。不幸的是，这个附录没有提供 C 语言的完整和明确的定义，这意味着 C 语言的某些方面只能由供应商自己解释。

在 20 世纪 80 年代早期，人们认为有必要将 C 语言的定义标准化。美国国家标准学会（American National Standards Institute，ANSI）是处理相关事务的组织，所以在 1983 年 ANSI C 语言委员会（称为 X3J11）成立，该委员会负责对 C 语言进行标准化。1989 年，该委员会的工作得到批准；1990 年，该委员会发布了第一个官方的 ANSI C 语言标准。

因为 C 语言在全世界范围内得到广泛使用，国际标准化组织（International Standard Organization，ISO）很快就参与了进来。他们采用了上述标准，并将其命名为 ISO/IEC 9899:1990。从那时起，C 语言标准不断地被修订。2011 年发布的标准被称为 ANSI C11，或 ISO/IEC 9899:2011，本书就是以这一标准为基础编写的。

C 语言是一种“高级编程语言”，但它提供的功能使用户能够“接近”硬件，并在非常底层的水平上与计算机交互。这是因为，尽管 C 语言是一种通用的结构化编程语言，但在最初设计它时考虑到了系统编程应用，因此它为用户提供了丰富的功能和巨大的灵活性。

本书旨在教你如何使用 C 语言编程。阅读本书不需要具备 C 语言基础。如果你以前有编程经验，你会发现 C 语言有一种独特的工作方式，这种方式可能与你使用过的其他语言不同。

本书讨论 C 语言的各种特性。在介绍每个特性时，通常会提供一个简短但完整的程序示例来说明该特性。这反映了本书的重要哲学：通过示例教学。一张图片胜过千言万语，一个恰当的程序示例也是如此。如果你有一台支持 C 语言的计算机，强烈建议你运行本书中的每个程序，并将自己得到的结果与书中给出的结果进行比较。通过这样做，你不仅可以学习 C 语言及其语法，还可以熟悉输入、编译和运行 C 语言程序的过程。

本书从头到尾都在强调程序的可读性。这是因为我坚信，程序应该编写得易于阅读——不管是对于程序的作者还是对于其他人。你会发现这样的程序几乎总是更容易编写、调试和修改。此外，只要正确遵循结构化编程规范，自然就会编写出易读的程序。

因为本书是作为教程编写的，每一章都基于之前的介绍，所以连续阅读本书的每一章将使本书发挥出最大价值。我非常不鼓励你“跳读”。在开始阅读下一章之前，你还应该完成本章结尾给出的练习题（如果有的话）。

第 1 章“一些基础概念”涵盖高级编程语言的一些基础概念，以及编译程序的过程，以确保你能够理解 C 语言。从第 2 章“编译并运行你的第一个程序”开始，我将逐步介绍 C 语言。到第 15 章“C 语言中的输入与输出操作”时，我将介绍完 C 语言的基本特性。第 15 章将深入地介绍 C 语言的 I/O 操作。第 16 章“其他内容及高级特性”将介绍 C 语言中那些更高级或更深奥的特性。

第 17 章“调试程序”将展示如何使用 C 语言预处理器来辅助调试程序。本章还介绍交互式调试，并选择流行的调试器 GDB 来演示这种调试技术。

编程界对于面向对象程序设计（Object-Oriented Programming，OOP）的概念议论纷纷。C 语言不是 OOP 语言。然而，其他一些基于 C 语言开发的编程语言是 OOP 语言。第 18 章“面向对象程序设计”将简要介绍面向对象程序设计和一些术语，以及基于 C 语言的 3 种 OOP 语言，即 Objective-C、C++和 C#。

附录 A“C 语言概要”提供 C 语言的语法概要，供参考使用。

附录 B“标准 C 语言库”提供许多标准库函数的摘要，你可以在所有支持 C 语言的系统中找到这些函数。

附录 C“使用 GCC 编译程序”总结使用基于 GNU 的 C 语言编译器——GCC——编译程序时的许多常用选项。

附录 D“常见的程序错误”总结常见的 C 语言编程错误。

最后，附录 E“参考资源”提供一些资源列表，你可以从中获取更多关于 C 语言的信息并进一步学习。

本书不要求使用任何特定的计算机系统或操作系统来实现 C 语言编程。本书简要介绍如何使用流行的基于 GNU 的 C 语言编译器 GCC 来编译和执行程序。

资源与支持

资源获取

本书提供如下资源：

- 本书习题解答；
- 本书思维导图；
- 程序员面试手册电子书；
- 异步社区 7 天 VIP 会员。

要获得以上资源，您可以扫描下方二维码，根据指引领取。

图书勘误

作者和编辑尽最大努力来确保书中内容的准确性，但难免会存在疏漏。欢迎您将发现的问题反馈给我们，帮助我们提升图书的质量。

当您发现错误时，请登录异步社区（https://www.epubit.com），按书名搜索，进入本书页面，单击“发表勘误”，输入错误信息，然后单击“提交勘误”按钮即可（见下图）。本书的作者和编辑会对您提交的错误信息进行审核，确认并接受后，您将获赠异步社区的 100 积分。积分可用于在异步社区兑换优惠券、样书或奖品。

与我们联系

我们的联系邮箱是 contact@epubit.com.cn。

如果您对本书有任何疑问或建议，请您发邮件给我们，并请在邮件标题中注明本书书名，以便我们更高效地做出反馈。

如果您有兴趣出版图书、录制教学视频，或者参与图书翻译、技术审校等工作，可以发邮件给我们。

如果您所在的学校、培训机构或企业想批量购买本书或异步社区出版的其他图书，也可以发邮件给我们。

如果您在网上发现有针对异步社区出品图书的各种形式的盗版行为，包括对图书全部或部分内容的非授权传播，请您将怀疑有侵权行为的链接发邮件给我们。您的这一举动是对作者权益的保护，也是我们持续为您提供有价值的内容的动力之源。

关于异步社区和异步图书

“异步社区”是由人民邮电出版社创办的 IT 专业图书社区，于 2015 年 8 月上线运营，致力于优质内容的出版和分享，为读者提供高品质的学习内容，为作译者提供专业的出版服务，实现作译者与读者的在线交流互动，以及传统出版与数字出版的融合发展。

“异步图书”是异步社区策划出版的精品 IT 图书的品牌，依托于人民邮电出版社在计算机图书领域 40 余年的发展与积淀。异步图书面向 IT 行业及各行业的 IT 用户。

目录

第1章 一些基础概念

本章描述在学习如何使用 C 语言编程之前必须了解的一些基本概念。本章提供用高级语言编程的基本概况，并讨论用高级语言开发的程序的编译过程。

1.1 程序设计

计算机其实是非常“愚蠢”的机器，因为它们只做被告知要做的事情。大多数计算机系统在非常基础的水平上执行操作。例如，给一个数加 1，或者测试一个数是否等于 0。计算机系统的基本操作构成了所谓的计算机**指令集**（instruction set）。

要用一台计算机解决问题，你必须用特定于这款计算机的指令集来表示问题的解决方案。计算机**程序**（program）就是解决特定问题所需指令的集合。用来解决问题的方法或办法被称为**算法**（algorithm）。例如，如果你想开发一个程序来测试一个数是奇数还是偶数，解决该问题所需指令的集合就是程序，用于测试数是偶数还是奇数的方法或办法就是算法。通常，要开发一个程序来解决一个特定的问题，你首先要用一种算法来表达这个问题的解决方案，然后开发一个实现该算法的程序。因此，求解该奇偶问题的算法可以表述为：首先，将一个数除以 2，如果除法余数为 0，则这个数为偶数；否则，这个数是奇数。有了算法，你就可以编写在特定计算机系统中实现算法所需的指令。这些指令可以用特定的计算机语言（例如 Java、C++、Objective-C 或 C 语言）的语句表示。

1.2 高级语言

在计算机刚被开发出来的时候，唯一能对它们进行编程的方法就是使用二进制数，这些二进制数直接对应于特定的机器指令和计算机内存中的位置。接下来的软件技术进步发生在**汇编语言**（assembly language）的开发上，汇编语言使程序员能够在稍微高级一些的水平上使用机器。汇编语言允许程序员使用符号名称来执行各种操作和引用特定的内存位置，而不用指定二进制数序列来执行特定任务。一个被称为**汇编器**（assembler）的特殊程序会将汇编语言程序从符号格式转换为计算机系统中特定的机器指令。

由于汇编语言的每一条语句和特定的机器指令是一一对应的，因此汇编语言被认为是低级语言。程序员仍然必须了解特定于计算机系统的指令集才能用汇编语言编写程序，而且生成的程序是**不可移植**（not portable）的。也就是说，程序如果不重写，将无法在不同类型的处理器上运行。这是因为不同类型的处理器有不同的指令集，而且汇编语言程序是根据这些指令集编写的，所以它们是依赖于机器的。

之后，出现了所谓的高级语言，其中 FORTRAN（FORmula TRANslation）语言是最早的高级语言之一。用 FORTRAN 开发程序的程序员不再需要关心特定计算机的体系结构，用 FORTRAN 执行的操作也更复杂或更高级，与特定于计算机的指令集相去甚远。不同于汇编语言语句和机器指令之间的一一对应关系，一条 FORTRAN 指令或**语句**（statement）会导致许多不同的机器指令被执行。

高级语言的语法标准化意味着可以用这种语言编写独立于机器的程序。也就是说，一个程序只需要做很少修改甚至不需要做任何修改，就可以在任何支持该语言的机器上运行。

为了支持高级语言，必须开发一个特殊的计算机程序，该程序将高级语言开发的程序语句转换为计算机可以理解的形式，换句话说，转换为特定于计算机的指令集。这样的程序被称为**编译器**（compiler）。

1.3　操作系统

在继续学习编译器之前，有必要了解被称为**操作系统**（operating system）的计算机程序所扮演的角色。

操作系统是一个控制整个计算机系统运行的程序。在计算机系统中执行的所有输入/输出（Input/Output，I/O）操作都是通过操作系统进行的。操作系统还必须管理计算机系统的资源并处理程序的执行。

现在最流行的操作系统之一是 UNIX 操作系统，它是在贝尔实验室开发的。UNIX 是一种相当独特的操作系统，可以在许多不同类型的计算机系统中找到它，而且它有不同的“变体”，如 Linux 或 macOS。历史上，操作系统通常只与一种计算机系统相关。但由于 UNIX 主要是用 C 语言编写的，而且对计算机的体系结构几乎没有任何要求，因此只需做相对较少的工作，UNIX 就可以成功地移植到许多不同的计算机系统中。

另一个流行的操作系统是微软的 Windows。该系统主要运行在 Intel（或 Intel 兼容的）处理器上。

还有一些操作系统是为手机和平板电脑等便携式设备开发的，例如，苹果的 iOS 和谷歌的 Android 是两个非常受欢迎的操作系统。

1.4　编译程序

编译器是一种软件程序，原则上与你将在本书中看到的程序没有什么不同，尽管它肯定要比本书中的程序复杂得多。编译器分析用特定计算机语言开发的程序，然后将其转换为适合在特定计算机系统中执行的形式。

图 1.1 展示了用 C 语言开发的计算机程序从编辑、编译到执行所涉及的步骤，以及从命令行输入的典型 UNIX 命令。

要编译的程序首先被输入到计算机系统的一个**文件**（file）中。计算机设备有各种用于命名文件的约定，但一般来说，名称的选择由你决定。C 语言程序通常可以被命名为任何名称，只要最后两个字符是“.c”即可（与其说这是一个要求，不如说这是一种约定）。因此，prog1.c 这个名称可能是你的计算机系统中 C 语言程序的有效文件名。

文本编辑器通常用于将 C 语言程序输入到文件中。例如，Vim 是 UNIX 系统中常用的文本编辑器。输入到文件中的程序被称为**源程序**（source program），因为它代表了用 C 语言表示的程序的原始形式。在将源程序输入到文件中之后，就可以继续编译它了。

编译过程是通过在系统中输入一个特殊的命令来启动的。输入此命令时，还必须指定包含源程序的文件的名称。例如，在 UNIX 系统中，启动程序编译的命令为 cc；如果你使用的是基于 GNU 的 C 语言编译器，你使用的命令就是 gcc。执行下面的命令会启动对 prog1.c 中源程序的编译。

```
gcc prog1.c
```

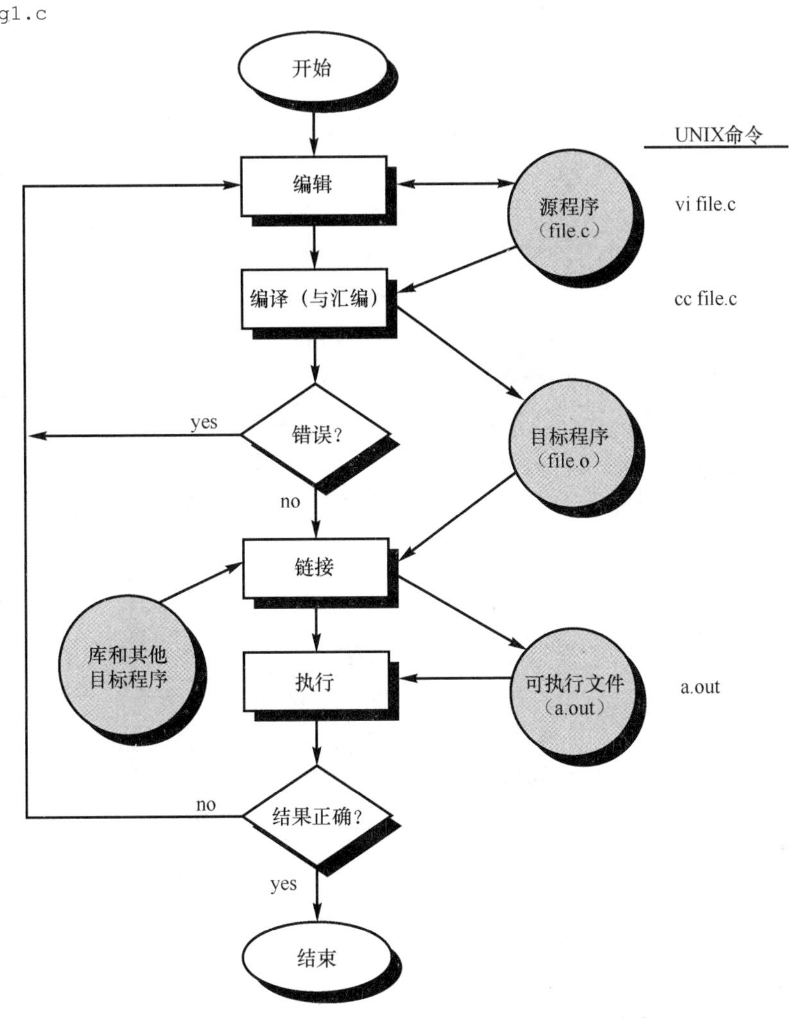

图 1.1　从编辑、编译到执行的步骤及典型 UNIX 命令

在编译过程的第一步，编译器检查包含在源程序中的每条程序语句，以确保它符合对应语言的语法和语义[1]。在这一阶段编译器如果发现了任何错误，会将错误报告给用户，并直接停止编译过程。这些错误必须在源程序中更正（使用编辑器），并且重新启动编译过程。编译阶段报告的典型错误可能是表达式中有不匹配的括号（语法错误），或使用了一个没有“定义”的变量（语义错误）。

当所有的语法错误和语义错误都从程序中“消灭”后，编译器继续处理程序中的每条语句，并将这些语句翻译成一种“更低级”的形式。在大多数系统中，这意味着每条语句都被编译器翻译成执行相同任务所需的等价汇编语言语句。

在将语句翻译成等价的汇编语言语句之后，编译过程的下一步是将汇编语言语句翻译成实际的机器指令。这个步骤可能会也可能不会涉及被称为**汇编器**的程序的执行。在大多数系

1　从技术上讲，C 语言编译器通常会先通过程序来寻找特殊语句，这一过程为预处理阶段。这个预处理阶段在第 12 章“预处理器”中有详细描述。

统中，汇编器作为编译过程的一部分自动执行。

汇编器获取每条汇编语言语句，将其转换为称为**目标代码**（object code）的二进制格式，然后将其写入系统中的另一个文件。该文件通常与 UNIX 系统中的源文件具有相同的名称，只是将最后一个字母“c”替换成“o”（表示 object，目标）。在 Windows 系统中，通常会将文件名结尾的“c”替换成字母“obj”。

在将程序转换为目标代码之后，就可以进行**链接**（link）了。每当在 UNIX 系统中执行 cc 或 gcc 命令时，链接过程都会自动地再执行一次。链接阶段的目的是将程序转换为最终形式，以便在计算机上执行。如果这个程序使用了编译器以前处理过的其他程序，那么在这个阶段，这些程序将被链接在一起。在这个阶段，目标程序所使用的系统程序**库**（library）中的程序也会被搜索并与目标程序链接在一起。

编译和链接程序的整个过程通常称为**构建**（building）。

最后，链接的文件以一种**可执行目标**（executable object）代码格式，存储在系统的另一个文件中，随时可以运行或执行。在 UNIX 系统中，默认将这个文件命名为 a.out。在 Windows 系统中，可执行文件通常与源文件同名，只是将扩展名.c 替换为.exe。

随后要执行该程序，只需输入可执行文件的名称即可。下面的命令会将名为 a.out 的程序加载到计算机内存并执行该程序。

```
a.out
```

程序执行时，程序中的每条语句依次执行。如果程序向用户请求任何数据［这个过程称为**输入**（input）］，程序就会临时暂停执行，以便用户可以输入内容。或者，程序可能只是等待一个**事件**（event），例如发生单击事件。程序显示的结果，称为**输出**（output），出现在一个窗口中，该窗口有时也被称为**控制台**（console）。或者，输出也可能直接写入系统中的一个文件。

如果一切顺利（可能不是程序第一次执行），程序就会执行预期的功能。如果程序没有产生预期的结果，则有必要返回并重新分析程序的逻辑。这就是所谓的**调试阶段**（debugging phase），在此阶段，应尝试从程序中删除所有已知的问题或 bug。要做到这一点，很可能需要对源程序进行更改。在这种情况下，编译、链接和执行程序的整个过程必须重复进行，直到获得期望的结果。

1.5 集成开发环境

1.4 节概述了开发 C 语言程序所涉及的各个步骤，给出了每一步需要执行的典型命令。编辑、编译、运行和调试程序的过程通常由一个被称为集成开发环境（Integrated Development Environment，IDE）的单一集成应用程序管理。IDE 是一个基于图形窗口的程序，它允许你轻松地管理大型软件程序，编辑图形窗口中的文件，并编译、链接、运行和调试你的程序。

在 macOS 中，Xcode 是苹果公司支持的 IDE，许多程序员都在使用。在 Windows 中，Microsoft Visual Studio 是一个流行的 IDE。IDE 极大地简化了程序开发中涉及的整个过程，值得你花时间学习如何使用它们。大多数 IDE 还支持除 C 语言之外的几种不同编程语言（如 Objective-C、Java、C#和 C++）的程序开发。

有关 IDE 的更多信息，请参阅附录 E.2“参考资源”。

1.6 语言解释器

请注意，还有另一种方法可以用来分析和执行高级语言开发的程序，即语言解释器。使用这种方法，程序不会被编译，而会被**解释**（interpret）。解释器一边分析一边执行程序中的语句。这种方法通常可以使程序更容易调试。然而，解释型语言的运行速度通常比编译型语言的运行速度慢，因为程序语句在执行之前没有被转换成低级形式。

使用 BASIC 和 JavaScript 这两种编程语言编写的程序通常会被解释而不会被编译。其他的例子还有 UNIX 系统的 Shell 和 Python。一些供应商还提供 C 语言的解释器。

第2章

编译并运行你的第一个程序

在本章中，我将向你介绍C语言，让你了解C语言编程的基本内容。要了解C语言，还有什么方法是比直接阅读用C语言编写的程序更好的呢？

本章很短，但你会惊讶地发现这简短的一章中覆盖了很多C语言的内容。本章包括以下内容：

- 编写你的第一个程序；
- 修改你的程序以改变其输出；
- 理解main()函数；
- 使用printf()函数输出信息；
- 添加注释以提高程序的可读性。

首先，你将看到一个相当简单的示例——在你的窗口显示“Programming is fun.”。程序2.1展示了一个能够完成这项任务的C语言程序。

程序 2.1　编写你的第一个 C 语言程序

```
#include <stdio.h>

int main (void)
{
    printf ("Programming is fun.\n");

    return 0;
}
```

在C语言中，小写字母和大写字母是不同的。此外，在C语言中，从一行中的哪个位置开始输入是无关紧要的，也就是说你可以从该行的任何位置开始输入语句。利用这一点，你可以开发出更易于阅读的程序。制表符（Tab键）经常被程序员用作一种方便的缩进方式。

2.1　编译你的程序

回到你的第一个C语言程序，首先，你需要将它输入到一个文件中。你可以使用任何文本编辑器来完成这一任务。UNIX用户通常使用Vi或Emacs等编辑器。

C语言编译器能够将以字符“.c”结尾的文件名识别为C语言程序。假设你将程序2.1输入到一个名为prog1.c的文件中。接下来，你需要编译这个程序。

使用基于GNU的C语言编译器，只需简单地在终端中输入gcc命令和上述文件名，如下所示，并按Enter键：

```
$ gcc prog1.c
$
```

如果你使用的是标准的 UNIX C 编译器，则使用的命令是 cc 而不是 gcc。在这里，输入的文本以粗体显示。如果从命令行编译 C 语言程序，则美元符号是命令提示符。在你的终端中实际的命令提示符可能不是美元符号。

如果程序中有任何输入错误，在执行 gcc 命令后编译器会列出这些错误，通常编译器会指出程序中这些错误所在的行号。如果执行 gcc 命令后出现了一个命令提示符（如上例所示的美元符号），则表示程序中没有发现错误。

当编译器编译并链接你的程序时，它会创建一个可执行文件。当使用 GNU 或标准 C 语言编译器时，可执行文件被默认命名为 a.out；而在 Windows 中，它通常被命名为 a.exe。

2.2 运行你的程序

现在你可以通过在命令行中输入可执行文件的名称来运行它[1]：

```
$ a.out
Programming is fun.
$
```

你也可以在程序编译时为可执行文件指定一个不同的名称。这可以通过使用-o（字母 o）选项，并在后面添加可执行文件的名称来实现。例如：

```
$ gcc prog1.c -o prog1
```

上面的命令行会编译 prog1.c 程序，并将可执行文件输入到文件 prog1 中，随后只需指定其名称即可运行它：

```
$ prog1
Programming is fun.
$
```

2.3 理解你的第一个程序

下面来更深入地学习你的第一个程序。程序的第一行为：

```
#include <stdio.h>
```

这条语句应该写在每个程序的起始行，它告诉编译器有关稍后在程序中使用的输出函数 printf()的信息。第 12 章“预处理器”会详细讨论这一行的作用。

程序中还有一行代码：

```
int main (void)
```

这行代码告诉系统，程序的名称是 main，它返回一个整数（由“int”表示）。main 是一个特殊的名称，它明确指出了程序从哪里开始执行。紧跟在 main 后面的左括号和右括号指明 main()是一个**函数**（function）。用圆括号进行标识的关键字 void 表示函数 main()没有参数。第 7 章会非常详细地解释函数相关的概念。

---

1 如果你收到错误提示“a.out: No such file or directory”，则可能意味着当前目录不在你的 PATH 中。你可以将其添加到 PATH 或在命令提示符处输入内容“./a.out”。

注意　为何不内置输入和输出

如果你使用的是 IDE，你可能会发现 IDE 为你生成了一个 main()函数模板。例如，你可能会发现你的 main()函数的第一行是下面的语句：

```
int main (int argc , char *argv [])
```

这不会影响程序的运行，所以现在请先忽略这些差异。

既然现在系统已经确定了 main()，那么就可以进一步说明这个函数要执行的操作了。这样的说明是通过将函数的所有程序语句放在一对花括号内来实现的。包含在花括号内的所有程序语句都被系统视为 main()函数的一部分。在程序 2.1 中，只有两条这样的语句。第一条语句明确说明要**调用**（call）一个名为 printf 的函数。传递给 printf()函数的参数是下面所示的字符串。

```
"Programming is fun.\n"
```

printf()函数是标准 C 语言库中的一个函数，它用于在屏幕上输出或显示它的参数（可以有多个参数，稍后你将看到）。字符串中的最后两个字符，即反斜线（\）和字母 n，合在一起构成**换行**（newline）符。换行符，顾名思义，就是告诉系统进行换行。在换行符之后的所有字符都会出现在屏幕的下一行。实际上，换行符在概念上类似于键盘上的 Enter 键。

C 语言中的所有程序语句都必须以英文分号（;）结束。这就是为什么 printf()调用的右括号后面紧跟着分号的原因。

```
return 0;
```

上面的语句是 main()函数中的最后一条语句，它表示已经完成 main()的执行，并将状态值 0 返回给系统。这里可以使用任何整数。按照惯例，0 表示程序成功地完成，即没有遇到任何错误。可以使用不同的数字来表示发生的不同类型的错误（例如找不到文件）。其他程序（例如 UNIX Shell）可以测试这个退出状态，从而判断程序是否成功运行。

现在你已经完成了对第一个程序的分析，你可以修改它以显示“And programming in C is even more fun.”。这可以通过添加一条对 printf()函数的调用来实现，如程序 2.2 所示。记住，每条 C 语言程序语句都必须以英文分号结束。

程序 2.2

```
#include <stdio.h>

int main (void)
{
    printf ("Programming is fun.\n");
    printf ("And programming in C is even more fun.\n");

    return 0;
}
```

如果输入程序 2.2，然后编译并执行它，你可以在程序的输出窗口（也称为控制台或终端）中看到以下输出。

程序 2.2　输出

```
Programming is fun.
And programming in C is even more fun.
```

从下一个程序示例中可以看到，没有必要对每一行输出分别调用 printf()函数。请研究程序 2.3 中列出的程序，并尝试在检查输出之前预测结果。（现在可别作弊！）

程序 2.3　显示多行输出

```
#include <stdio.h>

int main (void)
{
    printf ("Testing...\n..1\n...2\n....3\n");

    return 0;
}
```

程序 2.3　输出

```
Testing...
..1
...2
....3
```

2.4　显示变量的值

printf()是本书中最常用的函数之一。这是因为它提供了一种简便的方法来显示程序结果。使用该函数不仅可以显示简单的短语，而且可以显示**变量**（variable）的值和计算结果。实际上，程序 2.4 使用 printf()函数来显示两个数（50 和 25）相加的结果。

程序 2.4　显示变量

```
#include <stdio.h>

int main (void)
{
    int sum;

    sum = 50 + 25;
    printf ("The sum of 50 and 25 is %i\n", sum);

    return 0;
}
```

程序 2.4　输出

```
The sum of 50 and 25 is 75
```

在程序 2.4 中，main()函数内第一条 C 语言程序语句将变量 sum **声明**（declare）为**整数**（integer）类型。C 语言要求所有的程序变量必须在声明之后才能在程序中使用。变量的声明告诉 C 编译器，程序将如何使用一个特定的变量。编译器需要这些信息来生成正确的指令，以便在变量中存取值。声明为 int 型的变量只能用于保存整数值，即没有小数点的值。整数值的例子有 3、5、−20 和 0。包含小数位的值被称为**浮点**（floating-point）数，例如，3.14、2.455 和 27.0 都是浮点数。

int 型变量 sum 用于存储两个整数 50 和 25 相加的结果。在这个变量的声明后面故意留下了一个空行，以便从视觉上将函数的变量声明与程序语句分开，这完全是一个风格问题。有时，在程序中添加空行有助于提高程序的可读性。

声明变量 sum 之后的语句如下：

```
sum = 50 + 25;
```

上面的这条程序语句表示的含义和它在其他大多数编程语言中表示的含义一样，即将数字 50 与数字 25 相加（通过加号表示），并将结果通过**赋值运算符**（assignment operator），即等号（=），存储在变量 sum 中。

现在在调用程序 2.4 中的 printf()函数时，在括号中增加了两个条目，或称为**参数**（argument），这些参数用逗号分隔。printf()函数的第一个参数是要显示的字符串。不过，除了要显示的字符串，你可能还经常希望显示某些程序变量的值。在这个例子中，你希望将变量 sum 的值显示在字符“The sum of 50 and 25 is”之后。

对于程序 2.4 中的 printf()函数，第一个参数中的百分号（%）字符是 printf()函数可以识别的特殊字符。紧跟在百分号后面的字符指定了在这个位置显示什么**类型**（type）的值。在程序 2.4 中，printf()函数认为字母 i 表示要显示一个整数值[1]。

printf()函数只要在字符串中找到%i 字符，就自动显示下一个参数的值。因为 sum 是 printf()的下一个参数，所以它的值会自动显示在字符串"The sum of 50 and 25 is"之后。

现在试着预测程序 2.5 的输出。

程序 2.5　显示多个值

```
#include <stdio.h>

int main (void)
{
    int value1, value2, sum;

    value1 = 50;
    value2 = 25;
    sum = value1 + value2;
    printf ("The sum of %i and %i is %i\n", value1, value2, sum);

    return 0;
}
```

程序 2.5　输出

```
The sum of 50 and 25 is 75
```

main()函数内第一条程序语句将 3 个变量 value1、value2 和 sum 声明为 int 型。这条语句也可以表示为 3 条独立的声明语句，效果是等价的，这 3 条语句如下所示：

```
int value1;
int value2;
int sum;
```

声明这 3 个变量后，程序将值 50 赋给变量 value1，将值 25 赋给变量 value2。然后计算

1 请注意，printf()还允许指定%d 字符以显示整数值。本书在后续章节中始终使用%i。

这两个变量的和，并将结果赋值给变量 sum。

现在，对 printf()函数的调用包含 4 个参数。第一个参数通常称为**格式字符串**（format string），它向系统描述如何显示其余参数。value1 的值在“The sum of”字符之后显示。类似的，value2 和 sum 的值也会在适当的位置显示出来，这些位置由格式字符串中随后出现的两个字符%i 指明。

2.5 注释

本章的最后一个程序（程序 2.6）介绍注释的概念。在程序中用注释语句来进行注解，以提高程序的可读性。正如你将从下面的示例中看到的，注释的作用是告诉程序的读者（程序员或负责维护程序的其他人），当程序员在编写某一特定程序或特定语句序列时他是如何想的。

程序 2.6 在程序中使用注释

```
/* 此程序将两个整数值相加，并输出结果 */

#include <stdio.h>

int main (void)
{
    // 声明变量
    int value1, value2, sum;

    // 将值分配给变量，并计算它们的和
    value1 = 50;
    value2 = 25;
    sum = value1 + value2;

    // 输出结果
    printf ("The sum of %i and %i is %i\n", value1, value2, sum);

    return 0;
}
```

程序 2.6 输出

```
The sum of 50 and 25 is 75
```

在 C 语言程序中可以使用两种方式来添加注释。第一种向程序中添加注释的方式是由字符/和*发起注释。这两个字符标志着注释的开始。这种类型的注释必须明确结束的位置。要结束这种注释，需要在注释的结尾使用字符*和/，且不能在*和/之间嵌入任何空格。包含在开始的/*和结束的*/之间的所有字符都被视为注释语句的一部分，C 语言编译器会忽略这些字符。当注释在程序中跨越多行时，通常使用这种方式的注释。第二种向程序中添加注释的方式是使用两个连续的斜线字符（//）。从这两个斜线字符到它们所在行结尾的所有字符都会被编译器忽略。

在程序 2.6 中，使用了 4 条单独的注释语句。这个程序中注释语句之外的其他内容与程序 2.5 相同。当然，这是一个人为设计的例子，因为只有程序开头的第一条注释语句是有用的。（确实，在程序中插入如此多的注释可能会导致程序的可读性下降，而不是提高！）

在程序中恰当地使用注释语句非常重要。很多时候，一个程序员回看他 6 个月前编写的程序，却沮丧地发现，他可能一辈子都记不起某个特定函数或一组特定语句的编写目的。在程序的特定位置插入一条简单的注释语句，也许会节省大量时间，而不必浪费时间去思考函数或语句集的逻辑。

养成在编写或输入程序时插入注释语句的习惯，是一个很不错的主意。这里有很多理由。首先，在你对特定程序逻辑记忆清晰的时候为程序添加注释，要比在程序完成后回头重新思考逻辑来添加注释容易得多。其次，在开发的早期阶段向程序中插入注释，在调试阶段当程序的逻辑错误被隔离和调试时，你可以从这些注释中受益。此时，注释不仅可以帮助你通读程序，还可以帮助你指出逻辑错误的来源。最后，我还没有发现任何一个程序员是真正喜欢为程序添加注释的。事实上，在调试完程序后，你可能不会喜欢回到程序中插入注释。但在开发程序时插入注释，可以让这个有时很乏味的任务变得更容易忍受一些。

本章介绍了如何用 C 语言编写程序。到目前为止，你应该对用 C 语言编写程序所涉及的内容有了初步的了解，并且应该能够自己开发一个小程序。在第 3 章中，你将开始学习这门强大而灵活的编程语言的一些更为细致复杂的内容。但首先，请动手尝试做以下练习题，以确保你已经理解了本章提出的概念。

2.6　练习题

1. 输入并运行本章给出的程序。将每个程序产生的输出与本书中每个程序之后给出的输出进行比较。
2. 编写一个程序，输出以下文本。

   （1）In C, lowercase letters are significant.

   （2）main() is where program execution begins.

   （3）Opening and closing braces enclose program statements in a routine.

   （4）All program statements must be terminated by a semicolon.
3. 下面的程序会产生什么输出？

```
#include <stdio.h>

int main (void)
{
    printf ("Testing...");
    printf ("....1");
    printf ("...2");
    printf ("..3");
    printf ("\n");

    return 0;
}
```

4. 编写一个程序，计算 87 减去 15 的值，并在终端输出结果和一条适当的消息。
5. 找出以下程序中的语法错误，然后输入并运行修正的程序，以确保你准确地找出了所有错误。

```
#include <stdio.h>

int main (Void)
(
```

```
        INT sum;
        /* 计算结果 */
        sum = 25 + 37 - 19
        /* 输出结果 */
        printf ("The answer is %i\n" sum);
        return 0;
}
```

6. 你希望从下面的程序得到什么输出？

```
#include <stdio.h>

int main (void)
{
        int answer, result;

        answer = 100;
        result = answer - 10;
        printf ("The result is %i\n", result + 5);

        return 0;
}
```

第3章 变量、数据类型和算术表达式

你所创建的程序的真正功能在于它们对数据的操作。为了真正利用这种功能，你需要更好地理解可以使用的各种数据类型，以及如何创建和命名变量。C 语言有丰富的数学运算符，你可以使用它们来操作数据。在本章中，你将学习：

- int、float、double、char 和_Bool 数据类型；
- 使用 short、long 和 long long 修改数据类型；
- 变量命名规则；
- 基本数学运算符和算术表达式；
- 类型转换。

3.1 理解数据类型和常量

你已经接触过 C 语言的基本数据类型 int。你应该还记得，声明为 int 型的变量只能用于存储整数值，即没有小数点的值。

C 语言还提供了另外 4 种基本数据类型：float、double、char 和_Bool。声明为 float 型的变量可用于存储浮点数（包含小数位的值）。double 型与 float 型相似，只是精度大约是 float 型的两倍。char 型可以用来存储单个字符，比如字母'a'、数字'6'或分号';'。（在 3.1.4 节中会进行详细介绍。）_Bool 型仅可用于存储值 0 或 1，这种类型的变量用于表示开/关、是/否或真/假的情况，这种非此即彼的选择也称为二元选择。

在 C 语言中，任何数字、单个字符或字符串都被称为**常量**（constant）。例如，数字 58 表示一个整数常量。字符串"Programming in C is fun.\n"是字符串常量的一个例子。完全由常量值组成的表达式称为**常量表达式**（constant expression）。下面的表达式就是一个常量表达式，因为表达式中的每一项都是一个常量值。

```
128 + 7 - 17
```

另外，如果在下面的表达式中，变量 i 被声明为一个 int 型变量，则这个表达式就不是常量表达式了。因为这个表达式的值会根据 i 的取值而变化。

```
128 + 7 - i
```

如果 i 的值为 10，表达式的值等于 125；如果 i 的值为 200，表达式的值就变成了−65。

3.1.1 整数类型 int

在 C 语言中，int 型常量是由一个或多个数字组成的序列。序列前面的减号表示该 int 型常量的值是负数。158、−10 和 0 都是有效的 int 型常量。组成序列的数字之间不能有空格，大于 999 的值不能用千分撇表示（因此，12,000 不是一个有效的 int 型常量，必须写成 12000。）

C 语言中的两种特殊格式允许 int 型常量以非十进制格式表示。如果整数的第一位是 0，则表示使用**八进制**（octal）数表示，即以 8 为基数。在这种情况下，值的剩余数字必须是有效的八进制数字，即必须是 0～7。因此，要在 C 语言中表示八进制数 50，即十进制数 40，就使用八进制表示法 050。类似的，八进制常量 0177 表示十进制数 127（1 × 64 + 7 × 8 + 7）。通过在 printf()语句的格式字符串中使用格式字符%o，可以在终端以八进制表示法显示整数值。在这种情况下，该数值显示为不带前导 0 的八进制形式。使用格式字符%#o 会在八进制数之前显示前导 0。

如果 int 型常量前面有一个 0 和字母 x（大写或小写皆可），则该值被认为是以十六进制（以 16 为基数）格式表示的。紧跟在字母 x 之后的是十六进制数，它可以由数字 0～9 和字母 a～f（或 A～F）组成，这些字母分别表示值 10～15。因此可以使用下面的语句将十六进制数 FFEF0D 赋值给一个名为 rgbColor 的 int 型变量。

```
rgbColor = 0xFFEF0D;
```

此外，可以使用格式字符%x 显示一个不带前导 0x 的十六进制数，并使用小写字母 a～f 表示十六进制数字。如果要显示以 0x 开头的值，可以使用格式字符%#x，如下所示。

```
printf ("Color is %#x\n", rgbColor);
```

要用大写字母显示前导 x 和随后的十六进制数位，可以使用包含大写的 X 的格式字符，如%X 或%#X。

存储空间大小和取值范围

每个值，无论是 char 型、int 型还是 float 型的值，都有一个与其相关的取值**范围**。为了存储某一特定数据类型，需要为其分配一定大小的存储空间。一般来说，这个大小在语言中没有定义，它通常依赖于运行的计算机，因此称为**实现相关的**（implementation-dependent）或**机器相关的**（machine-dependent）。例如，在计算机上，一个整数可能占用 32 位的存储空间，也可能占用 64 位的存储空间。永远不要编写对数据类型大小有任何假设的程序。但是，可以编写保证会为每种基本数据类型预留最少的存储空间的程序，例如，保证一个整数值将被存储在最少 32 位的存储空间中，这是许多计算机上一个“字”（word）的大小。

3.1.2 浮点数类型 float

一个声明为 float 型的变量可用于存储包含小数位的值。可以通过是否有小数点来判断某个数是否为 float 型常量。你可以省略小数点前的数字或小数点后的数字，但显然不能同时省略两者。数值 3.、125.8、-.0001 都是有效的 float 型常量。要在终端显示浮点数，需要使用 printf()转换字符%f。

float 型常量也可以用**科学记数法**（scientific notation）表示。数值 1.7e4 就是用这种表示法表示的浮点数，它表示 1.7×10^4。字母 e 前面的值称为**尾数**（mantissa），后面的值称为**指数**（exponent）。指数表示 10 的幂，且该指数前面可以有一个可选的加号或减号，尾数将与这个幂值相乘。因此，在常量 2.25e-3 中，2.25 是尾数的值，-3 是指数的值。该常量表示值 2.25×10^{-3}，即 0.00225。顺便说一下，用于将尾数和指数分开的字母 e，既可以是小写的也可以是大写的。

要用科学记数法显示值，应该在 printf()的格式字符串中指定格式字符%e。printf()格式字符%g 可用于让 printf()决定以普通浮点记数法还是科学记数法显示浮点数。这个判断基于指数的值：如果指数小于-4 或大于 5，则使用%e 格式字符；否则，使用%f 格式字符。

使用%g 格式字符显示浮点数，输出的结果最美观。

一个**十六进制**（hexadecimal）浮点型常量包含一个前导 0x 或 0X，随后是一个或多个十进制或十六进制数字，然后是一个 p 或 P，最后是一个可选的有符号的二进制指数。例如，0x0.3p10 表示值 $3/16\times2^{10}$=192.0。

3.1.3　扩展精度类型 double

double 型与 float 型非常相似，当 float 型变量提供的范围不够用时，可以使用 double 型变量。声明为 double 型的变量所能存储的有效位数大约是声明为 float 型的变量所能存储的两倍。大多数计算机使用 64 位来表示 double 型值。

除非另有说明，否则所有 float 型常量都被 C 语言编译器视为 double 型值。若要显式表示一个 float 型常量，可以在数字后面追加 f 或 F，如下所示：

```
12.5f
```

要显示 double 型值，可以使用格式字符%f、%e 或%g，它们的作用与用于显示 float 型值的格式字符的相同。

3.1.4　单字符类型 char

一个 char 型变量可用于存储单个字符[1]。一个 char 型常量用一对单引号进行标识。'a'、';'和'0'都是有效的 char 型常量例子。第一个常量表示字母 a，第二个常量表示分号，第三个常量表示字符 0（它与数字 0 不同）。不要将 char 型常量（用单引号进行标识的单个字符）和字符串（用双引号进行标识的任意数量的字符）混淆。

'\n'（换行符）是一个有效的 char 型常量，尽管它似乎与前面提及的规则相矛盾。这是因为反斜线字符在 C 语言系统中是一个特殊字符，实际上并不算字符。换句话说，C 语言编译器将'\n'视为单个字符，尽管它实际上是由两个字符组成的。还有其他的特殊字符以反斜线字符开头（请参阅附录 A.3.3）。

要在终端上显示 char 型变量的值，可以在 printf()调用中使用格式字符%c。

3.1.5　布尔数据类型_Bool

在 C 语言中，_Bool 型变量被定义得足够大，只存储值 0 和 1，但对它使用的精确内存数量未作明确规定。_Bool 型变量用于需要表示布尔条件的程序中，例如，可以使用这种类型的变量表示是否已经从文件中读取了所有数据。

按照惯例，0 用来表示假值，1 用来表示真值。当给_Bool 型变量赋值时，0 的值在变量内部被存储为 0，而任何非 0 的值在变量内部都被存储为 1。

为了能够在程序中更容易地使用_Bool 型变量，在标准头文件<stdbool.h>中定义了值 bool、true 和 false。第 5 章的程序 5.10A 给出了一个例子。

在程序 3.1 中，使用了基本的 C 语言数据类型。

程序 3.1　使用基本的 C 语言数据类型

```
#include <stdio.h>

int main (void)
```

1　附录 A 提供从扩展字符集存储字符的方法，包括特殊的转义序列、通用字符和宽字符。

```
{
    int       integerVar = 100;
    float     floatingVar = 331.79;
    double    doubleVar = 8.44e+11;
    char      charVar = 'W';

    _Bool     boolVar = 0;

    printf ("integerVar = %i\n", integerVar);
    printf ("floatingVar = %f\n", floatingVar);
    printf ("doubleVar = %e\n", doubleVar);
    printf ("doubleVar = %g\n", doubleVar);
    printf ("charVar = %c\n", charVar);

    printf ("boolVar = %i\n", boolVar);

    return 0;
}
```

程序 3.1 输出

```
integerVar = 100
floatingVar = 331.790009
doubleVar = 8.440000e+11
doubleVar = 8.44e+11
charVar = W
boolVar = 0;
```

程序 3.1 main()函数内的第一条语句将变量 integerVar 声明为 int 型变量，并将初始值 100 赋给它，就好像使用了以下两条语句：

```
int  integerVar;
integerVar = 100;
```

注意，在程序输出的第二行中，赋给 floatingVar 的值 331.79 实际上显示为 331.790009。事实上，显示的实际值取决于所使用的特定计算机系统。这种不精确性是由计算机内部对数字的特定表示方式造成的。在处理袖珍计算器上的数字时，你可能遇到过同样的错误。如果在计算器上用 1 除以 3，得到的结果是 0.33333333，3 的个数也许会更多一些。这个包含多个 3 的字符串是计算器对三分之一的近似表示。理论上，应该有无穷个 3，但是计算器只能容纳这么多位数字，从而造成了计算器固有的不精确性。同样的不精确性也适用于这里：某些浮点数不能在计算机内存中精确表示。

在显示 float 或 double 型变量的值时，可以选择 3 种不同的格式。%f 字符用于以标准方式显示值。除非另有说明，否则 printf()总是将 float 或 double 型变量的值显示为 6 位小数，之后的部分将采用四舍五入法处理。你将在本章后面看到如何选择要显示的小数点位数。

%e 字符以科学记数法显示 float 或 double 型变量的值。同样，系统会自动显示 6 位小数。

对于%g 字符，printf()在%f 和%e 之间进行选择，并自动从显示的值中删除尾部的所有 0。如果小数点后面没有数字，它也不会显示小数点。

在倒数第二条 printf()语句中，%c 字符用于显示单个字符'W'，这个字符在声明 charVar 时赋给了该变量。请记住，虽然字符串（例如 printf()的第一个参数）是用双引号进行标识的，但 char 型常量必须用单引号进行标识。

最后一个 printf()表明，可以使用整数格式字符%i 来显示_Bool 型变量的值。

3.1.6 类型说明符：long、long long、short、unsigned 和 signed

如果将 long 说明符直接放在 int 声明的前面，则声明的 int 型变量将在某些计算机系统中具有扩展的范围。下面是一个使用 long int 声明的例子：

```
long int factorial;
```

上面的语句将变量 factorial 声明为一个 long int 型变量。与 float 型变量和 double 型变量一样，long int 型变量的精度取决于特定的计算机系统。在许多系统中，int 和 long int 具有相同的取值范围，二者都可用于存储 32 位宽的整数值（$2^{31}-1$，即 2147483647 以内的整数值）。

可以通过在 int 型常量的末尾追加字母 L（大写或小写皆可），构造一个 long int 型的常量值。数字和 L 之间不允许有空格。因此，下面的语句将 numberOfPoints 声明为一个 long int 型的变量，并为其赋初始值 131071100。

```
long int numberOfPoints = 131071100L;
```

要使用 printf()显示 long int 型变量的值，可以在整数格式字符中的 i、o 和 x 之前添加字母 l 作为修饰符。这意味着格式字符%li 可以显示十进制格式的 long int 型变量的值，字符%lo 可以显示八进制格式的 long int 型变量的值，字符%lx 可以显示十六进制格式的 long int 型变量的值。

此外，还有一种 long long int 数据类型：

```
long long int maxAllowedStorage;
```

上面的语句将所示变量的精度声明为指定的扩展精度，保证至少 64 位宽。为了显示 long long int 型数，需要在 printf()的格式字符串中使用了两个 l，而不是单个字母 l，如"%lli"。

long 说明符也允许出现在 double 声明前，如下所示：

```
long double US_deficit_2004;
```

在 long double 型常量后面添加字母 l 或 L 将该常量定义为一个 float 型常量，如下所示：

```
1.234e+7L
```

要显示一个 long double 型变量的值，可以使用 L 修饰符。%Lf 在浮点记数法中显示 long double 型变量的值，%Le 在科学记数法中显示相同的值，而%Lg 告诉 printf()在%Lf 和%Le 之间进行选择。

当 short 说明符在 int 声明的前面时，表示 C 语言编译器正在声明的特定变量用于存储相当小的整数值。使用 short 变量主要是为了节省存储空间。在程序需要大量存储空间且可用空间有限的情况下，使用 short 变量是一种解决方案。

在某些机器上，一个 short int 型变量所占的存储空间只有常规 int 型变量所占的一半。在任何情况下，都可以保证为 short int 型变量分配的存储空间不少于 16 位。

在 C 语言中，无法明确地编写一个 short int 型常量。要显示 short int 型变量，需要将字母 h 放在任何整数格式字符中的 i、o 或 x 之前。或者，你也可以使用任何整数格式字符来显示 short int 型变量，这是因为在将它们作为参数传递给 printf()函数时，它们可以被转换为整数。

当一个 int 型变量仅用于存储正数时，可以将 unsigned 说明符放在 int 型变量前面，如下所示：

```
unsigned int counter;
```

上述代码向编译器声明 counter 变量仅用于存储正数。通过将 int 型变量的使用限制为仅存储正整数，可以扩展 int 型变量的精度。

在常量后面添加 u（或者 U）可以构造一个 unsigned int 型常量，如下所示：

```
0x00ffU
```

在写 int 型常量时，你可以把字母 u（或 U）和 l（或 L）组合起来，如下所示：

```
20000UL
```

这样做的目的是告诉编译器将常量 20000 视为 unsigned long 型变量。

如果一个 int 型常量后面没有字母 u、U、l 或 L，而且它因太大而无法存入普通大小的 int 型变量中，编译器会将其视为 unsigned int 型变量。如果它因太大而无法存入 unsigned int 型变量，编译器会将其视为 long int 型变量。如果它仍然无法装入 long int 型变量，编译器会将其转换为 unsigned long int 型变量。如果还不适合，编译器将其视为 long long int 型变量，否则视为 unsigned long long int 型变量。

当将变量声明为 long long int、long int、short int 或 unsigned int 型时，可以省略关键字 int。因此，unsigned 型变量 counter 可以等价地声明为：

```
unsigned counter;
```

你也可以将 char 型变量声明为 unsigned。

可以使用 signed 说明符明确地告诉编译器某个特定变量是有符号量。它主要使用在 char 声明之前，进一步的讨论将在第 13 章进行。

此时，如果这些说明符的讨论对你来说有点深奥，请不要担心。在本书后面的章节中，将用实际的程序示例说明这些不同的类型。第 13 章将更详细地讨论数据类型及其转换。

表 3.1 总结了基本数据类型和格式字符。

表 3.1 基本数据类型和格式字符

数据类型	常量举例	格式字符
char	'a'、'\n'	%c
_Bool	0、1	%i、%u
short int	—	%hi、%hx、%ho
unsigned short int	—	%hu、%hx、%ho
int	12、-97、0xFFE0、0177	%i、%x、%o
unsigned int	12u、100U、0XFFu	%u、%x、%o
long int	12L、-2001、0xffffL	%li、%lx、%lo
unsigned long int	12UL、100ul、0xffeeUL	%lu、%lx、%lo
long long int	0xe5e5e5e5LL、500ll	%lli、%llx、%llo
unsigned long long int	12ull、0xffeeULL	%llu、%llx、%llo
float	12.34f、3.1e-5f、0x1.5p10、0x1P-1	%f、%e、%g、%a
double	12.34、3.1e-5、0x.1p3	%f、%e、%g、%a
long double	12.34l、3.1e-5l	%Lf、%Le、%Lg

3.2 使用变量

早期的计算机程序员有一项繁重的任务：为哪种计算机编写程序，就必须使用哪种计算机特定的二进制语言编写程序。这意味着计算机指令必须由程序员手动编码成二进制数字，然后才能输入机器。此外，程序员必须通过具体的数字或内存地址，来显式地分配和引用计算机内存中的任何位置。

今天的编程语言允许你更多地专注于解决手头的特定问题，而不用关心特定的机器代码或内存位置。它们使你能够分配符号名称，即**变量名**（variable name），来存储程序的计算过程和结果。你可以选择一个有意义的变量名，反映出要在该变量中存储的值的类型。

在第 2 章中，你使用了几个变量来存储整数值。例如，你在程序 2.4 中使用变量 sum 来存储两个整数 50 和 25 相加的结果。

C 语言还允许将整数以外的其他数据类型存储在变量中，前提是程序在使用变量**之前**已经对变量进行了适当的声明。变量可以用来存储浮点数、字符，甚至可以用来存储指向计算机内存位置的**指针**（pointer）。

变量命名规则非常简单：它们必须以字母或下划线（_）开始，后面可以是字母（大写或小写皆可）、下划线或数字 0～9 的任何组合。下面是一份有效变量名的列表。

```
sum
pieceFlag
i
J5x7
Number_of_moves
_sysflag
```

根据上述规则，以下变量名是无效的：

```
sum$value          $不是有效字符
piece flag         不允许嵌入空格
3Spencer           变量名不能以数字开头
int                int 是保留字
```

int 不能用作变量名，因为对 C 语言编译器来说 int 有特殊的意义。这种用法称为关键字、保留名或保留字。一般来说，任何对 C 语言编译器有特殊意义的名称都不能用作变量名。附录 A.1.2 提供一份这类关键字的完整列表。

你应该始终记住，C 语言中的大写字母和小写字母是不同的。因此，变量名 sum、Sum 和 SUM 分别对应不同的变量。

变量名的长度不限，不过可能只有前 63 个字符是有效的，在某些特殊情况下，可能只有前 31 个字符是有效的（详见附录 A.1.2）。使用太长的变量名通常是不切实际的，因为你必须完成大量额外的输入工作。例如，尽管下面前两行的语句是有效的，但是最后一行语句能够以更小的空间传达与第一条语句一样多的信息。

```
theAmountOfMoneyWeMadeThisYear = theAmountOfMoneyLeftAttheEndOfTheYear -
           theAmountOfMoneyAtTheStartOfTheYear;
moneyMadeThisYear = moneyAtEnd - moneyAtStart;
```

在选择变量名时，记住一条建议——不要懒惰，选择能够反映变量预期用途的名称。原因很明显，就像注释一样，有意义的变量名可以极大地提高程序的可读性，在调试和编写文档阶段大有裨益。当程序的含义更加不言自明时，可以大幅减少文档编写任务。

3.3　使用算术表达式

事实上，和几乎所有的编程语言一样，在 C 语言中，加号运算符（+）用于两个值相加，减号运算符（–）用于两个值相减，星号运算符（*）用于两个值相乘，斜线运算符（/）用于两个值相除。这些运算符被称为**二元**（binary）算术运算符，因为它们用于对两个值或项进行运算。

你已经看到了如何在 C 语言中执行像加法这样的简单运算。程序 3.2 将进一步说明减法、乘法和除法的操作。程序 3.2 中最后执行的两个操作引入了一个概念，即一个运算符的**优先级**（precedence）可以高于另一个运算符的优先级。事实上，C 语言中的每个运算符都有相应的优先级。在具有多个运算符的表达式中优先级用于确定计算顺序：优先级高的运算符先计算。如果表达式包含相同优先级的运算符，根据具体的运算符，自左向右或自右向左计算，这就是运算符的**结合性**（associative）。附录 A.5 提供运算符优先级及其结合性的完整列表。

程序 3.2　使用算术运算符

```
// 演示各种算术运算符的使用

#include <stdio.h>

int main (void)
{
      int a = 100;
      int b = 2;
      int c = 25;
      int d = 4;
      int result;

      result = a - b;       // 减法
      printf ("a - b = %i\n", result);

      result = b * c;       // 乘法
      printf ("b * c = %i\n", result);

      result = a / c;       // 除法
      printf ("a / c = %i\n", result);

      result = a + b * c;   // 运算符的优先级
      printf ("a + b * c = %i\n", result);

      printf ("a * b + c * d = %i\n", a * b + c * d);

      return 0;
}
```

程序 3.2　输出

```
a - b = 98
b * c = 50
a / c = 4
a + b * c = 150
a * b + c * d = 300
```

在声明 int 型变量 a、b、c、d 和 result 之后，程序 3.2 将 a 减去 b 的结果赋给 result，然后调用适当的 printf()显示 result 的值。

下面的语句用 b 的值乘 c 的值，并将结果存储在 result 中。

```
result = b * c;
```

然后调用 printf()函数显示乘法的结果，现在对这个函数的调用你应该已经很熟悉了。

接下来的程序语句引入了除法运算符（/）。在 a 除以 c 的运算之后紧跟着 printf()语句，将显示 100 除以 25 得到的结果 4。

在某些计算机系统中，试图将一个数字除以 0 会导致程序异常终止[1]。即使程序不异常终止，这样相除得到的结果也毫无意义。

在第 5 章中，你会看到如何在执行除法操作之前检查除数是否为 0。如果确定除数为 0，就可以采取适当的措施，避开除法运算。

下面第一个表达式的结果为 150，而不是 2550（102 × 25）。这是因为与其他大多数编程语言一样，C 语言对表达式中多个运算或项的求值顺序制定了相关规则。表达式的求值顺序一般是自左向右，但是，乘法和除法运算的优先级高于加法和减法运算，所以下面第一个表达式会被 C 语言当作下面第二个表达式。（这个表达式的求值顺序与使用基本代数规则时的顺序相同。）

```
a + b * c
a + (b * c)
```

如果要改变表达式中各项求值的顺序，可以使用括号。事实上，上面第二个表达式是一个完全有效的 C 语言表达式。因此可以使用下面第一个表达式替换程序 3.2 中相应的语句来获得一个相同的结果。但是，如果使用下面第二个表达式来替换，那赋给 result 的值将是 2550。这是因为 a 的值（100）会先与 b 的值（2）相加，再与 c 的值（25）相乘。

```
result = a + (b * c);
result = (a + b) * c;
```

括号可以嵌套，在这种情况下，表达式从最里面的括号开始向外求值。但一定要保证，左括号的数量和右括号的数量一样多。

从程序 3.2 的最后一条 printf()语句可以看到，将一个表达式作为 printf()的参数是完全有效的，无须先将表达式求值的结果赋值给一个变量。根据先前描述的规则，下面第一个表达式的求值顺序与下面第二个表达式的求值顺序相同，也就是下面第三个表达式的求值顺序。计算结果 300 被传递给 printf()函数。

```
a * b + c * d
(a * b) + (c * d)
(100 * 2) + (25 * 4)
```

整数算术和一元减运算符

程序 3.3 帮助你巩固刚刚学习的内容，并介绍整数算术的概念。

1 在 Windows 系统中使用 GCC 编译的程序会发生这种情况。在 UNIX 系统中，程序可能不会异常终止，对于整数除以 0 的情况可能会给出 0 作为其结果，而对于浮点数除以 0 的情况可能会给出“无穷大”作为其结果。

程序 3.3 关于算术运算符的更多例子

```
// 更多算术表达式

#include <stdio.h>

int main (void)
{
      int   a = 25;
      int   b = 2;

      float c = 25.0;
      float d = 2.0;

      printf ("6 + a / 5 * b = %i\n", 6 + a / 5 * b);
      printf ("a / b * b = %i\n", a / b * b);
      printf ("c / d * d = %f\n", c / d * d);
      printf ("-a = %i\n", -a);

      return 0;
}
```

程序 3.3 输出

```
6 + a / 5 * b = 16
a / b * b = 24
c / d * d = 25.000000
-a = -25
```

在程序 3.3 的 main()函数的前四条语句中，在 int 和 a、b 之间插入额外的空格，以使变量 a、b 和 c、d 对齐。这有助于提高程序的可读性。你可能注意到，在目前给出的每个程序中，每个运算符前后都有一个空格。这种做法不是必需的，只是为了美观。通常，你可以在任何允许单个空格的地方添加多个空格。如果生成的程序更容易阅读，那么多按几下空格键也是值得的。

程序 3.3 中的第一条 printf()语句中的表达式强化了运算符优先级的概念。这个表达式的求值过程如下。

（1）因为除法的优先级高于加法，所以 a 的值（25）首先除以 5，得到的中间结果是 5。

（2）因为乘法的优先级也高于加法，所以中间结果 5 乘 b 的值（2），得到新的中间结果 10。

（3）最后，将 6 和 10 相加，得到最终结果 16。

第二条 printf()语句展示了一种常被曲解的现象。你可能认为，将 a 除以 b，然后乘 b，会返回 a 的值，而 a 的值已经被设置为 25。但事实似乎并不是这样的，输出的结果竟然是 24。这看起来像是计算机在运行过程中“丢失”了一些东西。事实上，这个表达式是用整数计算的。

如果回顾变量 a 和 b 的声明，你会发现它们都被声明为 int 型变量。只要表达式中某个需要求值的项是由这两个整数组成的，C 语言程序系统就会使用整数算术来执行运算。在这种情况下，数字的所有小数部分都会丢失。因此，当 a 的值除以 b 的值，也就是 25 除以 2 时，得到的中间结果是 12，而不是你预期的 12.5。将中间结果乘 2，得到最终结果 24，从而解释了“丢失”的数字。别忘了，如果你将两个整数相除，则总会得到整数结果。另外，请记住，这里没有四舍五入的操作，小数部分将直接被删除。所以，如果整数相除的结果是 12.01、12.5 或 12.99，那么最终得到的结果都将是 12。

从程序 3.3 中倒数第二条 printf()语句可以看出，如果使用浮点数而不是整数执行相同的操作，就会得到预期的结果。

使用 float 型变量还是 int 型变量，要根据变量的用途来决定。如果不需要任何小数部分，就使用 int 型变量。这样得到的程序效率更高，也就是说，它在许多计算机上执行得更快。如果需要准确的小数部分，选择就很明确了。你唯一需要回答的问题是使用 float、double 还是 long double 型变量。这个问题的答案取决于你正在处理的数字所需的精度，以及它们的大小。

在最后一条 printf()语句中，使用一元减号运算符对变量 a 的值求相反数。**一元**（unary）运算符只能作用于一个值，而二元运算符可以作用于两个值。减号实际上有双重角色：作为一个二元运算符，它用于两个值相减；作为一元运算符，它用于求一个值的相反数。

一元减号运算符的优先级高于所有其他算术运算符的优先级，但一元加号运算符（+）除外，它的优先级与一元减号运算符的优先级相同。因此下面所示的表达式得到的结果是-a 与 b 的乘积。附录 A.5 中总结了各种运算符及其优先级。

```
c = -a * b;
```

1. 求模运算符

求模运算符是一个非常有价值的运算符，你可能还没有使用过它，它用百分号（%）表示。通过分析程序 3.4 尝试确定这个运算符是如何工作的。

程序 3.4　演示求模运算符

```
// 求模运算符

#include <stdio.h>

int main (void)
{
      int a = 25, b = 5, c = 10, d = 7;

      printf("a = %i, b = %i, c = %i, and d = %i\n", a, b, c, d);
      printf ("a %% b = %i\n", a % b);
      printf ("a %% c = %i\n", a % c);
      printf ("a %% d = %i\n", a % d);
      printf ("a / d * d + a %% d = %i\n",
               a / d * d + a % d);

      return 0;
}
```

程序 3.4　输出

```
a = 25, b = 5, c = 10, and d = 7
a % b = 0
a % c = 5
a % d = 4
a / d * d + a % d = 25
```

main()函数中的第一条语句定义并初始化变量 a、b、c 和 d（所有的工作都是在这一条语句中实现的）。

提醒一下，在输出一系列使用求模运算符的语句之前，第一条 printf()语句输出程序 3.4 中使用的 4 个变量的值。这并不重要，但可以很好地帮助别人理解你的程序。对于其余的 printf()语句，如你所知，printf()使用紧跟在百分号之后的字符来确定如何输出下一个参数。但是，如果百分号后面是另一个百分号，printf()函数会认为这是一种指示，表示你确实想显示一个百分号，并在程序输出的适当位置插入一个百分号。

如果你得出的结论是，求模运算符%的功能是给出表达式中的第一个值除以第二个值得到的余数，那么你是正确的。在第一个例子中，25 除以 5 得到的余数显示为 0。如第三行输出所示，用 25 除以 10 得到的余数是 5。如第四行输出所示，用 25 除以 7 得到的余数是 4。

程序 3.4 的最后一行输出需要作一些解释。首先，你会注意到程序语句被写成了两行。这样的语句在 C 语言中是完全有效的。事实上，程序语句可以在任何可以使用空格的地方延续到下一行（处理字符串时是一个例外，第 9 章会讨论这个话题）。有时，将一条程序语句延续到下一行，可能不仅是为了合乎我们的心意，而是不得不这样做。程序 3.4 中对 printf()调用的延续部分进行了缩进，以直观地表明它是前一条程序语句的延续。

将注意力转向最后一条语句中的表达式。你可能还记得，在 C 语言中，两个整数值之间的任何操作都是用整数算术执行的。因此，两个整数值相除的余数将被直接丢弃。例如表达式 a / d 表示的 25 除以 7，会得到中间结果 3。将这个值乘 d 的值（7），得到的中间结果是 21。最后，将中间结果与 a 除以 d 的余数相加，如表达式 a % d 所示，得到最终结果 25。这个值与变量 a 的值相同，这并不是巧合。一般情况下，只要 a 和 b 都是整数值，则如下所示的表达式的结果将总是等于 a 的值。

```
a / b * b + a % b
```

事实上，C 语言已明确定义求模运算符%只能用于整数运算。

就优先级而言，求模运算符与乘法运算符和除法运算符具有相同的优先级。当然，这意味着如下所示的两个表达式是等价的。

```
table + value % TABLE_SIZE
table + (value % TABLE_SIZE)
```

2. 整数与浮点数转换

为了高效地开发 C 语言程序，你必须理解 C 语言中浮点数与整数之间的隐式转换规则。程序 3.5 演示一些简单的数值数据类型之间的转换。你应该注意到，有些编译器可能会给出警告消息，提醒你正在执行转换。

程序 3.5 整数与浮点数之间的转换

```
// C 语言中的基本转换

#include <stdio.h>

int main (void)
{
      float    f1 = 123.125, f2;
      int      i1, i2 = -150;
      char     c = 'a';

      i1 = f1; // 将浮点数转换为整数
      printf ("%f assigned to an int produces %i\n", f1, i1);
```

```
    f1 = i2;                // 将整数转换为浮点数
    printf ("%i assigned to a float produces %f\n", i2, f1);

    f1 = i2 / 100;          // 整数除以整数
    printf ("%i divided by 100 produces %f\n", i2, f1);

    f2 = i2 / 100.0;        // 整数除以一个浮点数
    printf ("%i divided by 100.0 produces %f\n", i2, f2);

    f2 = (float) i2 / 100; // 类型转换运算符
    printf ("(float) %i divided by 100 produces %f\n", i2, f2);

    return 0;
}
```

程序 3.5　输出

```
123.125000 assigned to an int produces 123
-150 assigned to a float produces -150.000000
-150 divided by 100 produces -1.000000
-150 divided by 100.0 produces -1.500000
(float) -150 divided by 100 produces -1.500000
```

在 C 语言中，只要将浮点数赋值给 int 型变量，小数部分就会被截断。因此，在程序 3.5 中，当将 f1 的值赋给 i1 时，数字 123.125 被**截断**（truncated）了，这意味着只有它的整数部分（123）存储在 i1 中。程序 3.5 输出的第一行验证了这一点。

将 int 型变量赋值给 float 型变量不会产生任何数值的变化，该值只会被系统简单转换并存储在 float 型变量中。程序 3.5 输出的第二行验证了 i2（−150）的值被正确地转换并存储在 float 型变量 f1 中。

接下来的两行程序输出说明了构造算术表达式时必须记住的两点。第一点与整数运算有关，本章之前讨论过。当表达式中的两个操作数都是整数（这也适用 short 型、unsigned 型、long 型和 long long 型整数）时，将按照整数运算规则执行。即使将除法运算的结果赋给一个 float 型变量（就像在程序 3.5 中做的那样），除法运算得到的任何小数部分还是会被直接丢弃。因此，当 int 型变量 i2 除以 int 型常量 100 时，系统将执行整数除法。−150 除以 100 的结果是 −1，这正是存储在 float 型变量 f1 中的值。

第二点与 float 型有关。在程序 3.5 中，接下来执行的除法运算涉及一个 int 型变量和一个 float 型常量。在 C 语言中，这两个值只要有一个值是 float 型变量或 float 型常量，就会执行浮点运算。因此，当 i2 除以 100.0 时，系统会将这个除法视为浮点数除法，得到结果−1.5，并将它赋值给 float 型变量 f1。

3. 类型转换运算符

程序 3.5 中的最后一个除法运算如下所示：

```
f2 = (float) i2 / 100;          // 类型转换运算符
```

上面的除法运算使用了类型转换运算符。类型转换运算符的作用是将变量 i2 的值的类型转换为 float 型，以便对表达式求值。这个运算符不会永久影响变量 i2 的值；它是一个一元运算符，其行为与其他一元运算符的行为相似。就像表达式−a 对 a 的值没有永久的影响一样，表达式 (float) a 也是如此。

除了一元减号运算符和一元加号运算符以外，类型转换运算符的优先级高于其他所有算术运算符。当然，如果有必要，你总是可以在表达式中使用括号来强制以任意所需的顺序对各项进行求值。

下面是一个使用类型转换运算符的示例：

```
(int) 29.55 + (int) 21.99
```

在 C 语言中，上述表达式的运算过程等价于下述表达式，这是因为将一个浮点数转换为一个整数的效果就是截断该浮点数。

```
29 + 21
```

下面第一个表达式生成的结果是 1.5，这与下面第二个表达式的结果相同。

```
(float) 6 / (float) 4
(float) 6 / 4
```

3.4　运算与赋值结合：赋值运算符

C 语言允许使用通用格式 op=将算术运算符与赋值运算符连接起来。

在这种格式中，op 可以是任何算术运算符，包括+、–、×、/和%。此外，op 也可以是任何用于移位和掩码的位运算符，这将在后面讨论。

考虑下面的语句：

```
count += 10;
```

所谓的“加等”赋值运算符（+=）的作用是将运算符右边的表达式和左边的表达式相加，并将结果存储回运算符左边的变量中。因此，上面的语句等价于下面的语句：

```
count = count + 10;
```

再考虑下面的语句：

```
counter -= 5;
```

上面的表达式使用了“减等”赋值运算符（–=），它的作是从 counter 的值中减去 5，其等价于下面的表达式：

```
counter = counter - 5;
```

下面是一个稍微复杂一点的表达式：

```
a /= b + c
```

上面的表达式用 a 除以等号右边的任意内容，也就是 b 与 c 的和，并将结果存储在 a 中。首先执行加法运算，因为加法运算符的优先级高于赋值运算符。事实上，除了逗号运算符之外，其他所有运算符的优先级都高于赋值运算符，所有的赋值运算符都具有相同的优先级。

上面的表达式等价于：

```
a = a / (b + c)
```

使用赋值运算符有 3 个作用。第一，程序语句变得更容易写了，因为运算符左边的代码不需要在右边重复了。第二，得到的表达式通常更容易阅读。第三，使用这些运算符可以加快程序的执行速度，因为编译器有时可以生成更少的代码来完成表达式的求值。

3.5 _Complex 和_Imaginary 类型

在结束本章之前，有必要介绍一下 C 语言中的另外两种数据类型_Complex 和_Imaginary，它们分别用于处理复数和虚数。

自 C99 以来，ANSI C 标准就已经支持_Complex 和_Imaginary 类型，并将其作为标准的组成部分，不过在 C11 中将其设为了可选项。要想知道编译器是否支持这些类型，可以查看附录 A.4 中对数据类型的总结。

3.6 练习题

1. 输入并运行本章给出的程序。将每个程序产生的输出与本书中每个程序之后给出的输出进行比较。
2. 下面哪些是无效的变量名？为什么？

```
Int             char      6_05
Calloc          Xx        alpha_beta_routine
floating        _1312     z
ReInitialize    _         A$
```

3. 下列哪些是无效常量？为什么？

```
123.456      0x10.5      0X0G1
0001         0xFFFF      123L
0Xab05       0L          -597.25
123.5e2      .0001       +12
98.6F        98.7U       17777s
0996         -12E-12     07777
1234uL       1.2Fe-7     15,000
1.234L       197u        100U
0XABCDEFL    0xabcu      +123
```

4. 编写一个程序，使用下面的公式将 27°从华氏度（F）转换为摄氏度（C）：

```
C = ( F - 32) / 1.8
```

5. 你希望从下面的程序得到什么输出？

```
#include <stdio.h>

int main (void)
{
      char c, d;

      c = 'd';
      d = c;
      printf ("d = %c\n", d);

      return 0;
}
```

6. 编写一个程序，计算如下所示的多项式（x=2.55）：

$$3x^3 - 5x^2 + 6$$

7. 编写一个程序，计算下面的表达式并显示结果（请记住使用指数格式来显示结果）：

$$(3.31 \times 10^{-8} \times 2.01 \times 10^{-7}) / (7.16 \times 10^{-6} + 2.01 \times 10^{-8})$$

8. 要将整数 i 舍入为另一个整数 j 的下一个最大整数倍，可以使用下面的公式：

```
Next_multiple = i + j - i % j
```

例如，要将 256 天舍入为一周 7 天的下一个最大整数倍，可以将 i = 256 和 j = 7 代入上述公式，如下所示：

```
Next_multiple = 256 + 7 - 256 % 7
              = 256 + 7 - 4
              = 259
```

9. 编写一个程序，求 i 和 j 的下一个最大整数倍：

```
i          j
365        7
12258      23
996        4
```

第 4 章 程序循环

计算机的强大功能之一是能够进行重复计算。当你需要重复使用相同代码时，C 语言提供了一些专门设计的语句，来处理这种情况。本章将帮助你理解这些语句，包括：

- for 语句；
- while 语句；
- do 语句；
- break 语句；
- continue 语句。

4.1 三角数

如果你把 15 个点按照三角形样式进行排列，最终会得到一个看起来像下面所示的排列结果。

```
        •
      •   •
    •   •   •
  •   •   •   •
•   •   •   •   •
```

三角形的第一行包含一个点，第二行包含两个点，以此类推。一般来说，组成一个包含 n 行的三角形所需的点数是 1 到 n 的所有整数之和。这个和被称为**三角数**（triangular number）。如果从 1 开始，第 4 个三角数是 1 到 4 的所有整数之和（$1+2+3+4$），也就是 10。

假设你想要编写一个程序，在终端上计算并显示第 8 个三角数。显然，你可以很容易地在大脑中计算出这个数字，但为了便于讨论，假设你想要用 C 语言编写一个程序来执行此任务。这样的程序如程序 4.1 所示。

程序 4.1　计算第 8 个三角数

```
// 计算第 8 个三角数的程序

#include <stdio.h>

int main ()
{
      int triangularNumber;

      triangularNumber = 1 + 2 + 3 + 4 + 5 + 6 + 7 + 8;

      printf ("The eighth triangular number is %i\n", triangularNumber);

      return 0;
}
```

程序 4.1 输出

```
The eighth triangular number is 36
```

对于计算相对较小的三角数的任务，程序 4.1 中的方法完全可以胜任。但是，如果你需要计算第 200 个三角数，该怎样做呢？如果修改程序 4.1，明确地把 1 到 200 的所有整数加起来，肯定会很烦琐。幸运的是，有一种更简单的方法。

计算机的基本属性之一就是具有重复执行指令序列的能力。使用**循环**（looping）功能，你可以开发包含重复过程的简洁程序，否则你开发的程序可能需要执行数千条甚至数百万条程序语句。C 语言包含 3 种不同的程序语句用于实现程序循环，它们分别称为 for 语句、while 语句和 do 语句。本章将详细介绍这些语句。

4.2 for 语句

现在让我们开始深入研究一个使用 for 语句的程序。程序 4.2 的作用是计算第 200 个三角数。看看你能否确定 for 语句是如何工作的。

程序 4.2 计算第 200 个三角数

```
/* 此程序计算第 200 个三角数 */

#include <stdio.h>

int main (void)
{
      int n, triangularNumber;

      triangularNumber = 0;

      for ( n = 1; n <= 200; n = n + 1 )
            triangularNumber = triangularNumber + n;

      printf ("The 200th triangular number is %i\n", triangularNumber);

      return 0;
}
```

程序 4.2 输出

```
The 200th triangular number is 20100
```

这里需要对程序 4.2 作一些解释。计算第 200 个三角数的方法实际上与程序 4.1 中计算第 8 个三角数的方法相同，即求 1 到 200 的所有整数之和。for 语句提供了一种机制，让你不必明确地写出 1 到 200 的每个整数。从某种意义上说，这条语句用来为你“生成”这些数字。

for 语句的一般格式如下所示：

```
for ( init_expression; loop_condition; loop_expression )
        program statement (or statements)
```

位于括号内的 3 个字段 init_expression、loop_condition 和 loop_expression，为程序循环建

立了环境。紧跟其后的程序语句可以是任何有效的 C 语言语句，这些语句构成了循环体，它们执行的次数由上述 for 语句中设置的这些参数来确定。

for 语句中的 init_expression 字段用于在循环开始**之前**设置初始值。在程序 4.2 中，for 语句的这一部分用于将 n 的初始值设置为 1。如你所见，赋值是一种有效的表达式形式。

for 语句中的 loop_condition 字段是使循环继续执行所需满足的一个或多个条件。换句话说，**只要**满足这个或这些条件，循环就会继续执行下去。再次参考程序 4.2，可以看到 for 语句中的 loop_condition 由下面的**关系表达式**指定：

```
n <= 200
```

这个表达式可以读作“n 小于或等于 200”。“小于或等于”运算符（<=）只是 C 语言提供的几种关系运算符之一。关系运算符用于测试特定的条件。如果满足特定的条件，则测试的答案是“yes”，更常见的描述方式是 true；如果不满足特定条件，则测试的答案是“no”或者 false。

4.2.1　关系运算符

表 4.1 列出了 C 语言中所有可用的关系运算符。

表 4.1　关系运算符

运算符	含义	举例
==	测试是否相等	count == 10
!=	测试是否不相等	flag != DONE
<	小于	a < b
<=	小于或等于	low <= high
>	大于	pointer > endOfList
>=	大于或等于	j >= 0

关系运算符的优先级低于所有算术运算符的优先级，这意味着下面第一个表达式将被按照第二个表达式的方式进行求值。如果 a 的值小于 b+c 的值，则结果为 true，否则为 false。

```
a < b + c
a < (b + c)
```

特别注意相等测试运算符（==），不要将其与赋值运算符（=）混淆。下面第一个表达式用于测试变量 a 的值是否等于 2，而下面第二个表达式用于将数值 2 赋给变量 a。

```
a == 2
a = 2
```

使用哪种关系运算符显然取决于所做的特定测试，在某些情况下还取决于你的特定偏好。例如，下面第一个关系表达式等价于第二个关系表达式。

```
n <= 200
n < 201
```

如下所示的语句是构成 for 循环主体的程序语句。

```
triangularNumber = triangularNumber + n;
```

只要关系测试的结果为 true（在本例中，只要 n 小于或等于 200），该语句就会重复执行。这条程序语句的作用是将 triangularNumber 的值与 n 的值相加，并将结果存储在 triangularNumber 中。

当 loop_condition 不再满足时，程序继续执行紧跟在 for 循环后面的程序语句。在程序中，循环结束后将继续执行 printf()语句。

for 语句的最后一部分为一个表达式，每次循环体执行**后**都会计算这个表达式。在程序 4.2 中， loop_expression 将 n 的值加 1。因此，在将 n 的值加到 triangularNumber 的值之后，n 的值每次都会加 1，其取值范围为 1～201。

值得注意的是，最后 n 的值是 201，且**不会**加到 triangularNumber 的值中，因为**只要**不再满足循环条件或者 n 等于 201，循环就会结束了。

总之，for 语句的执行过程如下。

（1）首先求初始表达式的值。该表达式通常会给一个将在循环中使用的变量［通常称为**索引**（index）变量］设置一些初始值，例如 0 或 1。

（2）计算循环条件。如果条件不满足（也就是表达式的值为 false），循环将立即终止；否则，将继续执行紧跟在循环后面的程序语句。

（3）执行构成循环体的程序语句（如果条件满足）。

（4）计算循环表达式的值。该表达式通常用于改变索引变量的值，一般是通过向其添加一个增量变量或从中减去一个递减变量来改变的。

（5）返回（2）。

记住，循环条件是在进入循环时立即计算的，在这之前还没有执行循环体。此外，记住不要在循环末尾的右括号后面加分号（如果加上分号，循环会立即结束）。

因为程序 4.2 在生成第 200 个三角数之前实际上生成了前 200 个三角数，所以最好生成一个包含这些三角数的表。然而，为了节省空间，假设你只想输出一个包含前 10 个三角数的表。程序 4.3 正好可以完成这项任务！

程序 4.3　生成一个三角数表

```
// 此程序生成一个三角数表

#include <stdio.h>

int main (void)
{
      int n, triangularNumber;

      printf ("TABLE OF TRIANGULAR NUMBERS\n\n");
      printf (" n     Sum from 1 to n\n");
      printf ("---    ---------------\n");

      triangularNumber = 0;

      for ( n = 1; n <= 10; ++n ) {
            triangularNumber += n;
            printf (" %i           %i\n", n, triangularNumber);
      }

      return 0;
}
```

程序 4.3 输出

```
TABLE OF TRIANGULAR NUMBERS

 n     Sum from  1 to n
---   ---------------
 1            1
 2            3
 3            6
 4            10
 5            15
 6            21
 7            28
 8            36
 9            45
 10            55
```

在程序中添加一些额外的 printf()语句通常是一个好主意，这样可以提供更多有意义的输出。在程序 4.3 中，前 3 条 printf()语句的作用只是提供一个通用的标题，并标记输出的各列内容。注意，第一条 printf()语句包含两个换行符。如你所料，这样做不仅会将输出推进到下一行，还会在显示中插入一个额外的空行。

在显示适当的标题后，程序继续计算前 10 个三角数。变量 n 用于统计已经执行的“从 1 到 n 的所有整数之和”的次数，而变量 triangularNumber 用于存储第 n 个三角数。

通过将变量 n 的值设置为 1，开启 for 语句的执行。记住，紧跟在 for 语句后面的程序语句构成了程序的循环体。但是，如果你想重复地执行一组程序语句，而不是一条程序语句，该怎么办呢？这可以通过将这组程序语句放在一对花括号中来实现。然后，系统将这组程序语句或者说**语句块**（block of statements）视为单个实体。一般来说，在 C 语言中允许使用单条程序语句的地方都可以使用语句块，只不过要记得将语句块放在一对花括号中。

因此，在程序 4.3 中，将 n 的值加到 triangularNumber 的值上的表达式和紧随其后的 printf()语句构成了程序的循环体。应特别注意程序语句的缩进方式，这样很容易确定哪些语句是 for 循环的组成部分。你还应当注意到，程序员会使用不同的编码风格。有些人喜欢像下面的代码那样输入 for 循环，即将左花括号放在 for 语句之后的下一行。这完全是个人偏好问题，对程序没有任何影响。

```
for ( n = 1; n <= 10; ++n )
{
      triangularNumber += n;
      printf (" %i            %i\n", n, triangularNumber);
}
```

只需将 n 的值与前一个三角数相加，即可计算出下一个三角数。这里使用的是第 3 章介绍过的“加等”赋值运算符。回想一下该运算符的作用即可知道，下面第一个表达式与第二个表达式是等价的。

```
triangularNumber += n;
triangularNumber = triangularNumber + n;
```

第一次执行 for 循环时，“之前”的三角数是 0，因此当 n 等于 1 时，triangularNumber 的新值就是 n 的值，即 1。在执行之后显示 n 和 triangularNumber 的值，并在格式字符串中插入适当数量的空格，以确保这两个变量的值与列标题对齐。

循环体已经执行，接下来将执行循环表达式。然而，这个 for 语句中的循环表达式看起来有点奇怪。似乎是出现了拼写错误，本来想插入下面的第一个表达式，而不是插入看起来有点“可笑”的第二个表达式。

```
n = n + 1
++n
```

表达式++n 实际上是一个完全有效的 C 语言表达式。这里引入了 C 语言中一个新的（相当独特的）运算符——**递增运算符**（increment operator）。递增运算符（++）的作用是将运算符的操作数加 1。由于加 1 在程序中是非常常见的操作，因此专门为这个操作创建了一个特殊的运算符。表达式++n 等价于表达式 n = n + 1。虽然 n = n + 1 看起来可读性更好，但你很快就会熟悉递增运算符的功能，甚至会尝试欣赏它的简洁。

当然，如果有任何一门语言仅提供用于加 1 操作的递增运算符，却没有提供用于减 1 操作的递减运算符，那这门语言是不完整的。用于减 1 操作的运算符的名称是**递减运算符**（decrement operator），用两个减号表示。因此，在 C 语言中使用递减运算符可以将下面第一个表达式等价表示为下面第二个表达式。

```
bean_counter = bean_counter - 1
--bean_counter
```

有些程序员喜欢把++或--放在变量名后面，比如 n++或 bean_counter--。对于 for 语句中的例子来说，这是个人偏好问题。不过，你将在第 10 章中学习到，在使用更复杂的表达式时，这个运算符放在变量的前面和放在变量的后面的确是有区别的。

4.2.2 输出对齐

在程序 4.3 的输出中，你可能注意到了一件有点令人不安的事，那就是第 10 个三角数与前面的三角数没有完全对齐。这是因为数字 10 占据了两个输出位置，而之前的 n（1～9）只占据了一个输出位置。因此，数值 55 在显示时就被推后一个位置。如果用下面所示的 printf()语句代替程序 4.3 中的相应语句，就可以解决这个小麻烦。为了验证这个更改是否有效，对 printf()语句做如下修改：

```
printf ("%2i      %i\n", n, triangularNumber);
```

下面是修改后程序（称之为程序 4.3A）的输出。

程序 4.3A 输出

```
TABLE OF TRIANGULAR NUMBERS

 n     Sum from 1 to n
---    ---------------
 1          1
 2          3
 3          6
 4          10
 5          15
 6          21
 7          28
 8          36
 9          45
10          55
```

printf()语句的主要变化是包含**字段宽度规范**（field width specification）。格式字符%2i 告诉 printf()函数，你不仅希望在特定位置显示整数的值，还希望显示的整数大小占用两列显示位置。通常任何占用不到两列显示位置的整数（即 0 到 9 的整数）前都会有一个**前导**（leading）空格。这就是所谓的**右对齐**（right justification）。

因此，通过使用格式字符%2i，可以保证至少使用两列显示位置来显示 n 的值，也就可以确保 triangularNumber 的值是对齐的。

如果待显示的值需要的列数超出了字段宽度规范指定的值，printf()会忽略字段宽度规范，并且需要多少列，就使用多少列来显示值。

字段宽度规范也可以用于显示整数以外的值。你将在后面给出的程序中看到一些这样的例子。

4.3　程序输入

程序 4.2 只计算了第 200 个三角数。如果你想计算第 50 个或第 100 个三角数，就必须修改程序，让 for 循环执行正确的次数，还必须修改 printf()语句，以显示正确的信息。

一个更简单的解决方案是让程序询问你希望计算第几个三角数，程序根据你提供的回答，为你计算所需的三角数。在 C 语言中，可以使用 scanf()函数来实现上述的解决方案。scanf()函数在概念上与 printf()函数非常相似，只不过 printf()函数用于在终端上显示值，而 scanf()函数用于让你能够在程序中**输入**值。程序 4.4 实现询问用户将要计算哪个三角数，然后计算这个三角数，并显示结果。

程序 4.4　询问用户输入

```
#include <stdio.h>

int main (void)
{
      int n, number, triangularNumber;

      printf ("What triangular number do you want? ");
      scanf ("%i", &number);

      triangularNumber = 0;

      for ( n = 1; n <= number; ++n )
            triangularNumber += n;

      printf ("Triangular number %i is %i\n", number, triangularNumber);

      return 0;
}
```

在程序 4.4 的输出中，用户输入的数字（100）被设置为粗体，以区别程序的输出。

程序 4.4　输出

```
What triangular number do you want? 100
Triangular number 100 is 5050
```

根据输出，数字 100 是由用户输入的。用户输入 100 后程序计算第 100 个三角数，并在终端显示结果 5050。如果用户希望计算第 10 个或者第 30 个三角数，他完全可以输入数字 10 或 30。

程序 4.4 中的第一条 printf()语句用于提示用户输入一个数字。当然，提示用户你希望他输入什么，这总是有益的。输出消息后，调用 scanf()函数。scanf()的第一个参数是格式字符串，它与 printf()使用的格式字符串非常相似。在这个例子中，格式字符串没有告诉系统要显示什么类型的值，而是告诉系统要从终端读入什么类型的值。与 printf()中的类似，格式字符%i 用于指定一个 int 型的值。

scanf()函数的第二个参数指明了将用户输入的值存储在什么**位置**。在这种情况下，变量 number 前面的&字符是必不可少的。不过现在还不需了解它的功能。第 10 章会更详细地讨论这一字符，它实际上也是一种运算符。在调用 scanf()函数时，一定要记得在变量名前加上一个前导&。如果你忘记了，它会导致不可预测的结果，并可能导致程序异常终止。

根据前面的讨论，你现在可以看到，程序 4.4 中调用 scanf()指定了从终端读取一个整数值，并将其存储在变量 number 中。这个值表示用户想要计算哪个特定三角数。

在输入这个数字（并按键盘上的 Return 或 Enter 键，表示数字输入完成）之后，程序接着计算所需的三角数。这与程序 4.2 中的方法相同，唯一的区别是不再以 200 为界，而是使用 number。

> **注意**
>
> 在带有数字小键盘的键盘上，按其中的 Enter 键可能无法将你输入的数字发送给程序。这时请使用键盘上的 Return 键。
>
> 计算出所需的三角数后，将结果显示出来，随后程序的执行也就结束了。

4.3.1 嵌套的 for 循环

程序 4.4 为用户提供了灵活性，使用程序 4.4 用户可以计算任何想要的三角数。如果用户有一份清单，清单中包含 5 个要计算的三角数，那么他可以直接将该程序运行 5 次，每次都输入清单中下一个要计算的三角数。

还有另一种方法可以达到同样的目标，就学习 C 语言而言，也是一种有趣得多的方法，就是让程序来处理这种情况。要实现这一点，最好的方法是在程序中插入一个循环，将整个计算序列重复 5 次。现在你已经知道 for 语句可用于建立这样的循环。程序 4.5 及其相关输出演示了这一方法。

程序 4.5 使用嵌套的 for 循环

```
#include <stdio.h>

int main (void)
{
      int n, number, triangularNumber, counter;

      for ( counter = 1; counter <= 5; ++counter ) {
          printf ("What triangular number do you want? ");
          scanf ("%i", &number);

          triangularNumber = 0;

          for ( n = 1; n <= number; ++n )
```

```
            triangularNumber += n;

        printf ("Triangular number %i is %i\n\n", number, triangularNumber);
    }

    return 0;
}
```

程序 4.5　输出

```
What triangular number do you want? 12
Triangular number 12 is 78

What triangular number do you want? 25
Triangular number 25 is 325

What triangular number do you want? 50
Triangular number 50 is 1275

What triangular number do you want? 75
Triangular number 75 is 2850

What triangular number do you want? 83
Triangular number 83 is 3486
```

程序 4.5 由两层 for 语句组成。如下所示的最外层 for 语句指定要精确地执行 5 次程序循环。

```
for ( counter = 1; counter <= 5; ++counter )
```

这是因为 counter 的值被初始化为 1，然后增加 1，**直到**它不再小于或等于 5（换句话说，直到它达到 6）为止。

与前面的程序示例不同，变量 counter 未在程序的其他任何地方使用。它只在 for 语句中用作循环计数器。不过，它的确是一个变量，所以必须在程序中声明它。

程序循环实际上由所有剩余的程序语句组成，如花括号中的内容所示。如果像下面这样将程序概念化，你可能会更容易理解它的运行方式：

```
for 5 次
{
    从用户那里获得数字

    计算所需的三角数

    显示计算结果
}
```

上述循环中有一部分是计算所需的三角数，这一部分实际上包括将变量 triangularNumber 的值设置为 0，以及一个计算三角数的 for 循环。因此，可以看到一个 for 语句实际上**包含在**另一个 for 语句中。这样做在 C 语言中是完全有效的，嵌套可以一直深入所需要的任何层级。

在处理更复杂的程序结构，例如嵌套的 for 语句时，正确地使用缩进变得尤为关键。有了缩进，你可以很容易地确定每个 for 语句中包含哪些语句。（如果想了解一个程序在没有对格式给予应有的关注时，有多么难以阅读，请参阅 4.6 节的练习题 5。）

4.3.2 for 循环的变体

在构建 for 循环时允许有一些语法上的变化。在编写 for 循环时，你可能会发现有多个变量需要初始化，或者在每个循环过程中都有多个表达式需要求值。

1. 多个表达式

下面是一个循环语句的起始部分：

```
for ( i = 0, j = 0; i < 10; ++i )
    ...
```

在 for 循环的任意字段中都可以包含多个表达式，只要将表达式用逗号分隔即可。例如，上面所示的 for 语句，在循环开始之前，i 和 j 的值都被设置为 0。两个表达式 i = 0 和 j = 0 之间用逗号分隔，这两个表达式都被认为是循环的 init_expression 字段的一部分。再看一个例子，如下所示：

```
for ( i = 0, j = 100; i < 10; ++i, j = j - 10 )
    ...
```

在 for 循环开始时，建立两个索引变量 i 和 j；在循环开始之前，前者被初始化为 0，后者被初始化为 100。每次循环体执行后，i 的值递增 1，而 j 的值递减 10。

2. 省略字段

就像有时可能需要在 for 语句的特定字段中包含多个表达式一样，有时也可能需要在 for 语句中**省略**（omit）一个或多个字段。这可以通过省略所需的字段并使用分号标记其位置来实现。最常见的省略 for 语句中某个字段的情况，就是没有需要求值的初始表达式。在这种情况下，可以直接将 init_expression 字段“留空”，只需要保留分号，如下所示：

```
for ( ; j != 100; ++j )
    ...
```

如果在进入循环之前 j 已经被设置为某个初始值，就可以使用上述语句。

省略了 for 循环中的 looping_condition 字段，实际上等价于建立了一个无限循环，也就是说，这个循环在理论上会永远执行下去。如果有其他退出循环的方法（例如执行 return、break 或 goto 语句，本书将在其他地方讨论），就可以使用这样的循环。

3. 声明变量

下面是一个在 for 循环的初始表达式中声明变量的例子：

```
for ( int counter = 1; counter <= 5; ++counter )
```

你也可以在 for 循环的初始表达式中声明变量，做法与前面声明普通变量的相同。例如，如上所示的代码创建了一个 for 循环，其中定义了一个 int 型变量 counter 并将其初始化为 1。变量 counter 只有在执行 for 循环期间才可以在 for 循环内部被访问，在 for 循环外部无法被访问。再看一个例子，在如下所示的 for 循环中，定义了两个 int 型变量并相应地设置它们的初始值。

```
for ( int n = 1, triangularNumber = 0; n <= 200; ++n )
    triangularNumber += n;
```

4.4　while 语句

while 语句进一步扩展了 C 语言的循环功能。这一常用语句的格式如下所示：

```
while ( expression )
        program statement (or statements)
```

括号内指定的 expression 会被求值。如果 expression 的计算结果为 true，则将执行紧随其后的 program statement。执行完这条语句（或者放在花括号内的多条语句）后，再次计算 expression。如果计算结果为 true，则再次执行 program statement。这个过程一直持续到 expression 的计算结果为 false，此时循环结束。然后，程序执行 program statement 后面的语句。

举个例子，程序 4.6 建立了一个 while 循环，该循环仅实现了一个从 1 数到 5 的功能。

程序 4.6　介绍 while 语句

```
// 此程序介绍 while 语句

#include <stdio.h>

int main (void)
{
    int count = 1;

    while ( count <= 5 ) {
        printf ("%i\n", count);
        ++count;
    }

    return 0;
}
```

程序 4.6　输出

```
1
2
3
4
5
```

初始启动时程序将 count 的值设置为 1，然后开始执行 while 循环。因为 count 的值满足小于或等于 5 的条件，所以将执行紧随其后的语句。花括号用于将 printf()语句和增量 count 的语句都定义为 while 循环体。从程序的输出中你可以很容易地观察到，这个循环被精确地执行了 5 次，或者说一直执行到 count 的值达到 6。

你可能已经认识到，使用 for 语句也可以很轻松地完成相同的任务。事实上，for 语句总是可以转换为等价的 while 语句，反之亦然。例如，如下所示的常规 for 语句格式：

```
for ( init_expression; loop_condition; loop_expression )
      program statement (or statements)
```

可以等价地表示为如下所示的 while 语句格式：

```
init_expression;
while ( loop_condition ) {
      program statement (or statements)
```

```
        loop_expression;
}
```

在熟悉 while 语句的使用后，你应该能够判断何时使用 while 语句更符合逻辑，何时使用 for 语句更符合逻辑。

一般来说，for 语句非常适用于执行预定次数的循环。此外，如果初始表达式、循环表达式和循环条件都涉及同一个变量，那么 for 语句也可能是一个正确的选择。

程序 4.7 提供了另一个使用 while 语句的示例。该程序计算两个整数的**最大公因数**。两个整数的最大公因数（Greatest Common Divisor，GCD）是能整除这两个整数的最大整数。例如，10 和 15 的最大公因数是 5，因为 5 是能整除 10 和 15 的最大整数。

有一个流程或者说**算法**（algorithm）可以用来求得任意两个整数的最大公因数。这个算法基于欧几里得在公元前 300 年左右最初设计的一个过程，可以表述如下。

问题： 求两个非负整数 *u* 和 *v* 的最大公因数。

步骤 1： 如果 *v* 等于 *0*，则任务完成，最大公因数等于 *u*。

步骤 2： 计算 temp = *u* % *v*, *u* = *v*, *v* = temp，然后回到步骤 1。

不必关心上述算法的工作原理，只要相信它能解决问题就行了。在这里需要更多地关注如何开发程序来找到最大公因数，而不需要分析算法的工作原理。

在将求最大公因数的问题用算法表示出来之后，计算机程序的开发就变得简单多了。对算法步骤的分析表明，只要 *v* 不等于 0，算法就会重复执行步骤 2。通过使用 while 语句，该算法可以在 C 语言中自然地实现。

程序 4.7 用于求用户输入的两个非负整数的最大公因数。

程序 4.7　求最大公因数

```
/* 此程序求用户输入的两个非负整数的最大公因数 */

#include <stdio.h>

int main (void)
{
      int u, v, temp;

      printf ("Please type in two nonnegative integers.\n");
      scanf ("%i%i", &u, &v);

      while ( v != 0 ) {
            temp = u % v;
            u = v;
            v = temp;
      }

      printf ("Their greatest common divisor is %i\n", u);

      return 0;
}
```

程序 4.7　输出

```
Please type in two nonnegative integers.
150 35
Their greatest common divisor is 5
```

程序 4.7　输出（重新运行）

```
Please type in two nonnegative integers.
1026 405
Their greatest common divisor is 27
```

scanf()调用中的两个格式字符%i 表示要通过键盘输入两个整数。输入的第一个整数存储在 int 型变量 u 中，而第二个整数存储在 int 型变量 v 中。当实际从终端输入这两个整数时，它们之间可以用一个或多个空格或者一个回车符进行分隔。

在这两个整数通过键盘输入并存储到变量 u 和 v 中后，程序进入 while 循环来计算它们的最大公因数。while 循环结束，u 的值表示 v 的值和原始 u 的值的最大公因数，它会显示在终端上，同时输出一条适当的提示消息。

程序 4.8 演示 while 语句的另一种用法，它的任务是将从终端输入的一个整数的各位数字进行反转，例如，如果用户输入整数 1234，你希望程序反转这个整数的各位数字，并显示结果 4321。

要编写这样的程序，首先必须开发出一个能够完成这个任务的算法。通常，通过分析自己解决问题的过程，可以开发出一种算法。反转一个整数的各位数字的解法可以简单地表述为“自右向左依次读出该整数的各位数字”。你可以编写一个程序，从最右边的数位开始，连续地分离或“提取”整数的各位数字，从而让计算机程序“连续读取”这个整数的各位数字。提取的数位可以依次显示在终端上，作为反转数的下一个数位。

一个整数最右边的数字，可以通过取整数除以 10 后的余数来得到。例如，1234 % 10 的结果是 4，它是 1234 最右边的数字，也是反转数的第一个数字。（还记得求模运算符吗？它给出一个整数除以另一个整数的余数。）如果你先把这个整数除以 10，就可以用上述同样的方法获得整数的下一个数位，别忘了整数除法的原理。1234 / 10 的结果是 123，而 123% 10 的结果是 3，这就是反转数的下一个数位。

这个过程可以一直持续到最后一个数位被提取出来。一般情况下，当最后一个整数除以 10 的结果是 0 时，就知道最后一个数位已经被提取了。

程序 4.8　反转一个整数的数位

```
// 此程序反转一个整数的数位

#include <stdio.h>

int main (void)
{
      int number, right_digit;

      printf ("Enter your number.\n");
      scanf ("%i", &number);

      while ( number != 0 ) {
            right_digit = number % 10;
            printf ("%i", right_digit);
            number = number / 10;
      }

      printf ("\n");
```

```
        return 0;
}
```

程序 4.8　输出

```
Enter your number.
13579
97531
```

程序 4.8 在提取每个数位的同时显示它们。注意，while 循环中包含的 printf()语句中没有包含换行符，这会强制将每个数位连续地显示在同一行上。程序末尾的最后一个 printf()调用只包含一个换行符，这会使光标移动到下一行的开始。

4.5　do 语句

到目前为止，在本章中讨论的两个循环语句都在执行循环**之前**对条件进行了测试，如果条件不满足，循环体可能根本不会被执行。在开发程序时，有时希望在循环执行之后而不是在循环执行之前对条件进行测试。当然，C 语言提供了一个特殊的循环语句来处理这种情况。这个循环语句称为 do 语句。该语句的格式如下：

```
do
      program statement (or statements)
while ( loop_expression );
```

do 语句的执行过程如下。首先，执行 program statement。接下来，计算括号内的 loop_expression。如果 loop_expression 的计算结果为 true，循环继续，再次执行 program statement。只要 loop_expression 的计算结果继续为 true，程序语句就会重复执行。当 loop_expression 的计算结果为 false 时，循环结束，按正常的顺序执行程序中的下一条语句。

do 语句只是对 while 语句进行了变换，将循环条件放在了循环的末尾而不是开头。

请记住，与 for 循环和 while 循环不同，do 循环保证循环体至少被执行一次。

在程序 4.8 中，我们使用了 while 语句来反转数字。回到这个程序，看看如果输入 0 而不是 13579 会发生什么。while 语句中的循环体将永远不会执行，只会显示一个空行（因为第二条 printf()语句中包含一个换行符）。如果使用 do 语句而不是 while 语句，就可以确保程序循环体至少执行一次，从而保证在所有情况下都至少显示一位数字。程序 4.9 给出了经过修改的程序。

程序 4.9　一个经过修改的程序，用于反转整数的各数位

```
// 此程序反转整数的各数位

#include <stdio.h>

int main ()
{
      int number, right_digit;

      printf ("Enter your number.\n");
      scanf ("%i", &number);

      do {
          right_digit = number % 10;
```

```
        printf ("%i", right_digit);
        number = number / 10;
    }
    while ( number != 0 );

    printf ("\n");

    return 0;
}
```

程序 4.9　输出

```
Enter your number.
13579
97531
```

程序 4.9　输出（重新运行）

```
Enter your number.
0
0
```

从程序的输出可以看到，在程序中输入 0 后，程序正确地显示数字 0。

4.5.1　break 语句

有时，在执行循环时，我们希望在某个条件出现（例如，检测到一个错误条件，或者提前到达了数据的末尾）时立即退出循环。break 语句可用于实现此目的。无论是 for、while 还是 do 循环，执行 break 语句会导致程序立即退出正在执行的循环。循环体中的后续语句将被跳过，循环的执行将终止。程序将继续执行位于循环体后面的语句。

如果在一组嵌套循环中执行 break 语句，则只有执行 break 语句的最内层循环会被终止。

break 语句的格式就是关键字 break 加上一个分号：

```
break;
```

4.5.2　continue 语句

continue 语句与 break 语句类似，只是它不会终止循环。顾名思义，这条语句会导致它所在的循环继续执行。执行 continue 语句时，循环中出现在 continue 语句**之后**的所有语句都会自动跳过。除此之外，循环将继续正常执行。

continue 语句最常见的应用是根据某些条件绕过循环中的一组语句，但在不满足这些条件时继续执行该循环。continue 语句的格式很简单，如下所示：

```
continue;
```

不要使用 break 或 continue 语句，除非你非常熟悉如何编写循环并优雅地退出循环。这些语句太容易被滥用，可能导致程序难以阅读。

现在你已经熟悉了所有 C 语言提供的基本循环结构，可以开始学习另一类语言语句了，它们能让你在程序执行期间做出决策。第 5 章会详细介绍如何实现决策功能。首先，请尝试下面的练习题，以确保你理解如何在 C 语言中使用循环。

4.6 练习题

1. 输入并运行本章给出的程序。将每个程序产生的输出与本书中每个程序之后给出的输出进行比较。
2. 编写一个程序，对于变化范围为1～10的整数 n，生成并显示一个包含 n 和 n^2 的表格。务必要输出适当的列标题。
3. 对于任意整数值 n，用下面的公式可以得到一个三角数：

   ```
   triangularNumber = n (n + 1) / 2
   ```

   例如，将上式中 n 的值替换为10，就可以得到第10个三角数55。编写一个程序，用上面的公式生成一个三角数表。在5～50的三角数中，用程序生成每5个中的一个三角数（即5、10、15、……、50）。
4. 整数 n 的阶乘，记为 $n!$，表示1～n 的连续整数的乘积。例如，5的阶乘按照下面的方式计算为：

   ```
   5! = 5 × 4 × 3 × 2 × 1 = 120
   ```

   编写一个程序计算并输出一个表格，表格中包含前10个数字的阶乘。
5. 下面是一个完全有效的C语言程序，但在编写时没有过多地注意其格式。你会发现，这个程序的可读性不高，不注意格式甚至有可能让这个程序变得更不可读！以本章给出的程序为例，重新格式化程序，使其变得更具可读性。然后在计算机中输入该程序，并运行它。

   ```
   #include <stdio.h>
   int main(void){
   int n,two_to_the_n;
   printf("TABLE OF POWERS OF TWO\n\n");
   printf(" n     2 to the n\n");
   printf("---    ---------------\n");
   two_to_the_n=1;
   for(n=0;n<=10;++n){
   printf("%2i         %i\n",n,two_to_the_n); two_to_the_n*=2;}
   return 0;}
   ```

6. 在字段宽度规范前面放置一个减号，会使字段以**左对齐**方式显示。用下面的printf()语句替换程序4.2中相应的语句，运行程序，并比较两个程序的输出。

   ```
   printf ("%-2i      %i\n", n, triangularNumber);
   ```

7. 在printf()语句中，字段宽度规范之前的小数点有特殊用途。输入并运行下面的程序，试着确定它的功能。每次遇到提示时，尝试输入不同的值。

   ```
   #include <stdio.h>

   int main (void)
   {
       int dollars, cents, count;

       for ( count = 1; count <= 10; ++count ) {
           printf ("Enter dollars: ");
   ```

```
        scanf ("%i", &dollars);
        printf ("Enter cents: ");
        scanf ("%i", &cents);
        printf ("$%i.%.2i\n\n", dollars, cents);
    }
    return 0;
}
```

8. 程序 4.5 允许用户输入 5 个不同的数字。修改这个程序，让用户可以输入要计算的三角数的个数。
9. 重写程序 4.2 到 4.5，用等价的 while 语句替换所有 for 语句。运行每个程序，验证两个版本的输出是否相同。
10. 如果在程序 4.8 中输入一个负数会发生什么？试试看吧。
11. 编写一个程序，计算一个整数的所有数字之和。例如，整数 2155 的所有数字之和是 2 + 1 + 5 + 5，即 13。这个程序应该接收用户输入的任意整数。

第5章 做出决策

在第 4 章中，你了解到计算机的一个基本属性是具有重复执行指令序列的能力。它的另一个基本属性是能做出决策。我们已经看到，在执行各种循环语句时，这些决策功能是如何被用于判断何时结束程序循环的。如果没有决策功能，你将永远无法“走出”程序循环，最终将一遍又一遍地执行相同的语句序列，而且理论上会永远执行下去（这就是为什么这样的程序循环被称为无限循环）。

本章将介绍 C 语言提供的几种决策结构，包括：

- if 语句；
- switch 语句；
- 条件运算符。

5.1 if 语句

C 语言用一种称为 if 语句的语言结构形式，提供了通用的决策功能。if 语句的通用格式如下：

```
if ( expression )
    program statement
```

想象一下，你可以将“如果不下雨，那么我将去游泳”这样的语句翻译成 C 语言。如果使用上述 if 语句的格式，它在 C 语言中的“写法”可能是下述形式：

```
if ( it is not raining )
    I will go swimming
```

利用这个 if 语句，程序可以根据指定的条件启动一条或多条程序语句（如果是多条程序语句，则放在花括号中）。

类似的，在下面所示的程序语句中，**只有** count 的值大于 COUNT_LIMIT 的值时，printf() 语句才会执行；否则它将被忽略。

```
if ( count > COUNT_LIMIT )
    printf ("Count limit exceeded\n");
```

一个实际的程序示例有助于阐明这一点。假设你想编写一个程序，让它接收从终端输入的一个整数，然后显示这个整数的绝对值。计算整数绝对值的一种简单方法是，如果这个数小于 0，就求它的相反数。在前面的句子中使用短语“如果这个数小于 0”，表示程序必须做出决策。如程序 5.1 所示，可以使用 if 语句来影响这一决策。

程序 5.1　计算一个整数的绝对值

```
// 此程序计算一个整数的绝对值

#include <stdio.h>
```

```
int main (void)
{
       int number;

       printf ("Type in your number: ");
       scanf ("%i", &number);

       if ( number < 0 )
              number = -number;

       printf ("The absolute value is %i\n", number);

       return 0;
}
```

程序 5.1　输出

```
Type in your number: -100
The absolute value is 100
```

程序 5.1　输出（重新运行）

```
Type in your number: 2000
The absolute value is 2000
```

上述程序运行了两次，以验证其功能是否正常。当然，你也可能希望再多运行几次程序，以确保它真的能够正确地工作，但至少我们已经对程序可能做出的两种决策结果进行了验证。

在向用户显示一条消息，并将用户输入的整数值存储在 number 中之后，程序会测试 number 的值，判断它是否小于 0。如果 number 的值小于 0，则执行后面的程序语句，对 number 的值求相反数。如果 number 的值不小于 0，则自动跳过此程序语句。（如果它已经是正数，你就不需要求它的相反数了。）然后程序显示 number 的绝对值，程序执行结束。

请看程序 5.2，它使用了 if 语句。假设你有一个成绩列表，且需要计算成绩列表中这些成绩的平均值。除了计算平均值，假设你还需要计算成绩列表中不及格成绩的个数。假设低于 65 分被认为是不及格成绩。

要计算不及格成绩的个数，意味着你必须判断一个成绩是否属于不及格成绩。这里，if 语句再次起了作用。

程序 5.2　计算一组成绩的平均值，并计算不及格成绩的个数

```
/* 此程序计算一组成绩的平均值，并计算不及格成绩的个数 */

#include <stdio.h>

int main (void)
{
    int        numberOfGrades, i, grade;
    int        gradeTotal = 0;
    int        failureCount = 0;
    float      average;

    printf ("How many grades will you be entering? ");
    scanf ("%i", &numberOfGrades);
```

```
    for ( i = 1; i <= numberOfGrades; ++i ) {
        printf ("Enter grade #%i: ", i);
        scanf ("%i", &grade);

        gradeTotal = gradeTotal + grade;

        if ( grade < 65 )
            ++failureCount;
    }

    average = (float) gradeTotal / numberOfGrades;

    printf ("\nGrade average = %.2f\n", average);
    printf ("Number of failures = %i\n", failureCount);

    return 0;
}
```

程序 5.2 输出

```
How many grades will you be entering? 7
Enter grade #1: 93
Enter grade #2: 63
Enter grade #3: 87
Enter grade #4: 65
Enter grade #5: 62
Enter grade #6: 88
Enter grade #7: 76

Grade average = 76.29
Number of failures = 2
```

变量 gradeTotal 的初始值为 0，该变量用于保存输入成绩的累计总和结果。不及格成绩的个数保存在变量 failureCount 中，它的初始值也是 0。变量 average 声明为 float 型，因为一组整数的平均值不一定还是一个整数。

然后，程序要求用户输入将要输入的成绩个数，并且它将输入的值存储在变量 numberOfGrades 中。然后建立了一个循环，每一次循环都会处理一个成绩。循环的第一部分提示用户输入成绩。输入的数值存储在变量 grade（这个变量的名称非常恰当）中。

然后把 grade 的值加到 gradeTotal 中，之后做一个测试，查看成绩是否及格。如果没有及格，则将 failureCount 的值加 1。然后，对成绩列表中的下一个成绩重复整个循环过程。

当所有成绩都被输入并计算总分后，程序将计算成绩的平均值。乍一看，似乎下面所示的这一条语句就可以完成任务：

```
average = gradeTotal / numberOfGrades;
```

但回想一下，如果使用上述语句，最终除法结果的小数部分将丢失。这是因为除法运算的分子和分母**都是**整数，所以会执行整数除法运算。

这个问题有两种不同的解决方案。一种解决方案是将 numberOfGrades 或 gradeTotal 声明为 float 型的变量。这会确保在执行除法运算后不会丢失小数部分。这种解决方案唯一的问题是，程序使用 float 型的变量 numberOfGrades 和 gradeTotal 只存储整数值。将它们中的任何一个声明为 float 型只会模糊它们在程序中的使用，而且这通常不是一种非常高明的方式。

另一种解决方案，也正是程序中使用的，即将其中一个变量的值**转换**为浮点值，以便进行计算。类型转换运算符(float)用于将变量 gradeTotal 的值转换为浮点值，以便对表达式进行求值。因为 gradeTotal 的值在执行除法运算**之前**被转换为浮点值，所以整个除法运算被视为浮点值除以整数。因为其中一个操作数是浮点数，所以除法运算会按照浮点运算来执行。当然，这意味着你得到了想要的平均值的小数部分。

平均值在计算完之后会显示在终端上，并精确到小数点后两位。在 printf()的格式字符串中，如果格式字符 f（或 e）前面有一个小数点和一个数字［小数点和数字合称为**精度修饰符**（precision modifier）］，那么对应的值在四舍五入后，会按照指定的小数位数来显示。因此，在程序 5.2 中，精度修饰符.2 用于将 average 的值精确到小数点后两位来显示。

当程序显示不及格成绩后，程序的执行就完成了。

请注意，如果用户在程序中输入 0 来作为要记录的考试成绩，程序将生成一些奇怪的结果，如 NaN（Not a Number）或其他结果；不过，结果会因系统而异，具体取决于你的计算机如何处理除以 0 的运算。你可能想知道，如果没有考试成绩可输入，为什么还会有人不嫌麻烦地运行程序来记录考试成绩呢，但这的确是一种可以添加到程序中的错误检查。

5.1.1 if-else 结构

如果有人问你某个数是偶数还是奇数，你很可能会通过检查这个数的最后一位数字来判断。如果这个数字是 0、2、4、6 或 8，很容易断定这个数是偶数；否则，就断定这个数是奇数。

对计算机来说，确定一个特定数是偶数还是奇数的一种简单的方法不是检查数的最后一位是否为 0、2、4、6 或 8，而是确定这个数能否被 2 整除。如果能，这个数就是偶数；否则它就是奇数。

前面我们已经看到如何用求模运算符（%）来计算一个整数除以另一个整数的余数的。因此，用求模运算符来判断一个整数是否能被 2 整除，是再好不过的了。如果这个数除以 2 后的余数为 0，则它是偶数；否则它就是奇数。

请看程序 5.3，这个程序判断用户输入的整数是偶数还是奇数，并在终端显示适当的消息。

程序 5.3　判断用户输入的整数是偶数还是奇数

```
// 此程序判断用户输入的整数是偶数还是奇数

#include <stdio.h>

int main (void)
{
      int number_to_test, remainder;

      printf ("Enter your number to be tested: ");
      scanf ("%i", &number_to_test);

      remainder = number_to_test % 2;

      if ( remainder == 0 )
           printf ("The number is even.\n");

      if ( remainder != 0 )
           printf ("The number is odd.\n");
```

```
    return 0;
}
```

程序 5.3 输出

```
Enter your number to be tested: 2455
The number is odd.
```

程序 5.3 输出（重新运行）

```
Enter your number to be tested: 1210
The number is even.
```

在用户输入整数之后，程序开始计算除以 2 后的余数。第一条 if 语句检查余数是否等于 0，如果等于 0，则显示“The number is even.”，指出这个整数是偶数。

第二条 if 语句检查余数是否**不等于** 0，如果不等于 0，则显示“The number is odd.”，指出这个整数是奇数。

事实上，每当第一条 if 语句执行成功时，第二条 if 语句就一定会执行失败，反之亦然。回想本节开始时关于偶数和奇数的讨论，如果一个数能被 2 整除，那么这个数就是偶数；**否则**（else）它就是奇数。

在编写程序时，经常需要使用“else”概念，因此几乎所有现代程序设计语言都提供了一种特殊的结构。在 C 语言中，这种结构称为 if-else 结构，其通用格式如下所示：

```
if ( expression )
    program statement 1
else
    program statement 2
```

实际上 if-else 就是对通用格式的 if 语句的扩展。如果 expression 的计算结果为 true，执行紧跟其后的 program statement 1；否则，执行 program statement 2。在任何一种情况下，都会执行 program statement 1 或者 program statement 2 中的一个，但不会同时执行两者。

你可以在程序 5.3 中加入 if-else 语句，用一条 if-else 语句替换两条 if 语句。实际上使用这种新的程序结构有助于降低程序的复杂性，并提高其可读性，如程序 5.4 所示。

程序 5.4 修改程序，判断用户输入的整数是偶数还是奇数

```
// 此程序判断用户输入的整数是偶数还是奇数（第 2 版）

#include <stdio.h>

int main ()
{
    int number_to_test, remainder;

    printf ("Enter your number to be tested: ");
    scanf ("%i", &number_to_test);

    remainder = number_to_test % 2;

    if ( remainder == 0 )
         printf ("The number is even.\n");
    else
```

```
        printf ("The number is odd.\n");

    return 0;
}
```

程序 5.4 输出

```
Enter your number to be tested: 1234
The number is even.
```

程序 5.4 输出（重新运行）

```
Enter your number to be tested: 6551
The number is odd.
```

请记住，双等号（==）是相等测试运算符，单等号（=）是赋值运算符。如果你忘记了这一点，无意间在 if 语句中使用了赋值运算符，可能会导致很多麻烦。

5.1.2 复合关系测试

到目前为止，本章使用的 if 语句都是用于测试两个数之间关系的简单语句。在程序 5.1 中，将 number 的值与 0 进行了比较，而在程序 5.2 中，将 grade 的值与 65 进行了比较。有时可能需要甚至必须建立更复杂的测试。例如，假设在程序 5.2 中，你想计算的不是不及格成绩的个数，而是成绩在 70～79（包括 70 和 79）的个数。在这种情况下，你并不是要将 grade 的值与一个门限进行比较，而是要将 grade 的值与两个门限 70 和 79 进行比较，以确保它会落在指定的范围内。

C 语言提供了必要的机制来执行这类复合关系测试。**复合关系测试**（compound relational test）就是用**逻辑与**（logical AND）运算符或**逻辑或**（logical OR）运算符连接在一起的一个或多个简单关系测试。这两种运算符分别用字符对&&和||（两个竖线字符）表示。例如，下面所示的 if 语句表示，仅当 grade 大于或等于 70 **且**小于或等于 79 时，grades_70_to_79 的值才加 1。

```
if ( grade >= 70 && grade <= 79 )
    ++grades_70_to_79;
```

下面所示的以类似方式编写的 if 语句表示，如果 index 小于 0 或大于 99，则执行 printf() 语句。

```
if ( index < 0 || index > 99 )
    printf ("Error - index out of range\n");
```

在 C 语言中，复合运算符可用于构造极其复杂的表达式。C 语言在构造表达式方面给程序员提供了极大的灵活性，但这种灵活性经常被滥用。更简单的表达式几乎总是更容易阅读和调试。

在构建复合关系表达式时，尽量使用括号，以增强表达式的可读性，并避免因为错误地假设表达式中运算符的优先级而陷入麻烦。你也可以使用空格来提高表达式的可读性。运算符&&和||周围的额外空格从视觉上可以将这些运算符与由这些运算符连接的表达式区分开来。

为了在实际的程序示例中说明如何使用复合关系测试，请编写一个程序来测试某一年是否为闰年。如果一个年份能被 4 整除，那它就是闰年。然而，你可能没有意识到，一个能被

100 整除的年份如果不能被 400 整除，那么它就**不是**闰年。

试着想想如何为这种情况设置测试。首先，你可以计算使用该年份除以 4、100 和 400 后得到的余数，并将这些余数的值分别赋给命名恰当的变量，如 rem_4、rem_100 和 rem_400。然后，你可以继续测试这些余数，以确定是否满足闰年的要求。

如果你重新描述前面对闰年的定义，就可以说，如果一个年份能被 4 整除而不能被 100 整除，或者能被 400 整除，那么这一年就是闰年。停下来思考一下这个定义，并验证一下它是否与我们之前的定义相同。现在你已经重新描述了我们的定义，将其转换为如下所示的 if 语句就相对简单了。

```
if ( (rem_4 == 0 && rem_100 != 0) || rem_400 == 0 )
    printf ("It's a leap year.\n");
```

上面 if 语句中的子表达式周围的括号不是必需的，因为无论如何都会按照下面所示的方式对表达式进行求值。

```
rem_4 == 0 && rem_100 != 0
```

如果在这个测试前面添加一些语句来声明变量，并让用户能够在终端输入年份，就会得到这样一个程序，它能判断某一年是否为闰年，如程序 5.5 所示。

程序 5.5　判断某一年是否为闰年

```
// 此程序判断某一年是否为闰年

#include <stdio.h>

int main (void)
{
      int year, rem_4, rem_100, rem_400;

      printf ("Enter the year to be tested: ");
      scanf ("%i", &year);

      rem_4 = year % 4;
      rem_100 = year % 100;
      rem_400 = year % 400;

      if ( (rem_4 == 0 && rem_100 != 0) || rem_400 == 0 )
          printf ("It's a leap year.\n");
      else
          printf ("Nope, it's not a leap year.\n");

      return 0;
}
```

程序 5.5　输出

```
Enter the year to be tested: 1955
Nope, it's not a leap year.
```

程序 5.5　输出（重新运行）

```
Enter the year to be tested: 2000
It's a leap year.
```

程序 5.5　输出（第二次重新运行）

```
Enter the year to be tested: 1800
Nope, it's not a leap year.
```

在前面的例子中，有一年（1955）不是闰年，因为它不能被 4 整除；有一年（2000）是闰年，因为它能被 400 整除；还有一年（1800）不是闰年，因为它能被 100 整除，但不能被 400 整除；为了完成测试用例的运行，你还应该尝试测试能够被 4 整除但不能被 100 整除的年份。这是留给你的练习。

如前所述，C 语言在构造表达式方面给程序员提供了极大的灵活性。例如，在程序 5.5 中，rem_4、rem_100 和 rem_400 是计算的中间值，最终无须显示，因此可以直接在 if 语句中进行计算，如下所示：

```
if ( ( year % 4 == 0 && year % 100 != 0 ) || year % 400 == 0 )
```

使用空格来分隔各种运算符，可以使上述表达式更具有可读性。如果你决定不加空格，并删除不必要的括号，就会得到类似下面的 if 语句。

```
if(year%4==0&&year%100!=0)||year%400==0)
```

这个表达式完全有效，而且执行的结果与前面的表达式执行的结果完全相同。显然，这些额外的空格和括号对理解复杂表达式有很大的帮助。

5.1.3　嵌套 if 语句

一个嵌套 if 语句的例子：

```
if ( gameIsOver == 0 )
     if ( playerToMove == YOU )
          printf ("Your Move\n");
```

在 if 语句的通用格式中，如果括号内表达式的计算结果为 true，则执行紧跟其后的语句。紧跟其后这条程序语句完全可以是另一条 if 语句，如上所示。如果 gameIsOver 的值为 0，则执行下面的 if 语句。这个 if 语句比较 playerToMove 和 YOU 的值。如果这两个值相等，在终端上就会显示“Your Move”。因此，只有当 gameIsOver 等于 0 **并且** playerToMove 等于 YOU 时，printf()语句才会执行。实际上，使用复合关系也可以等价地表达这条嵌套 if 语句，如下所示：

```
if ( gameIsOver == 0 && playerToMove == YOU )
     printf ("Your Move\n");
```

一个更实用的嵌套 if 语句的例子是在前面的例子中添加 else 子句，如下所示：

```
if ( gameIsOver == 0 )
     if ( playerToMove == YOU )
          printf ("Your Move\n");
     else
          printf ("My Move\n");
```

上面这些语句的执行过程如前所述。但是，如果 gameIsOver 等于 0，而 playerToMove 的值不等于 YOU，则执行 else 子句，并将在终端上显示“My Move”。如果 gameIsOver 不等于 0，则跳过紧跟在后面的整条 if 语句，包括与之相关联的 else 子句。

注意，else 子句与测试 playerToMove 值的 if 语句相关联，而不与测试 gameIsOver 值的 if 语句相关联。else 子句的一般规则是，它总是与最后一个不包含 else 子句的 if 语句相关联。

你可以更进一步，在前面示例中的最外层 if 语句中添加一个 else 子句。如果 gameIsOver 的值不为 0，则执行 else 子句。正确使用缩进对于理解复杂语句的逻辑很有帮助，如下所示：

```
if ( gameIsOver == 0 )
     if ( playerToMove == YOU )
          printf ("Your Move\n");
     else
          printf ("My Move\n");
else
     printf ("The game is over\n");
```

当然，你使用缩进来表示的你认为 C 语言解释语句的方式，可能并不总是与编译器实际解释语句的方式一致。例如，删除前一个例子中的第一条 else 子句，如下所示：

```
if ( gameIsOver == 0 )
     if ( playerToMove == YOU )
          printf ("Your Move\n");
else
     printf ("The game is over\n");
```

上面的缩进**并不会**使该语句的解释方式与其格式指示的方式相同。相反，该语句被解释为下面所示的格式：

```
if ( gameIsOver == 0 )
     if ( playerToMove == YOU )
          printf ("Your Move\n");
     else
          printf ("The game is over\n");
```

根据 C 语言的规则，else 子句与最后一个不包含 else 子句的 if 语句相关联。对于内部的 if 语句不包含 else 语句，而外部的 if 语句包含 else 语句的情况，可以使用花括号强制改变这种关联关系。花括号的作用是“结束” if 语句。因此下面的代码实现了预期的效果，如果 gameIsOver 的值不为 0，就会显示“The game is over”。

```
if ( gameIsOver == 0 ) {
     if ( playerToMove == YOU )
          printf ("Your Move\n");
}
else
     printf ("The game is over\n");
```

5.1.4 else if 结构

前面已经看到，如果有针对两个可能条件的测试（例如，数字要么是偶数，要么是奇数；年份要么是闰年，要么不是闰年），else 语句就会发挥作用。但是，在程序设计时所要做出的决策并不总是这样非黑即白的。考虑下面这个任务：编写一个程序，如果用户输入的数字小于 0，则显示−1；如果用户输入的数字等于 0，则显示 0；如果用户输入的数字大于 0，则显示 1。（这实际上是通常所说的 sign 函数的实现。）显然，在这种情况下必须进行 3 次测试，以确定输入的数字是负数、0 还是正数。这时候简单的 if-else 结构就不起作用了。当然，在这种情况下，总是可以使用 3 条独立的 if 语句，但这种解决方案通常也并非总是有效的，尤其是所进行的测试并不是互斥的情况下。

你可以通过在 else 子句中添加 if 语句来处理上述情况。因为 else 语句后面的语句可以是任何有效的 C 语言程序语句，所以它是另一条 if 语句，也是合乎逻辑的。因此，在一般情况下，你可以按照下述方式编写。

```
if ( expression 1 )
     program statement 1
else
     if ( expression 2 )
          program statement 2
     else
          program statement 3
```

上述语句有效地将 if 语句从二值逻辑判定扩展为三值逻辑判定。你可以继续在 else 子句中添加 if 语句，就像上面展示的那样，有效地将决策扩展为 *n* 值逻辑决策。

上面的结构（通常被称为 else if 结构）使用非常频繁，还可以采用另一种结构形式，如下所示：

```
if ( expression 1 )
     program statement 1
else if ( expression 2 )
     program statement 2
else
     program statement 3
```

这种结构提高了语句的可读性，可以更清楚地表明正在进行一种三方决策。

程序 5.6 通过实现前面讨论的 sign 函数演示了 else if 结构的使用。

程序 5.6　实现 sign 函数

```
// 此程序实现 sign 函数

#include <stdio.h>

int main (void)
{
      int number, sign;

      printf ("Please type in a number: ");
      scanf ("%i", &number);

      if ( number < 0 )
           sign = -1;
      else if ( number == 0 )
           sign = 0;
      else            // 一定是正数
           sign = 1;

      printf ("Sign = %i\n", sign);

      return 0;
}
```

程序 5.6 输出

```
Please type in a number: 1121
Sign = 1
```

程序 5.6 输出（重新运行）

```
Please type in a number: -158
Sign = -1
```

程序 5.6 输出（第二次重新运行）

```
Please type in a number: 0
Sign = 0
```

如果用户输入的数字小于 0，则将 sign 赋值为-1；如果用户输入的数字等于 0，则将 sign 赋值为 0；否则，数字必然大于 0，将 sign 赋值为 1。

程序 5.7 分析从终端输入的单个字符，并将其分类为字母字符（a～z 或 A～Z）、数字（0～9）或特殊字符（其他任意字符）。要从终端读取单个字符，可以在 scanf()调用中使用格式字符%c。

程序 5.7 对终端输入的单个字符进行分类

```
// 此程序对终端输入的单个字符进行分类

#include <stdio.h>

int main (void)
{
      char c;

      printf ("Enter a single character:\n");
      scanf ("%c", &c);

      if ( (c >= 'a' && c <= 'z') || (c >= 'A' && c <= 'Z') )
          printf ("It's an alphabetic character.\n");
      else if ( c >= '0' && c <= '9' )
          printf ("It's a digit.\n");
      else
          printf ("It's a special character.\n");

      return 0;
}
```

程序 5.7 输出

```
Enter a single character:
&
It's a special character.
```

程序 5.7 输出（重新运行）

```
Enter a single character:
8
It's a digit.
```

程序 5.7　输出（第二次重新运行）

```
Enter a single character:
B
It's an alphabetic character.
```

读入字符后进行的第一次测试判断 char 型变量 c 是否为字母字符。这是通过测试字符是小写字母还是大写字母来完成的。小写测试通过下面的第一个表达式进行。如果 c 在字符'a'到'z'的范围内，也就是说，如果 c 是小写字母，则表达式为 true。大写测试由下面的第二个表达式进行。如果 c 在字符'A'到'Z'的范围内，也就是说，如果 c 是大写字母，则表达式为 true。这些测试适用于所有以 ASCII 格式在机器内存储字符的计算机系统[1]。

```
( c >= 'a' && c <= 'z' )
( c >= 'A' && c <= 'Z' )
```

如果变量 c 是字母字符，那么第一个 if 测试成功，显示“It's an alphabetic character.”。如果测试失败，就执行 else if 子句。这个子句用于确定字符是否是数字。注意，这个测试比较的是字符 c 与**字符**'0'和'9'，而**不是整数** 0 和 9。这是因为字符是从终端读入的，字符'0'到'9'与整数 0 到 9 并不相同。事实上，在使用前面提到的以 ASCII 格式存储字符的计算机系统中，字符'0'在内部实际上表示为数字 48，字符'1'表示为数字 49，以此类推。

如果 c 是一个数字字符，短语“It's a digit.”会显示出来。如果 c 不是字母，也不是数字，则执行最后一个 else 子句，并显示“It's a special character.”。之后程序就执行完成了。

你应当注意到，尽管这里使用 scanf()以只读取一个字符，但在输入字符之后，仍然必须按 Enter（或 Return）键，将输入发送给程序。一般来说，每当你从终端读取数据时，在按 Enter（或 Return）键之前，程序是看不到任何输入数据的。

在下一个例子中，假设你想编写一个程序，让用户输入如下形式的简单表达式：

```
number operator number
```

这个程序对表达式求值，并将结果精确到小数点后两位，最后在终端上显示结果。我们希望能够识别普通的加、减、乘、除运算符。程序 5.8 使用一条大型 if 语句和许多 else if 子句来判断要执行哪种操作。

程序 5.8　对简单表达式求值

```
/* 此程序对以下形式的表达式求值
              number operator number */

#include <stdio.h>

int main (void)
{
      float value1, value2;
      char operator;

      printf ("Type in your expression.\n");
      scanf ("%f %c %f", &value1, &operator, &value2);
```

1　建议使用标准 C 语言库中名为 islower 和 isupper 的函数，以完全避开内部表示问题。为此，需要在程序中包含一条#include <ctype.h>语句。

```
    if ( operator == '+' )
        printf ("%.2f\n", value1 + value2);
    else if ( operator == '-' )
        printf ("%.2f\n", value1 - value2);
    else if ( operator == '*' )
        printf ("%.2f\n", value1 * value2);
    else if ( operator == '/' )
        printf ("%.2f\n", value1 / value2);

    return 0;
}
```

程序 5.8 输出

```
Type in your expression.
123.5 + 59.3
182.80
```

程序 5.8 输出（重新运行）

```
Type in your expression.
198.7 / 26
7.64
```

程序 5.8 输出（第二次重新运行）

```
Type in your expression.
89.3  * 2.5
223.25
```

scanf()调用指定了将 3 个值读入变量 value1、operator 和 value2。浮点值可以用格式字符%f 读入，该格式字符与浮点值的输出使用的格式字符相同。在为表达式的第一个操作数（value1 变量）读入数值时，使用的就是这种格式字符。

接下来，我们要读入运算符。因为运算符是字符（'+'、'-'、'*'或'/'）而不是数字，所以将它读入 char 型变量 operator。格式字符%c 告诉系统从终端读取下一个字符。格式字符串中的空格表明在输入时允许输入任意数量的空格。这样，在输入这些值时，就可以用空格将操作数和运算符分隔开。如果指定了格式字符串 " %f%c%f "，那么在输入第一个数字之后和输入运算符之前将不允许输入空格。这是因为当 scanf()函数用%c 读取字符时，下一个字符就是该函数要读取的字符，**即使它是一个空格**。不过，需要注意的是，通常情况下，scanf()函数在读取小数或浮点数时**总是**会忽略前导空格。因此，格式字符串 " %f %c%f " 在程序 5.8 中也能正常工作。

在接收用户输入的第二个操作数并将其保存到变量 value2 之后，程序测试 operator 是否为 4 个允许的运算符之一。如果匹配正确，就执行相应的 printf()语句，显示计算结果。之后程序就执行完成了。

在这里有必要简单介绍一下程序的完整性。虽然前面的程序完成了设定的任务，但它并不是真正完整的程序，因为它忽略了用户犯错的情况。例如，如果用户在输入运算符时，错误地输入了一个“?”会发生什么？这个程序只是“跳过”了 if 语句，没有将任何消息显示在终端上，来提醒用户他输入的表达式不正确。

另一种被程序忽略的情况是用户在输入除法运算时，输入的除数为 0。你已经知道，在 C 语言中永远不要尝试用 0 除一个数字。程序应该检查这种情况。

尝试预测程序在什么情况下可能失败或产生不想要的结果，然后为这些情况采取预防措施，这是编写优秀、可靠程序的必要步骤。对一个程序运行足够数量的测试用例，通常会找出程序中某些没有考虑到的特定情况，但这还远远不够。在编写程序时，它必须成为一个自律问题，应该总是考虑“如果……会发生什么情况？”并插入必要的程序语句来正确地处理这种情况。

程序 5.8A 是程序 5.8 的修改版本，考虑了除 0 和输入未知运算符的异常情况。

程序 5.8A　修正程序，对简单表达式求值

```
/* 此程序对以下形式的表达式求值
                     value operator value */

#include <stdio.h>

int main (void)
{
      float value1, value2;
      char operator;

      printf ("Type in your expression.\n");
      scanf ("%f %c %f", &value1, &operator, &value2);

      if ( operator == '+' )
           printf ("%.2f\n", value1 + value2);
      else if ( operator == '-' )
           printf ("%.2f\n", value1 - value2);
      else if ( operator == '*' )
           printf ("%.2f\n", value1 * value2);
      else if ( operator == '/' )
           if ( value2 == 0 )
                printf ("Division by zero.\n");
            else
                printf ("%.2f\n", value1 / value2);
      else
            printf ("Unknown operator.\n");

      return 0;
}
```

程序 5.8A　输出

```
Type in your expression.
123.5 + 59.3
182.80
```

程序 5.8A　输出（重新运行）

```
Type in your expression.
198.7 / 0
Division by zero.
```

程序 5.8A　输出（第二次重新运行）

```
Type in your expression.
125 $ 28
Unknown operator.
```

如果输入的运算符是斜线（即执行除法运算），则执行另一个测试，确定 value2 是否为 0。如果 value2 为 0，则在终端上显示相应的消息；否则，执行除法运算并显示结果。在这种情况下，要注意 if 语句和相关的 else 子句的嵌套。

程序末尾的 else 子句可以捕获所有情况，即“贯穿”（fall through）。因此，如果 operator 的值没有匹配 4 个允许的运算符中的任何一个，程序就会执行 else 子句，并显示结果“Unknown operator.”。

5.2 switch 语句

在程序 5.8 中遇到的 if-else 语句链会连续地将变量的值与不同的值进行比较，这种 if-else 语句链在开发程序时非常常用，所以 C 语言提供了一种实现这一功能的特殊程序语句，这就是 switch 语句，其一般形式如下：

```
switch ( expression )
{
      case value1:
                program statement
                program statement
                    ...
                break;
      case value2:
                program statement
                program statement
                    ...
                break;
        ...
      case valuen:
                program statement
                program statement
                    ...
                break;
      default:
                program statement
                program statement
                    ...
                break;
}
```

括号中的 expression 依次与 value1、value2、…、valuen 的值（这些值必须是简单常量或常量表达式）进行比较。如果发现一个后面的值等于 expression 的值的 case，则执行该 case 后面的程序语句。请注意，当包含多条这样的程序语句时，**不需要**将它们放在花括号中。

break 语句表示一条特定 case 语句的结束，并使该 switch 语句的执行结束。记得在每条 case 语句的末尾加上 break 语句。如果忘记为某条特定的 case 语句加上 break 语句，那么在该 case 语句执行后，程序会继续执行下一条 case 语句。

如果 expression 的值没有匹配任何 case 后面的值，则会执行名为 default 的特殊 case 语句。需要注意的是，default 不是必须有的，它是选填项。这在概念上等同于你在程序 5.8A 中使用的“贯穿”式语句 else。事实上，switch 语句的一般形式可以等价地表示为 if 语句，如下所示：

```
if ( expression == value1 )
{
     program statement
     program statement
         ...
}
else if ( expression == value2 )
{
     program statement
     program statement
         ...
}
     ...
else if ( expression == valuen )
{
     program statement
     program statement
         ...
}
else
{
     program statement
     program statement
         ...
}
```

请记住这一点，你可以像程序 5.9 这样，将程序 5.8A 中的大型 if 语句转换为等效的 switch 语句。

程序 5.9　修改程序，对简单表达式求值（第 2 版）

```
/* 此程序对以下形式的表达式求值
               value operator value */

#include <stdio.h>

int main (void)
{
    float value1, value2;
    char  operator;

    printf ("Type in your expression.\n");
    scanf ("%f %c %f", &value1, &operator, &value2);

    switch (operator)
    {
        case '+':
            printf ("%.2f\n", value1 + value2);
            break;
        case '-':
            printf ("%.2f\n", value1 - value2);
            break;
        case '*':
            printf ("%.2f\n", value1 * value2);
            break;
        case '/':
            if ( value2 == 0 )
```

```
                printf ("Division by zero.\n");
            else
                printf ("%.2f\n", value1 / value2);
            break;
        default:
            printf ("Unknown operator.\n");
            break;
    }

    return 0;
}
```

程序 5.9 输出

```
Type in your expression.
178.99 - 326.8
-147.81
```

程序在读入表达式后，依次将 operator 的值与每个 case 指定的值进行比较。找到匹配项后，执行 case 后面的语句。执行之后，break 语句将程序的执行转移到 switch 语句之外，程序的执行就结束了。如果所有 case 后面的值都不与 operator 的值匹配，则执行 default 语句，显示“Unknown operator.”。

在程序 5.9 中，default 语句中的 break 语句实际上是没必要写的，因为在 switch 中，default 语句之后没有任何语句。不过，在每个 case 语句的末尾加上 break 语句是一个很好的编程习惯。

在编写 switch 语句时，请记住不同 case 后面不能跟着相同的值。不过，你可以将多个 case 后面的值与一组特定的程序语句关联起来。要做到这一点，只需在要执行的共用语句之前列出多个 case 后面的值（在每一个值之前有关键字 case，在每一个值之后有冒号）。例如，在下面的 switch 语句中，如果 operator 等于一个星号或等于小写字母 x，则执行 printf()语句，将 value1 乘 value2。

```
switch (operator)
{
              ...
    case '*':
    case 'x':
            printf ("%.2f\n", value1 * value2);
            break;
              ...
}
```

5.3 布尔变量

许多新程序员很快就发现自己要完成一项任务：编写一个程序来生成一份**素数**（prime number）表。复习一下，如果一个正整数 p 不能被除 1 和自身以外的任何整数整除，那么它就是一个素数。第一个素数被定义为 2。下一个素数是 3，因为它不能被除 1 和 3 外的任何整数整除。4 **不是**素数，因为它**能**被 2 整除。

有几种方法可以用来生成一份素数表。如果你有一项任务，要生成一份包含 50 以内的所有素数的表，最直接（也是最简单）的算法就是测试每个整数 p 是否能被从 2 到 p−1 的所有整数整除，只要 p 能被其中任何一个整数整除，那么 p 就不是素数；否则，它就是一个素数。程序 5.10 给出了生成一份素数表的程序。

程序 5.10　生成一份素数表

```
// 此程序生成一份素数表

#include <stdio.h>

int main (void)
{
      int p, d;
      _Bool isPrime;

      for ( p = 2; p <= 50; ++p ) {
          isPrime = 1;

          for ( d = 2; d < p; ++d )
              if ( p % d == 0 )
                 isPrime = 0;

              if ( isPrime != 0 )
                 printf ("%i ", p);
      }

      printf ("\n");
      return 0;
}
```

程序 5.10　输出

```
2 3 5 7 11 13 17 19 23 29 31 37 41 43 47
```

关于程序 5.10 有几点值得注意。最外层的 for 语句建立了一个循环，遍历整数 2 ～ 50。循环变量 p 表示你正在测试是否是素数的值。循环中的第一条语句将值 1 赋给变量 isPrime。这个变量的用法很快就会显现出来。

建立第二个循环，用 p 除以 2～p−1 的所有整数。在循环内部，要测试 p 除以 d 的余数是否为 0。如果是，你就知道 p 不可能是素数，因为除了 1 和它自身以外还有其他整数能够整除它。为了表示 p 不可能是素数，将变量 isPrime 的值设为 0。

当最内层的循环执行结束时，测试 isPrime 的值。如果它的值不等于 0，则表示找不到能将 p 整除的整数；因此，p 一定是一个素数，程序会将它的值显示出来。

你可能已经注意到，变量 isPrime 的值要么为 0，要么为 1，再没有其他值。这就是为什么要将它声明为_Bool 型变量。只要 p 是素数，isPrime 的值就是 1。但只要找到一个能整除的因数，它的值就被设置为 0，表示 p 不再满足素数的条件。以这种方式使用的变量通常称为**标志**（flag）。一个标志通常只取两个不同的值之一。此外，通常在程序中至少测试一次标志的值，看看它是“on”（true）还是“off”（false），然后根据测试的结果进行一些特定的操作。

在 C 语言中，一个标志的取值为 true 或 false 时，大多都会被非常自然地分别转换为值 1 和 0。因此，在程序 5.10 中，当你在循环中把 isPrime 的值设置为 1 时，实际上就是把它设置为 true，表明 p“是素数”。如果在内部 for 循环的执行过程中找到了一个能够整除的因数，则将 isPrime 的值设置为 false，表示 p“不可能是素数”。

通常用值 1 来表示 TRUE 或“on”状态，用值 0 来表示 false 或“off”状态，这并非巧合。这种表示对应于计算机中单个位的概念。当一个位是“on”时，其值为 1；当它是“off”时，其值为 0。但在 C 语言中，有一个更具说服力的论点来支持这些逻辑值。这与 C 语言处理 true 与 false 概念的方式有关。

回想本章开头的内容：如果 if 语句中指定的条件得到“满足”，紧跟其后的程序语句就会执行。但是“满足”到底是什么意思呢？在 C 语言中，满足意味着非 0，仅此而已。因此，下面所示的程序语句一定会执行 printf()语句，因为 if 语句中的条件（在本例中就是数值 100）非 0，即得到了满足。

```
if ( 100 )
   printf ("This will always be printed.\n");
```

在本章的每个程序中，都使用了“非 0 表示满足”和“0 表示不满足”的概念。这是因为每当在 C 语言中计算一个关系表达式时，如果表达式被满足，就给它赋值 1；如果表达式不满足，就给它赋值 0。因此，对下述语句的求值过程如下。

```
if ( number < 0 )
   number = -number;
```

（1）计算关系表达式 number < 0。如果满足条件，即 number 小于 0，则表达式的值为 1；否则，表达式的值为 0。

（2）if 语句测试表达式求值的结果。如果结果非 0，则执行紧跟其后的语句；否则，跳过该语句。

前面的讨论也适用于 for、while 和 do 语句中的条件求值。例如，下面的复合关系表达式的求值过程与上述讨论一致。

```
while ( char != 'e' && count != 80 )
```

如果两个条件都满足，计算的结果是 1；但如果任何一个条件不满足，计算的结果就是 0。检查计算的结果，如果结果为 0，则 while 循环结束；否则继续执行。

回到程序 5.10 和标志的概念。在 C 语言中，利用下面的第一条 if 语句中的表达式来测试一个标志的值是否为 true 是完全有效的，而不需要使用下面的第二条 if 语句中的等价表达式来测试。

```
if ( isPrime )
if ( isPrime != 0 )
```

为了方便地测试标志的值是否为 false，可以使用**逻辑求反**（logical negation）运算符（!）。在下面的表达式中，逻辑求反运算符用于测试 isPrime 的值是否为 false。

```
if ( ! isPrime )
```

通常情况下，表达式“! expression”会将 expression 的逻辑值求反。因此，如果 expression 的计算结果为 0，则逻辑求反运算符会产生一个 1。如果 expression 的计算结果非 0，则逻辑求反运算符会产生一个 0。

逻辑求反运算符可用于轻松地“翻转”一个标志的值，例如下面的表达式：

```
myMove = ! myMove;
```

如你所料，逻辑求反运算符的优先级与一元减号运算符的优先级相同，这意味着它的优先级高于所有二进制算术运算符和所有关系运算符的优先级。因此，为了测试变量 x 的值是否不小于变量 y 的值，在下面的语句中，括号是确保正确计算表达式所必需的。

```
! ( x < y )
```

当然，你也可以将上述表达式等价地表示为下面所示的语句：

```
x >= y
```

在第 3 章中，我们学习了 C 语言中定义的一些特殊值，这些特殊值可以在处理布尔值时使用。这些特殊值是 bool 型，值为 true 和 false。要使用它们，需要在你的程序中包含头文件<stdbool.h>。程序 5.10A 是程序 5.10 的改进版本，它使用了这种数据类型和值。

程序 5.10A　修改程序，生成一份素数表

```
// 此程序生成一份素数表

#include <stdio.h>
#include <stdbool.h>

int main (void)
{
      int p, d;
      bool isPrime;

      for ( p = 2; p <= 50; ++p ) {
          isPrime = true;

           for ( d = 2; d < p; ++d )
                if ( p % d == 0 )
                    isPrime = false;

                if ( isPrime != false )
                    printf ("%i ", p);
      }

      printf ("\n");
      return 0;
}
```

程序 5.10A　输出

```
2 3 5 7 11 13 17 19 23 29 31 37 41 43 47
```

如你所见，在程序中包含头文件<stdbool.h>后，你就可以将变量声明为 bool 型，而不再是_Bool 型。这完全是为了美观，因为前者比后者更容易阅读和输入，而且更符合 C 语言中其他基本数据类型（例如 int、float 和 char）的风格。

5.4　条件运算符

C 语言中最不同寻常的运算符可能就是**条件**（conditional）运算符了。不同于 C 语言中的一元运算符和二元运算符，条件运算符是一个**三元**（ternary）运算符；也就是说，它需要 3 个操作数。用于表示这个运算符的两个符号是问号（?）和冒号（:）。第一个操作数放在问号之前，第二个操作数放在问号和冒号之间，第三个操作数则放在冒号之后。

条件运算符的一般格式为：

```
condition ? expression1 : expression2
```

格式中的 condition 是一个表达式，而且通常是一个关系表达式，每当遇到条件运算符时，都会首先计算它。如果 condition 的计算结果为 true（即非零），则对 expression1 进行计算，计算的结果作为整个运算的结果。如果 condition 的计算结果为 false（也就是 0），则对 expression2 进行计算，计算的结果作为整个运算的结果。

条件运算符最常用于根据某种条件将两个值中的一个赋给变量。例如，假设有一个整型变量 x 和另一个整型变量 s。如果你希望在 x 小于 0 时将−1 赋值给 s，否则将 x*x 的值赋值给 s，可以编写如下语句：

```
s = ( x < 0 ) ? -1 : x * x;
```

当执行上面的语句时，首先测试条件 x < 0。为了提高语句的可读性，通常会在条件表达式的两边加上括号。这通常不是必需的，因为条件运算符的优先级非常低。实际上，除了赋值运算符和逗号运算符以外，条件运算符的优先级比其他所有运算符的优先级都低。

如果 x 的值小于 0，则计算紧跟在问号后面的表达式。该表达式是一个简单的常量整数值−1，如果 x 小于 0，则将这个值赋给变量 s。

如果 x 的值不小于 0，则计算紧跟在冒号后面的表达式。因此，如果 x 大于或等于 0，则将 x * x 的值赋给变量 s。

下面是另一个使用条件运算符的例子，下面的语句将 a 和 b 的最大值赋给变量 maxValue：

```
maxValue = ( a > b ) ? a : b;
```

如果冒号后面使用的表达式（即“else”部分）包含另一个条件运算符，就可以实现“else if”子句的效果。例如，程序 5.6 中实现的 sign 函数，可以在一行代码中使用两个条件运算符来实现，如下所示：

```
sign = ( number < 0 ) ? -1 : (( number == 0 ) ? 0 : 1);
```

如果 number 小于 0，则将 sign 赋值为−1；如果 number 等于 0，则将 sign 赋值为 0；否则赋值为 1。上面表达式“else”部分的括号实际上是不必要的。这是因为条件运算符是自右向左结合的，也就是说，在一个表达式中可以多次使用这个运算符，如下所示：

```
e1 ? e2 : e3 ? e4 : e5
```

将条件运算符自右向左分组，可知上述表达式的求值顺序如下所示：

```
e1 ? e2 : ( e3 ? e4 : e5 )
```

条件运算符不一定要放在赋值语句的右边，只要是能够使用表达式的地方，就可以使用条件运算符。这意味着可以使用下面的 printf()语句显示变量 number 的 sign，而无须先将其赋值给变量。

```
printf ("Sign = %i\n", ( number < 0 ) ? -1 : ( number == 0 ) ? 0 : 1);
```

在用 C 语言编写预处理器**宏**（macro）时，条件运算符非常便于使用，详情请参见第 12 章。

关于决策的讨论到此结束。第 6 章会介绍更复杂的数据类型——数组。**数组**（array）的功能十分强大，很多 C 语言开发的程序中都会用到数组。在学习第 6 章之前，请完成以下练习题，以测试你对本章内容的理解程度。

5.5 练习题

1. 输入并运行本章给出的程序。将每个程序产生的输出与本书中每个程序之后给出的输出进行比较。在每个程序中都尝试输入不同的值。
2. 编写一个程序，让用户在终端输入两个整数。测试这两个整数，确定第一个整数能否被第二个整数整除，然后在终端显示相应的消息。
3. 编写一个程序，接收用户输入的两个整数。显示第一个整数除以第二个整数的结果（精确到小数点后 3 位）。记得让程序检查是否存在被 0 除的情况。
4. 编写一个程序，充当一个简单的“打印”计算器。这个程序应该允许用户输入如下形式的表达式：

   ```
   number  operator
   ```

   程序应该能够识别以下运算符：

   ```
   +  -  *  /  S  E
   ```

   运算符 S 告诉程序将“累加器”设置为输入的数字。运算符 E 告诉程序，执行将结束。以输入的数字作为第二个操作数，对累加器中的内容和第二个操作数执行算术运算。下面是一个“运行示例”，显示该程序应该如何运行：

   ```
   Begin Calculations
   10 S                    // 设定累加器为 10
   = 10.000000             // 累加器的内容
   2 /                     // 除以 2
   = 5.000000              // 累加器的内容
   55 -                    // 减去 55
   -50.000000
   100.25 S                // 设定累加器为 100.25
   = 100.250000
   4 *                     // 乘以 4
   = 401.000000
   0 E                     // 结束程序
   = 401.000000
   End of Calculations.
   ```

   确保程序检查被 0 除的情况以及检查未知运算符。
5. 你开发了程序 4.9 将终端输入的整数进行反转。但是，如果输入的是负数，这个程序就不能正常工作了。请查明在这种情况下发生了什么，然后修改程序，使其能正确处理负数，例如，输入数字-8645，程序输出 5468-。
6. 编写一个程序，接收从终端输入的一个整数，提取这个整数的每个数位，并显示其英文。因此，如果用户输入 932，程序应该显示：

   ```
   nine three two
   ```

   如果用户只输入一个 0，请记住显示“zero”。（注意：这道题很难！）

7. 程序 5.10 有几个低效之处。校验偶数会导致效率低下。很明显，任何大于 2 的偶数都不可能是素数，因此程序可以直接跳过所有大于 2 的偶数，不再将其作为候选素数和候选因数。内部的 for 循环也是低效的，因为 p 的值总是要除以 2～p–1 的所有 d 值。通过在 for 循环的条件语句中测试 isPrime 的值，可以避免这种低效的操作。这样，只要还没有找到因数且 d 的值小于 p，for 循环就可以继续运行。修改程序 5.10，将这两项修改合并起来，然后运行该程序，验证其操作。（注意：第 6 章会介绍更有效的素数生成方法。）

第 6 章

使用数组

C 语言提供了一种使你能够创建一组有序的数据项的功能，这种功能被称为数组。本章将介绍如何定义和操作数组。在后面的章节中，你将学习更多关于数组的知识，了解它们如何与程序函数、结构体、字符串和指针一起工作。但是在讨论这些主题之前，首先需要了解数组的基础知识，包括：

- 建立简单的数组；
- 初始化数组；
- 使用字符数组；
- 使用 const 关键字；
- 实现多维数组；
- 创建变长数组。

假设你有一组成绩，你希望将它们读入计算机，并对它们执行一些操作，例如按升序排列它们，计算它们的平均值，或查找它们的中位数。在程序 5.2 中，你可以通过在输入每个成绩时将其累计求和，再计算一组成绩的平均值。然而，如果你想将成绩按升序排列，那还需要再做一些事情。如果考虑对一组成绩进行排序的过程，你很快就会意识到，在完成所有成绩的输入之前，你无法执行这样的操作。因此，如果使用前面描述的技术，你需要读入每个成绩并将其存储到一个唯一的变量中，可能包含如下语句序列：

```
printf ("Enter grade 1\n");
scanf ("%i", &grade1);
printf ("Enter grade 2\n");
scanf ("%i", &grade2);
    . . .
```

在输入成绩之后，你可以对它们进行排序。可以通过建立一系列 if 语句来比较每个值，以确定最低成绩、第二低的成绩，以此类推，直到确定最大成绩。如果你试着编写一个程序来精确地执行这个任务，你很快就会意识到，对于任何合理大小的成绩列表（所谓的合理大小可能只包含大约 10 个成绩），生成的程序都是相当庞大和复杂的。然而，这并非无法“破解”，因为这就是数组“救场”的一个实例。

6.1 定义一个数组

你可以定义一个名为 grades 的变量，它表示的不是**单个**（single）成绩值，而是一个完整的**成绩集合**。集合中的每个元素都可以通过一个**索引**（index）[又称**下标**（subscript）] 来引用。在数学中，带有下标的变量 x_i 指的是一个集合中的第 i 个元素 x，而在 C 语言中，等价的表示法如下：

```
x[i]
```

因此下面的表达式指的是名为 grades 的数组中索引为 5 的元素。

```
grades[5]
```

数组元素索引从数字 0 开始，所以下面的数组实际上是指数组的第一个元素。（由于这个原因，更容易认为它指的是第 0 号元素，而不是第一号元素。）

```
grades[0]
```

任何可以使用普通变量的地方都可以使用单个数组元素。例如，你可以用如下所示的语句将一个数组值赋给一个变量：

```
g = grades[50];
```

上面的语句获取存储在 grades[50]中的值，并将其赋给变量 g。更通用的情况是，如果将 i 声明为整型变量，则下面的语句将获取 grades 数组中元素 i 中的值，并将其赋给变量 g。

```
g = grades[i];
```

因此，在执行上述语句时，如果 i 等于 7，则将 grades[7]的值赋给变量 g。

只需在等号左边指定数组元素，就可以将值存储在数组的元素中。如下面第一条语句所示，它将值 95 存储在 grades 数组的第 100 号元素中。而下面的第二条语句的作用是将变量 g 的值存储在 grades[i]中。

```
grades[100] = 95;
grades[i] = g;
```

通过单个数组表示相关数据项集合的能力使你能够开发简洁而高效的程序。例如，通过改变用作数组索引的变量值，可以轻松地对数组中的元素进行排序。因此，下面的 for 语句按顺序（i 从 0 到 99）获取数组 grades 的前 100 个元素，并将每个成绩的值加到 sum 中。当 for 循环结束时，变量 sum 中包含 grades 数组的前 100 个值的总和（假设 sum 在进入循环之前被设置为 0）。

```
for ( i = 0; i < 100; ++i )
      sum += grades[i];
```

在处理数组时，请记住数组的第一个元素的索引值为 0，最后一个元素的索引值为数组中元素的数量减 1。

除了整型常量，还可以在括号内使用整数值表达式来引用数组的特定元素，如下所示：

```
next_value = sorted_data[(low + high) / 2];
```

如果 low 和 high 被定义为整型变量，则上述程序语句通过计算表达式 (low + high) / 2 的值给变量 next_value 赋值。如果 low 等于 1，high 等于 9，则将 sorted_data[5]的值赋值给变量 next_value。此外，如果 low 等于 1，high 等于 10，最终还是会引用 sorted_data[5]的值，这是因为我们知道整数除法 11 除以 2 得到的结果是 5。

与变量一样，数组在使用之前也必须声明。一个数组的声明包括声明数组中包含的元素的类型（例如 int、float 或 char），以及数组中存储的元素的最大数量。（C 语言编译器需要数组大小的信息来确定为这个特定数组保留多少存储空间。）

举个例子，下面的语句声明 grades 为一个包含 100 个整数元素的数组。

```
int grades[100];
```

引用该数组的有效索引是 0～99。但是要注意使用有效索引，因为 C 语言不会为你检查数组边界。因此，引用数组 grades 的索引为 150 的元素并不一定会导致编译错误，但很可能会导致我们得到不想要的或者不可预测的程序结果。

下面的语句声明一个名为 averages 的数组，该数组包含 200 个浮点元素。

```
float averages[200];
```

此声明会让计算机在内存中预留足够的存储空间来存储这 200 个浮点数。类似的，下面的声明语句让计算机为一个名为 values 的数组预留足够的存储空间，该数组最多可以容纳 10 个整数。

```
int values[10];
```

参考图 6.1 所示内容，你可以更好地理解预留存储空间的概念。

对于将数据元素类型声明为 int、float 或 char 的数组，可以像操作普通变量一样操作其数据元素。你可以为它们赋值、显示它们的值、对它们进行加减运算等。因此，如果程序中出现下列语句，则数组 values 将包含图 6.2 所示的数字。

```
int values[10];

values[0] = 197;
values[2] = -100;
values[5] = 350;
values[3] = values[0] + values[5];
values[9] = values[5] / 10;
--values[2];
```

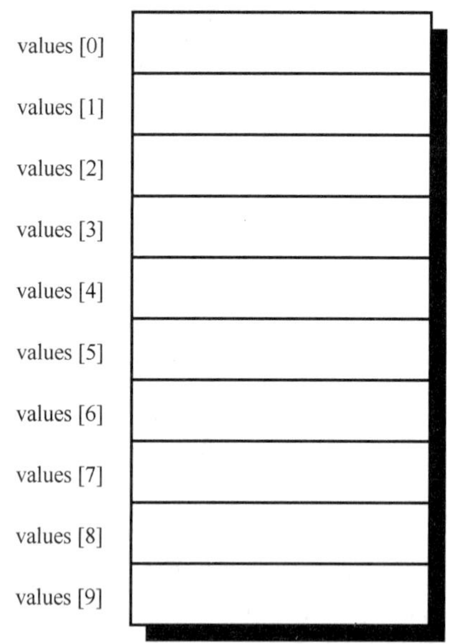

图 6.1　内存中的数组 values

values [0]	197
values [1]	
values [2]	-101
values [3]	547
values [4]	
values [5]	350
values [6]	
values [7]	
values [8]	
values [9]	35

图 6.2　具有一些初始化元素的数组 values

第一条赋值语句的作用是将数值 197 存储在 values[0]中。以类似的方式，第二条和第三条赋值语句将−100 和 350 分别存储在 values[2]和 values[5]中。第四条赋值语句将 values[0]的内容（197）与 values[5]的内容（350）相加，并将结果 547 存储在 values[3]中。在第五条赋值语句中，将 values[5]中的值（350）除以 10，并将结果存储在 values[9]中。最后一条语句将 values[2]的内容减 1，这条语句的作用是将 values[2]的值从−100 变为−101。

以上程序语句被整合到程序 6.1 中。for 语句遍历数组的每个元素，并将其值依次显示在终端上。

程序 6.1 使用数组

```
#include <stdio.h>

int main (void)
{
      int values[10];
      int index;

      values[0] = 197;
      values[2] = -100;
      values[5] = 350;
      values[3] = values[0] + values[5];
      values[9] = values[5] / 10;
      --values[2];

      for ( index = 0; index < 10; ++index )
           printf ("values[%i] = %i\n", index, values[index]);

      return 0;
}
```

程序 6.1 输出

```
values[0] = 197
values[1] = -2
values[2] = -101
values[3] = 547
values[4] = 4200224
values[5] = 350
values[6] = 4200326
values[7] = 4200224
values[8] = 8600872
values[9] = 35
```

变量 index 假设数组 values 的索引范围是 0～9，因为数组的最后一个有效索引总是比元素个数小 1（因为数组元素从 0 开始）。因为你从未给数组中的 5 个元素（元素 1、4、6、7、8）赋值，所以显示这 5 个元素的值是没有意义的。在运行该程序后，你可能会看到与此处显示的值不同的值。因此，不应该对未初始化的变量或数组元素的值做任何假设。

6.1.1 使用数组元素作为计数器

现在，是时候考虑一个稍微实际一点的例子了。假设你做了一个电话调查以了解人们对某个电视节目的感受，你让每个受访者给这个节目打分，分数范围为 1～10（包括 10）。在采访 5000 人之后，你积累了一个包含 5000 个数字的列表。现在，你想要分析结果。首先要收集的第一部分数据是一份显示评分分布的表格。换句话说，你想知道有多少人给这个节目打 1 分，有多少人打 2 分，以此类推，一直到有多少人打 10 分。

虽然这不是一件不可能完成的苦差事，但查看每个电话回复并手动计算每个评分类别的回复数量，确实会有点烦琐。此外，如果一个任务的回复种类超过 10 种（例如对受访者的年龄进行分类的任务），这种方法将更加不合理。所以，你想开发一个程序来计算每个评分的回复数量。你的第一反应可能是创建 10 个不同的计数器，它们可能分别称为 rating_1～rating_10，然后在每次输入相应的评分时增加相应的计数器。但是，如果你要处理超过 10 种可能的选择，这种方法可能会变得有点烦琐。此时，使用数组能实现一种简洁得多的方案。

例如，你可以创建一个名为 ratingCounters 的计数器数组，然后在输入每个回复时增加相应的计数器的值。为了节省本书的篇幅，程序 6.2 假设你只处理 20 个回复。在处理完整的数据集之前，让程序在较小的测试用例上工作总是一种很好的实践方法，因为当测试数据量很小时，程序中发现的问题总是更容易隔离和调试。

程序 6.2　演示计数器数组

```
#include <stdio.h>

int main (void)
{
      int ratingCounters[11], i, response;

      for ( i = 1; i <= 10; ++i )
            ratingCounters[i] = 0;

      printf ("Enter your responses\n");

      for ( i = 1; i <= 20; ++i ) {
            scanf ("%i", &response);

            if ( response < 1 || response > 10 )
                 printf ("Bad response: %i\n", response);
            else
                 ++ratingCounters[response];
      }

      printf ("\n\nRating Number of Responses\n");
      printf ("------ -------------------\n");

      for ( i = 1; i <= 10; ++i )
            printf ("%4i%14i\n", i, ratingCounters[i]);

      return 0;
}
```

程序 6.2　输出

```
Enter your responses
6
5
8
3
9
6
5
7
15
Bad response: 15
5
5
```

```
1
7
4
10
5
5
6
8
9

Rating Number of Responses
------ ------------------
1      1
2      0
3      1
4      1
5      6
6      3
7      2
8      2
9      2
10     1
```

数组 ratingCounters 被定义为包含 11 个元素。你可能会问的一个有效问题是："如果调查只有 10 个可能的回复，为什么要将数组定义为包含 11 个元素而不是 10 个元素呢？"这个问题的答案在于计算每个特定评分类别有多少回复时的策略。因为每个回复可以是 1～10 的数字，所以程序通过简单地增加相应的数组元素来跟踪任何特定评分的回复（当然首先要进行检测，以确保用户输入了 1～10 的有效回复）。例如，如果输入的评分为 5，则将 ratingCounters[5]的值加 1。通过使用这种技术，给电视节目打 5 分的受访者的总数将存储在 ratingCounters[5]中。

现在你应该很清楚为什么将上面的数组声明为包含 11 个元素而不是 10 个元素了。因为最高的评分是 10，所以必须将数组设置为包含 11 个元素来索引 ratingCounters[10]。请记住，因为数组是从第 0 号元素开始的，所以数组中的元素数量总是比最高的索引大 1。因为没有评分为 0 的回复，所以从来不会使用 ratingCounters[0]。事实上，在初始化和显示数组内容的 for 循环中，可以注意到变量 i 从 1 开始，绕过了 ratingCounters[0]的初始化和显示。

作为讨论的重点，你可以将程序开发为一个精确包含 10 个元素的数组。然后，当用户输入每个回复时，你可以改为增加 ratingCounters[response−1]的值。这样，ratingCounters[0]将包含为该节目打 1 分的受访者的数量，而 ratingCounters[1]则包含给该节目打 2 分的受访者的数量，以此类推。这是一个非常好的方法。没有使用这个方法的唯一原因是，将打 *n* 分的受访者的数量存储在 ratingCounters[*n*]中是一种更直接一些的方法。

6.1.2 生成斐波那契数

研究程序 6.3，并尝试预测它的输出。这个程序生成一个包含前 15 个**斐波那契**（Fibonacci）数的表。表中每个数字之间有什么关系呢？

程序 6.3 生成前 15 个斐波那契数

```
// 此程序生成前 15 个斐波那契数

#include <stdio.h>
```

```
int main (void)
{
      int Fibonacci[15], i;

      Fibonacci[0] = 0;          // 根据定义
      Fibonacci[1] = 1;          // 同上

      for ( i = 2; i < 15; ++i )
            Fibonacci[i] = Fibonacci[i-2] + Fibonacci[i-1];

      for ( i = 0; i < 15; ++i )
            printf ("%i\n", Fibonacci[i]);

      return 0;
}
```

程序 6.3　输出

```
0
1
1
2
3
5
8
13
21
34
55
89
144
233
377
```

前两个斐波那契数 Fibonacci[0]和 Fibonacci[1]分别被定义为 0 和 1。之后的每个斐波那契数 Fibonacci[*n*]被定义为其之前的两个斐波那契数 Fibonacci[*n*-2]和 Fibonacci[*n*-1]的和。在程序 6.3 中，通过直接将值 Fibonacci[0]和 Fibonacci[1]相加来计算 Fibonacci[2]。这一计算在 for 循环内部执行，该循环计算出了 Fibonacci[2]到 Fibonacci[14]的值。

斐波那契数列实际上在数学领域和计算机算法研究中有很多应用。斐波那契数列在历史上起源于“兔子问题”：如果一开始你有一对兔子，假设每对兔子每个月都生一对新的兔子，每对新出生的兔子在它们出生的第二个月末能生育后代，并且兔子永远不会死亡，那么一年后你会有多少对兔子？这个问题的答案在于，在第 *n* 个月末，总共会有 Fibonacci[*n*+2]只兔子。因此，根据程序 6.3 生成的表，在第 12 个月的月末，你将总共拥有 377 对兔子。

6.1.3　使用数组生成素数

现在，是时候回到第 5 章中开发的素数程序，并了解如何使用数组来帮助你开发一个更高效的程序了。在程序 5.10 A 中，用来判断一个数是不是素数的标准是用素数候选数除以从 2 到该数字减 1 的所有连续整数。在第 5 章的练习题 7 中，你注意到这种方法的两个低效部分是可以很容易修改的。但即使进行了这些修改，所使用的方法仍然算不上高效。虽然在处理一个包含不超过 50 的素数的表格时，这些效率问题可能并不重要，但当你开始考虑生成一个包含 10 万以内素数的表格时，这些问题就变得非常重要了。

一种改进的生成素数的方法涉及这样一个概念：如果一个数不能被任何其他素数整除，那么这个数就是素数。这源于一个事实，即任何非素数都可以表示为质因数的乘积（例如，20 有质因数 2、2 和 5）。你可以利用这一事实来开发一个更高效的素数程序。该程序可以通过判断一个给定的整数能否被先前生成的任何其他素数整除来测试是否是素数。到目前为止，术语“先前生成的”应该会让你想到：这里必须使用数组。可以使用数组来存储生成的每个素数。

当进一步优化生成素数程序时，可以很容易地证明，任何非素数 *n* 都必然有一个因数且这个因数小于或等于 *n* 的平方根。这意味着只需要测试给定整数能否被小于其平方根的所有质因数整除，就可以确定它是否为素数。

程序 6.4 将前面的讨论合并到一个程序中，生成所有小于 50 的素数。

程序 6.4　修改后的生成素数程序（第 2 版）

```
#include <stdio.h>
#include <stdbool.h>

// 修改后的生成素数程序

int main (void)
{
      int p, i, primes[50], primeIndex = 2;
      bool isPrime;

      primes[0] = 2;
      primes[1] = 3;

      for ( p = 5; p <= 50; p = p + 2 ) {
            isPrime = true;

            for ( i = 1; isPrime && p / primes[i] >= primes[i]; ++i )
                  if ( p % primes[i] == 0 )
                       isPrime = false;

            if ( isPrime == true ) {
                 primes[primeIndex] = p;
                 ++primeIndex;
            }
      }

      for ( i = 0; i < primeIndex; ++i )
            printf ("%i ", primes[i]);

      printf ("\n");

      return 0;
}
```

程序 6.4　输出

```
2 3 5 7 11 13 17 19 23 29 31 37 41 43 47
```

下面的表达式在最内层的 for 循环中用作测试，以确保 p 的值不超过 primes[i]的平方根。这一测试直接来自上一段的讨论。（你可能需要考虑一下数学问题。）

```
p / primes[i] >= primes[i]
```

程序 6.4 首先存储 2 和 3 作为 primes 数组中的前两个素数。这个数组被定义为包含 50 个元素，尽管我们不需要那么多的位置来存储素数。变量 primeIndex 的初始值被设置为 2，这表示 primes 数组中的下一个空闲位置。然后建立一个 for 循环来遍历 5～50 的奇数。布尔变量 isPrime 被设置为 true 后，将进入另一个 for 循环。这个循环依次将 p 的值除以之前生成并存储在 primes 数组中的所有素数。索引变量 i 从 1 开始，因为不需要测试任何 p 的值是否能被 primes[0]整除（primes[0]是 2）。这是正确的，因为程序根本没有考虑将大于 2 的偶数作为可能的素数。在循环内部，进行一个测试，检测 p 的值能否被 primes[i]整除，如果能，那么 isPrime 被设置为 false。只要 isPrime 的值为 true **并且** primes[i]的值不超过 p 的平方根，for 循环就会继续执行。

退出 for 循环后，测试 isPrime 标志以确定是否将 p 的值存储为 primes 数组中的下一个素数。

在测试所有 p 的值之后，程序将显示存储在 primes 数组中的每个素数。索引变量 i 的取值范围是 0～primeIndex－1，因为 primeIndex 总是被设置为指向 primes 数组中的**下一个**空闲位置。

6.2　初始化数组

正如可以在声明变量时为变量赋初始值一样，也可以在声明数组时为数组的元素赋初始值。赋初始值的操作可以通过从第一个元素开始列出数组的初始值来实现。列表中的值用逗号分隔，整个列表用一对花括号括起来。

例如：

```
int counters[5] = { 0, 0, 0, 0, 0 };
```

上面的程序语句声明一个名为 counters 并包含 5 个整数值的数组，将每个元素初始化为 0。以类似的方式，下面的语句声明将 integers[0]的值设置为 0，integers[1]的值设置为 1，integers[2]的值设置为 2，以此类推。

```
int integers[5] = { 0, 1, 2, 3, 4 };
```

字符数组以类似的方式进行初始化。因此下面的语句将定义字符数组 letters，并将其 5 个元素分别初始化为字符'a'、'b'、'c'、'd'和'e'。

```
char letters[5] = { 'a', 'b', 'c', 'd', 'e' };
```

没有必要完全初始化整个数组。如果指定的初始值较少，则只初始化与初始值数量相同的元素。数组中的其余值被设置为 0。因此下面的声明语句将初始化数组 sample_data 的前 3 个元素为 100.0、300.0 和 500.5，并将其余 497 个元素设置为 0。

```
float sample_data[500] = { 100.0, 300.0, 500.5 };
```

通过用一对括号标注索引，可以以任意顺序初始化特定的数组元素。例如下面的声明语句所示，它将 sample_data 数组初始化为上一个示例中显示的相同值。

```
float sample_data[500] = { [2] = 500.5, [1] = 300.0, [0] = 100.0 };
```

下面的语句定义一个有 10 个元素的数组，并将最后一个元素初始化为 x + 1 的值（也就是 1234)，将前 3 个元素分别初始化为 1、2 和 3。

```
int x = 1233;
int a[10] = { [9] = x + 1, [2] = 3, [1] = 2, [0] = 1 };
```

不幸的是，C 语言没有为初始化数组元素提供任何快捷机制。也就是说，没有办法指定重复计数，因此，如果希望将数组 sample_data 的 500 个值初始化为 1，则必须显式地列出 500 个值。在这种情况下，最好在程序内部使用合适的 for 循环初始化数组。

程序 6.5 演示了两种初始化数组的方法。

程序 6.5　初始化数组

```
#include <stdio.h>

int main (void)
{
    int array_values[10] = { 0, 1, 4, 9, 16 };
    int i;

    for ( i = 5; i < 10; ++i )
      array_values[i] = i * i;

      for ( i = 0; i < 10; ++i )
      printf ("array_values[%i] = %i\n", i, array_values[i]);

    return 0;
}
```

程序 6.5　输出

```
array_values[0] = 0
array_values[1] = 1
array_values[2] = 4
array_values[3] = 9
array_values[4] = 16
array_values[5] = 25
array_values[6] = 36
array_values[7] = 49
array_values[8] = 64
array_values[9] = 81
```

在数组 array_values 的声明中，数组的前 5 个元素被初始化为对应索引的平方（例如，索引 3 对应的元素被设置为 3^2，也就是 9）。第一个 for 循环展示了如何在循环中执行相同类型的初始化。这个循环将索引为 5～9 的每一个元素设置为其索引的平方。第二个 for 循环只是遍历所有 10 个元素，在终端显示它们的值。

6.3　字符数组

程序 6.6 的作用是简单地演示如何使用字符数组，但程序中有一点值得讨论，你能发现吗？

程序 6.6　演示如何使用字符数组

```
#include <stdio.h>

int main (void)
```

```
{
        char word[] = { 'H', 'e', 'l', 'l', 'o', '!' };
        int i;

        for ( i = 0; i < 6; ++i )
                printf ("%c", word[i]);

        printf ("\n");

        return 0;
}
```

程序 6.6　输出

```
Hello!
```

程序 6.6 中最值得注意的一点是字符数组 word 的声明，该声明中没有提到数组中元素的数量。C 语言允许在定义数组时不指定元素的数量。如果这样做，则根据初始化元素的数量自动确定数组的大小。因为程序 6.6 为数组 word 列出了 6 个初始值，所以 C 语言隐式地将数组的大小设定为 6。

只要在数组定义时初始化数组中的每个元素，这种方法就可以正常工作。如果不是这种情况，则必须显式地定义数组的大小。

在初始化列表中使用索引的情况下，如下面的代码所示，根据指定的最大索引设置数组的大小。

```
float sample_data[] = { [0] = 1.0, [49] = 100.0, [99] = 200.0 };
```

在本例中，根据指定的最大索引 99，sample_data 被设置为包含 100 个元素的数组。

6.3.1　使用数组进行基数变换

程序 6.7 将进一步说明整型数组和字符数组的用法。我们的任务是开发一个程序，将一个正整数从十进制转换为十六进制。作为程序的输入，要指定要转换的数字以及要转换的基数。然后，程序将输入的数字转换为适当的基数，并显示结果。

开发这样一个程序的第一步是设计一个算法，将一个数字从十进制转换为另一个进制。生成转换后数字的算法可以非正式地表述为：首先将待转换的数字对基数求模，获取转换后的数字的各数位；然后将待转换的数字除以基数，丢弃小数部分；重复这个过程，直到该数为零。

上面概述的过程可以从最右边的数位开始生成转换后数字的数位。在下面的例子中可以看到上述方法是如何工作的。假设你想把 10 转换成以 2 为基数的数，表 6.1 给出了得到结果所需的操作步骤。

表 6.1　将一个整数由十进制转换成二进制

整数	整数对 2 求模	整数/2
10	0	5
5	1	2
2	0	1
1	1	0

因此，将 10 转换为以 2 为基数的数，从下到上读取“整数对 2 求模”这一列的数字，就得到了 1010。

要编写执行上述转换过程的程序，必须考虑两个问题。首先，算法倒序生成转换后的数字，这不是很好。显然，你不能期望用户从右到左，或者从页面底部向上阅读结果。因此，你必须考虑如何解决这个问题。你可以让程序将每个数字存储在一个数组中，而不是简单地在生成时显示它们。完成数字转换后，就可以按正确的顺序显示数组的内容了。

其次，你的目的是让程序将数字转换为以 16 为基数的数。这意味着转换后 10～15 的任何数字都必须用对应的字母 A～F 来显示。这时字符数组就有用武之地了。

检查程序 6.7，了解如何处理这两个问题。这个程序还引入了类型限定符 const，当 const 用于一个变量的时候，表示这个变量的值在程序运行中不会改变。

程序 6.7　将一个整数转换成另一个基数对应的整数

```
// 此程序将一个整数转换成另一个基数对应的整数

#include <stdio.h>

int main (void)
{
      const char baseDigits[16] = {
             '0', '1', '2', '3', '4', '5', '6', '7',
             '8', '9', 'A', 'B', 'C', 'D', 'E', 'F' };
      int       convertedNumber[64];
      long int numberToConvert;
      int       nextDigit, base, index = 0;

      // 获取数字和基数

      printf ("Number to be converted? ");
      scanf ("%ld", &numberToConvert);
      printf ("Base? ");
      scanf ("%i", &base);

      // 根据指定的基数进行转换

      do {
          convertedNumber[index] = numberToConvert % base;
          ++index;
          numberToConvert = numberToConvert / base;
      }
      while ( numberToConvert != 0 );

      // 倒序显示转换后的结果

      printf ("Converted number = ");

      for (--index; index >= 0; --index ) {
          nextDigit = convertedNumber[index];
          printf ("%c", baseDigits[nextDigit]);
      }

      printf ("\n");
      return 0;
}
```

程序 6.7 输出

```
Number to be converted? 10
Base? 2
Converted number = 1010
```

程序 6.7 输出（重新运行）

```
Number to be converted? 128362
Base? 16
Converted number = 1F56A
```

6.3.2 const 限定符

编译器允许你将 const 限定符与变量关联起来，这意味着这些变量的值不会被程序改变。也就是说，你可以告诉编译器，指定的变量在程序的整个执行过程中都是**常量**（constant）。如果你试图给已经初始化后的 const 变量赋值，或者试图增加或减少它的值，编译器可能会发出错误消息，尽管并不一定需要这样做。在 C 语言中使用 const 属性的原因之一是，它允许编译器将 const 变量放入只读内存中。（通常，程序中的指令也被放置在只读内存中。）

下面是一个 const 属性的例子：

```
const double pi = 3.141592654;
```

上面的语句声明了一个 const 变量 pi，告诉编译器这个变量不会被程序修改。如果随后在你的程序中写了下面所示的语句，GCC 会报告类似这样的错误消息："foo.c:16: error: assignment of read-only variable 'pi'"

```
pi = pi / 2;
```

返回程序 6.7，将字符数组 baseDigits 设置为包含 16 个可能的数位，这些数位将被用于显示转换后的数字。它被声明为一个 const 数组，因为它的内容在初始化后不会改变。请注意，这也有助于提高程序的可读性。

数组 convertedNumber 被定义为最多包含 64 位数字，以便保存几乎任何机器上将最大可能的长整数转换为以最小可能的基数（2）为基数的结果。变量 numberToConvert 的类型是 long int，因此可以根据需要转换为相对较大的数。最后，变量 base（用于存储所需的转换基数）和 index（用于索引 convertedNumber 数组）都定义为 int 型变量。

在用户输入要转换的数字值（注意 scanf()通过格式字符%ld 读取 long int 型整数）和基数之后，程序进入 do 循环来执行转换。选择 do 循环是为了即使在用户输入的要转换的数字为 0 时，也能让 convertedNumber 数组中至少出现一个数字。

在循环中，计算 numberToConvert 对基数求模的值，以确定下一个数位。这个数位被存储在数组 convertedNumber 中，数组的 index 加 1。将 numberToConvert 除以基数后，检查 do 循环的条件。如果 numberToConvert 的值为 0，循环结束；否则，循环继续，以确定被转换数字的下一数位。

当 do 循环结束时，变量 index 的值就是转换后的数字的位数。因为在 do 循环中，这个变量的值被多增加了一次，所以在 for 循环中，它的值首先会被减 1。这个 for 循环的作用是在终端显示转换后的数字。为了能够按正确的顺序显示转换后的数字，for 循环以**相反**（reverse）

的顺序遍历整个 convertedNumber 数组。

数组 convertedNumber 中的每个数位都会被依次赋给变量 nextDigit。为了用字母 A～F 正确显示数字 10～15，接下来使用 nextDigit 的值作为索引在数组 baseDigits 中查找。对于数位 0～9，数组 baseDigits 中相应位置就只存放了字符 '0'～'9'（你应该记得，它们与整数 0～9 是不同的）。数组的第 10～15 个位置存放字符 'A'～'F'。例如，如果 nextDigit 的值是 10，就会显示 baseDigits[10]中包含的字符（也就是'A'）；如果 nextDigit 的值是 8，就会显示 baseDigits[8]中包含的字符'8'。

当 index 的值小于 0 时，for 循环结束。此时，程序显示换行符，程序执行终止。

顺便说一句，你可能有兴趣知道，在 printf()调用时，直接将这个表达式指定为数组 baseDigits 的索引，就可以很容易地避免将 convertedNumber[index]的值赋给 nextDigit 的中间步骤。换句话说，可以给 printf()函数提供下面的表达式，并获得相同的结果。当然，这个表达式比程序中使用的两个等价表达式要稍微晦涩一些。

```
baseDigits[ convertedNumber[index] ]
```

应该指出的是，程序 6.7 有点草率。没有检查 base 的值是否在 2～16 的范围内。如果用户输入 0 作为基数，那么 do 循环中的除法就是一个除以 0 的除法。你不应该让这种事发生。此外，如果用户输入 1 作为基数，程序将进入无限循环，因为 numberToConvert 的值永远不会达到 0。而如果用户输入的基数大于 16，就可能超出了程序中 baseDigits 数组的边界。这是你必须避免的另一个“问题”，因为 C 语言程序系统不会为我们检查这一条件。

在第 7 章中，会重写这个程序并解决这些问题。但是现在，是时候看看数组概念的一个有趣扩展了。

6.4　多维数组

到目前为止，你所接触到的数组都是线性数组，也就是说，它们都处理单一维度的数据。C 语言允许定义任意维度的数组。在本节中，你将了解多维数组中的二维数组。

二维数组最常见的应用之一是矩阵的例子。考虑表 6.2 所示的 4 × 5 矩阵。

表 6.2　一个 4 × 5 矩阵

10	5	−3	17	82
9	0	0	8	−7
32	20	1	0	14
0	0	8	7	6

在数学中，用双下标表示矩阵的一个元素是很常见的。所以如果称前面的矩阵为 ***M***，那么表示法 $M_{i,j}$ 指的是第 i 行第 j 列的元素，其中 i 的范围是 1 到 4，j 的范围是 1 到 5。$M_{3,2}$ 指的是值 20，它在矩阵的第 3 行第 2 列。以类似的方式，$M_{4,5}$ 指的是矩阵第 4 行第 5 列中的元素：数值 6。

在 C 语言中，在引用二维数组的元素时可以使用类似的表示法。然而，因为 C 语言喜欢从 0 开始编号，矩阵的第 1 行实际上是第 0 行，矩阵的第 1 列实际上是第 0 列。为表 6.2 所示的矩阵添加行和列的编号，如表 6.3 所示。

表 6.3　C 语言中的一个 4 × 5 矩阵

行（i）	列（j）				
	0	**1**	**2**	**3**	**4**
0	10	5	−3	17	82
1	9	0	0	8	−7
2	32	20	1	0	14
3	0	0	8	7	6

在数学中使用的是 $M_{i,j}$，而在 C 语言中等效的是 M[i][j]。记住，第一个索引是行号，第二个索引是列号。下面的语句将第 0 行第 2 列的值（也就是−3）与第 2 行第 4 列的值（也就是 14）相加，并将结果 11 赋给变量 sum。

```
sum = M[0][2] + M[2][4];
```

二维数组的声明方式与一维数组的相同。因此下面的声明语句将数组 M 声明为一个由 4 行 5 列元素组成的二维数组，该数组共有 20 个元素。数组中的每个位置都被定义用于存放一个整数值。

```
int M[4][5];
```

二维数组可以按照类似于一维数组的方式进行初始化。在列出初始化的元素时，值按行列出。使用花括号分隔各行的初始化列表。因此，要定义数组 M，并将其初始化为表 6.3 所示的元素，可以使用如下语句：

```
int M[4][5] = {
                 { 10,  5, -3, 17, 82 },
                 {  9,  0,  0,  8, -7 },
                 { 32, 20,  1,  0, 14 },
                 {  0,  0,  8,  7,  6 }
              };
```

请特别注意前面语句的语法。注意，除最后一行外，在其他每个用于标识一行的花括号后面都需要添加一个逗号。内部的花括号实际上是选填项。如果没有提供，则按行进行初始化。因此，上述语句也可以写成：

```
int M[4][5] = { 10, 5, -3, 17, 82, 9, 0, 0, 8, -7, 32,
                20, 1, 0, 14, 0, 0, 8, 7, 6 };
```

与一维数组一样，二维数组也不需要初始化整个数组。例如，下面的语句只将矩阵的每一行的前 3 个元素初始化为指定的值，其余的值设置为 0。

```
int M[4][5] = {
                 { 10,  5, -3 },
                 {  9,  0,  0 },
                 { 32, 20,  1 },
                 {  0,  0,  8 }
              };
```

注意，在本例中，需要使用内部花括号来强制执行正确的初始化。如果没有这些内部花括号，则会初始化前两行和第三行的前两个元素。（请自行验证一下情况是否如此。）

索引也可以在初始化列表中使用，其使用方式与一维数组的类似。例如，下面的声明语句将指定的 3 个矩阵元素初始化为指定值，未指定的元素默认初始化为 0。

```
int matrix[4][3]={[0][0]=1,[1][1]=5,[2][2]=9};
```

6.5 变长数组[1]

本节将讨论 C 语言中的另一个特性，该特性使你可以在程序中处理数组，而不必给它指定一个明确的大小。

在本章的例子中，你已经看到了如何为数组声明一个固定的大小。C 语言还允许你声明可变长度的数组。例如，程序 6.3 只计算前 15 个斐波那契数。但是如果你想计算 100 甚至 500 个斐波那契数呢？或者，如果你想让用户指定要生成的斐波那契数的数量，该怎么办呢？下面一起研究程序 6.8，看看解决这个问题的方法。

程序 6.8 使用变长数组生成斐波那契数

```
// 此程序使用变长数组生成斐波那契数

#include <stdio.h>

int main (void)
{
      int i, numFibs;

      printf ("How many Fibonacci numbers do you want (between 1 and 75)? ");
      scanf ("%i", &numFibs);

      if (numFibs < 1 || numFibs > 75) {
            printf ("Bad number, sorry!\n");
            return 1;
      }

      unsigned long long int Fibonacci[numFibs];

      Fibonacci[0] = 0;          // 根据定义
      Fibonacci[1] = 1;          // 同上

      for ( i = 2; i < numFibs; ++i )
            Fibonacci[i] = Fibonacci[i-2] + Fibonacci[i-1];

      for ( i = 0; i < numFibs; ++i )
            printf ("%llu ", Fibonacci[i]);

      printf ("\n");

      return 0;
}
```

程序 6.8 输出

```
How many Fibonacci numbers do you want (between 1 and 75)? 50
0 1 1 2 3 5 8 13 21 34 55 89 144 233 377 610 987 1597 2584
4181 6765 10946 17711 28657 46368 75025 121393 196418 317811 514229
```

1 在 ANSI C11 标准中，对变长数组的支持是可选的。需要查看编译器文档，确认这个特性是否被支持。

```
832040 1346269 2178309 3524578 5702887 9227465 14930352 24157817
39088169 63245986 102334155 165580141 267914296 433494437 701408733
1134903170 1836311903 2971215073 4807526976 7778742049
```

程序 6.8 有几点值得讨论。首先，声明变量 i 和 numFibs。后一个变量用于存储用户希望生成的斐波那契数的数量。注意，程序对输入值的范围进行了检查，这是很好的编程习惯。如果输入值超出范围（即小于 1 或大于 75），程序将显示一条消息并返回数值 1。在程序的这个点执行 return 语句会导致程序立即终止，不再执行其他语句。按照约定，返回非 0 值表明程序是在错误条件下终止，如果需要，可以由另一个程序测试这个事实。

用户输入数字后，将会看到如下语句：

```
unsigned long long int   Fibonacci[numFibs];
```

这条声明语句将 Fibonacci 声明为可以存储 numFibs 个元素的数组。这个数组的长度是由变量而不是常量表达式指定的，因此将其称为变长数组。此外，如前所述，可以在程序的任何地方声明变量，只要在首次使用该变量之前进行声明即可。所以尽管这个声明看起来不合适，但它是完全合法的。然而，这样做通常被认为不是好的编程风格，主要是因为按照惯例，变量声明通常都放在一起，以便阅读程序的人可以在一个地方看到变量及其类型。

因为斐波那契数很快就会变大，所以数组被声明为包含你可以指定的最大正整数值，即 unsigned long long int 型值。作为练习，你可以尝试确认一下你使用的计算机上，一个 unsigned long long int 型变量可以存储多大的斐波那契数。

程序的其余部分不言自明：计算用户请求数目的斐波那契数，然后将斐波那契数显示给用户。这样，程序的执行就完成了。

在程序执行时，还经常使用一种称为**动态内存分配**（dynamic memory allocation）的技术为数组分配空间。这涉及使用标准 C 语言库中的 malloc()和 calloc()等函数。这一主题将在第 16 章详细讨论。

你已经看到了数组是几乎所有编程语言中都有的强大结构。一个展示多维数组用法的程序示例将推迟到第 7 章，届时将详细讨论 C 语言中最重要的一个概念——程序**函数**（function）。不过，在继续学习第 7 章之前，请尝试做以下练习题。

6.6 练习题

1. 输入并运行本章给出的程序。将每个程序产生的输出与本书中每个程序之后给出的输出进行比较。
2. 修改程序 6.1，将数组 values 中的元素初始化为 0。使用 for 循环来执行初始化工作。
3. 程序 6.2 只允许输入 20 个回复。修改这个程序，让它可以输入任意数量的回复。为了让用户不必计算列表中有多少个回复，可以在这个程序中设置，让用户输入 999，表示已经输入了最后一个回复。（**提示**：如果想退出循环，可以使用 break 语句。）
4. 编写一个程序，计算包含 10 个浮点值的数组的平均值。
5. 你认为下面的程序会给出什么样的输出？

```
#include <stdio.h>

int main (void)
```

```
{
    int numbers[10] = { 1, 0, 0, 0, 0, 0, 0, 0, 0, 0 };
    int i, j;

    for ( j = 0; j < 10; ++j )
         for ( i = 0; i < j; ++i )
             numbers[j] += numbers[i];

    for ( j = 0; j < 10; ++j )
        printf ("%i ", numbers[j]);

    printf ("\n");

    return 0;
}
```

6．你不需要使用数组来生成斐波那契数列。你可以简单地使用 3 个变量：两个用于存储前两个斐波那契数，一个用于存储当前的斐波那契数。重写程序 6.3，不再使用数组。因为不再使用数组，所以需要在生成每个斐波那契数时显示它。

7．素数也可以通过一种叫作**埃拉托色尼筛**（Sieve of Eratosthenes）的算法生成。本练习中给出这一算法的步骤。编写一个程序实现这个算法。让程序找出小于 150 的所有素数。与本书中计算素数的算法相比，你对这个算法有什么看法？

埃拉托色尼筛算法的步骤如下。

显示 1～*n* 的所有素数。

步骤 1： 定义一个整型数组 P，将数组中所有元素 P_i 设置为 0，$2 \leqslant i \leqslant n$。

步骤 2： 设置 i 为 2。

步骤 3： 如果 $i > n$，算法终止。

步骤 4： 如果 P_i 是 0，那么 i 就是素数。

步骤 5： 对于满足 $i \times j \leqslant n$ 的所有正整数值 j，设定 $P_{i \times j}$ 为 1。

步骤 6： 令 i 加 1，返回步骤 3。

8．查阅你的编译器手册，确认你的编器是否支持变长数组。如果支持，编写一个小程序来测试此特性。

第 7 章

使用函数

所有用 C 语言编写的优秀程序的背后，都有一个相同的基本元素——函数。到目前为止，你遇到的每个程序中都使用了函数。printf()和 scanf()都是函数的例子。实际上，每个程序都使用一个名为 main 的函数。你可能会问：“函数有什么大不了的？”当你将编程任务分解为函数时，你的代码将更容易编写、阅读、理解、调试、修改和维护。显然，任何能够完成上述所有事情的东西都值得夸耀。因此就有了本章。本章包含很多重要信息，包括：

- 函数的基础知识；
- 局部、全局、自动和静态变量；
- 与函数一起使用一维和多维数组；
- 从函数返回数据；
- 使用函数执行自顶向下编程技术；
- 在函数中调用其他函数，以及递归。

7.1 定义一个函数

首先，你必须理解函数是什么，然后，你才能了解如何在程序开发中高效地使用函数。回到你编写的第一个程序（程序 2.1），它显示了“Programming is fun.”这句话，代码如下所示：

```
#include <stdio.h>

int main (void)
{
      printf ("Programming is fun.\n");

      return 0;
}
```

下面是一个名为 printMessage 的函数，它做的事情和上面代码做的相同：

```
void printMessage (void)
{
    printf ("Programming is fun.\n");
}
```

printMessage()函数和程序 2.1 中的 main()函数的区别在于它们的定义的第一行和最后一行。函数定义的第一行告诉编译器（从左到右）关于函数的 4 件事：

（1）谁可以调用它（在第 14 章中讨论）；

（2）它返回什么类型的值；

（3）它的名称；

（4）它接收的参数。

printMessage()函数定义的第一行告诉编译器，这个函数没有返回值（第一次使用关键字 void），它的名称是 printMessage，而且没有参数（第二次使用关键字 void）。稍后我会详细介绍 void 关键字。

显然，选择有意义的函数名与选择有意义的变量名同样重要，名称的选择会在极大程度上影响程序的可读性。

回想一下对程序 2.1 的讨论，main()是 C 语言系统中一个被特殊识别的函数，它总是表示一个程序从哪里开始执行。你的程序中必须**总是**有一个 main()。可以在前面的代码中添加 main()函数，得到一个完整的程序，如程序 7.1 所示。

程序 7.1　在 C 语言中编写函数

```
#include <stdio.h>

void printMessage (void)
{
    printf ("Programming is fun.\n");
}

int main (void)
{
    printMessage ();

    return 0;
}
```

程序 7.1　输出

```
Programming is fun.
```

程序 7.1 主要包含两个函数：printMessage()和 main()。程序执行总是从 main()开始的。在 main()函数中，有下面一条语句。

```
printMessage();
```

上述语句表示要执行函数 printMessage()。括号的作用是告诉编译器 printMessage()是一个函数，没有参数或值传递给这个函数（这与在程序中定义这个函数的方式一致）。在执行函数调用时，程序直接转移到指定的函数去执行。在 printMessage()函数内部，执行 printf()语句，显示消息“Programming is fun.”。在显示消息之后，printMessage()例程[1]执行完成（由右花括号表示），程序返回（return）到 main()例程，程序在调用 printMessage()函数的地方继续执行。到这里你可能已经注意到，术语函数（function）和例程（routine）是互换使用的，这两个术语的意思基本上是一样的。

注意，在 printMessage()末尾插入一个像下面所示的返回语句是可以接受的。

```
return;
```

因为 printMessage()没有返回值，所以没有为这个 return 指定任何值。这条语句是选填项，因为在到达一个函数末尾时，即使不执行 return 语句，也会退出函数，只是没有返回值而已。换句话说，不管有没有 return 语句，退出 printMessage()时的行为都是相同的。

1　例程（routine）是指一段可以被重复使用的程序代码。

如前所述，调用函数的想法并不新鲜。printf()和 scanf()两个例程都是程序函数。printf()和 scanf()与普通函数的主要区别在于，前两者不必由你编写，因为它们是标准 C 语言库的一部分。在使用 printf()函数显示消息或程序结果时，程序执行将转换到 printf()函数，由该函数来执行所需完成的任务，然后返回到调用程序。在任何情况下，执行都会返回到紧跟在函数调用之后的程序语句处。

现在尝试预测程序 7.2 的输出。

程序 7.2　调用函数

```
#include <stdio.h>

void printMessage (void)
{
    printf ("Programming is fun.\n");
}

int main (void)
{
    printMessage ();
    printMessage ();

    return 0;
}
```

程序 7.2　输出

```
Programming is fun.
Programming is fun.
```

程序 7.2 从 main()开始执行，其中包含对 printMessage()函数的两次调用。第一次调用该函数时，程序的执行直接转换到 printMessage()函数，显示消息“Programming is fun.”，然后返回到 main()例程。在返回时，遇到了第二次对 printMessage()例程的调用，导致程序第二次执行相同的函数。在 printMessage()函数返回之后，程序执行就结束了。

程序 7.3 是 printMessage()函数的最后一个例子，试着预测程序 7.3 的输出。

程序 7.3　多次调用函数

```
#include <stdio.h>

void printMessage (void)
{
    printf ("Programming is fun.\n");
}

int main (void)
{
    int i;

    for ( i = 1; i <= 5; ++i )
        printMessage ();

    return 0;
}
```

程序 7.3　输出

```
Programming is fun.
Programming is fun.
Programming is fun.
Programming is fun.
Programming is fun.
```

7.2　参数和局部变量

在调用 printf()函数时，总是要向该函数提供一个或多个值，第一个值是格式字符串，其余的值是要显示的特定程序结果。这些值称为参数（argument），使用参数极大地提高了函数的实用性和灵活性。与每次调用时都显示相同消息的 printMessage()例程不同，printf()函数会显示你让它显示的任何内容。

你可以定义一个接收参数的函数。在第 4 章中，你开发了一系列计算三角数的程序。现在，定义一个生成三角数的函数，并为它起一个恰当的名称 calculateTriangularNumber。我们指定要计算哪个三角数，以此作为该函数的参数。然后，该函数计算我们指定要计算的三角数并在终端显示结果。程序 7.4 给出了完成这项任务的函数，以及对其进行验证的 main()例程。

程序 7.4　计算第 *n* 个三角数

```
// 此程序计算第 n 个三角数

#include <stdio.h>

void calculateTriangularNumber (int n)
{
    int i, triangularNumber = 0;

    for ( i = 1; i <= n; ++i )
        triangularNumber += i;

    printf ("Triangular number %i is %i\n", n, triangularNumber);
}

int main (void)
{
    calculateTriangularNumber (10);
    calculateTriangularNumber (20);
    calculateTriangularNumber (50);

    return 0;
}
```

程序 7.4　输出

```
Triangular number 10 is 55
Triangular number 20 is 210
Triangular number 50 is 1275
```

7.2.1　函数原型声明

这里需要对 calculateTriangularNumber()函数作一点解释。函数的第一行，如下所示，称为

函数原型声明（function prototype declaration）。

```
void calculateTriangularNumber (int n)
```

上述语句告诉编译器 calculateTriangularNumber()是一个没有返回值（关键字 void）的函数，并且接收一个 int 型参数 n。为参数选择的名称（称为**形参名**）以及函数本身的名称，可以是任意有效的名称，这里说的“有效”，是指遵循第 3 章介绍的变量命名规则。很明显，你应该选择有意义的名称。

定义形参名之后，就可以在函数体内部的任意位置用它来指代实参了。

函数定义的开头由左花括号表示。因为你想要计算第 *n* 个三角数，所以必须建立一个变量来存储正在计算的三角数，还需要建立一个变量作为循环索引，变量 triangularNumber 和 i 就是为此而定义的，并且它们都被声明为 int 型变量。这些变量的定义和初始化的方式与前面程序中在 main()函数中的变量的定义和初始化的方式相同。

7.2.2　自动局部变量

在函数内部定义的变量被称为**自动局部**（automatic local）变量，因为每次调用包含这种变量的函数时，这种变量都会自动“创建”，并且它们的值的有效范围仅限于函数内部。自动局部变量的值只能由定义该变量的函数访问，它的值不能被其他任何函数访问。如果在函数中给一个变量赋了初始值，那么**每次**调用该函数时都会给这个变量赋值。

在函数内部定义局部变量时，在 C 语言中更精确的做法是，在变量定义之前使用关键字 auto。一个例子如下所示：

```
auto int i, triangularNumber = 0;
```

因为 C 语言编译器默认在函数中定义的任何变量都是自动局部变量，所以在编写程序时很少使用关键字 auto，本书也不使用它。

说回到程序示例。在定义局部变量之后，calculateTriangularNumber()函数计算三角数并显示结果。右花括号表示函数定义的结束。

在 main()例程中，第一次调用 calculateTriangularNumber()时，将值 10 作为参数传入。然后，程序的执行被直接转移到函数中，其中值 10 成为函数内部形参 n 的值。接下来，该函数计算第 10 个三角数并在终端显示结果。

在下一次调用 calculateTriangularNumber()时，将值 20 作为参数传入。类似的，如前所述，这个值会成为函数内部形参 n 的值。然后，该函数计算第 20 个三角数并在终端显示结果。

下面是一个接收多个参数的函数的例子，请以函数的形式重写求最大公因数的程序（程序 4.7）。函数的两个参数是要计算最大公因数的两个数，参见程序 7.5。

程序 7.5　修改程序，求最大公因数

```
/* 此程序用于计算两个整数的最大公因数 */

#include <stdio.h>

void gcd (int u, int v)
{
    int temp;

    printf ("The gcd of %i and %i is ", u, v);
```

```
    while ( v != 0 ) {
        temp = u % v;
        u = v;
        v = temp;
    }

    printf ("%i\n", u);
}

int main (void)
{
    gcd (150, 35);
    gcd (1026, 405);
    gcd (83, 240);

    return 0;
}
```

程序 7.5 输出

```
The gcd of 150 and 35 is 5
The gcd of 1026 and 405 is 27
The gcd of 83 and 240 is 1
```

函数 gcd()被定义为接收两个 int 型参数。这个函数通过形参名 u 和 v 引用实参。将变量 temp 声明为 int 型变量后，程序显示实参 u 和 v 的值，还会给出一条适当的消息。然后，该函数计算并显示这两个整数的最大公因数。

你可能想知道为什么函数 gcd()中有两条 printf()语句。在进入 while 循环**之前**，必须显示 u 和 v 的值，因为它们的值在循环内部会发生变化。如果一直等到 while 循环结束再显示 u 和 v 的值，u 和 v 显示的值与传递给例程的原始值就会完全不同。该问题的另一种解决方案是在进入 while 循环之前将 u 和 v 的值赋给两个变量。然后，可以在 while 循环结束后，使用一条 printf() 语句显示这两个变量的值以及 u（最大公因数）的值。

7.3 返回函数结果

程序 7.4 和程序 7.5 中的函数执行一些简单的计算，然后在终端显示计算结果。然而，你可能并不总是希望显示计算结果。C 语言提供了一种方便的机制，可以将函数的结果**返回**给调用该函数的例程。这对你来说并不新鲜，因为你在之前的程序中都用该机制来从 main()返回。该机制的通用语法非常简单，如下所示：

```
return expression;
```

上面的这条语句表明函数将 expression 的值返回给调用例程。出于编程风格的考虑，有些程序员会使用括号对 expression 进行标识，但括号的使用不是必须的。

仅有一条适当的 return 语句是不够的。在声明函数时，还必须声明**函数返回值的类型**。这个声明放在函数名的**前面**。本书前面的例子都定义了返回整数值的函数 main()，这也是将关键字 int 直接放在函数名之前的原因。

下面所示的声明语句定义了一个函数 kmh_to_mph()，该函数接收一个名为 km_speed 的

float 型参数，并返回一个 float 型值。

```
float kmh_to_mph (float km_speed)
```

同样，下面所示的声明语句定义了一个函数 gcd()，其参数 u 和 v 都是 int 型，函数返回一个 int 型值。

```
int gcd(int u,int v)
```

实际上，你可以修改程序 7.5，让函数 gcd()不显示最大公因数，而是将最大公因数返回给 main()例程，如程序 7.6 所示。

程序 7.6　求最大公因数并返回结果

```
/* 此程序用于计算两个非负整数的最大公因数，并返回结果 */

#include <stdio.h>

int gcd (int u, int v)
{
    int temp;

    while ( v != 0 ) {
        temp = u % v;
        u = v;
        v = temp;
    }

    return u;
}

int main (void)
{
      int result;

      result = gcd (150, 35);
      printf ("The gcd of 150 and 35 is %i\n", result);

      result = gcd (1026, 405);
      printf ("The gcd of 1026 and 405 is %i\n", result);

      printf ("The gcd of 83 and 240 is %i\n", gcd (83, 240));

      return 0;
}
```

程序 7.6　输出

```
The gcd of 150 and 35 is 5
The gcd of 1026 and 405 is 27
The gcd of 83 and 240 is 1
```

程序 7.6 在 gcd()函数计算出最大公因数的值之后，会执行下面的 return 语句。这条语句会将 u 的值（即最大公因数的值）返回给调用例程。

```
return u;
```

你可能想知道如何处理返回给调用例程的值。从 main()例程可以看出，在前两种情况下，返回的值存储在变量result中。更准确地说，下面的语句表示使用参数150和35调用函数gcd()，并将此函数返回的值存储在变量 result 中。

```
result=gcd(150,35);
```

从 main()例程中的最后一条语句可以看出，函数返回的结果不必赋给变量。在本例中，下面的函数调用的返回结果被直接传递给 printf()函数，由该函数显示其值。

```
gcd (83, 240)
```

利用上面介绍的这种方法，一个 C 语言函数只能返回一个值。与其他一些语言不同，C 语言不区分子例程（进程）和函数。在 C 语言中，只有函数。函数可以有选择地返回一个值。如果省略了函数返回值的类型的声明，C 语言编译器会假定该函数返回一个 int 型值（如果该函数有返回值）。一些 C 语言程序员会利用这个事实，即编译器假定函数默认返回 int 型值，省略 return 类型声明。这是一种糟糕的编程实践，应该避免。当一个函数返回一个值的时候，请确保你在函数头中声明了返回值的类型，哪怕只是为了提高程序的可读性。通过这种方式，你不仅总是可以从函数头中确定函数的名称、参数的数量和类型，还可以确定它是否返回值以及返回值的类型。

如前所述，前面有关键字 void 的函数声明显式地通知编译器该函数没有返回值。如果后续尝试在表达式中就像它会返回一个值一样使用该函数，将导致编译器给出错误消息。例如，因为程序 7.4 中的 calculateTriangularNumber()函数没有返回值，所以在定义函数时，要在它的名称之前加上关键字 void。然后尝试像该函数有返回值一样使用它，如下面的语句所示，会产生一个编译错误。

```
number = calculateTriangularNumber (20);
```

从某种意义上说，void 数据类型实际上定义了一种数据类型的**缺失**（absence）。因此，声明为 void 型的函数没有返回值，不能在表达式中像该函数有返回值一样使用它。

在第 5 章中，你编写了一个程序来计算并显示一个整数的绝对值。现在，编写一个函数，求其参数的绝对值，并返回结果。程序 5.1 中使用的是整数值，现在编写的函数则以浮点值作为参数，并将结果作为 float 型值返回，如程序 7.7 所示。

程序 7.7 计算绝对值

```
// 此程序计算绝对值

#include <stdio.h>

float absoluteValue (float x)
{
    if ( x < 0 )
      x = -x;

    return x;
}

int main (void)
{
    float f1 = -15.5, f2 = 20.0, f3 = -5.0;
    int   i1 = -716;
    float result;
```

```
    result = absoluteValue (f1);
    printf ("result = %.2f\n", result);
    printf ("f1 = %.2f\n", f1);

    result = absoluteValue (f2) + absoluteValue (f3);
    printf ("result = %.2f\n", result);

    result = absoluteValue ( (float) i1 );
    printf ("result = %.2f\n", result);

    result = absoluteValue (i1);
    printf ("result = %.2f\n", result);

    printf ("%.2f\n", absoluteValue (-6.0) / 4 );

    return 0;
}
```

程序 7.7　输出

```
result = 15.50
f1 = -15.50
result = 25.00
result = 716.00
result = 716.00
1.50
```

程序 7.7 中的 absoluteValue()函数相对简单，将形参 x 与 0 进行比较，如果它小于 0，则取其相反数作为绝对值。然后，使用适当的 return 语句将结果返回给调用例程。

关于测试 absoluteValue()函数的 main()例程，还有一些有趣的地方你应该注意到。在第一次调用 absoluteValue()函数时，传递了变量 f1 的值，其初始值设置为−15.5。在函数内部，这个值被赋给变量 x。因为 if 测试的结果为 true，所以执行了对 x 的值求反的语句，从而将 x 的值设定为 15.5。在下一条语句中，将 x 的值返回给 main()例程，并将其赋给变量 result，然后将它显示出来。

在 absoluteValue()函数内部改变 x 的值不会影响变量 f1 的值。当 f1 被传递给 absoluteValue()函数时，它的值被系统自动复制到形参 x 中。因此，在函数内部对 x 值所做的任何更改只影响 x 的值，而不影响 f1 的值。第二次 printf()调用验证了这一点，它显示了未改变的 f1 值。请务必理解，函数不能直接修改任何实参的值，它只能修改实参副本的值。

接下来对 absoluteValue()函数的两次调用说明了如何在算术表达式中使用函数返回的结果。f2 的绝对值与 f3 的绝对值相加，并将总和赋给变量 result。

第四次调用 absoluteValue()函数时引入了这样一个概念：传递给函数的参数类型应该与函数内部声明的参数类型一致。因为 absoluteValue()函数需要一个浮点数作为参数，所以在调用它之前，int 型变量 i1 首先被转换为 float 型变量。如果省略转换操作，编译器还是会帮你转换，因为它知道 absoluteValue()函数需要一个 float 型参数。（对 absoluteValue()函数的第五次调用验证了这一点。）然而，你如果自己进行类型转换，而不是依赖系统为你进行转换，则会更清楚发生了什么。

最后一次对 absoluteValue()函数的调用表明，计算算术表达式的规则也适用于函数的返回值。因为 absoluteValue()函数的返回值的类型被声明为 float 型，所以编译器将除法操作视为浮点数除以整数。回想一下，如果有一个操作数的类型是 float 型，则使用浮点运算来执行操作。根据该规则，−6.0 的绝对值除以 4 的结果为 1.5。

现在你已经定义了一个计算绝对值的函数，以后任何需要执行这种计算的程序都可以使用该函数。事实上，下一个程序（程序 7.8）就是使用该函数的一个例子。

7.4 函数调用

大多数手机上都有计算器应用程序，计算一个特定数字的平方根通常不是什么难事。但在过去，人们手动计算一个数的平方根近似值。其中一种最容易用计算机求解的近似方法称为**牛顿-拉弗森迭代技术**（Newton-Raphson iteration technique）。在程序 7.8 中，我们编写了一个求平方根的函数，它使用上述这种技术来求解一个数的近似平方根。

牛顿-拉弗森迭代技术可以描述如下。首先，你为某个数字的平方根选择一个“猜测值”。这个猜测值越接近平方根的真实值，得到近似平方根所需的计算次数就越少。不过，为了便于讨论，假设你不太擅长猜测，因此总是先猜测 1。

其次，用希望得到其近似平方根的数字除以最初的猜测值，然后将除法的结果与猜测值相加，得到中间结果，接着将中间结果除以 2。这个除法的结果将变成进行下一轮计算的新的猜测值。也就是说，用你要计算近似平方根的这个数除以这个新的猜测值，再加上这个新的猜测值，然后除以 2。这个除法的结果将成为新的猜测值，并进行下一轮迭代。

因为你不想永远继续这个迭代过程，所以需要某种方法来知道什么时候停止迭代。由于反复进行迭代所得到的猜测值将越来越接近平方根的真实值，因此可以设置一个限制，用于决定何时终止该迭代过程。我们可以计算猜测值的平方与数值本身的差值，然后将这个差值与设定的界限进行比较，这一界限通常记为 epsilon。如果这个差值小于 epsilon，则表示已经达到预期的平方根精度，可以终止迭代过程。

这个过程可以用算法来表示，如下所示。

使用牛顿-拉弗森迭代技术计算 *x* 的近似平方根的步骤如下。

步骤 1： 将 guess 的值设置为 1。

步骤 2： 如果$|guess^2-x|<epsilon$，进入步骤 4。

步骤 3： 将 guess 的值设置为 $(x / guess + guess) / 2$，并返回步骤 2。

步骤 4： guess 的值即 *x* 的近似平方根。

在步骤 2 中，由于 guess 的值可以从任意一边接近 *x* 的平方根，因此有必要将 $guess^2$ 与 *x* 差值的**绝对值**与 epsilon 进行比较。

既然已经有了求平方根的算法，那么编写一个计算平方根的函数再次成为一项相对简单的任务。在程序 7.8 的 squareRoot()函数中，epsilon 的值 0.00001 是随意选择的值。请参阅程序 7.8。

程序 7.8 计算一个数的平方根

```
#include <stdio.h>

// 此函数计算一个数的绝对值
float absoluteValue (float x)
{
```

```
	if ( x < 0 )
	    x = -x;
	return (x);
}

// 此函数计算一个数的平方根
float squareRoot (float x)
{
	const float epsilon = .00001;
	float       guess = 1.0;

	while ( absoluteValue (guess * guess - x) >= epsilon )
	    guess = ( x / guess + guess ) / 2.0;

	return guess;
}

int main (void)
{
	printf ("squareRoot (2.0) = %f\n", squareRoot (2.0));
	printf ("squareRoot (144.0) = %f\n", squareRoot (144.0));
	printf ("squareRoot (17.5) = %f\n", squareRoot (17.5));

	return 0;
}
```

程序 7.8　输出

```
squareRoot (2.0) = 1.414216
squareRoot (144.0) = 12.000000
squareRoot (17.5) = 4.183300
```

在你的计算机系统中运行此程序显示的实际值，在低有效位上可能略有不同。

需要对程序 7.8 进行详细分析。首先定义了 absoluteValue()函数。该函数与程序 7.7 中使用的函数相同。

接下来，找到 squareRoot()函数。这个函数接收一个名为 x 的参数，并返回一个 float 型值。在函数体内部，定义了两个分别名为 epsilon 和 guess 的局部变量。epsilon 的初始值设置为 0.00001，该值用于确定何时结束迭代过程。你可以把 epsilon 改成更小的值。epsilon 的值越小，结果越准确，但它的值越小，计算结果所需的时间也越长。你猜测的这个数的平方根的初始值被设置为 1.0。每次调用函数时，都会将这两个初始值赋值给这两个变量。

局部变量声明后，设置一个 while 循环来执行迭代计算。只要 guess*guess 与 x 差值的绝对值大于或等于 epsilon，就重复执行 while 条件后面的语句。对下面的表达式求值，并将求值的结果传递给 absoluteValue()函数。

```
guess * guess - x
```

然后，将 absoluteValue()函数返回的结果与 epsilon 的值进行比较。如果这个值大于或等于 epsilon，则表示还没有达到预期的平方根精度。在这种情况下，会再执行一次循环，计算下一个 guess 的值。

最终，guess 的值非常接近平方根的真实值，while 循环结束。此时，guess 的值将返回给调用程序。在 main()函数中，这个返回值被传递给 printf()函数，并通过 printf()语句显示出来。

你可能已经注意到，absoluteValue()函数和 squareRoot()函数**都有**名为 x 的形参。不过，C 语言编译器不会把这两个值搞混，而会将其区分开来。

实际上，函数总是有自己的一组形参。因此，absoluteValue()函数中使用的形参 x 与 squareRoot()函数中使用的形参 x 是不同的。

局部变量也是如此。你可以在任意多个函数中声明同名的局部变量。C 语言编译器不会混淆这些变量的使用，因为局部变量只能在定义它的函数内部访问。换句话说，局部变量的**作用域**（scope）就是定义它的函数。（你会在第 10 章发现，C 语言确实提供了一种从函数外部间接访问局部变量的机制。）

基于以上讨论，你可以理解，当将 guess*guess - x 的值传递给 absoluteValue()函数并将该值赋给形参 x 时，这种赋值绝对不会影响 squareRoot()函数内部的 x 的值。

7.4.1　声明返回类型和参数类型

如前所述，默认情况下 C 语言编译器假定函数返回 int 型值。更具体地说，当调用函数时，编译器假定函数返回 int 型值，除非发生下列情况之一。

（1）在发生函数调用之前，函数已经在程序中定义好了。

（2）在发生函数调用之前，已经**声明**（declared）了函数的返回值。

在程序 7.8 中，absoluteValue()函数是在编译器遇到 squareRoot()函数调用之前定义的。因此，编译器知道，当遇到这个调用时，absoluteValue()函数将返回一个 float 型值。如果 absoluteValue()函数是在 squareRoot()函数**之后**定义的，那么在调用 absoluteValue()函数时，编译器就会假定这个函数返回一个整数值。大多数 C 语言编译器都会捕获此错误并生成适当的诊断消息。

为了能在 squareRoot()函数**之后**定义 absoluteValue()函数（甚至在另一个文件中定义，参见第 14 章），必须在调用 absoluteValue()函数**之前**，**声明** absoluteValue()函数返回值的类型，可以在 squareRoot()函数内部声明，也可以在任何函数外部声明。在后一种情况下，通常在程序开头进行这一声明。

函数声明不仅用于声明函数返回值的类型，还用于告知编译器函数接收多少个参数以及这些参数的类型。

要将 absoluteValue()声明为一个返回 float 型值并接收一个 float 型参数的函数，可以使用下面的声明：

```
float absoluteValue (float);
```

如上所示，你只需要在括号内指定参数的类型，而不是它的名称。如果你想，你也可以在类型后面指定一个“虚设”名称，如下面的代码所示，这个名称不必与函数定义中使用的名称相同——反正编译器无论如何都会忽略它。

```
float absoluteValue (float x);
```

编写函数声明的一种万无一失的方法是，使用文本编辑器复制函数实际定义的第一行代码，记得在结尾处加一个分号。

如果函数不接收参数，可以在括号之间使用关键字 void。如果函数没有返回值，也可以声明这一点，以防止有人会像该函数有返回值那样使用它：

```
void calculateTriangularNumber (int n);
```

如果函数（例如 printf()和 scanf()）接收可变数量的参数，则必须通知编译器。例如下面的声明语句，它告诉编译器 printf()的第一个参数是一个字符**指针**（pointer）（稍后会详细介绍），后面跟着任意数目的其他参数（使用...表示）。

```
int printf (char *format, ...);
```

函数 printf()和 scanf()被声明在一个特殊的文件 stdio.h 中。这就是为什么你一直在每个程序的开始处放置下面所示的语句：

```
#include <stdio.h>
```

如果没有这条语句，编译器会假定 printf()和 scanf()接收固定数量的参数，这可能导致生成不正确的代码。

当调用函数时，编译器会自动将参数的类型转换为适当的类型，但前提是你已经将函数的定义或者函数及其参数类型的声明，放在了函数调用之前。

以下是关于函数的一些提醒和建议。

（1）请记住，默认情况下，编译器假定函数返回 int 型值。

（2）如果需要定义一个返回 int 型值的函数，声明直接定义它。

（3）当定义一个没有返回值的函数时，将其声明为 void 型。

（4）只有在预先定义或声明了函数的情况下，编译器才会将你的参数转换为函数期望的参数。

（5）为了安全起见，请在程序中声明所有函数，即使它们是在调用之前定义的（之后你可能会决定将它们移动到文件中的其他地方，甚至是另一个文件中）。

7.4.2 检查函数参数

负数的平方根将你从实数的领域带到了虚数的领域。如果给你的 squareRoot()函数传递一个负数会发生什么？事实上，牛顿-拉弗森迭代过程永远不会收敛；也就是说，随着循环的每一次迭代，猜测的值不会接近平方根的真实值。因此，为终止 while 循环而设置的条件**永远不会**得到满足，程序将进入无限循环。程序的执行必须通过执行一些命令或按特殊的组合键（如 Ctrl+C）来异常终止。

显然，你应该修改程序以正确地考虑这种情况。可以将重担交给调用例程，并强制它永远不要向 squareRoot()函数传递负数参数。虽然这种方法看起来合理，但它确实有缺点。最终，你将开发一个程序，该程序使用 squareRoot()函数，但在调用函数之前忘记检查参数。如果向该函数传递一个负数，程序将像前面描述的那样进入无限循环，最终不得不异常终止。

对于这个问题，更明智、更安全的解决方案是将检查参数的责任交给 squareRoot()函数自身。这样，函数就会被“保护”起来，不会被**任何**使用它的程序所害。合理的做法是在函数内部检查参数 x 的值，如果参数为负数，则（可选地）显示一条消息。这样函数就可以立即返回，而无须执行计算。为了向发出调用的例程指明 squareRoot()函数没有按照预期工作，可以返回一个通常不会由该函数返回的值[1]。

下面是修改后的 squareRoot()函数，它测试了参数的值，还包含 7.4.1 节中描述的

1 标准 C 语言库中的平方根例程是 sqrt()，如果提供负数参数，它会返回一个域错误。返回的实际值是由函数实现定义的。在某些系统中，如果你试图显示这样的值，它会显示为 NaN，这意味着这个值不是一个数。

absoluteValue()函数的原型声明。

```
/*  函数计算一个数的平方根。
    如果传递一个负数参数，则显示一条消息，
    并返回-1.0 */

float squareRoot (float x)
{
    const float epsilon = .00001;
    float guess = 1.0;
    float absoluteValue (float x);

    if ( x < 0 )
    {
        printf ("Negative argument to squareRoot.\n");
        return -1.0;
    }

    while ( absoluteValue (guess * guess - x) >= epsilon )
          guess = ( x / guess + guess ) / 2.0;

    return guess;
}
```

如果向上述函数传递一个负数参数，则显示一条适当的消息，并立即向发出调用的函数返回数值-1.0。如果参数不是负数，则按照前面描述的方式计算平方根。

从修改后的 squareRoot()函数中可以看到（在第 6 章的最后一个例子程序 6.8 中也可以看到），一个函数中可以有多个 return 语句。每当执行 return 时，控制权会立即转交给发出调用的函数；函数中出现在 return 语句之后的任何程序语句都不会被执行。这使得 return 语句非常适合在没有返回值的函数中使用。在这种情况下，如 7.1 节所述，return 语句将采用如下所示的更简单的形式，因为不用返回任何值。

```
return;
```

显然，如果函数应该返回一个值，则不能使用这种形式从函数返回。

7.5 自顶向下编程技术

函数调用函数，被调用函数又调用函数，以此类推，这种概念形成了编写良好的结构化程序的基础。在程序 7.8 的 main()例程中，squareRoot()函数被调用了几次。计算平方根的所有细节都包含在 squareRoot()函数中，而不是 main()函数中。因此，你甚至可以在编写调用函数本身的指令之前就编写对这个函数的调用，只要指定函数接收的参数和返回的值即可。

稍后，在继续编写 squareRoot()函数的代码时，可以应用**自顶向下编程**（top-down programming）技术：在编写对 absoluteValue()函数的调用时，你可以不关心该函数的操作细节。你只需要知道**可以**开发一个函数来获取一个数的绝对值。

自顶向下编程技术不但可以简化程序的编写，而且可以使程序更容易阅读。因此，程序 7.8 的读者通过检查 main()例程就可以很容易地确定，该程序只用于计算并显示 3 个数字的平方根。读者不需要遍历实际计算平方根的所有细节，就能获取这些信息。如果读者想了解更多的细节，可以研究与 squareRoot()函数相关的特定代码。同样，读者不需要知道数字的绝对值是如何计算的，就能理解 squareRoot()函数的操作过程。绝对值的计算细节就交给 absoluteValue()函数了，如果想更详细地了解它的操作，可以再来研究这个函数。

7.6　函数与数组

与普通的变量和值一样，也可以将一个数组元素的值，甚至整个数组作为参数传递给函数。要向函数传递一个单一数组元素，只需以普通形式将数组元素指定为函数的一个参数（在第 6 章使用 printf()函数显示数组元素时，我们就是这么做的）。因此，要对 averages[i]取平方根并将结果赋给一个名为 sq_root_result 的变量，可以使用如下所示的程序语句。

```
sq_root_result = squareRoot (averages[i]);
```

在 squareRoot()函数内部，不需要对作为参数传递进来的单个数组元素进行任何特殊操作。与处理简单变量一样，在调用函数时，数组元素的值会被复制到对应的形参变量中。

将整个数组传递给函数是一种全新的方式。要将数组传递给函数，只需要在调用函数时列出数组的名称，而**不需要使用任何索引**。举个例子，假设 gradeScores 被声明为包含 100 个元素的数组，则下面的表达式，实际上是将数组 gradeScores 中包含的全部 100 个元素传递给名为 minimum 的函数。

```
minimum (gradeScores)
```

当然，minimum()函数也必须接收整个数组作为函数参数，并且必须进行适当的形参声明。所以 minimum()函数可能看起来像下面这样。

```
int minimum (int values[100])
{
    ...
    return minValue;
}
```

上面的声明将 minimum()定义为一个返回 int 型值，并将包含 100 个整数元素的数组作为参数的函数。在将数组传递给函数之后，可以通过引用形参数组 values 来引用原数组中的适当元素。根据前面显示的函数调用和相应的函数声明，例如，对 values[4]的引用实际上引用的是 gradeScores[4]的值。

在第一个函数接收一个数组作为参数的程序中，你可以编写一个函数 minimum()，在包含 10 个整数的数组中查找最小值。该函数以及用于设置数组初始值的 main()例程如程序 7.9 所示。

程序 7.9　查找数组中的最小值

```
// 此函数查找数组中的最小值

#include <stdio.h>

int minimum (int values[10])
{
    int minValue, i;

    minValue = values[0];

    for ( i = 1; i < 10; ++i )
```

```
        if ( values[i] < minValue )
            minValue = values[i];

    return minValue;
}

int main (void)
{
    int scores[10], i, minScore;
    int minimum (int values[10]);

    printf ("Enter 10 scores\n");

    for ( i = 0; i < 10; ++i )
        scanf ("%i", &scores[i]);

    minScore = minimum (scores);
    printf ("\nMinimum score is %i\n", minScore);

    return 0;
}
```

程序 7.9 输出

```
Enter 10 scores
69
97
65
87
69
86
78
67
92
90

Minimum score is 65
```

在 main()中，minimum()函数的原型声明告诉编译器，minimum()返回一个 int 型值，并接收一个包含 10 个整数的数组作为参数。记住，这里没有必要进行声明，因为 minimum()函数是在 main()内部调用之前定义的。但是，为了安全起见，在本书的其余部分中对所有使用到的函数都进行了声明。

定义数组 scores 后，系统提示用户输入 10 个值。scanf()调用将输入的每个数字放入 scores[i]中，其中 i 的范围是 0～9。输入所有值后，调用 minimum()函数，并将数组 scores 作为参数传入。

形参名 values 用于引用函数内部的数组元素。它被声明为一个包含 10 个整数的数组。局部变量 minValue 用于存储数组中的最小值，初始值为数组中的第一个元素值 values[0]。for 循环遍历数组中剩余的元素，将它们依次与 minValue 的值进行比较。如果 values[i]的值小于 minValue，则表示在数组中找到了一个新的最小值。在这种情况下，会将这个新的最小值赋值给 minValue，然后继续扫描数组。

for 循环执行完毕后，minValue 被返回给调用例程，并赋值给变量 minScore，然后显示出来。

有了通用函数 minimum()，就可以用它来找出**任意**包含 10 个整数的数组中的最小值。如果有 5 个不同的数组，每个数组包含 10 个整数，就可以分别调用 5 次 minimum()函数，找出每个数组的最小值。此外，你也可以很容易地定义其他函数来完成其他任务，例如寻找最大值、求中位数、求平均值等。

通过定义小型、独立的函数来完成一些定义明确的任务，你可以在这些函数的基础上完成更复杂的任务，也可以将它们用于其他相关的程序设计应用。例如，你可以定义一个 statistics()函数，它接收一个数组作为参数，可能还会调用 mean()函数、standardDeviation()函数等，以获取一个数组的统计信息。这种程序设计方法是开发易于编写、理解、修改和维护的程序的关键。

当然，上面所谓“通用”的 minimum()函数其实并不通用，因为它只对包含 10 个元素的数组起作用。但这个问题相对容易解决。你可以让这个函数接收一个表示数组中元素个数的参数，从而扩展它的通用性。在函数声明中，可以不指定形参数组中包含的元素个数。C 语言编译器实际上会忽略这部分声明；它关心的是函数的参数是一个数组，而不是数组中有多少个元素。

程序 7.10 是程序 7.9 的修改版本。在程序 7.10 中，minimum()函数可以在任意长度的 int 型数组中查找最小值。

程序 7.10　修改程序，查找一个数组中的最小值

```
// 此函数查找一个数组中的最小值

#include <stdio.h>

int minimum (int values[], int numberOfElements)
{
    int minValue, i;

    minValue = values[0];

    for ( i = 1; i < numberOfElements; ++i )
        if ( values[i] < minValue )
            minValue = values[i];

    return minValue;
}

int main (void)
{
    int array1[5] = { 157, -28, -37, 26, 10 };
    int array2[7] = { 12, 45, 1, 10, 5, 3, 22 };
    int minimum (int values[], int numberOfElements);

    printf ("array1 minimum: %i\n", minimum (array1, 5));
    printf ("array2 minimum: %i\n", minimum (array2, 7));

    return 0;
}
```

程序 7.10　输出

```
array1 minimum: -37
array2 minimum: 1
```

这一次，函数 minimum()接收两个参数：第一个是你想从中查找最小值的数组，第二个是该数组中元素的个数。在函数头中紧跟在 values 后面的方括号的作用是告诉 C 语言编译器 values 是一个 int 型数组。如前所述，编译器实际上不需要知道该数组有多大。

在 for 语句中，形参 numberOfElements 取代了常量 10 作为上限。因此，for 语句从 values[1]开始，一直到数组的最后一个元素 values[numberOfElements −1]。

在 main()例程中，定义了两个数组 array1 和 array2，这两个数组分别包含 5 个和 7 个元素。

在第一个 printf()调用中，调用了 minimum()函数，参数是 array1 和 5。第二个参数指定 array1 中包含的元素个数。minimum()函数查找数组中的最小值，然后显示返回结果-37。第二次调用 minimum()函数时，传入了 array2 以及数组中元素的个数。然后，函数返回的结果 1 被传递给 printf()函数显示。

7.6.1 赋值运算符

研究程序 7.11，在查看实际结果**之前**尝试猜测它的输出内容。

程序 7.11 在函数中改变数组元素

```
#include <stdio.h>

void multiplyBy2 (float array[], int n)
{
    int i;

    for ( i = 0; i < n; ++i )
        array[i] *= 2;
}

int main (void)
{
    float floatVals[4] = { 1.2f, -3.7f, 6.2f, 8.55f };
    int   i;
    void  multiplyBy2 (float array[], int n);

    multiplyBy2 (floatVals, 4);

    for ( i = 0; i < 4; ++i )
        printf ("%.2f ", floatVals[i]);

    printf ("\n");

    return 0;
}
```

程序 7.11 输出

```
2.40  -7.40 12.40 17.10
```

你在研究程序 7.11 时，肯定注意到了下面的语句：

```
array[i] *= 2;
```

“乘等”运算符（*=）的作用是用运算符左边的表达式乘右边的表达式，并将结果存储到运算符左边的变量中。因此，上面的表达式等价于下面的语句：

```
array[i] = array[i] * 2;
```

回到程序 7.11 要强调的重点，你现在可能已经意识到，函数 multiplyBy2()实际上会**改变** floatVals 数组中的值。这和你之前学过的一个函数不能改变其实参的值不是矛盾的吗？其实并不矛盾。

程序 7.11 指出了一个非常重要的点，即在处理数组参数时必须始终牢记：如果一个函数修改了一个数组元素的值，那么传递给该函数的原始数组相应地也会被修改。即使函数完成执行并返回到调用例程之后，该修改仍然有效。

数组不同于简单变量或数组元素（它们的值**不能**通过函数改变）的原因是值得解释的。如前所述，调用函数时，将作为实参传递给函数的值复制到相应的形参中。这一表述仍然有效。但在处理数组时，数组的全部内容**不会**复制到形参数组中。相反，传递给函数的信息描述了数组在计算机内存中的**位置**。函数对形参数组所做的任何修改实际上都是对传递给函数的原始数组进行的，而不是对数组的副本进行的。因此，当函数返回时，这些修改仍然有效。

请记住，关于在函数中修改数组值的讨论只适用于传递整个数组作为参数的情况，而不适用于传递单个数组元素作为参数的情况，因为单个数组元素的值被复制到相应的形参中，函数不能永久地修改它们。第 10 章会更详细地讨论相关概念。

7.6.2　数组排序

为了进一步说明函数可以修改作为参数传递的数组中的值，我们将开发一个对整型数组进行排序的函数。排序的过程一直受到计算机科学家的关注，这可能是因为排序是一种非常常见的操作。许多复杂的算法已经被开发出来，以在最短的时间内，使用尽可能少的计算机内存，来对一组信息进行排序。本书不打算教授这些复杂的算法，只编写了一个 sort()函数，使用一种相当简单的算法对数组进行**升序排序**。对数组进行升序排序是指重新排列数组中的元素，使元素的值从小到大逐级递增。在排序结束时，最小值会出现在数组的第一个位置，而最大值会出现在数组的最后一个位置，在这两个位置之间的值会逐渐增加。

如果想对包含 n 个元素的数组进行升序排序，可以连续对数组中的每个元素进行比较。首先比较数组中的第一个元素和第二个元素的值。如果第一个元素的值大于第二个元素的值，则简单地“交换”数组中的这两个值，也就是说，交换这两个位置中存放的值。

接下来，将数组中的第一个元素的值（现在你已经知道它比第二个元素的值小）与第三个元素的值进行比较。同样，如果第一个元素的值大于第三个元素的值，则交换这两个元素的值。否则，保持原样。现在，你得到了数组中前三个元素的值中最小的那个，它存放于数组的第一个元素中。

如果对数组中的剩余元素重复前面的过程——将第一个元素的值与之后的每一个元素的值进行比较，如果前者大于后者，则交换它们——在过程结束时，整个数组的最小值将存放在数组的第一个元素中。

如果你现在对数组的第二个元素的值做同样的事情，即与第三个元素的值比较，然后与第四个元素的值比较，以此类推，如果两者的顺序不是升序排序，则交换它们，那么当这个过程完成时，你最终会得到数组中第二小的值，其存放于数组的第二个元素中。

现在你应该很清楚如何根据需要依次进行比较和交换，从而对数组进行排序。在你完成数组的倒数第二个元素的值与最后一个元素的值的比较，并在需要时交换了它们之后，这个过程就停止了。此时，整个数组已经按升序排序好了。

下面的算法更简洁地描述了上述排序过程。这个算法假设你正在对一个包含 n 个元素的数组 a 进行排序。

简单交换排序算法的步骤如下。

步骤 1： 设置 i 为 0。

步骤 2： 设 $j=i+1$。

步骤 3： 如果 $a[i]>[j]$，交换它们的值。

步骤 4： 设 $j=j+1$。如果 $j<n$，继续执行步骤 3。

步骤 5： 设 $i=i+1$。如果 $i<n-1$，继续执行步骤 2。

步骤 6： 现在数组 a 已经按照升序排序。

程序 7.12 在一个名为 sort 的函数中实现了上述算法，该函数接收两个参数：要排序的数组和数组中元素的个数。

程序 7.12　将一个整型数组按照升序排序

```
// 此程序将一个整型数组按照升序排序

#include <stdio.h>

void sort (int a[], int n)
{
    int i, j, temp;

    for ( i = 0; i < n - 1; ++i )
        for ( j = i + 1; j < n; ++j )
            if ( a[i] > a[j] ) {
                temp = a[i];
                a[i] = a[j];
                a[j] = temp;
        }
}

int main (void)
{
    int i;
    int array[16] = { 34, -5, 6, 0, 12, 100, 56, 22,
                      44, -3, -9, 12, 17, 22, 6, 11 };
    void sort (int a[], int n);

    printf ("The array before the sort:\n");

    for ( i = 0; i < 16; ++i )
        printf ("%i ", array[i]);

    sort (array, 16);

    printf ("\n\nThe array after the sort:\n");

    for ( i = 0; i < 16; ++i )
        printf ("%i ", array[i]);

    printf ("\n");
```

```
    return 0;
}
```

程序 7.12　输出

```
The array before the sort:
34 -5 6 0 12 100 56 22 44 -3 -9 12 17 22 6 11

The array after the sort:
-9 -5 -3 0 6 6 11 12 12 17 22 22 34 44 56 100
```

sort()函数将算法实现为一组嵌套的 for 循环。最外层的循环从第一个元素到倒数第二个元素（a[n−2]），依次按顺序遍历数组。每一个这样的元素，都会进入第二个 for 循环，从当前外层循环选中的元素之后的元素开始，一直遍历到数组的最后一个元素。

如果元素是乱序的（即 a[i]大于 a[j]），则交换元素的值。变量 temp 在进行交换时用于临时存储。

两个 for 循环完成，数组就按升序排序好了。这样函数的执行就完成了。

在 main()例程中，array 被定义并初始化为包含 16 个整数值的数组。然后，程序在终端显示数组的值，然后调用 sort()函数，将 array 和数组中元素的个数 16 作为参数传递给它。函数返回后，程序再次显示 array 中包含的值。从输出可以看出，该函数成功地将数组按升序进行排序。

程序 7.12 中的 sort()函数相当简单。使用这种简单的函数必须付出的代价是执行时间。如果必须对一个非常大的数组（例如数组包含数千个元素）进行排序，那么这里实现的 sort()例程可能需要相当长的执行时间。如果发生这种情况，你将不得不求助于一种更复杂的算法。*The Art of Computer Programming*, volumn 3, *Sorting and Searching*（Donald E. Knuth，Addison-Wesley）是此类算法的经典参考资料[1]。

7.6.3　多维数组

多维数组元素可以像普通变量或一维数组元素一样传递给函数。下面的语句将调用 squareRoot()函数，并将 matrix[i][j]中包含的值作为参数传递给函数。

```
squareRoot (matrix[i][j]);
```

与一维数组一样，可以将整个多维数组传递给函数——只需给出数组的名称即可。例如，如果将矩阵 measured_values 声明为一个二维整型数组，则使用下面的 C 语言语句，可以调用一个函数，该函数将矩阵中的每个元素乘以一个常量值。

```
scalarMultiply (measured_values, constant);
```

当然，这意味着上述函数本身可以改变 measured_values 数组中包含的值。关于一维数组的讨论同样适用于这里：在函数内部对形参数组中的任何元素的赋值操作，都会对传入该函数的原数组造成永久性的改变。

我们知道，在函数中声明一个一维数组作为形参时，并不需要知道数组的实际大小；只需使用一对空括号告诉 C 语言编译器，参数实际上是一个数组即可。但这并不完全适用于多维数组。对于二维数组，可以省略数组的行数，但声明时**必须**包含数组的列数。因此下面第

1　在标准 C 语言库中还有一个名为 qsort 的函数，该函数可用于对包含任何数据类型的元素的数组进行排序。但在使用该函数之前，你需要理解指向函数的指针，这将在第 10 章进行讨论。

一条和第二条声明语句，对于包含 100 行、50 列的形参数组 array_values 来说都是有效的声明语句。但是下面第三条和第四条声明语句是无效的，因为**必须**指定数组中的列数。

```
int array_values[100][50]
int array_values[][50]
int array_values[100][]
int array_values[][]
```

在程序 7.13 中，定义了一个函数 scalarMultiply()，它将一个二维整型数组乘一个标量整数值。在本程序中，假设数组的维度为 3 × 5。main()例程调用了两次 scalarMultiply()例程。每次调用后，数组都会传递给 displayMatrix()例程，以显示数组的内容。注意，scalarMultiply() 和 displayMatrix()中都使用了嵌套的 for 循环来依次遍历二维数组中的每个元素。

程序 7.13　使用多维数组和函数

```
#include <stdio.h>

int main (void)
{
    void scalarMultiply (int matrix[3][5], int scalar);
    void displayMatrix (int matrix[3][5]);
    int sampleMatrix[3][5] =
        {
            {  7, 16, 55, 13, 12 },
            { 12, 10, 52,  0,  7 },
            { -2,  1,  2,  4,  9 }
        };

    printf ("Original matrix:\n");
    displayMatrix (sampleMatrix);

    scalarMultiply (sampleMatrix, 2);

    printf ("\nMultiplied by 2:\n");
    displayMatrix (sampleMatrix);

    scalarMultiply (sampleMatrix, -1);

    printf ("\nThen multiplied by -1:\n");
    displayMatrix (sampleMatrix);

    return 0;
}

// 此函数将一个 3×5 的多维数组与一个标量相乘

void scalarMultiply (int matrix[3][5], int scalar)
{
    int row, column;

    for ( row = 0; row < 3; ++row )
        for ( column = 0; column < 5; ++column )
            matrix[row][column] *= scalar;
}

void displayMatrix (int matrix[3][5])
```

```
{
    int row, column;

    for ( row = 0; row < 3; ++row) {
        for ( column = 0; column < 5; ++column )
            printf ("%5i", matrix[row][column]);

        printf ("\n");
    }
}
```

程序 7.13　输出

```
Original matrix:
     7   16   55   13   12
    12   10   52    0    7
    -2    1    2    4    9

Multiplied by 2:
    14   32  110   26   24
    24   20  104    0   14
    -4    2    4    8   18

Then multiplied by -1:
    -14  -32  -110  -26  -24
    -24  -20  -104    0  -14
      4   -2    -4   -8  -18
```

main()例程定义了矩阵 sampleMatrix，然后调用 displayMatrix()函数在终端显示该矩阵的初始值。在 displayMatrix()例程中，需要注意嵌套的 for 循环。第一个也就是最外层的 for 循环序列遍历矩阵中的每一行，因此变量 row 的取值范围是 0～2。对于 row 的每个值，执行最内层的 for 循环。这个 for 循环序列遍历了特定行的每一列，因此变量 column 的取值范围是 0～4。

printf()语句使用格式字符%5i 显示包含在指定行和列中的值，以确保元素在显示时能够对齐。在最内层的 for 循环执行完毕（即显示了矩阵的一整行内容）后，会显示一个换行符，以便在下一输出行显示矩阵的下一行内容。

第一次调用 scalarMultiply()函数的作用是将 sampleMatrix 数组乘 2。该函数内部设置了一组简单的嵌套 for 循环，顺序遍历数组中的每个元素，并使用乘等运算符（*=）将 matrix[row][column]中包含的元素乘 scalar 的值。在函数返回 main()例程后，再次调用 displayMatrix()函数来显示 sampleMatrix 数组的内容。程序的输出验证了数组中的每个元素实际上都被乘了 2。

第二次调用 scalarMultiply()函数，将修改后的 sampleMatrix 数组中的每个元素乘−1。然后最后一次调用 displayMatrix()函数，显示修改后的数组，程序执行结束。

多维变长数组和函数

你可以利用 C 语言中的变长数组特性，编写可以接收不同长度多维数组的函数。例如，程序 7.13 可以被重写，重写后的 scalarMultiply()和 displayMatrix()函数可以接收包含任意行数和列数的矩阵，这些信息可以作为参数传递给函数，参见程序 7.14。

程序 7.14　多维变长数组

```
#include <stdio.h>

int main (void)
```

```
{
    void scalarMultiply (int nRows, int nCols,
                         int matrix[nRows][nCols], int scalar);
    void displayMatrix (int nRows, int nCols, int matrix[nRows][nCols]);
    int sampleMatrix[3][5] =
        {
            {  7, 16, 55, 13, 12 },
            { 12, 10, 52,  0,  7 },
            { -2,  1,  2,  4,  9 }
        };

    printf ("Original matrix:\n");
    displayMatrix (3, 5, sampleMatrix);

    scalarMultiply (3, 5, sampleMatrix, 2);
    printf ("\nMultiplied by 2:\n");
    displayMatrix (3, 5, sampleMatrix);

    scalarMultiply (3, 5, sampleMatrix, -1);
    printf ("\nThen multiplied by -1:\n");
    displayMatrix (3, 5, sampleMatrix);

    return 0;
}

// 此函数将一个矩阵与一个标量相乘

void scalarMultiply (int nRows, int nCols,
                     int matrix[nRows][nCols], int scalar)
{
    int row, column;

    for ( row = 0; row < nRows; ++row )
        for ( column = 0; column < nCols; ++column )
            matrix[row][column] *= scalar;
}

void displayMatrix (int nRows, int nCols, int matrix[nRows][nCols])
{
    int row, column;

    for ( row = 0; row < nRows; ++row) {
        for ( column = 0; column < nCols; ++column )
            printf ("%5i", matrix[row][column]);

        printf ("\n");
    }
}
```

程序 7.14 输出

```
Original matrix:
    7   16   55   13   12
   12   10   52    0    7
   -2    1    2    4    9

Multiplied by 2:
```

```
     14  32  110  26  24
     24  20  104   0  14
     -4   2    4   8  18

Then multiplied by -1:
    -14  -32  -110  -26  -24
    -24  -20  -104    0  -14
      4   -2    -4   -8  -18
```

scalarMultiply()的函数声明如下所示：

```
void scalarMultiply (int nRows, int nCols, int matrix[nRows][nCols], int scalar)
```

上面的声明语句中矩阵中的行和列（也就是 nRows 和 nCols）作为参数必须列在 matrix 之前，以便编译器在遇到参数列表中的 matrix 声明之前就知道这些参数。

如果你按照下面所示的方式声明 scalarMultiply()函数，编译器就会给出一条错误信息，因为它在看到 matrix 声明中列出的 nRows 和 nCols 时，还不知道它们的信息。

```
void scalarMultiply (int matrix[nRows][nCols], int nRows, int nCols, int scalar)
```

如你所见，程序 7.14 的输出与程序 7.13 的输出相同。现在，你有两个函数（scalarMultiply()和 displayMatrix()）可以用于任意大小的矩阵。这是使用变长数组的优点之一。

7.7　全局变量

现在是时候把本章学到的许多原则结合起来，并学习一些新原则。以程序 6.7 为例，实现将一个正整数转换为另一基数对应的整数，并将其重写为函数形式。为此，必须在概念上将程序划分为几个逻辑段。回顾这个程序，你会发现，只要看看 main()中的 3 条注释语句，就可以很容易地完成划分程序的任务。这 3 条注释语句说明了程序要执行的 3 个主要功能：从用户那里获取数字和基数、将数字转换为指定基数对应的数、显示结果。

你可以调用 3 个函数来执行类似的任务。你调用的第一个函数是 getNumberAndBase()。这个函数提示用户输入要转换的数和基数，并读取这些值。这里对程序 6.7 中的做法稍做了一点改进。如果用户输入的 base 值小于 2 或大于 16，程序将在终端显示适当的消息，并将 base 值设置为 10。这样，程序最终会重新向用户显示原始数。（另一种方法是让用户重新输入新的基数值，此方法留作练习。）

你调用的第二个函数是 convertNumber()。这个函数接收用户输入的值，并将其转换为用户期望的基数对应的数，然后将转换后得到的数存储在 convertedNumber 数组中。

你调用的第三个也是最后一个函数是 displayConvertedNumber()。这个函数接收 convertedNumber 数组中的数，并将它们按正确的顺序显示给用户。对于每个要显示的数字，都会在数组 baseDigits 中查找，以便显示对应数字的正确字符。

你调用的这 3 个函数之间通过**全局变量**（global variable）进行通信。如前所述，局部变量的一个基本属性是，它的值只能由定义该变量的函数访问。这个限制不适用于全局变量。也就是说，程序中的**任何**函数都可以访问全局变量的值。

全局变量声明和局部变量声明的区别在于，前者是在任何函数**之外**声明的。这表明它是全局的，不属于任何特定的函数。程序中的**任何**函数都可以访问该变量的值，并可以根据需要更改它的值。

在程序 7.15 中定义了 4 个全局变量。每个变量都至少被程序中的两个函数使用。因为 baseDigits 数组和 nextDigit 变量只被函数 displayConvertedNumber()使用，所以没有将它们定义为全局变量，而是在函数 displayConvertedNumber()中将它们定义为局部变量。

全局变量首先在程序中定义。因为这些变量没有在任何特定的函数中定义，所以它们是全局变量，这意味着现在程序中的任何函数都可以引用它们。

程序 7.15　将一个正整数转换为另一基数对应的整数

```
// 此程序将一个正整数转换为另一基数对应的整数

#include <stdio.h>

int      convertedNumber[64];
long int numberToConvert;
int      base;
int      digit = 0;

void getNumberAndBase (void)
{
    printf ("Number to be converted? ");
    scanf ("%li", &numberToConvert);

    printf ("Base? ");
    scanf ("%i", &base);

if ( base < 2 || base > 16 ) {
    printf ("Bad base - must be between 2 and 16\n");
    base = 10;
    }
}

void convertNumber (void)
{
    do {

        convertedNumber[digit] = numberToConvert % base;
        ++digit;
        numberToConvert /= base;
    }
    while ( numberToConvert != 0 );
}

void displayConvertedNumber (void)
{
    const char baseDigits[16] =
            { '0', '1', '2', '3', '4', '5', '6', '7',
              '8', '9', 'A', 'B', 'C', 'D', 'E', 'F' };
    int nextDigit;

    printf ("Converted number = ");

    for (--digit; digit >= 0; --digit ) {
        nextDigit = convertedNumber[digit];
        printf ("%c", baseDigits[nextDigit]);
```

```
    }

    printf ("\n");
}

int main (void)
{
    void getNumberAndBase (void), convertNumber (void),
         displayConvertedNumber (void);

    getNumberAndBase ();
    convertNumber ();
    displayConvertedNumber ();

    return 0;
}
```

程序 7.15　输出

```
Number to be converted? 100
Base? 8
Converted number = 144
```

程序 7.15　输出（重新运行）

```
Number to be converted? 1983
Base? 0
Bad base - must be between 2 and 16
Converted number = 1983
```

请注意这些精心选择的函数名是如何让程序 7.15 的操作变得如此清晰的。在 main()例程中直接拼写出了该程序的功能：获取一个数字和一个基数，转换该数字，显示转换后的数字。这个程序在可读性上与第 6 章中的程序 6.7 相比有了很大的提高，这样的结果得益于将程序构造成独立的函数，并用这些函数来执行一些小而明确的任务。注意，你甚至不需要在 main()例程中使用注释语句来描述程序正在做什么，因为函数名本身就能说明一切。

全局变量主要用于许多函数必须访问同一个变量的值的程序中。不必将全局变量的值作为参数传递给每个函数，函数可以显式地引用该变量。这种方法有一个缺点：由于该函数显式地引用了一个特定的全局变量，因此在某种程度上降低了该函数的通用性。因此，每次使用该函数时，都必须确保该全局变量存在，并且名称无误。

例如，程序 7.15 中的 convertNumber()函数成功地将存储在变量 numberToConvert 中的数字转换为变量 base 所指定的基数对应的数。此外，还必须定义变量 digit 和数组 convertedNumber。这个函数的一个更灵活的版本允许将这些变量作为参数传递给函数。

虽然使用全局变量可以减少传递给函数的参数数量，但这样做的代价是降低了函数的通用性，在某些情况下，还降低了程序的可读性。程序可读性的问题源于这样一个事实：如果你使用全局变量，那么仅通过检查函数的头文件，是无法看出特定函数所使用的变量的。此外，对特定函数的调用无法向读者表明函数需要什么类型的参数作为输入或函数会产生什么类型的输出。

有些程序员习惯在所有全局变量名前加上字母“g”。例如，程序 7.15 的变量声明可能是这样的：

```
int      gConvertedNumber[64];
long int gNumberToConvert;
int      gBase;
int      gDigit = 0;
```

采用这种约定的原因是，在通读程序时，可以更容易地从局部变量中区分出全局变量，例如，在下面的语句中，nextMove 是一个局部变量，而 gCurrentMove 是一个全局变量。这行代码会告诉读者这些变量的作用域以及在哪里可以找到它们的声明。

```
nextMove = gCurrentMove + 1;
```

关于全局变量的最后一件事是，它们有默认的初始值 0。所以，下面所示的全局变量声明，当程序开始执行时，gData 数组的所有 100 个元素都被设置为 0。

```
int gData[100];
```

请记住，尽管全局变量有默认的初始值 0，但局部变量没有默认的初始值，因此局部变量必须由程序显式初始化。

7.8 自动变量与静态变量

在函数中声明局部变量，例如下面所示的代码：

```
float squareRoot (float x)
{
    const float epsilon = .00001;
    float guess = 1.0;
        . . .
}
```

在 squareRoot()函数中声明变量 epsilon 和 guess 时，你是在声明一些**自动**局部变量。前面说过，可以在这类变量的声明前面添加关键字 auto，但这是选填项，因为 C 语言编译器默认在函数中定义的任何变量都是自动局部变量。从某种意义上说，自动变量实际上是在每次函数被调用时创建的。在上述例子中，每当调用 squareRoot()函数时，都会创建局部变量 epsilon 和 guess。一旦 squareRoot()函数执行完毕，这些局部变量就“消失”了。这个过程是自动进行的，因此这些变量被称为自动变量（automatic variable）。

自动局部变量可以被赋予初始值，就像前面给 epsilon 和 guess 赋值一样。事实上，任何有效的 C 语言表达式都可以被指定为一个简单自动变量的初始值。**每次**调用函数时，都会计算表达式的值，并将其赋给自动生成的局部变量。因为自动变量会在函数执行完毕时“消失”，所以这个变量的值也会随之“消失”。换句话说，一个自动变量在函数执行完毕拥有的值，无法**保证**在下一次调用函数时还存在。

如果在变量声明之前放置单词 static，那就完全不一样了。C 语言中的“static”一词并不是指电荷，而是指没有运动的东西。这是静态变量概念的关键——它**不会**随着函数的调用和返回而创建和销毁。这意味着在离开函数时静态变量所拥有的值与下次调用函数时所拥有的值相同。

静态变量在初始化方面也有所不同。静态局部变量只在整个程序开始执行时初始化**一次**，而不在每次调用函数时初始化一次。此外，为静态变量指定的初始值**必须**是简单的常量或常量表达式。静态变量也有默认的初始值 0，而自动变量没有默认的初始值。

函数 auto_static()的定义如下：

```
void auto_static (void)
{
    static int staticVar = 100;
                .
                .
                .
}
```

上面的函数 auto_static()中，staticVar 的值只在程序开始执行时初始化一次，即被赋值为 100。想要在每次执行函数时将其值设置为 100，就需要像下面所示的代码那样显式地使用赋值语句。当然，以这种方式重新初始化 staticVar 违背了使用静态变量的目的。

```
void auto_static (void)
{
    static int staticVar;

    staticVar = 100;
                .
                .
                .
}
```

程序 7.16 应该有助于读者对自动变量和静态变量的概念更清楚一些。

程序 7.16　说明自动变量和静态变量

```
// 此程序说明自动变量和静态变量

#include <stdio.h>

void auto_static (void)
{
    int        autoVar = 1;
    static int staticVar = 1;

    printf ("automatic = %i, static = %i\n", autoVar, staticVar);

    ++autoVar;
    ++staticVar;
}

int main (void)
{
    int i;
    void auto_static (void);

    for ( i = 0; i < 5; ++i )
        auto_static ();

    return 0;
}
```

程序 7.16　输出

```
automatic = 1, static = 1
automatic = 1, static = 2
```

```
automatic = 1, static = 3
automatic = 1, static = 4
automatic = 1, static = 5
```

在 auto_static()函数中，声明了两个局部变量。第一个变量名为 autoVar，是一个 int 型自动变量，初始值是 1。第二个变量名为 staticVar，是一个静态变量，也是 int 型变量，初始值也是 1。该函数调用 printf()例程来显示这两个变量的值。在此之后，每个变量都加 1，直到函数执行完毕。

main()例程设置了一个循环，该循环调用 auto_static()函数 5 次。程序 7.16 的输出指出了这两种变量类型的区别。在显示的每一行中自动变量的值都显示为 1。这是因为每次调用函数时，它的值都被设置为 1。输出表明，静态变量的值稳定地从 1 增加到 5。这是因为它的值只在程序开始执行时被设置为 1，而在两次函数调用之间，它的值得以保留。

使用静态变量还是自动变量取决于变量的预期用途。如果你希望这个变量在每次函数调用时都保持不变（例如，考虑有一个这样的函数，它需要计算自己被调用的次数），就应该使用静态变量。此外，如果函数使用了一个变量，这个变量的值只设置一次且永远不会改变，你可能应该将该变量声明为静态变量，因为这样可以避免在每次调用函数时都重新初始化该变量，避免低效性。在处理数组时，考虑这种效率问题显得更为重要。

从另一个角度来看，如果必须在每次函数调用开始时初始化局部变量的值，那么使用自动变量似乎是合理的选择。

7.9 递归函数

C 语言支持使用**递归**（recursive）函数。使用递归函数可以简洁高效地解决问题。当问题的解决方案可以表示为连续地对问题的子集应用相同的解决方案时，通常可以应用递归函数。比如，有的表达式中包含一组带括号的嵌套表达式，这种表达式的求值就是递归函数的一种应用场景。其他常见的应用包括在**树**（tree）和**链表**（list）的数据结构中进行查找和排序。

递归函数最常用的一个例子是计算一个数的阶乘。回想一下，正整数 *n* 的阶乘（记作 *n*!）就是从 1 到 *n* 的连续整数之积。一种比较特殊的情况是 0 的阶乘，它被定义为 1。5!的计算公式如下：

```
5!  = 5 × 4 × 3 × 2 × 1
    = 120
```

根据上面的描述，6!的计算公式如下：

```
6!  = 6 × 5 × 4 × 3 × 2 × 1
    = 720
```

比较 6!和 5!，可以观察到前者等于后者的 6 倍，也就是 6!= 6 × 5!。一般情况下，任何大于 0 的正整数 *n* 的阶乘等于 *n* 乘 *n*−1 的阶乘（计算公式如下所示）：

```
n! = n × (n - 1)!
```

用(*n*−1)!的值表示 *n*!的值被称为**递归**定义，是因为一个阶乘的值是基于另一个阶乘的值定义的。事实上，你可以根据这个递归定义开发一个计算正整数 *n* 阶乘的函数。程序 7.17 描述了这样一个函数。

程序 7.17　递归计算阶乘

```
#include <stdio.h>

int main (void)
{
    unsigned int j;
    unsigned long int factorial (unsigned int n);

    for ( j = 0; j < 11; ++j )
        printf ("%2u! = %lu\n", j, factorial (j));

    return 0;
}

// 一个计算正整数阶乘的递归函数

unsigned long int factorial (unsigned int n)
{
    unsigned long int result;

    if ( n == 0 )
        result = 1;
    else
        result = n * factorial (n - 1);

    return result;
}
```

程序 7.17　输出

```
 0! = 1
 1! = 1
 2! = 2
 3! = 6
 4! = 24
 5! = 120
 6! = 720
 7! = 5040
 8! = 40320
 9! = 362880
10! = 3628800
```

因为 factorial()函数包含对自身的调用，所以这个函数是递归的。当调用该函数计算 3 的阶乘时，形参 n 的值被设置为 3。因为这个值不为 0，所以将执行下面所示的程序语句：

```
result = n * factorial (n - 1);
// 根据 n 的值，等价于 result = 3 * factorial (2);
```

上述表达式指明要调用 factorial()函数，这次是计算 2 的阶乘。因此，在计算 factorial(2)时，3 乘该值的运算暂时不进行。

即使你再次调用同一个函数，也应该将其概念化为对另一个函数的调用。每次在 C 语言中调用任何函数时，不管该函数是不是递归的，该函数都会得到它自己的一组局部变量和形参。因此，当调用 factorial()函数计算 3 的阶乘时，局部变量 result 和形参 n 与计算 2 的阶乘时的局部变量 result 和形参 n 是不同的。

当 n = 2 时，factorial()函数将执行下面所示的程序语句。

```
result = n * factorial (n - 1);
// 等价于 result = 2 * factorial (1);
```

在调用 factorial()函数计算 1 的阶乘时，2 乘 1 的阶乘再次被搁置。

当 n = 1 时，factorial()函数执行下面所示的程序语句：

```
result = n * factorial (n - 1);
// 等价于 result = 1 * factorial (0);
```

当调用 factorial()函数计算 0 的阶乘时，该函数将 result 的值设置为 1 并**返回**，从而启动所有被挂起表达式的计算。因此，factorial(0)的值（也就是 1）被返回给调用函数（也就是 factorial()函数），乘 1，并赋值给 result。这个值 1 代表 factorial(1)的值，然后返回给调用函数（仍然是 factorial()函数），在这里乘 2，将结果存储到 result 中，并作为 factorial(2)的值返回。最后，返回值 2 乘 3，从而完成挂起的 factorial(3)的计算。最终得到的结果值为 6，它就是调用 factorial()函数的最终结果，由 printf()函数显示。

总之，在计算 factorial(3)时执行的一系列操作，可以被概念化为如下形式：

```
factorial (3) = 3 * factorial (2)
              = 3 * 2 * factorial (1)
              = 3 * 2 * 1 * factorial (0)
              = 3 * 2 * 1 * 1
              = 6
```

亲自动笔列出 factorial()函数的运算过程可能是个好主意。假设最初调用这个函数是为了计算 4 的阶乘，列出每次调用 factorial()函数时 n 和 result 的值。

本章介绍了函数和变量。程序函数是 C 语言编程的一个强大工具。用定义良好的小函数来构造程序的重要性是再怎么说也不为过的。本书后面会大量使用函数。此时，你应该复习一下本章中尚未完全明晰的主题。完成下面的练习题，也有助于读者强化前面讨论的主题。

7.10 练习题

1. 输入并运行本章给出的程序。将每个程序产生的输出与本书中每个程序之后给出的输出进行比较。
2. 修改程序 7.4，使该函数返回 triangularNumber 的值。然后回到程序 4.5，修改这个程序，让它调用新版本的 calculateTriangularNumber()函数。
3. 修改程序 7.8，将 epsilon 的值作为参数传递给函数。尝试不同的值，看看它对平方根值的影响。
4. 修改程序 7.8，使其在每次执行 while 循环时都输出 guess 的值。观察 guess 的值收敛到平方根的真实值的速度。观察循环的迭代次数、需要计算平方根的数字以及最初的猜测值，你能得出什么结论？
5. 程序 7.8 的 squareRoot()函数中用于终止循环的条件不适用于计算非常大或非常小的数字的平方根。程序应该将两个值的**比值**与 1 比较，而不是比较 x 的值与 guess*guess 的值**之差**。这个比值越接近 1，平方根的近似值就越精确。修改程序 7.8，使用新的终止条件。
6. 修改程序 7.8，让 squareRoot()函数接收双精度型参数，并将结果作为双精度值返回。

一定要改变变量 epsilon 的值，以反映现在正在使用双精度型变量的事实。

7. 编写一个函数，计算一个整数的正整数幂。调用函数 x_to_the_n()，接收两个整数参数 x 和 n。让函数返回一个 long int 型值，表示计算 x 的 n 次幂的结果。

8. 下面所示的方程被称为**二次**（quadratic）方程，其中 a、b 和 c 代表常量：

   ```
   ax² + bx + c = 0
   ```

   例如，

   ```
   4x²- 17x - 15 = 0
   ```

   上面是一个二次方程，其中 a = 4，b = −17，c = −15。满足特定的二次方程的 x 的值，即方程的根，可以通过将 a、b 和 c 的值代入以下公式来计算：

   $$x = \frac{-b \pm \sqrt{b^2 - 4ac}}{2a}$$

   如果 b^2-4ac（称为**判别式**）的值小于 0，则方程的根 x_1 和 x_2 为虚数。

   写一个程序来解二次方程。程序应该允许用户输入 a、b 和 c 的值。如果判别式的值小于 0，就显示一条消息，指出根是虚数；否则，程序应该继续计算并显示等式的两个根。（注意：一定要使用本章开发的 squareRoot()函数。）

9. 两个正整数 u 和 v 的最小公倍数（Least Common Multiple，LCM）是指能被 u 和 v 整除的最小正整数。15 和 10 的最小公倍数记作 lcm(15,10)，等于 30，因为 30 是可以被 15 和 10 整除的最小正整数。编写一个函数 lcm()，它接收两个整型参数，并返回两个参数的最小公倍数。lcm()函数通过调用程序 7.6 中的 gcd()函数来计算最小公倍数，公式如下：

   ```
   lcm (u, v) = uv / gcd (u, v)        u, v >= 0
   ```

10. 编写一个函数 prime()，当它的参数是素数时返回 1，否则返回 0。

11. 编写一个名为 arraySum 的函数，让它接收两个参数：一个整型数组和数组中元素的个数。让函数返回数组中所有元素的和。

12. 一个 i 行、j 列的矩阵 $\boldsymbol{M}$，可以**转置**成一个 j 行、i 列的矩阵 $\boldsymbol{N}$，具体方法是，对所有相关的 a、b 值，设定 $\boldsymbol{N}_{a,b}$ 的值等于 $\boldsymbol{M}_{b,a}$ 的值。

    （1）编写一个函数 transposeMatrix()，它接收一个 4 × 5 矩阵和一个 5 × 4 矩阵作为参数。函数将 4 × 5 矩阵转置，并将结果存储在 5 × 4 矩阵中。再编写一个 main()例程来测试这个函数。

    （2）使用变长数组，重写练习题 12a 编写的 transposeMatrix()函数，以行数和列数作为参数，并对指定维度的矩阵进行转置。

13. 修改程序 7.12 中的 sort()函数，让它接收第三个参数，该参数用于表示数组是升序排序还是降序排序。然后修改 sort()函数的算法，使其按照指定的顺序对数组进行排序。

14. 改写练习题 10～13 中编写的函数，使用全局变量代替实参。例如，练习题 13 现在应该对全局定义的数组进行排序。

15. 修改程序 7.15，让用户在输入无效的基数时再次被要求输入基数。修改后的程序应该继续询问 base 的值，直到给出有效的响应。

16. 修改程序 7.15，让用户可以转换任意数量的整数。如果用户输入的要转换的数字为 0，则终止程序。

第8章 使用结构体

第 6 章介绍了数组，数组允许你将相同类型的元素分组到单个逻辑实体中。要引用数组中的元素，所需要做的就是给出数组的名称和适当的索引。

C 语言提供了另一种将元素组合在一起的工具，它的名称称为结构体（structure），是本章讨论的基础。后面你将会看到，结构体功能强大，在你开发的许多 C 语言程序中都会使用它。

本章将介绍有关结构体的以下几个关键内容：

- 定义结构体；
- 向函数传递结构体；
- 结构体数组；
- 包含数组的结构体。

8.1 结构体的基础知识

假设你想在程序中存储一个日期，比如 2015 年 9 月 25 日，这个日期可能用于某些程序输出的标题，甚至用于计算。一种简单的存储日期的方法是，将月的值赋给 int 型变量 month，将日的值赋给 int 型变量 day，将年的值赋给 int 型变量 year。那么，下面的语句能够很好地完成工作，这是完全可以接受的方法。

```
int month = 9, day = 25, year = 2015;
```

假设你的程序还需要存储购买特定商品的日期，你可以进行相同的过程来定义另外 3 个变量，例如 purchaseMonth、purchaseDay 和 purchaseYear。无论何时需要使用购买日期，都可以显式访问这 3 个变量。

使用这个方法，你必须为程序中使用的每个日期记录 3 个独立的变量，这些变量在逻辑上是相关的。如果能以某种方式将这 3 个变量组合在一起，那就更好了。这正是 C 语言的结构体可以做到的。

8.2 用于存储日期的结构体

你可以用 C 语言定义一个名为 date 的结构体，它由 3 个分量组成，这 3 个分量分别表示月、日和年。这种定义的语法相当简单，如下所示：

```
struct date
{
    int month;
    int day;
    int year;
};
```

上面定义的 date 结构体包含 3 个整数**成员**（member），它们分别是 month、day 和 year。date 的定义在某种意义上为语言定义了一种新的类型，接下来可以定义 struct date 型变量，如下所示：

```
struct date today;
```

你也可以通过单独的声明语句，将变量 purchaseDate 的类型声明为与变量 today 相同的类型，如下所示：

```
struct date purchaseDate;
```

或者，你可以简单地将上述两个声明写在同一行中，如下所示：

```
struct date today, purchaseDate;
```

与 int、float 或 char 型变量不同，在处理结构体变量时需要使用一种特殊的语法。访问结构体成员时，需要先指定变量名，紧接着是一个点号，然后是成员名。注意，变量名、点号和成员名之间不能有空格。例如，要将变量 today 中的 day 设置为 25，可以使用下述语句。

```
today.day = 25;
```

下述语句将 today 中的 year 设为 2015。

```
today.year = 2015;
```

最后，要测试 month 的值是否等于 12，可以使用下述语句。

```
if ( today.month == 12 )
  nextMonth = 1;
```

试着判断下面语句的效果：

```
if ( today.month == 1 && today.day == 1 )
  printf ("Happy New Year!!!\n");
```

程序 8.1 将前面的讨论整合到一个实际的 C 语言程序中。

程序 8.1　演示一个结构体

```
// 此程序演示一个结构体

#include <stdio.h>

int main (void)
{
    struct date
    {
        int month;
        int day;
        int year;
    };

    struct date today;

    today.month = 9;
    today.day = 25;
    today.year = 2015;

    printf ("Today's date is %i/%i/%.2i.\n", today.month, today.day,
```

```
            today.year % 100);

    return 0;
}
```

程序 8.1　输出

```
Today's date is 9/25/15.
```

main()中的第一条语句定义了一个名为 date 的结构体，它由 3 个整数成员 month、day 和 year 组成。在第二条语句中，变量 today 被声明为 struct date 类型。第一条语句只是简单地定义了在 C 语言编译器眼中 data 结构体是什么样的，并没有在计算机内部预留存储空间。第二条语句声明了一个 struct date 型变量，因此确实需要分配内存来存储该变量 today 的 3 个整数值。一定要理解定义结构体和声明特定结构体类型的变量之间的区别。

声明 today 之后，程序为 today 的 3 个成员分别赋值，如图 8.1 所示。

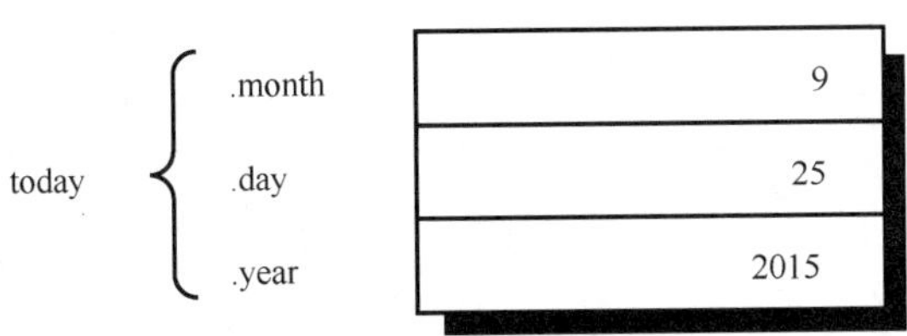

图 8.1　给结构体变量赋值

在赋值之后，通过适当的 printf()调用显示结构中包含的值。先计算 today.year 除以 100 的余数，然后将余数传递给 printf()函数，因此年份只显示 15。回想一下，格式字符%.2i 指定显示两个整数位，不足部分填充为 0。这样可以保证如果有一个以 01～09 结尾的年份，也可以正确地显示年份的最后两位数字。

在表达式中使用结构体

在计算表达式时，结构体成员遵循与 C 语言中普通变量相同的规则。因此，用一个整数结构体成员除以另一个整数时，使用的是整数除法，如下所示：

```
century = today.year / 100 + 1;
```

假设你想写一个简单的程序，该程序接收今天的日期作为输入，并向用户显示明天的日期。乍一看，这似乎是一个非常简单的任务。你可以让用户输入今天的日期，然后通过一系列语句来计算明天的日期，如下所示：

```
tomorrow.month = today.month;
tomorrow.day = today.day + 1;
tomorrow.year = today.year;
```

当然，上述语句适用于大多数日期，但以下两种情况没有得到正确处理。

（1）今天是一个月的最后一天。

（2）今天是一年的年末（也就是说，今天的日期是 12 月 31 日）。

有一种方法可以很容易地判断今天的日期是否在月末，那就是建立一个 int 型数组，该数组用于表示每个月的天数。然后，在数组中查找特定月份，就会得到该月的天数。因此，下面的语句定义了一个名为 daysPerMonth 的数组，它包含 12 个整数元素。对于月份 i，daysPerMonth[i−1]中包含的值对应于该月的天数。

```
int daysPerMonth[12] = { 31, 28, 31, 30, 31, 30, 31, 31, 30, 31, 30, 31 };
```

因此，4 月的天数由 daysPerMonth[3]给出，等于 30。（你也可以将数组定义为包含 13 个元素，其中 daysPerMonth[i]表示第 i 个月的天数。这样就可以直接基于月份数而不是月份数减 1 来访问数组。在这种情况下，使用 12 个元素还是使用 13 个元素完全是个人偏好问题。）

如果确定今天的日期是在月末，则可以简单地将月份加 1 并将 day 的值设置为 1，从而计算明天的日期。

要应对前面提到的第二种情况，必须确定今天的日期是否在月末，以及这个月是否为 12。如果是这样，那么明天的日期和月份必须设置为 1，并且年份要相应地加 1。

程序 8.2 要求用户输入今天的日期，从而确定明天的日期，并显示结果。

程序 8.2　确定明天的日期

```
// 此程序确定明天的日期

#include <stdio.h>

int main (void)
{
    struct date
    {
        int month;
        int day;
        int year;
    };

    struct date today, tomorrow;

    const int daysPerMonth[12] = { 31, 28, 31, 30, 31, 30,
                                   31, 31, 30, 31, 30, 31 };

    printf ("Enter today's date (mm dd yyyy): ");
    scanf ("%i%i%i", &today.month, &today.day, &today.year);

    if ( today.day != daysPerMonth[today.month - 1] ) {
        tomorrow.day = today.day + 1;
        tomorrow.month = today.month;
        tomorrow.year = today.year;
    }
    else if ( today.month == 12 ) { // 年末
        tomorrow.day = 1;
        tomorrow.month = 1;
        tomorrow.year = today.year + 1;
    }
    else {                          // 月末
        tomorrow.day = 1;
        tomorrow.month = today.month + 1;
        tomorrow.year = today.year;
    }

    printf ("Tomorrow's date is %i/%i/%.2i.\n", tomorrow.month,
            tomorrow.day, tomorrow.year % 100);
```

```
    return 0;
}
```

程序 8.2　输出

```
Enter today's date (mm dd yyyy): 12 17 2013
Tomorrow's date is 12/18/13.
```

程序 8.2　输出（重新运行）

```
Enter today's date (mm dd yyyy): 12 31 2014
Tomorrow's date is 1/1/15.
```

程序 8.2　输出（第二次重新运行）

```
Enter today's date (mm dd yyyy): 2 28 2012
Tomorrow's date is 3/1/12.
```

如果你看一下这个程序的输出，很快就会发现其中似乎有一个错误：2012 年 2 月 28 日之后的第二天显示为 2012 年 3 月 1 日，而不是 2012 年 2 月 29 日。程序忘记了闰年！你可以在 8.3 节中解决这个问题。首先，你需要分析这个程序及其逻辑。

在定义 date 结构体之后，声明了两个 struct date 型变量 today 和 tomorrow。然后，程序要求用户输入今天的日期。输入的 3 个整数值将分别存储在 today.month、today.day 和 today.year 中。接下来，通过比较 today.day 与 daysPerMonth[today.month−1]的值来判断今天是否是月末。如果不是月末，则计算明天的日期，只需将日加 1，并将明天的月和年设置为今天的月和年。

如果今天的日期是月末，则会进行另一个测试，以确定今天是不是年末。如果月份等于 12，意味着今天的日期是 12 月 31 日，那么明天的日期就等于明年的 1 月 1 日。如果月份不等于 12，明天的日期设置为下一个月（同一年）的第一天。

明天的日期计算完成，通过调用适当的 printf()语句将值显示给用户，程序执行完成。

8.3　函数与结构体

现在，你可以回到前一个程序中发现的问题。你的程序认为 2 月总是有 28 天，所以当你问它 2 月 28 日之后是哪一天时，它总是将 3 月 1 日作为答案并显示。你需要对闰年的情况做一个特殊的测试。如果这一年是闰年，这个月是 2 月，那么这个月的天数是 29 天；否则，可以在 daysPerMonth 数组中正常进行查找。

要在程序 8.2 中加入所需的修改，一个好方法是开发一个名为 numberOfDays()的函数来计算一个月的天数。该函数将执行闰年测试，并根据需要在 daysPerMonth 数组中查找。在 main()例程中，只需要修改 if 语句。原本的 if 语句比较 today.day 和 daysPerMonth[today.month−1]的值，现在修改为比较 today.day 与 numberOfDays()函数的返回值。

仔细学习程序 8.3，判断要将什么内容作为参数传递给 numberOfDays()函数。

程序 8.3　修改程序，确定明天的日期

```
// 此程序确定明天的日期

#include <stdio.h>
```

```
#include <stdbool.h>

struct date
{
    int month;
    int day;
    int year;
};

int main (void)
{
    struct date today, tomorrow;
    int numberOfDays (struct date d);

    printf ("Enter today's date (mm dd yyyy): ");
    scanf ("%i%i%i", &today.month, &today.day, &today.year);

    if ( today.day != numberOfDays (today) ) {
        tomorrow.day = today.day + 1;
        tomorrow.month = today.month;
        tomorrow.year = today.year;
    }
    else if ( today.month == 12 ) { // 年末
        tomorrow.day = 1;
        tomorrow.month = 1;
        tomorrow.year = today.year + 1;
    }
    else {                          // 月末
        tomorrow.day = 1;
        tomorrow.month = today.month + 1;
        tomorrow.year = today.year;
    }

    printf ("Tomorrow's date is %i/%i/%.2i.\n",tomorrow.month,
            tomorrow.day, tomorrow.year % 100);

    return 0;
}

// 此函数查找一个月对应的天数

int numberOfDays (struct date d)
{
    int days;
    bool isLeapYear (struct date d);
    const int daysPerMonth[12] =
        { 31, 28, 31, 30, 31, 30, 31, 31, 30, 31, 30, 31 };

    if ( isLeapYear (d) == true && d.month == 2 )
         days = 29;
    else
         days = daysPerMonth[d.month - 1];

    return days;
}

// 此函数判断是否为闰年
```

```
bool isLeapYear (struct date d)
{
    bool leapYearFlag;

    if ( (d.year % 4 == 0 && d.year % 100 != 0) ||
              d.year % 400 == 0 )
        leapYearFlag = true;        // 是闰年
    else
        leapYearFlag = false;       // 不是闰年

    return leapYearFlag;
}
```

程序 8.3 输出

```
Enter today's date (mm dd yyyy): 2 28 2016
Tomorrow's date is 2/29/16.
```

程序 8.3 输出（重新运行）

```
Enter today's date (mm dd yyyy): 2 28 2014
Tomorrow's date is 3/1/14.
```

在程序 8.3 中，首先引起你注意的是，最早出现且位于任何函数之外的 date 结构体定义，这使得整个文件都能知道该定义。结构体定义的特性与变量定义的非常相似——如果一个结构体定义在一个特定的函数中，那么只有该函数知道它的存在，这是一个**局部**结构体定义。如果你在任何函数之外定义该结构体，那么该定义就是**全局**的。全局结构体定义允许随后在程序中定义的任何变量（无论是在函数内部还是在函数外部）都被声明为该结构体类型。

在 main()例程内部，下面所示的原型声明，告诉 C 语言编译器 numberOfDays()函数返回一个整数值，并接收一个 struct date 型参数。

```
int numberOfDays (struct date d);
```

在程序 8.2 中，我们将 today.day 的值与 daysPerMonth[today.month−1]的值进行比较。但是在程序 8.3 中，我们将 today.day 的值与 numberOfDays()函数的返回值进行比较，如下所示：

```
if ( today.day != numberOfDays (today) )
```

从函数调用中可以看到，numberOfDays()函数指定了结构体 today 作为参数进行传递。在函数内部，必须通过适当的声明来告知系统，期望传入一个结构体作为参数，相关声明如下所示：

```
int numberOfDays (struct date d)
```

与普通变量一样，但与数组不同，函数对结构体参数中包含的值所做的任何更改都不会影响原始结构体，它们只影响调用函数时创建的结构体的副本。

函数 numberOfDays()首先确定年份是否为闰年，月份是否为 2 月。前者是通过调用另一个函数 isLeapYear()来确定的。稍后会介绍这个函数。从下面所示的 if 语句，你可以假设 isLeapYear()函数在闰年时返回 true，在非闰年时返回 false。

```
if ( isLeapYear (d) == true && d.month == 2 )
```

这与第 5 章中对布尔变量的讨论是一致的。回想一下，标准头文件<stdbool.h>定义了 bool、true 和 false 值，这就是为什么这个文件被包含在程序 8.3 的开头。

关于上面的 if 语句，有一点很有趣，就是关于其中函数的名称 isLeapYear 的选择。这个名称使 if 语句极具可读性，并暗示函数返回某种是或否的答案。

回到程序 8.3，如果确定是闰年的 2 月，变量 days 的值就设置为 29；否则，通过索引 daysPerMonth 数组找到对应月份的 days 值。然后将 days 值返回给 main()例程，之后就像在程序 8.2 中一样继续执行。

isLeapYear()函数非常简单，它就是简单地测试作为参数传递进来的 date 结构体中的年份，如果是闰年则返回 true，如果不是闰年就返回 false。

为了编写出结构更清晰的程序，将确定明天日期的整个过程归入一个单独的函数。你可以调用新函数 dateUpdate()，让它接收今天的日期作为参数，然后该函数计算明天的日期并将新的日期**返回**给我们。程序 8.4 说明了如何用 C 语言完成这一工作。

程序 8.4　修改程序，计算明天的日期（第 2 版）

```
// 此程序计算明天的日期

#include <stdio.h>
#include <stdbool.h>

struct date
{
    int month;
    int day;
    int year;
};

// 此函数计算明天的日期

struct date dateUpdate (struct date today)
{
    struct date tomorrow;
    int numberOfDays (struct date d);

    if ( today.day != numberOfDays (today) ) {
        tomorrow.day = today.day + 1;
        tomorrow.month = today.month;
        tomorrow.year = today.year;
    }
    else if ( today.month == 12 ) {      // 年末
        tomorrow.day = 1;
        tomorrow.month = 1;
        tomorrow.year = today.year + 1;
    }
    else {                               // 月末
        tomorrow.day = 1;
        tomorrow.month = today.month + 1;
        tomorrow.year = today.year;
    }

    return tomorrow;
}
```

```
// 此函数查询一个月对应的天数

int numberOfDays (struct date d)
{
    int days;
    bool isLeapYear (struct date d);
    const int daysPerMonth[12] =
      { 31, 28, 31, 30, 31, 30, 31, 31, 30, 31, 30, 31 };

    if ( isLeapYear (d) && d.month == 2 )
        days = 29;
    else
        days = daysPerMonth[d.month - 1];

    return days;
}

// 此函数判断是否为闰年

bool isLeapYear (struct date d)
{
    bool leapYearFlag;

    if ( (d.year % 4 == 0 && d.year % 100 != 0) ||
                  d.year % 400 == 0 )
        leapYearFlag = true;  // 是闰年
    else
        leapYearFlag = false; // 不是闰年

      return leapYearFlag;
}

int main (void)
{
      struct date dateUpdate (struct date today);
      struct date thisDay, nextDay;

      printf ("Enter today's date (mm dd yyyy): ");
      scanf ("%i%i%i", &thisDay.month, &thisDay.day,
                  &thisDay.year);

      nextDay = dateUpdate (thisDay);

      printf ("Tomorrow's date is %i/%i/%.2i.\n",nextDay.month,
                  nextDay.day, nextDay.year % 100);

      return 0;
}
```

程序 8.4 输出

```
Enter today's date (mm dd yyyy): 2 28 2016
Tomorrow's date is 2/29/16.
```

程序 8.4 输出（重新运行）

```
Enter today's date (mm dd yyyy): 2 22 2015
Tomorrow's date is 2/23/15.
```

在 main()函数内部，下面的程序语句解释了将结构体传递给函数并返回一个结构体的方法。

```
next_date = dateUpdate (thisDay);
```

dateUpdate()函数有一个适当的声明，表明该函数返回一个 struct date 型值。dateUpdate()函数内部的代码与程序 8.3 的 main()例程中包含的代码相似。函数 numberOfDays()和 isLeapYear()内部的代码与程序 8.3 中的相同。

请确保你理解了上述程序中函数调用的层次结构：main()函数调用了 dateUpdate()，dateUpdate()又调用了 numberOfDays()，而 numberOfDays()又调用了函数 isLeapYear()。

用于存储时间的结构体

假设你需要在一个程序中存储一些值，用来展示由时、分、秒组成的各种时间。你在前面已经看到，我们使用 date 结构体将日、月、年进行了逻辑分组，所以很自然会想到，可以使用一种结构体将时、分、秒组合在一起，并为其起个合适的名称 time。该结构体的定义很简单，如下所示：

```
struct time
{
    int hour;
    int minutes;
    int seconds;
};
```

大多数计算机系统选择以 24 小时制来表示时间。这种表述避免了必须限定时间为上午或下午的麻烦。这种小时制表示的小时从午夜 12 点开始，从 0 增加 1，直到 23，也就是晚上 11 点。例如，4:30 表示早上 4:30，而 16:30 表示下午 4:30；12:00 代表正午；而 00:01 代表午夜 12 点后 1 分钟。

实际上，所有的计算机的系统内部都有一个始终在运行的时钟。此时钟有各种各样的用途，如通知用户当前时间，使某些事件发生或程序在特定时间执行，或记录特定事件发生的时间等。一个或多个计算机程序通常与时钟相关，例如，其中一个程序可能每秒执行一次，以更新存储在计算机内存某一位置的当前时间。

假设你想模拟前面描述的程序的功能，也就是说，编写一个将时间更新 1 秒的程序。如果你思考一下这个问题，你会意识到这个问题与将日期更新一天的问题非常相似。

就像寻找第二天有一些特殊的要求一样，更新时间的过程也是如此。特别是，必须处理以下特殊情况。

（1）当秒数达到 60 时，必须将秒数重置为 0，分钟数增加 1。

（2）当分钟数达到 60 时，必须将分钟数重置为 0，小时数增加 1。

（3）当小时数达到 24 时，必须将小时数、分钟数、秒数重置为 0。

程序 8.5 使用了一个名为 timeUpdate()的函数，它接收当前时间作为参数，并返回 1 秒后的时间。

程序 8.5　每秒更新一次时间

```
// 此程序每秒更新一次时间

#include <stdio.h>
```

```
struct time
{
    int hour;
    int minutes;
    int seconds;
};

int main (void)
{
    struct time timeUpdate (struct time now);
    struct time currentTime, nextTime;

    printf ("Enter the time (hh:mm:ss): ");
    scanf ("%i:%i:%i", &currentTime.hour,
            &currentTime.minutes, &currentTime.seconds);

    nextTime = timeUpdate (currentTime);

    printf ("Updated time is %.2i:%.2i:%.2i\n", nextTime.hour,
                nextTime.minutes, nextTime.seconds );

    return 0;
}

// 此函数每秒更新一次时间

struct time timeUpdate (struct time now)
{
    ++now.seconds;

    if ( now.seconds == 60 ) {              // 下一分钟
        now.seconds = 0;
        ++now.minutes;

        if ( now.minutes == 60 ) {          // 下一小时
            now.minutes = 0;
            ++now.hour;

        if ( now.hour == 24 )               // 午夜 12 点
          now.hour = 0;
      }
    }

    return now;
}
```

程序 8.5 输出

```
Enter the time (hh:mm:ss): 12:23:55
Updated time is 12:23:56
```

程序 8.5 输出（重新运行）

```
Enter the time (hh:mm:ss): 16:12:59
Updated time is 16:13:00
```

程序 8.5　输出（第二次重新运行）

```
Enter the time (hh:mm:ss): 23:59:59
Updated time is 00:00:00
```

main()例程要求用户输入时间。调用的 scanf()函数使用下面的格式字符串去读取时间。

```
"%i:%i:%i"
```

在格式字符串中指定一个非格式字符（比如“:”）会告诉 scanf()函数，希望输入这个特定字符。因此，程序 8.5 中列出的格式字符串指定 3 个整数值作为输入——3 个整数值之间依次由冒号分隔。在第 15 章中，你将学习 scanf()函数如何返回一个可供测试的值，以判断输入的值格式是否正确。

用户输入时间后，程序调用 timeUpdate()函数，并传入 currentTime 作为参数。这个函数返回的结果赋给 struct time 型变量 nextTime，然后调用适当的 printf()来显示它。

timeUpdate()函数开始执行时，将 now 中的时间“抬高”1 秒。然后进行一个测试，确定秒数是否达到 60。如果是，则秒数重置为 0，分钟数加 1。接下来进行另一个测试，看看分钟数现在是否达到了 60，如果是，则将分钟数重置为 0，并将小时数加 1。最后，如果满足前面两个条件，就检查小时数是否等于 24，即是否现在正好是午夜 12 点。如果是，则将小时数重置为 0。然后，timeUpdate()函数将 now 的值返回给调用例程，其中包含更新后的时间。

8.4　初始化结构体

结构体的初始化与数组的初始化类似——只需将元素简单地列在一对花括号内，每个元素之间用逗号分隔开。

下面的语句将 struct date 型变量 today 初始化为 2015 年 7 月 2 日：

```
struct date today = { 7, 2, 2015 };
```

下面的语句定义了一个 struct time 结构体变量 this_time，并将其值设置为凌晨 3:29:55。

```
struct time this_time = { 3, 29, 55 };
```

与其他变量一样，如果 this_time 是一个局部结构体变量，则每次进入函数时它都会初始化。如果结构体变量是静态的（通过在其前面加上 static 关键字），那么它只会在程序开始执行时初始化一次。无论哪种情况，花括号中列出的初始值都必须是常量表达式。

与数组的初始化一样，列出的初始值可以比结构体中包含的值少。所以下面的语句将 time1.hour 设置为 12，将 time1.minutes 设置为 10，但是没有为 time1.seconds 设置初始值。在这种情况下，time1.seconds 的默认初始值是不确定的。

```
struct time time1 = { 12, 10 };
```

还可以在初始化列表中指定成员名称。在这种情况下，一般格式为：

```
.member = value
```

上面的格式使你能够以任意顺序初始化成员，或仅初始化指定的成员。例如，下面第一条语句将变量 time1 设置为与前面示例相同的初始值；而下面第二条语句，仅将 struct date 型变量 today 的 year 成员设置为 2015。

```
struct time time1 = { .hour = 12, .minutes = 10 };
struct date today = { .year = 2015 };
```

复合字面量

可以使用**复合字面量**（compound literal）在一条语句中为结构体赋一个或多个值。例如，假设 today 之前被声明为 struct date 型变量，程序 8.1 所示的对 today 成员的赋值也可以用一条语句完成，如下所示：

```
today = (struct date) { 9, 25, 2015 };
```

注意，这条语句可以出现在程序的任何地方。它不是一个声明语句。类型转换运算符用于告诉编译器表达式的类型，在本例中是 struct date，后面跟着要按顺序分配给该结构体成员的值的列表。列出这些值的方式与初始化结构体变量的方式相同。

你也可以像下面的语句一样，使用.member 这样的格式来设置值。

```
today = (struct date) { .month = 9, .day = 25, .year = 2015 };
```

使用这种格式的好处是参数可以以任何顺序出现。如果不明确指定成员名，则必须按照它们在结构体中定义的顺序来设置值。

下面的例子使用复合字面量方法，重写了程序 8.4 中的 dateUpdate()函数：

```
// 此函数计算明天的日期——使用复合字面量方法
struct date dateUpdate (struct date today)
{
    struct date tomorrow;
    int numberOfDays (struct date d);

    if ( today.day != numberOfDays (today) )
        tomorrow = (struct date) { today.month, today.day + 1, today.year };
    else if ( today.month == 12 )          // 年末
        tomorrow = (struct date) { 1, 1, today.year + 1 };
    else                                   // 月末
        tomorrow = (struct date) { today.month + 1, 1, today.year };

    return tomorrow;
}
```

是否在程序中使用复合字面量取决于你。在本例中，使用复合字面量使 dateUpdate()函数更易读。

复合字面量还可以在允许使用有效结构体表达式的其他地方使用。下面的例子尽管完全不切实际，但确实是完全有效的。dateUpdate()函数需要一个 struct date 型参数，而提供给函数的参数正是一个复合字面量型参数。

```
nextDay = dateUpdate ((struct date) { 5, 11, 2004} );
```

8.5 结构体数组

你已经看到了结构体在将相关元素按逻辑分组方面非常有用。例如，对于 time 结构体，程序每次使用时只需要跟踪 1 个变量而不是 3 个变量。因此，要在程序中处理 10 个不同的时间，你只需要跟踪 10 个不同的变量，而不是 30 个。

要处理这 10 个不同的时间，一个很好的方法是结合 C 语言的两个强大特性：结构体和数组。C 语言没有限制你只能在数组中存储简单的数据类型，定义结构体数组是完全有效的。例如，下面的代码定义了一个名为 experiments 的数组，该数组由 10 个元素组成，数组中的每个元素的类型都定义为 struct time 类型。

```
struct time experiments[10];
```

类似的，下面的语句定义了数组 birthdays，该数组包含 15 个类型为 struct date 的元素。

```
struct date birthdays[15];
```

在数组中引用特定的结构体元素是非常自然的。要将上面定义的数组 birthdays 中的第二个生日设置为 1986 年 8 月 8 日，可以使用下面的语句序列来完成任务：

```
birthdays[1].month = 8;
birthdays[1].day   = 8;
birthdays[1].year  = 1986;
```

要将 experiments[4]中包含的整个 time 结构体传递给一个名为 checkTime 的函数，需要指定该数组元素，如下所示：

```
checkTime (experiments[4]);
```

正如预期的那样，checkTime()函数的声明必须指明需要一个类型为 struct time 的参数：

```
void checkTime (struct time t0)
{
    ...
    ...
    ...
}
```

包含结构体的数组的初始化与多维数组的初始化类似。所以下面的语句将数组 runTime 中的前 3 个元素初始化为 12:00:00、12:30:00 和 13:15:00。

```
struct time runTime [5] =
     { {12, 0, 0}, {12, 30, 0}, {13, 15, 0} };
```

上面的程序语句内部的花括号是选填项，这意味着上面的语句可以等价地表示为：

```
struct time runTime[5] =
     { 12, 0, 0, 12, 30, 0, 13, 15, 0 };
```

下面的语句仅将数组的第三个元素初始化为指定的值：

```
struct time runTime[5] =
     { [2] = {12, 0, 0} };
```

而下面的语句只将 runTime 数组的第二个元素的 hour 和 minutes 分别设置为 12 和 30：

```
static struct time runTime[5] = { [1].hour = 12, [1].minutes = 30 };
```

程序 8.6 建立了一个名为 testTimes 的 time 结构体数组，然后调用程序 8.5 中的 timeUpdate()

函数。

在程序 8.6 中，定义了一个名为 testTimes 的数组，该数组包含 5 个不同的时间。这个数组中的元素被赋了初始值，分别表示时间 11:59:59、12:00:00、01:29:59、23:59:59 和 19:12:27。图 8.2 可以帮助你理解数组 testTimes 在计算机内存中的实际样子。可以使用适当的索引（0～4）访问存储在 testTimes 数组中的特定 time 结构体，通过添加一个后面跟有成员名称的点号，可以访问一个具体的成员（hour、minutes 或者 seconds）。

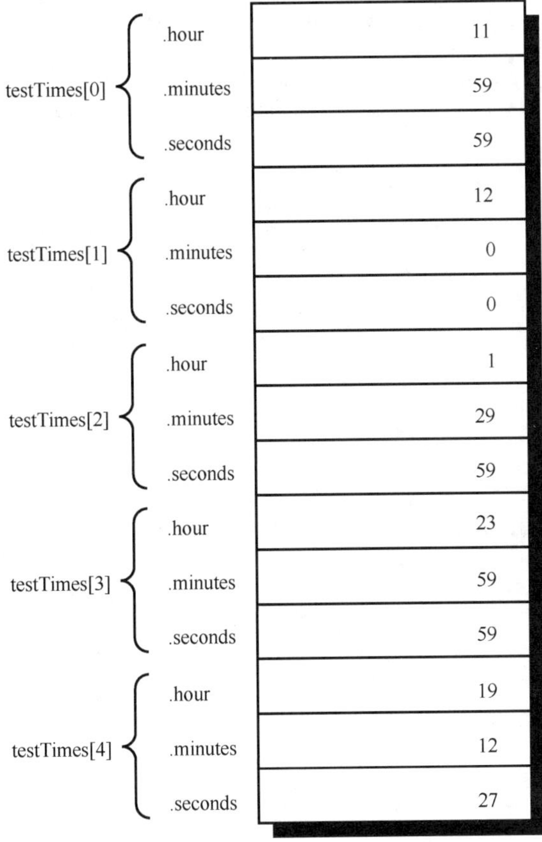

图 8.2　内存中的数组 testTimes

对于 testTimes 数组中的每个元素，程序 8.6 显示该元素表示的时间，然后调用程序 8.5 中的 timeUpdate()函数，显示更新后的时间。

程序 8.6　演示结构体的数组

```
// 此程序演示结构体的数组

#include <stdio.h>

struct time
{
    int hour;
    int minutes;
    int seconds;
};

int main (void)
{
    struct time timeUpdate (struct time now);
```

```
    struct time testTimes[5] =
        {  { 11, 59, 59 }, { 12, 0, 0 }, { 1, 29, 59 },
           { 23, 59, 59 }, { 19, 12, 27 }};
    int i;

    for ( i = 0; i < 5; ++i ) {
        printf ("Time is %.2i:%.2i:%.2i", testTimes[i].hour,
            testTimes[i].minutes, testTimes[i].seconds);

        testTimes[i] = timeUpdate (testTimes[i]);

        printf (" ...one second later it's %.2i:%.2i:%.2i\n",
            testTimes[i].hour, testTimes[i].minutes, testTimes[i].seconds);
    }

    return 0;
}

struct time timeUpdate (struct time now)
{
    ++now.seconds;

    if ( now.seconds == 60 ) {            // 下一分钟
        now.seconds = 0;
        ++now.minutes;

        if ( now.minutes == 60 ) {        // 下一小时
            now.minutes = 0;
            ++now.hour;

            if ( now.hour == 24 )         // 午夜 12 点
               now.hour = 0;
        }
    }

    return now;
}
```

程序 8.6　输出

```
Time is 11:59:59 ...one second later it's 12:00:00
Time is 12:00:00 ...one second later it's 12:00:01
Time is 01:29:59 ...one second later it's 01:30:00
Time is 23:59:59 ...one second later it's 00:00:00
Time is 19:12:27 ...one second later it's 19:12:28
```

结构体数组在 C 语言中是一个非常强大和重要的概念。在继续学习下面的内容之前，请确保你已经完全理解了它。

8.6　包含结构体的结构体

C 语言为定义结构体提供了极大的灵活性，例如，可以定义一个结构体，其内部的成员可以是一个或多个其他的结构体，或者你也可以定义包含数组的结构体。

你已经看到了如何将年、月、日合理地组合到一个名为 date 的结构体中，以及如何将时、分、秒组合到一个名为 time 的结构体中。在某些应用程序中，你可能还需要将日期和时间合理地组合在一起，例如，你可能需要建立一个在特定日期和时间发生的事件列表。

前面的讨论表明，你希望有一种简便的方法将日期和时间关联起来。在 C 语言中，你可以通过定义一个新的结构体来做到这一点，例如，定义一个名为 dateAndTime 的结构体，它的成员包含两个元素：日期和时间。

```
struct dateAndTime
{
    struct date sdate;
    struct time stime;
};
```

上述结构体的第一个成员是 struct date 型成员，名为 sdate。dateAndTime 结构体的第二个成员是 struct time 型成员，名为 stime。dateAndTime 结构体的这种定义要求已经提前向编译器定义了 date 结构体和 time 结构体。

变量现在可以定义为 struct dateAndTime 类型，如下所示：

```
struct dateAndTime event;
```

引用上述定义的变量 event 的 date 结构体，语法如下：

```
event.sdate
```

因此，你可以将这个 date 作为参数调用 dateUpdate()函数，并通过类似下面的语句将结果赋值到相同的位置：

```
event.sdate = dateUpdate (event.sdate);
```

你可以对 dateAndTime 结构体中的 time 结构体做同样的事情：

```
event.stime = timeUpdate (event.stime);
```

为了引用这些结构体**内部的**一个特定成员，可以在结构体名称后面加上一个点号，再跟上成员名称。下面的第一条语句将 event 中的 date 结构体的 month 设置为 10 月，而下面的第二条语句将 event 中的 time 结构体的 seconds 加 1。

```
event.sdate.month = 10;
++event.stime.seconds;
```

event 变量可以按照预期的方式初始化，如下面的代码所示，将变量 event 中的日期设置为 2015 年 2 月 1 日，并将时间设置为 3:30:00。

```
struct dateAndTime event =
          { { 2, 1, 2015 }, { 3, 30, 0 } };
```

当然，你也可以在初始化中使用成员名，如下所示：

```
struct dateAndTime event =
          {  { .month = 2, .day = 1, .year = 2015 },
             { .hour = 3, .minutes = 30, .seconds = 0 }
          };
```

你还可以建立一个 dateAndTime 结构体的数组，如下面的声明所示：

```
struct dateAndTime events[100];
```

events 被声明为包含 100 个类型为 struct dateAndTime 的元素的数组。数组中包含的第四个 dateAndTime，通常以 events[3]的方式引用，数组中的第 i 个日期可以发送给 dateUpdate()函数，如下所示：

```
events[i].sdate = dateUpdate (events[i].sdate);
```

为了将数组中的第一个时间设置为正午，可以使用下面的一系列语句：

```
events[0].stime.hour    = 12;
events[0].stime.minutes = 0;
events[0].stime.seconds = 0;
```

8.7 包含数组的结构体

正如本节的标题所暗示的，可以将结构体的成员定义为一个数组。包含数组的结构体最常见的应用之一是在结构体中设置一个字符数组。例如，假设你希望定义一个名为 month 的结构体，该结构体的成员包括各个月份对应的天数以及月份名称的 3 个字符英文缩写。下面的定义完成了这项任务：

```
struct month
{
    int  numberOfDays;
    char name[3];
};
```

上面的语句创建了一个 month 结构体，其中包含一个名为 numberOfDays 的整数成员和一个名为 name 的字符成员。成员 name 实际上是一个包含 3 个字符的数组。现在，你可以按照常规方式定义一个类型为 struct month 的变量：

```
struct month aMonth;
```

你可以使用以下语句序列在 aMonth 中为 January 设置正确的字段：

```
aMonth.numberOfDays = 31;
aMonth.name[0]  = 'J';
aMonth.name[1]  = 'a';
aMonth.name[2]  = 'n';
```

或者，你也可以用下面的语句将这个变量初始化为相同的值：

```
struct month aMonth = { 31, { 'J', 'a', 'n' } };
```

更进一步，你可以在数组中设置 12 个月的结构体来表示一年中的每个月，如下所示：

```
struct month months[12];
```

程序 8.7 演示了结构体和 months 数组，它的目的只是在数组中设置初始值，然后在终端中显示这些值。

通过查看图 8.3，你可以更容易地理解用于引用程序 8.7 中所定义的 months 数组中的特定元素的符号。

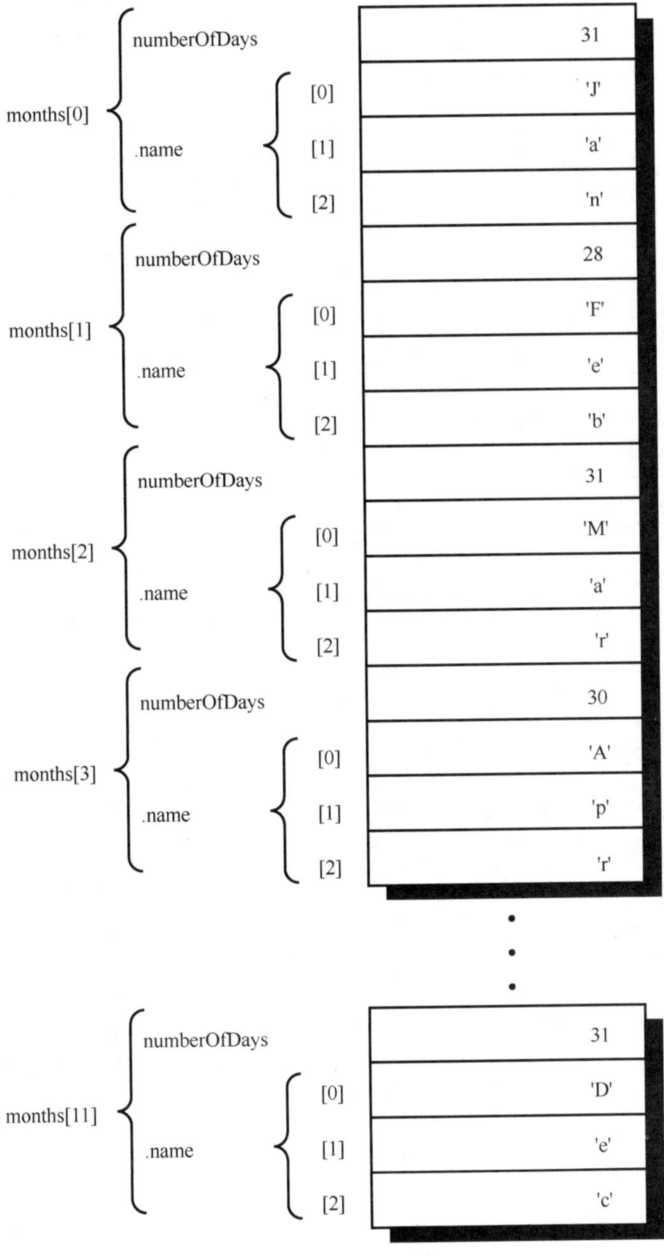

图 8.3　数组 months

程序 8.7　演示结构体和数组

```
// 此程序演示结构体和数组

#include <stdio.h>

int main (void)
{
    int i;

    struct month
    {
        int  numberOfDays;
        char name[3];
```

```
    };

    const struct month months[12] =
       {  { 31, {'J', 'a', 'n'} }, { 28, {'F', 'e', 'b'} },
          { 31, {'M', 'a', 'r'} }, { 30, {'A', 'p', 'r'} },
          { 31, {'M', 'a', 'y'} }, { 30, {'J', 'u', 'n'} },
          { 31, {'J', 'u', 'l'} }, { 31, {'A', 'u', 'g'} },
          { 30, {'S', 'e', 'p'} }, { 31, {'O', 'c', 't'} },
          { 30, {'N', 'o', 'v'} }, { 31, {'D', 'e', 'c'} } };
    printf ("Month   Number of Days\n");
    printf ("-----   --------------\n");

    for ( i = 0; i < 12; ++i )
        printf (" %c%c%c          %i\n",
            months[i].name[0], months[i].name[1],
            months[i].name[2], months[i].numberOfDays);

    return 0;
}
```

程序 8.7　输出

```
Month     Number of Days
-----     ---------------
 Jan            31
 Feb            28
 Mar            31
 Apr            30
 May            31
 Jun            30
 Jul            31
 Aug            31
 Sep            30
 Oct            31
 Nov            30
 Dec            31
```

如图 8.3 所示，months[0]引用的是 months 数组第一个位置中包含的**整个** month 结构体。这个表达式的类型是 struct month。因此，当将 months[0]作为参数传递给函数时，函数内部相应的形参的类型必须声明为 struct month 类型。

再进一步，下面的表达式引用 months[0]中包含的 month 结构体的 numberOfDays 成员，这个表达式的类型是 int。

```
months[0].numberOfDays
```

而下面的表达式引用 months[0]的 month 结构体中的字符数组 name。如果将此表达式作为参数传递给函数，则相应的形参被声明为 char 型的数组。

```
months[0].name
```

最后，下面所示的表达式引用包含在 months[0]中的 name 数组的第一个字符（即字符'J'）。

```
months[0].name[0]
```

8.8　结构体变体

在定义结构体时确实具有一定的灵活性。首先，在定义结构体的同时将变量声明为特定结构体类型是有效的。这可以通过在结构体定义的结束分号之前包含变量名来实现。例如，下面的语句定义了结构体 date，**并且**将变量 todaysDate 和 purchaseDate 声明为这种类型的变量。

```
struct date
{
    int month;
    int day;
    int year;
} todaysDate, purchaseDate;
```

你还可以以常规方式为变量分配初始值，下面的语句定义了结构体 date 和变量 todaysDate，并将指定的初始值赋给 todaysDate。

```
struct date
{
    int month;
    int day;
    int year;
} todaysDate = { 1, 11, 2005 };
```

如果在定义某个结构体类型时定义了该结构体类型的所有变量，则可以省略结构体名。所以下面的语句定义了一个名为 dates 的数组：

```
struct
{
    int  month;
    int  day;
    int  year;
}  dates[100];
```

上述 dates 数组包含 100 个元素，每个元素都是一个结构体，结构体中包含 3 个整数成员：month、day 和 year。由于没有为该结构体提供名称，因此后续声明相同类型的变量的唯一方法是再次显式定义该结构体。

我们已经看到，利用结构体可以非常方便地用单个标记来引用一组数据。在本章中，你也看到了可以多么容易地定义结构体的数组并在函数中使用它们。在第 9 章中，你将学习如何使用字符数组，也就是字符串。在继续学习之前，尝试完成下面的练习题。

8.9 练习题

1. 输入并运行本章给出的程序。将每个程序产生的输出与本书中每个程序之后给出的输出进行比较。
2. 在某些应用中，特别是在金融领域的应用中，经常需要计算两个日期之间经过的天数。例如，2015 年 7 月 2 日到 2015 年 7 月 16 日之间的天数显然是 14。但是从 2014 年 8 月 8 日到 2015 年 2 月 22 日有多少天呢？这个计算需要更多的思考。

   幸运的是，可以使用一个公式来计算两个日期之间的天数。这是通过分别计算两个日期的 N 值，然后取其差值来实现的，N 的计算方法如下：

   ```
   N = 1461 × f(year, month) / 4 + 153 × g(month) / 5 + day
   ```

   其中：

```
f(year, month) =   year - 1             // 如果 month 小于或等于 2
                   year                 // 否则

g(month) =       month + 13             // 如果 month 小于或等于 2
                 month + 1              // 否则
```

举例来说，要计算 2004 年 8 月 8 日至 2005 年 2 月 22 日之间的天数，可以将适当的值代入上述公式，计算 N_1 和 N_2 的值：

```
N₁   = 1461 × f(2004, 8) / 4 + 153 × g(8) / 5 + 8
     = (1461 × 2004) / 4 + (153 × 9) / 5 + 8
     = 2927844 / 4 + 1377 / 5 + 8
     = 731961 + 275 + 8
     = 732244
N₂   = 1461 × f(2005, 2) / 4 + 153 × g(2) / 5 + 22
     = (1461 × 2004) / 4 + (153 × 15) / 5 + 22
     = 2927844 / 4 + 2295 / 5 + 22
     = 731961 + 459 + 22
     = 732442
天数 = N₂ - N₁
     = 732442 - 732244
     = 198
```

所以这两个日期之间的天数是 198。上述公式适用于 1900 年 3 月 1 日之后的任何日期（从 1800 年 3 月 1 日到 1900 年 2 月 28 日，N 必须加 1；从 1700 年 3 月 1 日到 1800 年 2 月 28 日，N 必须加 2）。

编写一个程序，让用户输入两个日期，然后计算这两个日期之间经过的天数。尝试将程序合理地组织成独立的函数。例如，你应该有一个函数，它接收一个 date 结构体作为参数，并返回计算得到的 N 的值。然后可以调用这个函数两次，每个日期调用一次，通过计算差值来确定经过的天数。

3. 编写一个函数 elapsed_time()，其接收两个 time 结构体作为参数，并返回一个 time 结构体，该结构体表示这两个时间点之间的时长（以时、分、秒为单位）。

```
elapsed_time (time1, time2);
```

当上述函数调用中 time1 表示 3:45:15，time2 表示 9:44:03 时，应该返回一个表示 5 小时 58 分 48 秒的 time 结构体。注意，这一时间可能会跨过午夜 12 点。

4. 如果取得练习题 2 中计算的 N 值，从中减去 621049，再将结果对 7 取模，就会得到一个 0～6 的数字，表示某一天是星期几（从周日到周六）。例如，前面计算的 2004 年 8 月 8 日的 N 值是 732244。732244−621049 的结果为 111195，然后 111195 % 7 的结果为 0，表示该日期是星期日。

使用练习 3 中编写的函数来开发一个程序，该程序显示某个日期是星期几。确保程序用英文显示星期几（例如“Monday”）。

5. 编写一个名为 clockKeeper 的函数，让它接收本章定义的 dateAndTime 结构体作为参数。该函数应该调用 timeUpdate()函数，并且如果时间到达午夜 12 点，该函数应该调用 dateUpdate()函数切换到第二天。让函数返回更新后的 dateAndTime 结构体。

6. 将程序 8.4 中的 dateUpdate()函数替换为练习 5 中编写的使用复合字面量的函数。运行替换函数后的程序，验证它是否正确。

第 9 章 字符串

现在，你可以更深入地研究字符串了。数据操作是程序最重要的功能。处理各种数据形式的数字只是数据操作中的一部分，你还需要处理单词、字符以及文字和数字的组合。尽管 C 语言不像许多其他语言那样具有字符串数据类型，但 char 型和数组的组合可以满足你的需要。此外，可以编写库函数和例程来操作字符串数据。本章涵盖的基础知识包括：

- 字符数组的使用方法；
- 可变长度字符数组的使用方法；
- 转义字符的使用方法；
- 向结构体中添加字符数组；
- 对字符串执行数据操作。

9.1 复习字符串的基础知识

在第 2 章编写你的第一个 C 语言程序时首次出现了字符串。在下面的语句中，传递给 printf()函数的参数是字符串"Programming in C is fun.\n"。

```
printf ("Programming in C is fun.\n");
```

双引号用于分隔字符串，字符串可以包含除双引号以外的任何字母、数字或特殊字符的组合。稍后你会看到，甚至也可以在字符串中包含双引号。

介绍数据类型 char 时，我们知道声明为 char 型的变量只能包含**一个**字符。要将单个字符赋值给这样的变量，需要使用一对单引号对该字符进行标识。因此，下面的第一条赋值语句完成了将字符'+'赋值给变量 plusSign 的工作（假设变量 plusSign 已经被适当地声明）。此外，我们还了解了单引号和双引号之间**有区别**，如果将 plusSign 声明为 char 型，则下面的第二条语句就是错误的。请务必记住，在 C 语言中，单引号和双引号用于创建两种不同类型的常量。

```
plusSign = '+';
plusSign = "+";
```

9.2 字符数组

如果你想使用可以包含多个字符[1]的变量，字符数组可以发挥作用。

在程序 6.6 中，你定义了一个名为 word 的字符数组，如下所示：

```
char word [] = { 'H', 'e', 'l', 'l', 'o', '!' };
```

1 类型 wchar_t 可用于表示所谓的宽字符，但该类型用于处理国际字符集中的单个字符。这里讨论的是存储多个字符组成的序列。

记住，在没有指定数组长度的情况下，C 语言编译器会根据初始化时设定的项的个数自动计算数组中元素的数量，上面的这条语句会在内存中为 6 个字符预留空间，如图 9.1 所示。

要输出数组 word 的内容，你需要遍历数组中的每个元素，并使用%c 格式字符显示它。

有了字符数组，你就可以开始构建一系列处理字符串的有用函数。一些比较常用的字符串操作包括将两个字符串合并（拼接）、将一个字符串复制到另一个字符串中、提取字符串的一部分（子字符串），以及判断两个字符串是否相等（即是否包含相同的字符）等。对于前面提到的第一个操作，也就是拼接，开发一个函数来完成这项任务。你可以像下面所示的方法那样定义对 concat()函数的调用。

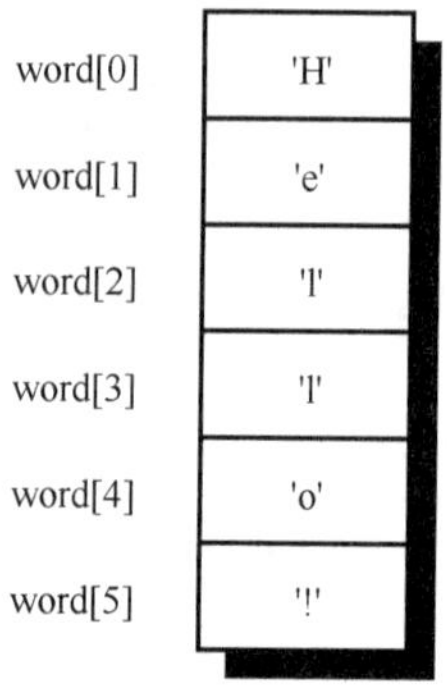

word[0]	'H'
word[1]	'e'
word[2]	'l'
word[3]	'l'
word[4]	'o'
word[5]	'!'

图 9.1　内存中的数组 word

```
concat (result, str1, n1, str2, n2);
```

其中 str1 和 str2 表示将要拼接的两个字符数组，n1 和 n2 表示各个字符数组中的字符数量。这使得该函数足够灵活，可以拼接两个任意长度的字符数组。参数 result 表示字符数组 str1 和 str2 连接后的目标字符数组。具体参见程序 9.1。

程序 9.1　拼接两个字符数组

```
// 此函数拼接两个字符数组

#include <stdio.h>

void concat (char result[], const char str1[], int n1,
                            const char str2[], int n2)
{
    int i, j;

    // 将 str1 数组中的字符复制到 result 数组中
    for ( i = 0; i < n1; ++i )
        result[i] = str1[i];

    // 将 str2 数组中的字符复制到 result 数组中
    for ( j = 0; j < n2; ++j )
        result[n1 + j] = str2[j];
}

int main (void)
{
    void concat (char result[], const char str1[], int n1,
                                const char str2[], int n2);
    const char s1[5] = { 'T', 'e', 's', 't', ' '};
    const char s2[6] = { 'w', 'o', 'r', 'k', 's', '.' };
    char s3[11];
    int  i;

    concat (s3, s1, 5, s2, 6);

    for ( i = 0; i < 11; ++i )
        printf ("%c", s3[i]);

    printf ("\n");
```

```
    return 0;
}
```

程序 9.1 输出

```
Test works.
```

函数 concat()中的第一个 for 循环将 str1 数组中的字符复制到 result 数组中。这个循环会执行 n1 次，n1 表示数组 str1 中包含的字符数。

第二个 for 循环将 str2 数组中的字符复制到 result 数组中。因为 str1 的长度为 n1 个字符，所以将 str2 数组中的字符复制到 result 中从 result[n1]开始的位置，即 str1 的最后一个字符所占据的位置之后。在这个 for 循环结束后，result 数组中包含 n1+n2 个字符，表示 str2 拼接到 str1 的末尾。

在 main()例程中，定义了两个 const 数组 s1 和 s2。第一个数组被初始化为字符'T'、'e'、's'、't'和' '。最后一个字符表示一个空格，它是一个完全有效的字符型常量。第二个数组被初始化为字符'w'、'o'、'r'、'k'、's'和'.'。main()例程中定义了第三个字符数组 s3，它有足够的空间容纳 s1 和 s2 拼接后的结果，即 11 个字符。s3 数组没有被声明为 const 数组，因为它的内容会发生改变。

下面的语句调用了 concat()函数，将字符数组 s1 和 s2 拼接起来并存储在目标数组 s3 中。参数 5 和 6 传递给函数，分别表示 s1 和 s2 中的字符数。

```
concat (s3, s1, 5, s2, 6);
```

在 concat()函数完成执行并返回 main()之后，会设置一个 for 循环来显示函数调用的结果。你可以从程序 9.1 的输出中看到，s3 的 11 个元素被显示出来了，concat()函数似乎能够正常工作。在程序 9.1 中，假定 concat()函数的第一个参数，也就是 result 数组，包含足够的空间来存放拼接后的字符数组。如果空间不足，程序运行时可能会产生不可预测的结果。

9.3 变长字符串

可以采用与定义 concat()函数类似的方法来定义其他处理字符数组的函数。也就是说，可以开发一组例程，每个例程的参数是一个或多个字符数组，以及每个字符数组中包含的字符数量。不幸的是，使用这些函数一段时间后，你会发现跟踪程序中使用的每个字符数组中包含的字符数量有点麻烦，特别是在使用数组存储不同长度的字符串时。我们需要的是一种处理字符数组的方法，同时不必关心到底有多少字符存储到了数组中。

有这样一种方法，它的思想是在每个字符串的末尾放置一个特殊字符。通过这种方法，函数在遇到这个特殊字符后，可以自行判断是否已到达字符串的末尾。通过以这种方式开发所有处理字符串的函数，就不需要指定字符串中包含的字符数量。

在 C 语言中，用来标识字符串结束的特殊字符称为**空字符**（null character），记作'\0'。下面的声明语句定义了一个字符数组 word：

```
const char word [] = { 'H', 'e', 'l', 'l', 'o', '!', '\0' };
```

该数组包含 **7 个**字符，其中最后一个是空字符。（回想一下，反斜线字符'\'在 C 语言中是一个特殊字符，不能算作一个单独的字符。因此，在 C 语言中'\0'表示单个字符。）以空字符结尾的数组 word 如图 9.2 所示。

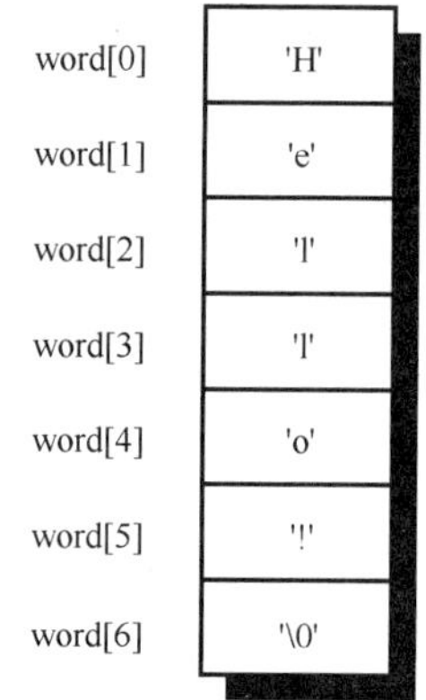

图 9.2　以空字符结尾的数组 word

为了说明如何使用**变长**（variable-length）字符串，可以编写一个计算字符串中字符数量的函数，如程序 9.2 所示。该程序调用函数 stringLength()，让它接收一个以空字符结尾的字符数组作为参数。该函数确定数组中的字符数，并将结果返回给调用例程。我们将数组中的字符数量定义为除了结尾的空字符以外所有字符的数量之和。所以，如果 characterString 定义如下，则函数调用 stringLength (characterString)将返回 3。

```
char characterString[] = { 'c', 'a', 't', '\0' };
```

程序 9.2　计算一个字符串中的字符数量

```
// 此函数计算一个字符串中的字符数量

#include <stdio.h>

int stringLength (const char string[])
{
    int count = 0;

    while ( string[count] != '\0' )
        ++count;

    return count;
}

int main (void)
{
    int stringLength (const char string[]);
    const char word1[] = { 'a', 's', 't', 'e', 'r', '\0' };
    const char word2[] = { 'a', 't', '\0' };
    const char word3[] = { 'a', 'w', 'e', '\0' };

    printf ("%i %i %i\n", stringLength (word1),
              stringLength (word2), stringLength (word3));

    return 0;
}
```

程序 9.2　输出

```
5 2 3
```

stringLength()函数将它的参数声明为一个 const 数组，因为它没有对数组做任何更改，只是计算数组的大小。

在 stringLength()函数内部定义了变量 count，并将其值设置为 0。然后，程序进入一个 while 循环，依次遍历字符串数组，直到遇到空字符。当函数最终遇到这个字符时，表示字符串结束，程序将退出 while 循环并返回 count 的值。这个值表示字符串中的字符数量，不包括空字符。你可能希望跟踪这个循环对一个小字符数组的操作，以验证退出循环时 count 的值真的等于数组中的字符数量但不包括空字符量。

在 main()例程中，定义了 3 个字符数组 word1、word2 和 word3。printf()函数调用显示了对这 3 个字符数组分别调用 stringLength()函数的结果。

9.3.1 字符串的初始化与显示

现在，回到程序 9.1 中开发的 concat()函数，重写它以处理变长字符串。显然，必须对函数进行一些更改，因为你不再希望将两个数组中的字符数量作为参数传递。现在该函数只接收 3 个参数：要拼接的两个字符数组和存储拼接结果的字符数组。

在深入研究这个程序之前，你应该首先了解 C 语言为处理字符串提供的两个很好的特性。

第一个特性涉及字符数组的初始化。C 语言允许通过简单地指定一个字符串常量而不是单个字符的列表来初始化字符数组。例如，下面的第一条语句可以用来创建一个名为 word 的字符数组，其初始字符分别为'H'、'e'、'l'、'l'、'o'、'!'和'\0'。在以这种方式初始化字符数组时，也可以省略花括号。因此，下面的第二条语句也是完全有效的。下面的前两条语句都等价于下面的第三条语句。

```
char word[] = { "Hello!" };
char word[] = "Hello!";
char word[] = { 'H', 'e', 'l', 'l', 'o', '!', '\0' };
```

如果显式指定了数组的大小，请务必为最后的空字符留出足够的空间。因此，对于下面的第一条语句，编译器在数组中留出足够的空间来放置空字符。但是对于下面的第二条语句，编译器没有空间在数组末尾放置一个空字符，因此它不会在数组末尾放置空字符（而且程序也不会因此而报错）。

```
char word[7] = { "Hello!" };
char word[6] = { "Hello!" };
```

一般来说，在 C 语言中，无论字符串常量出现在程序的什么位置，都会自动以空字符结尾。这一事实有助于 printf()等函数确定是否到达了字符串的末尾。所以，在下面的函数调用中，空字符会自动放在字符串换行符之后，这样 printf()函数就能确定它何时到达了字符串的末尾。

```
printf ("Programming in C is fun.\n");
```

第二个特性涉及字符串的显示。printf()的格式字符串中的特殊格式字符%s 可用于显示以空字符结尾的字符数组。因此，如果 word 是一个以空字符结尾的字符数组，则调用下面所示的 printf()函数来在终端显示 word 数组的全部内容。printf()函数假设遇到%s 格式字符时，对应的参数是一个以空字符结尾的字符串。

```
printf ("%s\n", word);
```

程序 9.3 的 main()例程包含上面描述的两个特性，它演示了修改后的 concat()函数。因为你不再将每个字符串中的字符数作为参数传递给函数，函数必须通过测试空字符来确定何时到达每个字符串的末尾。另外，在将 str1 复制到 result 数组中时，要确保**没有**复制空字符，因为如果将空字符复制进来会导致 result 数组中的字符串在这个字符处结束。不过，在复制 str2 之后，你需要在 result 数组中放入一个空字符，表示新创建字符串的结束。

程序 9.3　拼接字符串

```
#include <stdio.h>

int main (void)
{
    void concat (char result[], const char str1[], const char str2[]);
    const char s1[] = { "Test " };
    const char s2[] = { "works." };
    char s3[20];

    concat (s3, s1, s2);

    printf ("%s\n", s3);

    return 0;
}

// 下方函数拼接两个字符串

void concat (char result[], const char str1[], const char str2[])
{
    int i, j;

    // 复制字符串 str1 到 result 数组

    for ( i = 0; str1[i] != '\0'; ++i )
        result[i] = str1[i];

    // 复制字符串 str2 到 result 数组

    for ( j = 0; str2[j] != '\0'; ++j )
        result[i + j] = str2[j];

    // 用一个空字符结束拼接后的字符串

    result [i + j] = '\0';
}
```

程序 9.3　输出

```
Test works.
```

在 concat()函数的第一个 for 循环中，str1 中的字符被复制到 result 数组中，直到遇到空字符为止。因为 for 循环会在匹配到空字符后立即结束，所以空字符并不会被复制到 result 数组中。

在第二个 for 循环中，将 str2 中的字符直接复制到 result 数组中，放在 str1 中的最后一个字符之后。这个 for 循环利用了这样一个事实：当前一个 for 循环结束时，i 的值等于 str1 中的字符数（不包括空字符）。因此，下面的赋值语句用于将 str2 中的字符复制到 result 数组中的恰当位置。

```
result[i + j] = str2[j];
```

第二个 for 循环结束后，concat()函数会在字符串末尾添加一个空字符。研究这个函数，确保你理解了 i 和 j 的用法。在处理字符串时，许多程序错误是因为索引有误。

记住，要引用数组中的第一个字符，必须使用 0 作为其索引。此外，如果字符数组 string 中包含 n 个字符（不包括空字符），那么 string[n−1]会引用字符串中的最后一个（非空）字符，而 string[n]会引用空字符。此外，要记住空字符在数组中会占用一个位置，所以 string 数组必须定义为至少包含 n + 1 个字符。

回到程序中，main()例程定义了两个字符数组 s1 和 s2，并使用前面描述的新初始化技术设置了它们的值。s3 被定义为包含 20 个字符的数组，从而确保为拼接后的字符串预留了足够的空间，这样就不必再费心去精确计算其大小了。

然后以 s1、s2 和 s3 这 3 个字符串作为参数调用 concat()函数。接下来使用%s 格式字符显示结果，该结果存储在 concat()函数返回的 s3 数组中。虽然数组 s3 包含 20 个字符，但 printf()函数只显示从数组开头到空字符之间的字符。

9.3.2 判断两个字符串是否相等

你不能用下面的语句直接测试两个字符串是否相等，因为相等测试运算符只能应用于简单的变量类型，比如 float、int 或 char，而不能应用于更复杂的类型，比如结构体或数组。

```
if ( string1 == string2 )
  ...
```

要确定两个字符串是否相等，必须显式地逐个字符地比较这两个字符串。如果能够同时到达两个字符串的末尾，并且这之前的所有字符都相等，则两个字符串相等；否则，它们不相等。

开发一个函数来比较两个字符串，这可能是个好主意，如程序 9.4 所示。你可以调用函数 equalStrings()，让它接收两个要进行比较的字符串作为参数。因为你只对两个字符串是否相等感兴趣，所以可以让函数在两个字符串相等时返回 bool 值 true（或非 0 值），否则返回 false（或 0）。这样就可以直接在测试语句中使用函数，如下所示：

```
if ( equalStrings (string1, string2) )
  ...
```

程序 9.4 判断两个字符串是否相等

```
// 此函数用于判断两个字符串是否相等

#include <stdio.h>
#include <stdbool.h>

bool equalStrings (const char s1[], const char s2[])
{
    int i = 0;
    bool areEqual;

    while ( s1[i] == s2 [i] &&
                s1[i] != '\0' && s2[i] != '\0' )
        ++i;

    if ( s1[i] == '\0' && s2[i] == '\0' )
        areEqual = true;
    else
        areEqual = false;
```

```
    return areEqual;
}

int main (void)
{
    bool equalStrings (const char s1[], const char s2[]);
    const char stra[] = "string compare test";
    const char strb[] = "string";

    printf ("%i\n", equalStrings (stra, strb));
    printf ("%i\n", equalStrings (stra, stra));
    printf ("%i\n", equalStrings (strb, "string"));

    return 0;
}
```

程序 9.4 输出

```
0
1
1
```

函数 equalStrings()使用一个 while 循环对字符串 s1 和 s2 进行遍历。只要两个字符串相等（s1[i] == s2[i]），并且没有到达任何一个字符串的末尾（s1[i] != '\0' && s2[i] != '\0'），就会继续执行这个循环。变量 i 用作两个数组的索引，每次执行 while 循环时都会递增。

while 循环结束后执行的 if 语句用于确定是否同时到达了字符串 s1 和 s2 的末尾。你可以使用下面的程序语句得到相同的结果。

```
if ( s1[i] == s2[i] )
    ...
```

如果**同时**到达了两个字符串的末尾，则两个字符串必然相等，在这种情况下，将 areEqual 设置为 true 并返回到调用例程；否则，两个字符串不相等，将 areEqual 设置为 false 并返回。

在 main()中建立了两个字符数组 stra 和 strb，并赋给它们指定的初始值。第一次调用 equalStrings()函数时，传入这两个字符数组作为参数。因为这两个字符串不相等，该这个函数正确地返回了 false，也就是 0。

第二次调用 equalStrings()函数时，传递了两次字符串 stra。该函数正确地返回了 true，表明两个字符串相等，这可以从程序的输出中得到验证。

对 equalStrings()函数的第三次调用更有趣一些。从这个例子可以看出，如果一个函数需要一个字符数组作为参数，你可以向它传递一个字符串常量。equalStrings()函数将 strb 中包含的字符串和字符串"string"进行比较，并返回 true 表示两个字符串相等。

9.3.3 输入字符串

到目前为止，你已经习惯了使用%s 格式字符来显示一个字符串。但是如果要从窗口（或者说“终端窗口”）读入一个字符串呢？在你的系统中，有几个库函数可以用于输入字符串。scanf()函数可以与%s 格式字符一起使用来读入一个字符串，直到遇到空格、制表符或换行符中的任何一个才会停止读入。因此，下面的程序语句，会读取在终端窗口中输入的字符串，并将其存储在字符数组 string 中。

```
char string[81];
scanf ("%s", string);
```

注意，与之前的 scanf()调用不同，上述语句在读取字符串的情况下，**不会**在数组名称之前放置&（原因也会在第 10 章解释）。

如果执行上述 scanf()调用，并输入“Gravity”，则 scanf()函数会读入字符串"Gravity"，并将字符串保存在 string 数组中。如果输入文本“iTunes playlist”，string 数组中只会存储字符串"iTunes"，因为 scanf()在遇到这个单词后面的空格时终止了这个字符串。如果再次执行 scanf()调用，这次字符串"playlist"将会存储在 string 数组中，因为 scanf()函数总是继续从最近读入的字符开始扫描。

scanf()函数会自动以一个空字符终止读入的字符串。因此，输入文本“abcdefghijklmnop qrstuvwxyz”执行上述 scanf()调用，会导致整个小写字母表被存储在 string 数组的前 26 个位置，string[26]自动设置为空字符。

如果 s1、s2 和 s3 被定义为大小合适的字符数组，执行下面的语句：

```
scanf ("%s%s%s", s1, s2, s3);
```

以“mobile app development”文本为输入，执行结果是将字符串"mobile"赋值给 s1，"app"赋值给 s2，"development"赋值给 s3；如果输入文本“tablet computer”，执行结果是字符串"tablet"赋值给 s1，"computer"赋值给 s2，因为行中没有其他字符了，所以 scanf()函数会继续等待更多的输入。

在程序 9.5 中，使用 scanf()函数读取 3 个字符串。

程序 9.5 使用 scanf()函数读取 3 个字符串

```
// 此程序演示使用%s 格式字符的 scanf()函数

#include <stdio.h>

int main (void)
{
    char s1[81], s2[81], s3[81];

    printf ("Enter text:\n");

    scanf ("%s%s%s", s1, s2, s3);

    printf ("\ns1 = %s\ns2 = %s\ns3 = %s\n", s1, s2, s3);
    return 0;
}
```

程序 9.5 输出

```
Enter text:
smart phone
apps

s1 = smart
s2 = phone
s3 = apps
```

在程序 9.5 中，调用 scanf()函数读取 3 个字符串：s1、s2 和 s3。因为文本的第一行只包含两个字符串（对于 scanf()来说，字符串的定义是一个以空格、制表符或换行符结尾的字符序列），所以程序会等待输入更多的文本。完成这些操作后，再调用 printf()来验证字符串"smart"、"phone"和"apps"是否分别被正确地存储在字符串数组 s1、s2 和 s3 中。

如果向上述程序连续输入 80 多个字符，且没有按空格键、Tab 键或 Enter（或 Return）键，scanf()会使其中一个字符数组溢出。这可能导致程序异常终止或发生不可预测的事情。不幸的是，scanf()无法知道你的字符数组有多大。scanf()在处理%s 格式字符时，它只是不断地读取和存储字符，直到遇到指定的任何一个空字符为止。

如果你在 scanf()的格式字符串的%后面放一个数字，就指明了 scanf()要读取的最大字符数。因此，如果你使用下面的 scanf()调用来替换程序 9.5 中的调用，scanf()会知道需要读取和存储到 s1、s2 或 s3 中的字符不超过 80 个。（你仍然需要预留足够的空间，以便 scanf()可以在数组末尾存储空字符。这就是为什么使用%80 而不是%81。）

```
scanf ("%80s%80s%80s", s1, s2, s3);
```

9.3.4　输入单个字符

标准 C 语言库为读写单个字符和整个字符串提供了几个函数。getchar()函数可用于从终端读入单个字符。重复调用 getchar()函数将从输入返回连续的单个字符。当到达行尾时，函数将返回换行符'\n'。因此，如果输入字符“abc”，然后立即按 Enter（或 Return）键，第一次调用 getchar()函数将返回字符'a'，第二次调用将返回字符'b'，第三次调用将返回字符'c'，第四次调用将返回换行符'\n'，第五次调用该函数将导致程序进入等待状态，等待从终端输入更多的内容。

你可能想知道：既然已经知道如何用 scanf()函数中的%c 格式字符读取单个字符，为什么还需要 getchar()函数呢？使用 scanf()函数是一种完全有效的方法，不过，getchar()函数是一种更直接的方法，因为它的唯一目的是读取单个字符，所以不需要任何参数。getchar()函数返回一个字符，这个字符可以赋值给一个变量，也可以按程序的需要进行使用。

在许多文本处理应用程序中，需要读取整行文本。这一行文本通常存储在一个单独的地方（通常称为“缓冲区”），然后继续下一步处理。在这种情况下，使用带有%s 格式字符的 scanf()函数是不起作用的，因为只要在输入中遇到一个空格，字符串就会立即终止。

函数库中还有一个名为 gets 的函数。这个函数的唯一目的就是读取一行文本。作为一个有趣的程序示例，程序 9.6 展示了如何使用 getchar()函数开发一个类似于 gets()的函数，我们将这个函数称为 readLine()。这个函数接收一个字符数组作为参数，字符数组中存储着一行文本。该函数将从终端窗口读入的直到换行符（不包括换行符）在内的所有字符，保存在参数中指定的数组中。

程序 9.6　读取数据行

```
#include <stdio.h>

int main (void)
{
    int i;
    char line[81];
    void readLine (char buffer[]);

    for ( i = 0; i < 3; ++i )
    {
```

```
        readLine (line);
        printf ("%s\n\n", line);
    }

    return 0;
}

// 此函数从终端读入一行文本

void readLine (char buffer[])
{
    char character;
    int i = 0;

    do
    {
        character = getchar ();
        buffer[i] = character;
        ++i;
    }
    while ( character != '\n' );

    buffer[i - 1] = '\0';
}
```

程序 9.6 输出

```
This is a sample line of text.
This is a sample line of text.

abcdefghijklmnopqrstuvwxyz
abcdefghijklmnopqrstuvwxyz

runtime library routines
runtime library routines
```

readLine()函数中的 do 循环用于在字符数组 buffer 中构建输入行。getchar()函数返回的每个字符都保存在数组的下一个位置。当遇到换行符（表示行结束）时，循环退出。然后，将空字符存储在数组中，结束该字符串，替换上次执行循环时存储在该位置的换行符。索引 i−1 可以索引数组中的正确位置，因为在最后一次执行循环时，该索引在循环内部多递增了一次。

main()例程定义了一个名为 line 的字符数组，预留了足以容纳 81 个字符的空间。这确保了可以在数组中存入整行文本（一般 80 个字符被定义为一个“标准终端”的长度），再加上一个空字符。然而，即使在每行显示 80 个字符或更少字符的窗口中，如果你在行尾没有按 Enter（或 Return）键而是继续输入文本，则仍然有数组溢出的危险。一个好的方法是扩展 readLine()函数，让它接收第二个参数，即缓冲区的大小。这样，该函数可以确保不会超出缓冲区的容量。

关于这个程序的另一个好主意是增加一个提示行，告诉用户程序正在等待什么样的输入，从而改善用户与程序的交互性。在 readLine()函数的 do…while 循环前添加以下代码，会让程序用户更清楚要做些什么。

```
printf("Enter a line of text, up to 80 characters. Hit enter when done:\n");
```

类似上面这样的行还可以用于指定数据点的格式，比如在金钱数额之前的美元符号（$），或者时间条目中小时和分钟之间的冒号（:）。诸如此类的提示信息是一种减少数据输入错误的方法。

然后，程序进入 for 循环，调用 readLine()函数 3 次。每次调用这个函数时，都会从终端中读取一行新的文本。读取的这一行文本将直接在终端回显，以验证函数的正确操作。在显示第三行文本后，程序 9.6 的执行就完成了。

在你的下一个程序示例（程序 9.7）中，考虑一个实际的文本处理应用：计算文本中有多少个单词。在这个程序中编写了一个名为 countWords 的函数，它接收一个字符串作为参数，并返回该字符串中包含的单词的个数。为简单起见，这里假设一个单词的定义为一个或多个字母字符组成的序列。countWords()函数可以扫描字符串，查找第一个出现的字母，并将随后直到第一个非字母之前的所有字母都视为同一个单词的组成部分。然后，该函数可以继续扫描字符串，查找下一个表示新单词开头的字母。

程序 9.7　计算单词的个数

```
#include <stdio.h>
#include <stdbool.h>

// 此函数确定一个字符是否为字母

bool alphabetic (const char c)
{
    if ( (c >= 'a' && c <= 'z') || (c >= 'A' && c <= 'Z') )
        return true;
    else
        return false;
}

/* 此函数计算一个字符串中单词的个数 */

int countWords (const char string[])
{
    int i, wordCount = 0;
    bool lookingForWord = true, alphabetic (const char c);

    for ( i = 0; string[i] != '\0'; ++i )
        if ( alphabetic(string[i]) )
        {
            if ( lookingForWord )
            {
                ++wordCount;
                lookingForWord = false;
            }
        }
        else
            lookingForWord = true;

    return wordCount;
}

int main (void)
{
    const char text1[] = "Well, here goes.";
    const char text2[] = "And here we go... again.";
    int countWords (const char string[]);

    printf ("%s - words = %i\n", text1, countWords (text1));
```

```
    printf ("%s - words = %i\n", text2, countWords (text2));

    return 0;
}
```

程序 9.7 输出

```
Well, here goes. - words = 3
And here we go... again. - words = 5
```

函数 alphabetic()非常简单，它只需要测试传入的字符的值，判断它是小写字母还是大写字母。只要是小写字母或大写字母，该函数返回 true，表示字符是字母；否则，该函数返回 false。

countWords()函数没有这么简单。int 型变量 i 被用作索引，用于遍历字符串中的每个字符。bool 型变量 lookingForWord 作为一个标志，用于表示你当前是否正在查找一个新单词的开头。当函数刚开始执行时，你显然**正在**查找一个新单词的开头，因此该标志被设置为 true。局部变量 wordCount 显然用于计算字符串中单词的个数。

对于字符串中的每个字符，都会调用 alphabetic()函数来确定该字符是否为字母。如果该字符是字母，则测试 lookingForWord 标志，以确定此时是否正在查找一个新单词。如果是在查找一个新单词，则给 wordCount 的值加 1，并将 lookingForWord 标志设置为 false，以表示下一步不是在查找新单词的开头。

如果字符是字母，并且 lookingForWord 标志为 false，这意味着当前正在一个单词的**内部**进行扫描。在这种情况下，for 循环继续处理字符串中的下一个字符。

如果字符不是字母——意味着你已经到达了一个单词的末尾或者还没有找到下一个单词的开头——设置标志 lookingForWord 为 true（即使它可能已经是 true）。

当查找了字符串中的所有字符后，该函数返回 wordCount 的值，指出字符串中出现的单词的个数。

为了了解算法的工作原理，有必要给出 countWords()函数中各个变量的值的表格。表 9.1 展示了这样一个表，以程序 9.7 中第一次调用 countWords()函数为例。表 9.1 的第二行给出了进入 for 循环前变量 wordCount 和 lookingForWord 的初始值。接下来的几行描述了每次进入 for 循环时指定变量的值。因此，表 9.1 中的第三行显示，在第一次循环之后（'W'被处理之后），wordCount 的值被设置为 1，lookingForWord 标志被设置为 false（0）。表 9.1 的最后一行显示了到达字符串末尾时变量的最终值。你应该花点时间研究这个表，根据 countWords()函数的逻辑验证指定变量的值。完成这些工作后，就应当比较了解 countWords()函数使用的用于计算字符串中单词的个数的算法了。

表 9.1 countWords()函数的执行

i	string[i]	wordCount	lookingForWord
		0	true
0	'W'	1	false
1	'e'	1	false
2	'l'	1	false
3	'l'	1	false
4	','	1	true
5	' '	1	true

续表

i	string[i]	wordCount	lookingForWord
6	'h'	2	false
7	'e'	2	false
8	'r'	2	false
9	'e'	2	false
10	' '	2	true
11	'g'	3	false
12	'o'	3	false
13	'e'	3	false
14	's'	3	false
15	'.'	3	true
16	'\n'	3	true

9.3.5　空字符串

现在考虑一个稍微实际一点的 countWords()函数的使用示例。这一次，你将使用 readLine()函数允许用户输入多行文本。然后，程序计算文本中的总字数并显示结果。

为了使程序更灵活，我们不限制或指定输入的文本行数。因此，必须有一种方法让用户“告诉”程序他在何时完成文本输入。一种方法是让用户在输入最后一行文本后多按一次 Enter（或 Return）键。当调用 readLine()函数读取这一行时，该函数会立即遇到换行符，因此将空字符作为第一个（也是唯一一个）字符存储在缓冲区中。你的程序可以检查这种特殊情况，从而在读取不包含任何字符的一行文本之后，就知道用户已经输入了最后一行文本。

在 C 语言中，除了空字符以外不包含其他字符的字符串有一个特殊的名称——**空字符串**（null string）。空字符串和前文展示的其他字符串的使用方式一样。当传入一个空字符串时，stringLength()函数会正确地返回 0，作为空字符串的长度；concat()函数也能正确地将空字符串连接到另一个字符串的末尾；甚至对于 qualStrings()函数，如果其中一个或两个字符串都为空字符串，也能正确地工作（在后一种情况下，该函数会正确地判断这两个字符串是相等的）。

记住，空字符串中确实包含一个字符，尽管它是一个空字符串。

有时，我们希望将字符串设置为空字符串。在 C 语言中，空字符串由相邻的一对双引号表示。那么，下面的声明语句定义了一个名为 buffer 的字符数组，并将其设置为包含空字符串。

```
char buffer[100] = "";
```

注意，字符串""和字符串" "是**不一样**的，因为第二个字符串包含一个空字符。（如果你有疑惑，可以把这两个字符串都传给 equalStrings()函数，看看会返回什么样的结果。）

程序 9.8 使用了程序 9.7 中的 readLine()、alphabetic()和 countWords()函数。

程序 9.8　计算一段文本中的单词的个数

```
#include <stdio.h>
#include <stdbool.h>

bool alphabetic (const char c)
{
    if ( (c >= 'a' && c <= 'z') || (c >= 'A' && c <= 'Z') )
        return true;
```

```
    else
        return false;
}

void readLine (char buffer[])
{
    char character;
    int i = 0;

    do
    {
    character = getchar ();
    buffer[i] = character;
    ++i;
  }
  while ( character != '\n' );

  buffer[i - 1] = '\0';
}

int countWords (const char string[])
{
    int i, wordCount = 0;
    bool lookingForWord = true, alphabetic (const char c);

    for ( i = 0; string[i] != '\0'; ++i )
        if ( alphabetic(string[i]) )
        {
            if ( lookingForWord )
            {
                ++wordCount;
                lookingForWord = false;
            }
        }
        else
            lookingForWord = true;

    return wordCount;
}

int main (void)
{
    char text[81];
    int totalWords = 0;
    int countWords (const char string[]);
    void readLine (char buffer[]);
    bool endOfText = false;

    printf ("Type in your text.\n");
    printf ("When you are done, press 'RETURN'.\n\n");

    while ( ! endOfText )
    {
        readLine (text);
```

```
        if ( text[0] == '\0' )
            endOfText = true;
        else
            totalWords += countWords (text);
    }

    printf ("\nThere are %i words in the above text.\n", totalWords);

    return 0;
}
```

程序 9.8　输出

```
Type in your text.
When you are done, press 'RETURN'.

Wendy glanced up at the ceiling where the mound of lasagna loomed
like a mottled mountain range. Within seconds, she was crowned with
ricotta ringlets and a tomato sauce tiara. Bits of beef formed meaty
moles on her forehead. After the second thud, her culinary coronation
was complete.
Return
There are 48 words in the above text.
```

标有 **Return** 的行表示按了 Enter（或 Return）键。

变量 endOfText 作为一个标志，表示何时到达输入文本的末尾。只要这个标志为 false，while 循环就会继续执行。在这个循环中，程序调用 readLine()函数读取一行文本。然后，使用 if 语句测试存储在 text 数组中的输入行，看看是否只按了 Enter（或 Return）键。如果是，则缓冲区只包含空字符串，在这种情况下，endOfText 标志被设置为 true，表示已经输入了所有文本。

如果缓冲区中包含某些文本，则调用 countWords()函数来计算数组 text 中包含的单词的个数。该函数返回的值会与 totalWords 的值相加，totalWords 包含到目前为止输入的所有文本行的累计单词的个数。

while 循环退出后，程序会显示 totalWords 的值，以及一些有用的文本。

程序 9.8 似乎并没有帮你减少多少工作量，因为你仍然需要在终端手动输入所有文本。你将在第 15 章中看到，还可以使用这个程序来计算存储在磁盘上的文件中包含的单词的个数。因此，使用计算机系统准备手稿的作者可能会发现这个程序非常有价值，因为它可以用来快速确定手稿中包含的单词的个数（假设该文件存储为普通的文本文件，而不是像 Microsoft Word 等文字处理器格式的文件）。

9.4　转义字符

如前所述，反斜线字符有特殊的意义，其用途并不仅限于组成换行符和空字符。正如反斜线字符和字母 n 组合使用时，会导致后续输出从新行开始，其他字符也可以与反斜线字符组合以执行特殊功能。这些不同的字符与反斜线字符的组合，通常被称为**转义字符**（escape character），在表 9.2 中对转义字符进行了汇总。

表 9.2 转义字符

转义字符	名称
\a	蜂鸣
\b	退格
\f	换页
\n	换行
\r	回车
\t	水平制表
\v	垂直制表
\\	反斜线
\"	双引号
\'	单引号
\?	问号
\nnn	八进制字符值 nnn
\unnnn	通用字符名
\Unnnnnnnn	通用字符名
\xnn	十六进制字符值 nn

对于大多数输出设备而言，当设备上显示表 9.2 列出的前 7 个字符之一时，设备会执行转义字符的相应功能。例如，蜂鸣字符'\a'会使设备的蜂鸣器发音。那么，下面的 printf()调用会使系统发出一声警示声并显示指定的消息。

```
printf ("\aSYSTEM SHUT DOWN IN 5 MINUTES!!\n");
```

在字符串中包含退格字符'\b'，会导致终端在字符串中出现该字符的地方退格一个字符（假设系统支持退格）。类似的，下面的函数调用显示 a 的值，然后紧跟着一个制表符（通常默认设置为 8 列），接着显示 b 的值，再后面又紧跟着一个制表符，最后显示 c 的值。水平制表符对于对齐各列的数据特别有用。

```
printf ("%i\t%i\t%i\n", a, b, c);
```

要在字符串中包含反斜线字符本身，必须使用两个反斜线字符，因此下面的 printf()调用会显示“\t is the horizontal tab character.”。注意，因为字符串首先使用了\\，所以这里不会显示制表符。

```
printf ("\\t is the horizontal tab character.\n");
```

要在字符串中包含双引号字符，则必须在其前面放置一个反斜线字符。因此，下面的 printf()调用将显示“"Hello," he said.”。

```
printf ("\"Hello,\" he said.\n");
```

要将单引号字符赋值给字符型变量，反斜线字符必须放在引号之前。如果将 c 声明为一个字符型变量，则下面的语句会将单引号字符赋值给变量 c。

```
c = '\'';
```

在反斜线字符后面紧跟着一个“?”用来表示一个“?”字符。在处理非 ASCII 字符集中的**三字符组**（trigraph）时，有时会用到它。要了解更多细节，请参阅附录 A.9.1。

表 9.2 中的最后 4 项允许在字符串中包含**任何**字符。在转义字符'\nnn'中，nnn 是一个 1～3 位的**八进制数**。转义字符'\xnn'中，nn 是一个十六进制数。这些数字表示字符的内部**编码**。这使得那些无法直接通过键盘输入的字符可以被编码为字符串。例如，要包含一个值为八进制 33 的 ASCII 转义字符，可以在字符串中包含序列\033 或\x1b。

空字符'\0'是上文所述的转义字符序列的一个特殊情况。它表示一个取值为 0 的字符。事实上，因为空字符的值是 0，所以程序员们经常利用这一点来在循环中测试和处理变长字符串。例如，程序 9.2 中的 stringLength()函数，该函数中用于计算字符串长度的循环，也可以等效地编码为：

```
while ( string[count] )
    ++count;
```

上面的代码在没有遇到空字符之前，string[count]的值都是非 0 的，在遇到空字符时，string[count]的值是 0，此时 while 循环会退出。

需要再次指出的是，这些转义字符只被认为是字符串中的单个字符。因此，字符串"\033\"Hello\"\n"实际上由 9 个字符组成（不包括结尾的空字符）：字符'\033'、双引号字符'\"'、单词 Hello 中的 5 个字符、再次出现的双引号字符和换行符。试着将上述字符串传递给 stringLength()函数，以验证字符串中的字符数确实是 9（同样，不包括结尾的空字符）。

通用字符名（universal character name）由字符'\u'后跟 4 个十六进制数或字符'\U'后跟 8 个十六进制数组成。它用于指定扩展字符集中的字符。所谓扩展字符集，是指其内部表示超过了标准的 8 位。通用字符名转义序列可用于构成扩展字符集中的标识符名称，也可用于在宽字符串和字符串常量中指定 16 位和 32 位字符。更多信息请参考附录 A.1.2。

9.5 关于字符串常量的更多内容

如果你把一个反斜线字符放在一行的最后，然后马上按 Enter（或 Return）键，它会告诉 C 语言编译器忽略行尾。这种行延续技术主要用于将很长的字符串常量延续到下一行，正如你将在第 12 章看到的那样，这种技术用于将**宏**（macro）定义延续到下一行。

在没有行连接字符的情况下，如果你试图跨多行初始化一个字符串（例如下面的代码），C 语言编译器会生成一条错误消息。

```
char letters[] =
     { "abcdefghijklmnopqrstuvwxyz
ABCDEFGHIJKLMNOPQRSTUVWXYZ" };
```

可以在上面代码的第二行末尾放置一个反斜线字符，如下所示，这样一个字符串常量就可以被写在两行了：

```
char letters[] =
    { "abcdefghijklmnopqrstuvwxyz\
ABCDEFGHIJKLMNOPQRSTUVWXYZ" };
```

字符串常量的延续必须从下一行的**开头**开始，否则该行的前导空格将存储在字符串中。因此，上述语句的最终结果是定义了一个字符数组 letters，并将其元素初始化为下面所示的字符串：

```
"abcdefghijklmnopqrstuvwxyzABCDEFGHIJKLMNOPQRSTUVWXYZ"
```

另一种拆分长字符串的方法是将它们分成两个或多个相邻的字符串。相邻字符串是由 0 个或多个空格、制表符或换行符分隔的字符串常量。编译器会自动地将相邻的字符串拼接在一起。因此，写入下面第一行中的字符串在语法上等同于写入下面第二行中的单个字符串。

```
"one" "two" "three"
"onetwothree"
```

因此，使用上面介绍的拆分长字符串的方法，letters 数组也可以通过下面的方式来设置：

```
char letters[] =
    { "abcdefghijklmnopqrstuvwxyz"
      "ABCDEFGHIJKLMNOPQRSTUVWXYZ" };
```

下面的 3 次 printf()调用都向 printf()传递了**单个**参数，因为编译器会将第二次和第三次调用中的字符串拼接在一起。

```
printf ("Programming in C is fun\n");
printf ("Programming"  " in C is fun\n");
printf ("Programming"  " in C"  " is fun\n");
```

9.6　字符串、结构体和数组

你可以采用多种方式将 C 语言中的基本元素组合在一起，构成非常强大的程序设计结构。例如，在第 8 章中，你看到了可以多么轻松地定义一个结构体数组。程序 9.9 进一步说明了结构体数组的概念，并将其与变长字符串结合在一起。

假设你想编写一个类似词典的计算机程序。如果你有这样一个程序，只要遇到一个不清楚定义的单词，就可以使用该程序。你可以在程序中输入这个单词，然后程序可以自动在词典中“查找”这个单词，并将其定义告诉你。

当你打算开发这样一个程序时，首先想到的是单词及其定义在计算机内部的表示。显然，因为这个词和它的定义在逻辑上是相关的，所以结构体的概念会立即出现在你的脑海中。例如，你可以定义一个名为 entry 的结构体来保存单词及其定义：

```
struct entry
{
    char word[15];
    char definition[50];
};
```

在上面的结构体定义中，我们定义了足够容纳 14 个字符的 word（记住，我们处理的是变长字符串，因此需要为空字符预留空间）以及一个足够容纳 49 个字符的 definition。下面是一个例子，定义了一个 struct entry 型变量，并使用单词“blob”及其相关定义作为该变量的初始值。

```
struct entry word1 = { "blob", "an amorphous mass" };
```

因为我们希望在词典中提供更多单词，所以，如下所示定义一个 entry 结构体数组似乎是合乎逻辑的。

```
struct entry dictionary[100];
```

它允许词典中包含 100 个单词。显然，如果你有兴趣建立一个英语词典，这是远远不够的，要建立一个英语词典至少需要 100000 个词条。在这种情况下，你可能会采用一种更复杂的方法，并通常将词典的内容存储在计算机的磁盘上，而不是将词典的全部内容存储在内存中。

在定义词典的结构后，现在应该考虑一下它的组织方式了。大多数词典是按字母表顺序排列的，因此你也可以按照这样的方式组织你的词典。现在可以假设这样做是为了使词典更易于阅读。稍后，你将看到这样组织的真正目的。

现在，该考虑程序的开发了。为了方便起见，定义一个函数，用于在词典中查找单词。对这个函数的典型调用可能如下所示（可以将这个函数命名为 lookup）：

```
entry = lookup (dictionary, word, entries);
```

在上面的例子中，lookup()函数会在词典中查找字符串 word 中包含的单词。第三个参数 entries 表示词典中词条的数量。该函数会在词典中搜索指定的单词，如果找到该单词，则返回该单词在词典中的词条编号；如果没有找到该单词，则返回−1。

在程序 9.9 中，lookup()函数使用了程序 9.4 中定义的 equalStrings()函数来确定指定的单词是否与词典中的某个词条相匹配。

程序 9.9　词典查找程序

```
// 词典查找程序

#include <stdio.h>
#include <stdbool.h>

struct entry
{
    char word[15];
    char definition[50];
};

bool equalStrings (const char s1[], const char s2[])
{
    int i = 0;
    bool areEqual;

    while ( s1[i] == s2 [i] &&
                s1[i] != '\0' && s2[i] != '\0' )
        ++i;

    if ( s1[i] == '\0' && s2[i] == '\0' )
        areEqual = true;
    else
        areEqual = false;

    return areEqual;
}

// 此函数从词典中查找一个单词

int lookup (const struct entry dictionary[], const char search[],
            const int entries)
```

```
{
    int i;
    bool equalStrings (const char s1[], const char s2[]);

    for ( i = 0; i < entries; ++i )
        if ( equalStrings (search, dictionary[i].word) )
            return i;

    return -1;
}

int main (void)
{
    const struct entry dictionary[100] =
      { { "aardvark", "a burrowing African mammal"        },
        { "abyss",    "a bottomless pit"                  },
        { "acumen",   "mentally sharp; keen"              },
        { "addle",    "to become confused"                },
        { "aerie",    "a high nest"                       },
        { "affix",    "to append; attach"                 },
        { "agar",     "a jelly made from seaweed"         },
        { "ahoy",     "a nautical call of greeting"       },
        { "aigrette", "an ornamental cluster of feathers" },
        { "ajar",     "partially opened"                  } };

    char word[10];
    int entries = 10;
    int entry;
    int lookup (const struct entry dictionary[], const char search[],
                const int entries);

    printf ("Enter word: ");
    scanf ("%14s", word);
    entry = lookup (dictionary, word, entries);

    if ( entry != -1 )
        printf ("%s\n", dictionary[entry].definition);
    else
        printf ("Sorry, the word %s is not in my dictionary.\n", word);

    return 0;
}
```

程序 9.9　输出

```
Enter word: agar
a jelly made from seaweed
```

程序 9.9　输出（重新运行）

```
Enter word: accede
Sorry, the word accede is not in my dictionary.
```

lookup()函数会依次遍历词典中的每个词条。对于每个词条，该函数调用 equalStrings()函数来确定字符串 search 是否与词典中特定词条的 word 成员匹配。如果匹配，该函数返回变量 i 的值，即在词典中找到的单词的词条编号。尽管函数正在执行一个 for 循环，但在执行 return

语句后函数会立即退出。

如果 lookup()函数遍历了词典中的所有词条，还没有找到匹配项，则执行 for 循环之后的 return 语句，将“未找到”指示（也就是-1）返回给调用者。

一种更好的搜索方法

在词典中使用搜索特定单词的 lookup()函数的方法非常简单。该函数只是依次遍历词典中的所有词条，直到匹配成功或到达词典的末尾。

对于程序 9.9 中这样的小型词典来说，这种方法完全没问题。但是，如果要处理包含数百甚至数千个词条的大型词典，这种方法可能就行不通了，因为依次遍历所有词条需要花费大量时间——尽管在本例中可能只需要不到 1 秒。任何一种信息检索程序必须要考虑的主要因素之一就是速度。由于查找过程在计算机应用中使用得非常频繁，因此计算机科学家们将大量精力放在开发高效的查找算法上（与处理排序过程的精力投入差不多）。

你可以利用词典是按字母表顺序排列的这一事实来开发一个更高效的 lookup()函数。首先想到的需要优化的是，你要查找的单词在词典中不存在的情况。可以让你的 lookup()函数更加“智能”，能够感知到它在搜索道路上走得太远了。例如，如果你在程序 9.9 个定义的词典中查找单词“active”，一旦遇到单词“acumen”，你就可以得出结论，“active”不存在，因为如果存在的话，它应该在“acumen”**之前**出现。

如前所述，上述优化策略确实在一定程度上有助于减少搜索时间，但只有当特定单词**不存在**于词典中时才会如此。你真正需要的是在大多数情况下都能减少搜索时间的算法，而不仅是在某种特定情况下。这种算法被称为**二分搜索**（binary search）。

二分搜索背后的策略比较容易理解。下面以一个简单的猜数游戏为例，来说明这个算法是如何工作的。假设我从 1 到 99 中选择一个数字，然后告诉你试着用最少的次数猜出这个数字。对于你的每一次猜测，我会告诉你你的猜测是太小还是太大，或者你的猜测是正确的。在游戏中尝试了几次之后，你可能会意识到缩小答案范围的一个好方法是采用折中法。例如，如果你第一次猜的是 50，那么无论回答“太大”还是“太小”，可能的数字个数都会从 99 个缩小到 49 个。如果回答是“太大”，则这个数字一定在 1 到 49 之间；如果回答是“太小”，那么这个数字一定在 51 到 99 之间。

现在可以对剩下的 49 个数字重复执行折中法。因此，如果第一个回答是“太小”，那么第二次猜测应该取 51 到 99 的中位数，也就是 75。这个过程可以一直继续下去，直到你最终找到答案。平均而言，使用这个方法获取答案所需的时间要远低于使用所有其他的查找方法获取答案所需的时间。

前面的讨论精确地描述了二分搜索算法的工作原理。下面给出了该算法的正式描述。在这个算法中，你要在包含 n 个元素的数组 M 中查找元素 x。该算法假设数组 M 中的元素按升序排序。

二分搜索算法的步骤如下。

步骤 1： 设置 low 的值为 0，high 的值为 n−1.

步骤 2： 如果 low>high，则 M 中不存在 x，算法终止。

步骤 3： 设置 mid 的值为 (low+high)/2。

步骤 4： 如果 M[mid]<x，则设置 low 的值为 mid+1，然后返回步骤 2。

步骤 5： 如果 M[mid]>x，则设置 high 的值为 mid−1，然后返回步骤 2。

步骤 6：如果 *M*[mid]等于 *x*，算法结束。

步骤 3 中执行的除法是整数除法，因此如果 low 的值是 0，high 的值是 49，那么 mid 的值是 24。

现在有了二分搜索的算法，就可以用新的查找策略重写 lookup()函数。由于二分搜索必须能够确定一个值是小于、大于还是等于另一个值，因此你可能希望用另一个函数替换 equalStrings()函数，以判断两个字符串的大小。调用 compareStrings()函数，如果第一个字符串按词典顺序小于第二个字符串，则返回-1；如果两个字符串相等，则返回 0；如果第一个字符串按词典顺序大于第二个字符串，则返回 1。下面的第一条语句的函数调用会返回-1，因为第一个字符串按词典顺序比第二个字符串小（可以认为这意味着词典中第一个字符串出现在第二个字符串之前）。而下面的第二条语句的函数调用会返回 1，因为“zioty”按词典顺序比“yucca”大。

```
compareStrings ("alpha", "altered");
compareStrings ("zioty", "yucca");
```

在程序 9.10 中，引入了新的 compareStrings()函数。lookup()函数现在使用二分搜索算法来遍历词典。main()例程与程序 9.9 的相同。

程序 9.10　使用二分搜索算法修改词典查找程序

```
// 词典查找程序

#include <stdio.h>

struct entry
{
    char word[15];
    char definition[50];
};

// 此函数比较两个字符串

int compareStrings (const char s1[], const char s2[])
{
    int i = 0, answer;

    while ( s1[i] == s2[i] && s1[i] != '\0' && s2[i] != '\0' )
        ++i;

    if ( s1[i] < s2[i] )
        answer = -1;             /* s1 < s2 */
    else if ( s1[i] == s2[i] )
        answer = 0;              /* s1 == s2 */
    else
        answer = 1;              /* s1 > s2 */

    return answer;
}

// 此函数在一个词典中查找一个单词

int lookup (const struct entry dictionary[], const char search[],
            const int entries)
```

```
{
    int low = 0;
    int high = entries - 1;
    int mid, result;
    int compareStrings (const char s1[], const char s2[]);

    while ( low <= high )
    {
        mid = (low + high) / 2;
        result = compareStrings (dictionary[mid].word, search);

        if ( result == -1 )
            low = mid + 1;
        else if ( result == 1 )
            high = mid - 1;
        else
            return mid;     /* 找到了它 */
    }

    return -1;              /* 未找到它 */
}

int main (void)
{
    const struct entry dictionary[100] =
    { { "aardvark", "a burrowing African mammal"        },
      { "abyss",    "a bottomless pit"                  },
      { "acumen",   "mentally sharp; keen"              },
      { "addle",    "to become confused"                },
      { "aerie",    "a high nest"                       },
      { "affix",    "to append; attach"                 },
      { "agar",     "a jelly made from seaweed"         },
      { "ahoy",     "a nautical call of greeting"       },
      { "aigrette", "an ornamental cluster of feathers" },
      { "ajar",     "partially opened"                  } };

  int  entries = 10;
  char word[15];
  int  entry;
  int  lookup (const struct entry dictionary[], const char search[],
               const int entries);

  printf ("Enter word: ");
  scanf ("%14s", word);

  entry = lookup (dictionary, word, entries);

  if ( entry != -1 )
      printf ("%s\n", dictionary[entry].definition);
  else
      printf ("Sorry, the word %s is not in my dictionary.\n", word);

  return 0;
}
```

程序 9.10 输出

```
Enter word: aigrette
an ornamental cluster of feathers
```

程序 9.10 输出（重新运行）

```
Enter word: acerb
Sorry, that word is not in my dictionary.
```

compareStrings()函数与 equalStrings()函数的 while 循环相同。当退出 while 循环时，该函数会分析导致 while 循环终止的两个字符。如果 s1[i]小于 s2[i]，则在词典顺序上 s1 一定小于 s2，此时返回−1。如果 s1[i]等于 s2[i]，则两个字符串相等，此时返回 0。如果不是这两种情况，则在词典顺序上 s1 一定大于 s2，此时返回 1。

在 lookup()函数中定义了 int 型变量 low 和 high，并根据二分搜索算法的定义为它们赋了初始值。只要 low 的值不大于 high 的值，while 循环就会继续执行。在循环内部，mid 值的计算方法是将 low 和 high 相加后除以 2。然后将 dictionary[mid]中包含的单词和你要查找的单词作为参数，调用 compareStrings()函数，并将返回值赋给变量 result。

如果 compareStrings()返回−1，则表示 dictionary[mid].word 小于 search，此时 lookup()将 low 的值设置为 mid + 1。如果 compareStrings()返回 1，则表示 dictionary[mid].word 大于 search，此时 lookup()函数将 high 的值设置为 mid−1。如果返回的结果既不是-1 也不是 1，则表示这两个字符串一定相等，此时 lookup()返回 mid 的值，即该单词在词典中的词条编号。

如果 low 的值最终大于了 high 的值，则表示词典中不存在这个单词。在这种情况下，lookup()返回−1，表示“未找到”。

9.7 字符操作

字符型变量和常量经常在关系表达式和算术表达式中使用。为了在应用时正确地使用字符，你必须了解 C 语言编译器是如何处理它们的。

每当在 C 语言的表达式中使用字符型常量或变量时，它都会自动转换为整数值，然后被当作整数值处理。

在第 5 章中，你已经看到了下面的表达式：

```
c >= 'a' && c <= 'z'
```

上述表达式可用于确定字符型变量 c 是否为小写字母。这种表达式可以用于使用 ASCII 字符表示的系统，因为小写字母是按 ASCII 顺序表示的，中间没有其他字符。表达式的第一部分将 c 的值和字符型常量'a'的值进行比较，实际上是将 c 的值和字符型常量'a'的内部表示进行比较。在 ASCII 中，字符'a'的值是 97，字符'b'的值是 98，以此类推。因此，如果 c 是任意小写字母，表达式 c >= 'a'都是 true（非 0），因为它的值大于或等于 97。但是，除了小写字母，还有一些字符的 ASCII 值大于 97（例如左花括号和右花括号），因此这一测试必须要在另一端设置一个界限，以确保表达式的结果只对小写字母为 true。因此，将 c 和字符'z'进行比较，在 ASCII 中，字符'z'的值是 122。

在上面的表达式中，将 c 的值与字符'a'和'z'进行比较，实际上是将 c 与表达式中'a'和'z'的 ASCII 值进行比较。因此，下面的表达式同样可以用来判断 c 是否为小写字母。然而，前面的表达式是首选，因为它不需要知道字符'a'和'z'的具体 ASCII 值，而且它的意图也很清晰。

```
c >= 97 && c <= 122
```

下面的 printf()语句可以用来输出存储在 c 中的字符的内部表示值。

```
printf ("%i\n", c);
```

如果你的系统使用 ASCII，则下面的 printf()语句会输出 97。

```
printf ("%i\n", 'a');
```

试着预测下面两条语句的结果：

```
c = 'a' + 1;
printf ("%c\n", c);
```

因为'a'的值在 ASCII 中是 97，所以上面第一条语句的作用是将值 98 赋给字符型变量 c。因为这个值在 ASCII 中表示字符'b'，所以 printf()调用显示的就是这个字符。

虽然给字符型常量加 1 似乎不太实用，但前面的例子提供了一种重要的技术，这种技术用于将字符'0'～'9'转换为相应的数值 0～9。回想一下，字符'0'与整数 0 不同，字符'1'与整数 1 不同，等等。事实上，字符'0'在 ASCII 中是数值 48，可以通过下面的 printf()调用进行验证：

```
printf ("%i\n", '0');
```

假设字符型变量 c 包含'0'～'9'中的一个字符，你想将这个值转换为相应的整数 0～9。因为几乎所有字符集的数字都是用连续的整数值表示的，所以你只需从中减去字符型常量'0'，就可以很容易地将 c 转换为它的等效整数。因此，如果 i 被定义为一个整型变量，则下面的语句可以将 c 中包含的字符数字转换为与其等效的整数值。

```
i = c - '0';
```

假设 c 包含字符'5'，在 ASCII 中，它是数字 53。'0'的 ASCII 值是 48，因此执行上述语句会将 53 减去 48，得到结果整数值 5 并将其赋给 i。在使用非 ASCII 字符集的机器上，很可能会得到相同的结果，尽管'5'和'0'的内部表示可能不同。

前面的技术可以扩展为将数字字符组成的字符串转换为等价的数值。这在程序 9.11 中已经实现了，其中提供了一个名为 strToInt 的函数，该函数用于将作为参数传递的字符串转换为整数值。该函数在遇到非数字字符后结束对该字符串的扫描，并将结果返回给调用例程。该函数假定 int 型变量已经足够大，可以保存转换后的数值。

程序 9.11　将一个字符串转换为与其等效的整数值

```
// 此函数将一个字符串转换为与其等效的整数值

#include <stdio.h>

int strToInt (const char string[])
{
    int i, intValue, result = 0;

    for ( i = 0; string[i] >= '0' && string[i] <= '9'; ++i )
    {
        intValue = string[i] - '0';
        result = result * 10 + intValue;
```

```
    }

    return result;
}

int main (void)
{
    int strToInt (const char string[]);

    printf ("%i\n", strToInt("245"));
    printf ("%i\n", strToInt("100") + 25);
    printf ("%i\n", strToInt("13x5"));

    return 0;
}
```

程序 9.11　输出

```
245
125
13
```

只要 string[i]中包含的字符是一个数字字符，就会执行 for 循环。每次循环时，会将 string[i]中包含的字符转换为与其等效的整数值，然后将它与 10 倍的 result 值相加。为了了解这种技术是如何工作的，我们来考虑一下调用函数时传入字符串"245"作为参数时循环的执行情况：第一次循环时，将 string[0] - '0'的值赋给 intValue。因为 string[0]包含字符'2'，所以将值 2 赋给 intValue。因为第一次循环时 result 的值是 0，所以乘 10 得到的结果是 0，然后将 0 与 intValue 相加并保存在 result 中。因此，在第一次循环结束时，result 的值为 2。

执行第二次循环时，intValue 被设置为 4，即从'4'中减去'0'。将 result 乘 10 得到 20，再与 intValue 的值相加，得到 24，将 24 保存在 result 中。

执行第三次循环时，intValue 等于'5'−'0'，也就是 5，然后将它与 10 倍的 result 值（240）相加。因此，245 是第三次循环执行后 result 的值。

在遇到空字符时，退出 for 循环，并将 result 的值 245 返回给调用例程。

strToInt()函数有两点可以改进。第一，它不能处理负数。第二，它无法告诉你字符串中是否包含**任何**有效数字字符，例如，strToInt ("xxx")返回 0。这些改进留作练习。

本章的最后讨论了字符串。如你所见，C 语言提供的功能使我们能够高效而轻松地操作字符串。标准 C 语言库实际上包含各种各样的库函数，这些库函数用于对字符串进行操作，例如，它提供的函数 strlen()可以用来计算字符串的长度；strcmp()可以用来比较两个字符串；strcat()可以用来连接两个字符串；strcpy()可以用来将一个字符串复制到另一个字符串；atoi()可以用来将字符串转换为整数；以及 isupper()、islower()、isalpha()和 isdigit()，可以用来测试一个字符是大写字母、小写字母、字母还是数字。重写本章的例子，利用这些例程是一个很好的练习题。可以参考附录 B，其中列出了标准 C 语言库中许多可用的函数。

9.8　练习题

1. 输入并运行本章给出的程序。将每个程序产生的输出与本书中每个程序之后给出的输出进行比较。

2. 为什么要用下面的程序语句来替换程序 9.4 中 equalStrings()函数的 while 语句以得到相同的结果？

```
while (s1[i] == s2[i] && s1[i] != '\0')
```

3. 程序 9.7 和程序 9.8 中的 countWords()函数错误地将包含单引号的单词计算为两个单独的单词。修改这个函数以正确地处理这种情况。另外，扩展这个函数，让它把一系列正数或负数（包括任何内嵌的逗号和点号）当作一个单词来计数。
4. 编写一个名为 subString 的函数，从一个字符串中提取一部分字符。该函数的调用方式如下所示：

```
subString (source, start, count, result);
```

其中 source 是要从中提取子字符串的字符串；start 是 source 的索引，表示子字符串的第一个字符位置，count 是从源字符串中提取的字符数；result 是一个字符数组，用于存储提取的子字符串。例如：

```
subString ("character", 4, 3, result);
```

上面的函数调用从字符串"character"中提取子字符串"act"（从 0 算起的第 4 个字符开始，连续的 3 个字符为止），并将结果存储在 result 中。
确保函数在 result 数组的子字符串末尾插入了一个空字符。另外，让函数检查请求的字符数是否确实存在于字符串中。如果不存在，则让函数在到达源字符串的末尾时结束子字符串。例如：

```
subString ("two words", 4, 20, result);
```

上面的函数调用应该将字符串"words"放在 result 数组中，即使调用中请求的是 20 个字符。
5. 编写一个名为 findString 的函数，该函数用于确定一个字符串是否存在于另一个字符串中。函数的第一个参数应该是要搜索的字符串，第二个参数是你感兴趣的字符串。如果函数找到了指定的字符串，则返回要查找字符串在源字符串中的起始位置。如果函数没有找到指定的字符串，则返回−1。例如：

```
index = findString ("a chatterbox", "hat");
```

上面的函数调用在字符串"a chatterbox"中查找字符串"hat"。因为"hat"在源字符串中确实存在，所以该函数返回 3 表示在源字符串中找到"hat"的起始位置。
6. 编写一个名为 removeString 的函数，该函数从一个字符串中删除指定数量的字符。该函数应该接收 3 个参数：源字符串、源字符串中的起始索引和要删除的字符数。因此，如果字符数组 text 包含字符串"the wrong son"，则下面的函数调用可以从数组 text 中删除字符串"wrong"（单词“wrong”加上后面的空格），text 中最后存储的字符串就是"the son"。

```
removeString (text, 4, 6);
```

7. 编写一个名为 insertString 的函数，将一个字符串插入另一个字符串中。函数的参数应该包括源字符串、要插入的字符串，以及该字符串在源字符串中插入的位置。那么，对于下面的函数调用：

```
insertString (text, "per", 10);
```

如果使用练习题 6 中定义的 text，则会将字符串"per"插入从 text[10]开始的位置。因此，在函数返回后 text 数组中保存的字符串是"the wrong person"。

8. 利用前面练习题中编写的 findString()、removeString()和 insertString()函数，编写一个 replaceString()函数，它接收 3 个字符串参数，如下所示：

```
replaceString (source, s1, s2);
```

上面的函数调用会将 source 中的字符串 s1 替换为 s2。该函数应该调用 findString()函数在 source 中找到 s1，然后调用 removeString()函数从 source 中删除 s1，最后调用 insertString()函数将 s2 插入 source 中的适当位置。例如：

```
replaceString (text, "1", "one");
```

在上面的函数调用中，如果字符串 text 中存在字符串"1"，则将第一次出现的字符串"1"替换为字符串"one"。类似的，对于下面的函数调用，因为替换的字符串是空字符串，所以会删除 text 数组中第一个星号。

```
replaceString (text, "*", "");
```

9. 如果你让 replaceString()函数返回一个值来指示替换是否成功，这意味着要替换的字符串是在源字符串中找到的，那么你可以进一步提升练习题 8 中编写的 replaceString()函数的有用性。因此，如果替换成功则函数返回 true，否则返回 false。例如，下面的循环可以用来删除 text 中的**所有**空格。

```
do
    stillFound = replaceString (text, " ", "");
while ( stillFound );
```

将上面的修改合并到 replaceString()函数中，并尝试使用不同的字符串，以确保它能正常工作。

10. 编写一个名为 dictionarySort 的函数，按字母表顺序对词典进行排序（像程序 9.9 和程序 9.10 中定义的那样）。
11. 扩展程序 9.11 中的 strToInt()函数，使其在字符串的第一个字符是减号时，将后面的值当作负数处理。
12. 编写一个名为 strToFloat 的函数，该函数用于将字符串转换为浮点数。让函数接收一个可选的前导减号。下面的函数调用应该返回−867.6921。

```
strToFloat ("-867.6921");
```

13. 如果 c 是小写字母，则下面的表达式会生成其对应的大写字母（假设是在 ASCII 字符集中）。

```
c - 'a' + 'A'
```

编写一个名为 uppercase 的函数，将字符串中的所有小写字母转换为其对应的大写字母。

14. 编写一个名为 intToStr 的函数，将整数值转换为字符串。（确保函数正确地处理负整数。）

第10章 指针

在本章中，你将学习C语言编程中最复杂的特性之一：指针。事实上，C语言在处理指针方面提供的强大能力和灵活性使它有别于许多其他编程语言。指针使你能够有效地表示一些复杂的数据结构，改变作为参数传递给函数的值，与“动态”分配的内存一起工作（参见第16章“其他内容及高级特性”），以及更简洁、高效地处理数组。

当你成为一个更熟练的C语言程序员时，你会发现在开发过程的各个方面你都在使用指针，因此本章涵盖实现和使用指针的各种方法，包括：

- 定义简单的指针；
- 在常规的C语言表达式中使用指针；
- 实现指向结构、数组和函数的指针；
- 使用指针创建链表；
- 对指针应用const关键字；
- 将指针作为参数传递给函数。

再次强调，虽然指针是你在学习C语言编程过程中接触的最具挑战性的主题之一，但一旦你对指针有了基本的理解，你的程序将变得更加优雅以及获得更强大的能力。

10.1 指针和间接性

要理解指针的操作方式，首先必须要理解**间接性**的概念。相信你在日常生活中对这个概念很熟悉。例如，假设你需要为打印机购买一个新墨盒。在你工作的公司里，所有的采购都由采购部负责。所以，你打电话给采购部的吉姆，让他为你订购新墨盒。然后，吉姆打电话给当地的供应商来订购墨盒。这种获取新墨盒的方法实际上是一种间接的方法，因为你并没有直接从供应商那里订购墨盒。

这种间接性的概念同样适用于C语言中指针的工作方式。指针提供了一种间接地访问特定数据项的值的方法。就像我们有理由通过采购部订购新墨盒一样（你不需要知道墨盒是从哪里订购的），使用指针也有很好的理由。

10.2 定义一个指针变量

前面已经说得够多了，是时候看看实际上指针是如何工作的了。假设定义一个名为count的变量，如下所示：

```
int count = 10;
```

你还可以定义另一个名为int_pointer的变量，如下所示：

```
int *int_pointer;
```

上述变量能够让你间接地访问 count 的值。星号用于向 C 语言系统阐明，变量 int_pointer 的类型是**指向 int 型的指针**。这意味着在程序中可以使用 int_pointer 来间接地访问一个或多个整数值。

你已经从前面的程序中看到了运算符&是如何在 scanf()调用中使用的。这个一元运算符称为**地址**运算符，用于在 C 语言中创建一个指向对象的指针。因此，如果 x 是一个特定类型的变量，表达式&x 就是指向该变量的指针。对于任何一个变量，如果已经将它声明为一个指针，并指向与 x 相同的类型，就可以将&x 赋给该变量。

因此，根据上面代码中给定的 count 和 int_pointer 的定义，可以编写如下语句。

```
int_pointer = &count;
```

上述语句建立了 int_pointer 和 count 之间的间接引用。地址运算符&的作用是给变量 int_pointer 赋值，但是所赋的值不是 count 的实际数值，而是一个指向变量 count 的**指针**。图 10.1 解释了 int_pointer 和 count 之间的关系。有向线说明了 int_pointer 不直接包含 count 的值，它是一个指向变量 count 的指针。

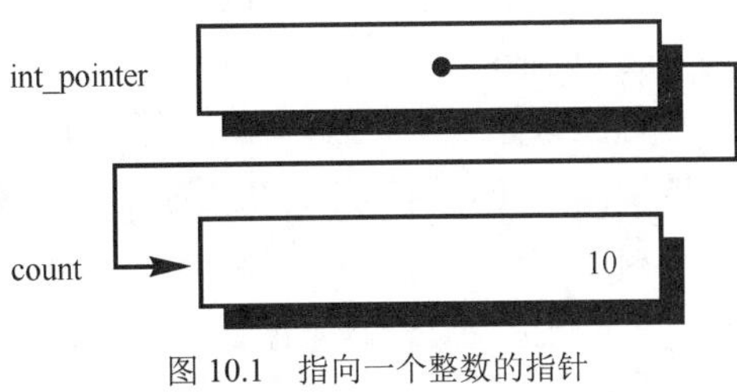

图 10.1 指向一个整数的指针

要通过指针变量 int_pointer 引用 count 的内容，可以使用**间接**运算符，即星号*。因此，如果 x 被定义为 int 型变量，那么下面的语句就是把指针 int_pointer 间接引用的值赋给变量 x。

```
x = *int_pointer;
```

由于之前 int_pointer 被设置为指向 count，因此上述语句具有将变量 count 中包含的值（即 10）赋给变量 x 的效果。

前面的语句已经被合并到程序 10.1 中，该程序演示了两个基本指针运算符：地址运算符&和间接运算符*。

程序 10.1 指针演示

```
#include <stdio.h>

int main (void)
{
    int count = 10, x;
    int *int_pointer;

    int_pointer = &count;
    x = *int_pointer;

    printf ("count = %i, x = %i\n", count, x);

    return 0;
}
```

程序 10.1 输出

```
count = 10, x = 10
```

在程序 10.1 中，首先，变量 count 和 x 按常规方式被声明为 int 型变量。在下一行，变量 int_pointer 被声明为“指向 int 型的指针”类型的变量。注意，这两行声明可以合并成一行：

```
int count = 10, x, *int_pointer;
```

接下来，对变量 count 使用地址运算符。这样做的效果是创建一个指向该变量的指针，然后由程序将该指针赋值给变量 int_pointer。

继续执行如下所示的程序语句：

```
x = *int_pointer;
```

上述程序语句的处理过程如下：间接运算符告诉 C 语言系统将变量 int_pointer 视为指向另一个数据项的指针。然后使用该指针访问期望的数据项，而数据项的类型由指针变量的声明来确定。因为在声明变量时告诉了编译器 int_pointer 指向整数，所以编译器知道表达式*int_pointer 引用的值是整数。又因为 int_pointer 被设置为指向 int 型变量 count，所以这个表达式将间接访问 count 的值。

你应该意识到，程序 10.1 是一个人为构造的使用指针的示例，并没有显示出指针在程序中的实际用途。当你熟悉在程序中定义和操作指针的基本方法之后，我将介绍这样做的目的。

程序 10.2 演示了指针变量的一些有趣的属性。这里使用了指向字符的指针。

程序 10.2　更多的指针基础知识

```
#include <stdio.h>

int main (void)
{
    char c = 'Q';
    char *char_pointer = &c;

    printf ("%c %c\n", c, *char_pointer);

    c = '/';
    printf ("%c %c\n", c, *char_pointer);

    *char_pointer = '(';
    printf ("%c %c\n", c, *char_pointer);

    return 0;
}
```

程序 10.2　输出

```
Q Q
/ /
( (
```

char 型变量 c 被定义并初始化为字符'Q'。在程序的下一行中，变量 char_pointer 被定义为"指向 char 型的指针"类型的变量，这意味着该变量中存储的任何值都应该被视为指向字符的间接引用（指针）。注意，你可以以常规的方式为该变量赋一个初始值。在程序中赋给 char_pointer 的值是一个指向变量 c 的指针，这个值是通过在变量 c 上使用地址运算符获得的。（注意，如果 c 在这条语句**之后**定义，则初始化变量 char_pointer 时会产生编译错误，因为一个变量在它的值被表达式引用**之前**必须已经被声明。）

变量 char_pointer 的声明及其初始值的赋值可以在两条单独的语句中等价地表示为如下形式：

```
char *char_pointer;
char_pointer = &c;
```

但不能使用下面的语句进行表示，尽管这和程序 10.2 中的单行声明有些相似：

```
char *char_pointer;
*char_pointer = &c;
```

永远记住，在 C 语言中指针的值没有意义，除非指针被设置为指向某个对象。

在程序 10.2 中，第一个 printf()调用只是显示变量 c 的内容以及 char_pointer 引用的变量的内容。因为你将 char_pointer 设置为指向变量 c，所以显示的值是 c 的内容，这可以由程序输出的第一行进行验证。

在程序的下一行中，字符'/'被赋值给 char 型变量 c。因为 char_pointer 仍然指向变量 c，所以在随后调用 printf()显示*char_pointer 的值时，可以在终端正确地显示 c 的新值。这是一个重要的概念。只要 char_pointer 的值没有被改变，表达式* char_pointer 总是引用 c 的值。因此，当 c 的值改变时，* char_pointer 的值也会改变。

前面的讨论可以帮助你理解接下来出现在程序中的语句（如下所示）是如何工作的。

```
*char_pointer = '(';
```

上述语句正在给变量 c 赋值一个左括号字符。更正式地说，将字符'('赋值给 char_pointer 所指向的变量。你知道这个变量是 c，因为在程序开始时，你在 char_pointer 中设置了一个指向 c 的指针。

前面的概念是理解指针操作的关键。如果仍有不清楚的知识点，请仔细研究它们。

10.3 在表达式中使用指针

在程序 10.3 中，定义了两个 int 型指针变量 p1 和 p2。要注意在算术表达式中如何使用指针引用的值。如果 p1 被定义为“指向 int 型的指针”类型的变量，那么你认为在表达式中使用*p1 可以得到什么样的结果？

程序 10.3 在表达式中使用指针

```
// 关于指针的更多知识

#include <stdio.h>

int main (void)
{
    int i1, i2;
    int *p1, *p2;

    i1 = 5;
    p1 = &i1;
    i2 = *p1 / 2 + 10;
    p2 = p1;

    printf ("i1 = %i, i2 = %i, *p1 = %i, *p2 = %i\n", i1, i2, *p1, *p2);

    return 0;
}
```

程序 10.3　输出

```
i1 = 5, i2 = 12, *p1 = 5, *p2 = 5
```

在定义 int 型变量 i1 和 i2 以及 int 型指针变量 p1 和 p2 之后，程序 10.3 将值 5 赋给 i1，并将指向 i1 的指针存储在 p1 内部。接下来，用下面的表达式计算 i2 的值：

```
i2 = *p1 / 2 + 10;
```

从程序 10.2 的讨论中可以看出，如果指针 px 指向变量 x，并将 px 定义为一个指针，指向与 x 相同的数据类型，那么在表达式中使用*px 的效果完全等同于在同一表达式中使用 x 的效果。

因为在程序 10.3 中，变量 p1 被定义为一个 int 型指针，所以前面的表达式是按照整数运算规则计算的。因为*p1 的值是 5（p1 指向 i1），所以上述表达式的最终计算结果是 12，12 就是赋给 i2 的值。（间接运算符*的优先级高于除法运算符。事实上，该运算符以及地址运算符&的优先级比 C 语言中的**所有**二元运算符的优先级都高。）

在下一条语句中，将指针 p1 的值赋给 p2。这样的赋值是完全有效的，最后的结果是将 p2 设置为指向与 p1 相同的数据项。因为 p1 指向 i1，在赋值语句执行后，p2 也指向 i1（在 C 语言中，你可以使用任意数量的指针指向同一个数据项）。

printf()调用验证了 i1、*p1 和*p2 的值都是相同的（都是 5），并且程序将 i2 的值设置为 12。

10.4　使用指针和数据结构

你已经看到了如何定义指针指向基本数据类型，如 int 或 char。但指针也可以定义为指向结构体。在第 8 章中，你这样定义了 date 结构体：

```
struct date
{
    int month;
    int day;
    int year;
};
```

下面的第一条语句定义了一个 struct date 型变量，你也可以定义一个指向 struct date 型变量的指针，如下面的第二条语句所示。

```
struct date todaysDate;
struct date *datePtr;
```

然后，就可以按照预期的方式使用上面定义的变量 datePtr 了，例如，你可以用赋值语句将它设置为指向 todaysDate：

```
datePtr = &todaysDate;
```

赋值完成，你就可以使用下面所示的方法间接访问由 datePtr 指向的 date 结构体的任意成员：

```
(*datePtr).day = 21;
```

上面语句的作用是将 datePtr 指向的 date 结构体的 day 成员设置为 21。括号是必需的，因为结构体成员运算符（.）的优先级高于间接运算符（*）的优先级。

要测试由 datePtr 指向的 date 结构体中的 month 值，可以使用如下语句：

```
if ( (*datePtr).month == 12 )
        ...
```

C 语言中经常使用指向结构体的指针，因此 C 语言中存在一个特殊的运算符——结构体指针运算符，即短横线后面紧跟一个大于号（->），它允许将表达式 (*x).y 更清楚地表示为 x->y。

因此，可以将前面的 if 语句很方便地写为：

```
if ( datePtr->month == 12 )
    ...
```

程序 8.1 是第一个演示结构体的程序，下面使用结构体指针的概念重写了这个程序，如程序 10.4 所示。

程序 10.4　使用指向结构体的指针

```
// 此程序使用指向结构体的指针

#include <stdio.h>

int main (void)
{
    struct date
    {
        int month;
        int day;
        int year;
    };

    struct date today, *datePtr;

    datePtr = &today;

    datePtr->month = 9;
    datePtr->day = 25;
    datePtr->year = 2015;

    printf ("Today's date is %i/%i/%.2i.\n",
            datePtr->month, datePtr->day, datePtr->year % 100);

    return 0;
}
```

程序 10.4　输出

```
Today's date is 9/25/15.
```

图 10.2 描述了执行程序 10.4 中的所有赋值语句之后，变量 today 和 datePtr 看起来会是什么样的。

这里不使用指向结构体的指针也是完全可以的（如在程序 8.1 中你所做的那样），那么为什么还要麻烦地使用指向结构体的指针呢？应当再次指出，这里并不给出这样做的真正的动机。稍后你会发现此动机。

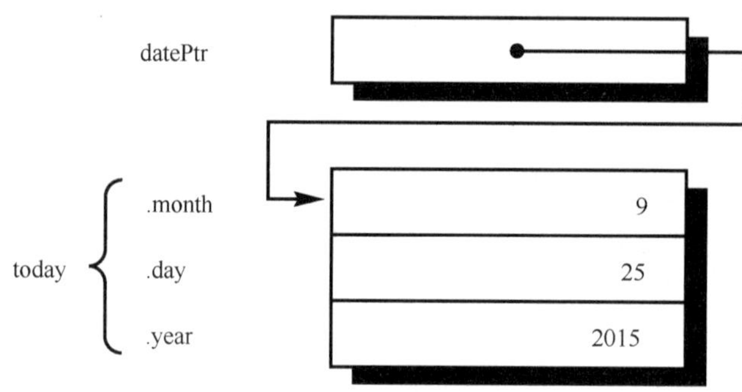

图 10.2　指向结构体的指针

10.4.1　包含指针的结构体

当然，指针也可以是结构体的成员。如下所示：

```
struct intPtrs
{
    int *p1;
    int *p2;
};
```

上面的结构体定义中，定义了一个名为 intPtrs 的结构体，其中包含两个 int 型指针：第一个是 p1，第二个是 p2。你可以采用一般方式定义 struct intPtrs 型变量，如下所示：

```
struct intPtrs pointers;
```

记住，上面定义的 pointers 本身**并不是**指针，而是一个包含两个成员指针的结构体变量，现在可以以正常方式使用变量 pointers 了。

程序 10.5 展示了如何在 C 语言程序中处理 intPtrs 结构体。

程序 10.5　使用包含指针的结构体

```
// 此程序使用包含指针的结构体

#include <stdio.h>

int main (void)
{
    struct intPtrs
    {
        int *p1;
        int *p2;
    };

    struct intPtrs pointers;
    int i1 = 100, i2;

    pointers.p1 = &i1;
    pointers.p2 = &i2;
    *pointers.p2 = -97;

    printf ("i1 = %i, *pointers.p1 = %i\n", i1, *pointers.p1);
    printf ("i2 = %i, *pointers.p2 = %i\n", i2, *pointers.p2);
    return 0;
}
```

程序 10.5 输出

```
i1 = 100, *pointers.p1 = 100
i2 = -97, *pointers.p2 = -97
```

定义变量之后，下面的赋值语句会设置 pointers 的成员 p1 指向 int 型变量 i1。

```
pointers.p1 = &i1;
```

而下一条语句，会设置 pointers 的成员 p2 指向 int 型变量 i2。

```
pointers.p2 = &i2;
```

接下来，将−97 赋值给 pointers.p2 所指向的变量。因为我们刚刚将 pointers.p2 设置为指向 i2，所以−97 会存储在 i2 中。如前所述，结构体成员运算符（.）的优先级高于间接运算符（*）的优先级，所以这条赋值语句中不需要括号。因此，在应用该间接运算符**之前**，将会正确地从该结构体中引用指针。当然，为了安全起见，也可以使用括号，因为有时很难记住这两个运算符中哪个的优先级更高。

在程序 10.5 中，两个相邻的 printf()调用，验证了这些赋值是正确的。

图 10.3 的作用是帮助读者理解在程序 10.5 的赋值语句执行后，变量 i1、i2 和 pointers 之间的关系。在图 10.3 中可以看到，成员 p1 指向包含值 100 的变量 i1，而成员 p2 指向包含值−97 的变量 i2。

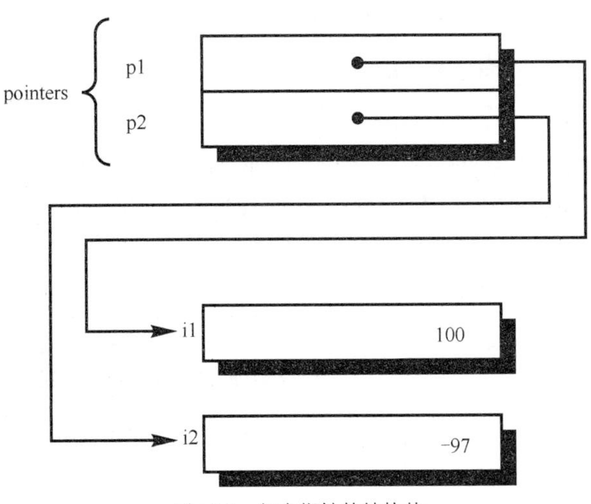

图 10.3 包含指针的结构体

10.4.2 链表

指向结构体的指针和包含指针的结构体都是 C 语言中非常强大的概念，因为它们能够让你创建复杂的数据结构，例如**链表**（linked list）、**双向链表**（doubly linked list）和**树**（tree）。

假设你定义了如下结构体：

```
struct entry
{
    int             value;
    struct entry    *next;
};
```

这个名为 entry 的结构体包含两个成员。该结构体的第一个成员是一个简单的 int 型变量，它被命名为 value。该结构体的第二个成员是一个名为 next 的成员，它是一个**指向 entry 结构**

体的指针。entry 结构体中包含一个指向另一个 entry 结构体的指针？是的，这在 C 语言中是完全有效的。现在假设定义了两个 struct entry 型变量，如下所示：

```
struct entry n1, n2;
```

通过执行下面的语句，可以将结构体 n1 的 next 指针设置为指向结构体 n2：

```
n1.next = &n2;
```

上面这条语句实际上是在 n1 和 n2 之间建立了一个联系，如图 10.4 所示。

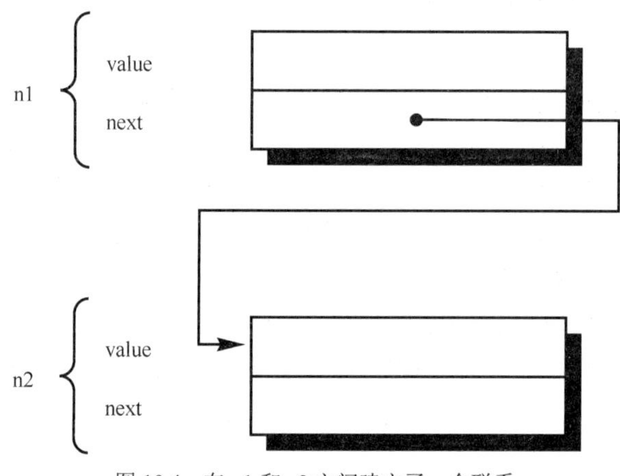

图 10.4　在 n1 和 n2 之间建立了一个联系

假设变量 n3 也被定义为 struct entry 型变量，可以使用下面的语句建立另一个联系：

```
n2.next = &n3;
```

图 10.5 所示的是执行完上面的语句之后 n1、n2 和 n3 之间的联系，通过这样的方式将多个数据项链接在一起形成一个链，我们称这个链为**链表**。程序 10.6 演示了这个链表。

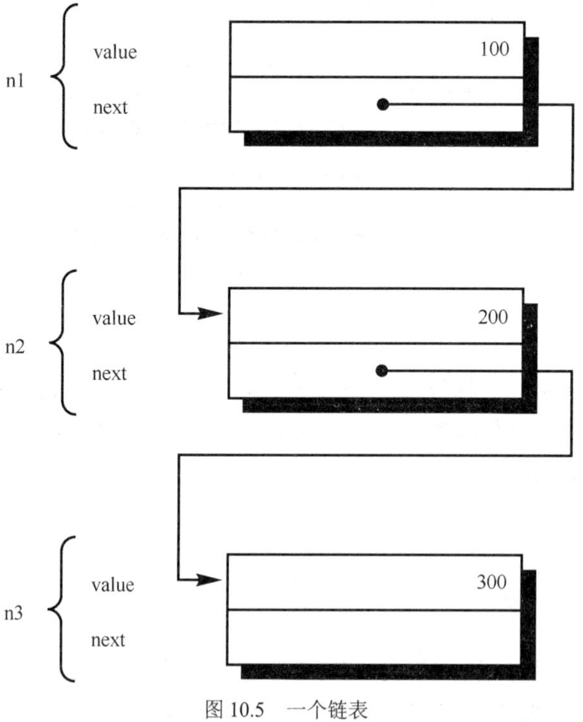

图 10.5　一个链表

程序 10.6 使用链表

```
// 此程序使用链表

#include <stdio.h>

int main (void)
{
    struct entry
    {
        int           value;
        struct entry *next;
    };

    struct entry n1, n2, n3;
    int          i;

    n1.value = 100;
    n2.value = 200;
    n3.value = 300;

    n1.next = &n2;
    n2.next = &n3;

    i = n1.next->value;
    printf ("%i ", i);

    printf ("%i\n", n2.next->value);

    return 0;
}
```

程序 10.6 输出

```
200 300
```

将结构体 n1、n2 和 n3 的类型定义为 struct entry 类型，struct entry 是由一个名为 value 的 int 型成员和一个指向 entry 结构体的 next 指针成员组成的。然后，程序将值 100、200 和 300 分别赋给 n1、n2 和 n3 的 value 成员。

程序中接下来的两条语句（如下所示）建立了一个链表，其中 n1 的 next 成员指向 n2，而 n2 的 next 成员指向 n3。

```
n1.next = &n2;
n2.next = &n3;
```

对于如下所示的语句：

```
i = n1.next->value;
```

程序会按照下述方式进行处理：访问 n1.next 指向的 entry 结构体的 value 成员，并将其值赋给 int 型变量 i。因为我们将 n1.next 设置为指向 n2，所以上述语句实际上访问了 n2 的 value 成员。因此，这条语句执行的结果是将 200 赋给变量 i，这一点在程序后面的 printf()调用中得到了验证。你可能想验证应当使用的正确表达式是 n1.next->value，而不是 n1.next.value，因为 n1.next 字段包含一个指向结构体的指针，并不是结构体本身。这一区别很重要，如果没有完全理解，很快就会导致编程设计错误。

结构体成员运算符（.）和结构体指针运算符（->）在 C 语言中具有相同的优先级。在上面的表达式中，这两个运算符都被使用了，运算符自左向右计算。因此，表达式会按照我们希望的方式进行计算，如下所示：

```
i = (n1.next)->value;
```

程序 10.6 中的第二个 printf()调用显示了 n2.next 所指向的 value 成员的值。因为你将 n2.next 设置为指向 n3，所以程序中会显示 n3.value 的内容。

链表在编程中是一个非常强大的概念。链表极大地简化了在有序列表中插入和删除元素等操作。

例如，如果像前面 n1、n2 和 n3 定义的那样，你只需简单地将 n1 的 next 字段指向 n2 所指的对象，就可以轻松地将 n2 从列表中删除：

```
n1.next = n2.next;
```

上面的语句会将 n2.next 中包含的内容复制到 n1.next 中，因为 n2.next 被设置为指向 n3，所以 n1.next 现在也指向 n3。此外，因为 n1 不再指向 n2，所以实际上已经将 n2 从列表中删除了。图 10.6 描述了上述语句执行后的情形。当然，也可以直接用下面的语句将 n1 设置为指向 n3。但是下面的语句并不通用，因为你必须事先知道 n2 指向 n3。

```
n1.next = &n3;
```

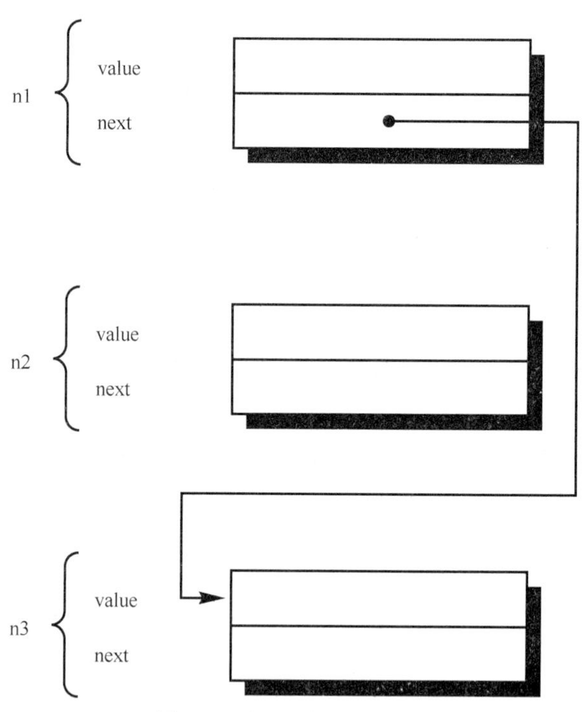

图 10.6　从链表中删除一个项

向列表中插入元素同样简单。如果你想在列表 n2 后面插入一个名为 n2_3 的 struct entry 型结构体，只需将 n2.next 所指向的内容赋给 n2_3.next，然后设置 n2.next 指向 n2_3 即可。那么，下面的语句的序列将 n2_3 插入列表中，并紧跟在 n2 之后。

```
n2_3.next = n2.next;
n2.next = &n2_3;
```

注意，上述语句的顺序很重要，如果先执行第二条语句，则 n2.next 中存储的值会被覆盖，无法再将其赋给 n2_3.next。

图 10.7 显示了插入 n2_3 之后的情况。注意，n2_3 没有显示在 n1 和 n3 之间。这里要强调的是，n2_3 可以位于内存中的任何位置，而不必在物理上出现在 n1 之后和 n3 之前。这是使用链表存储信息的主要动机之一：链表中的项不必像数组中的元素那样，必须按照一定的顺序存储在内存中。

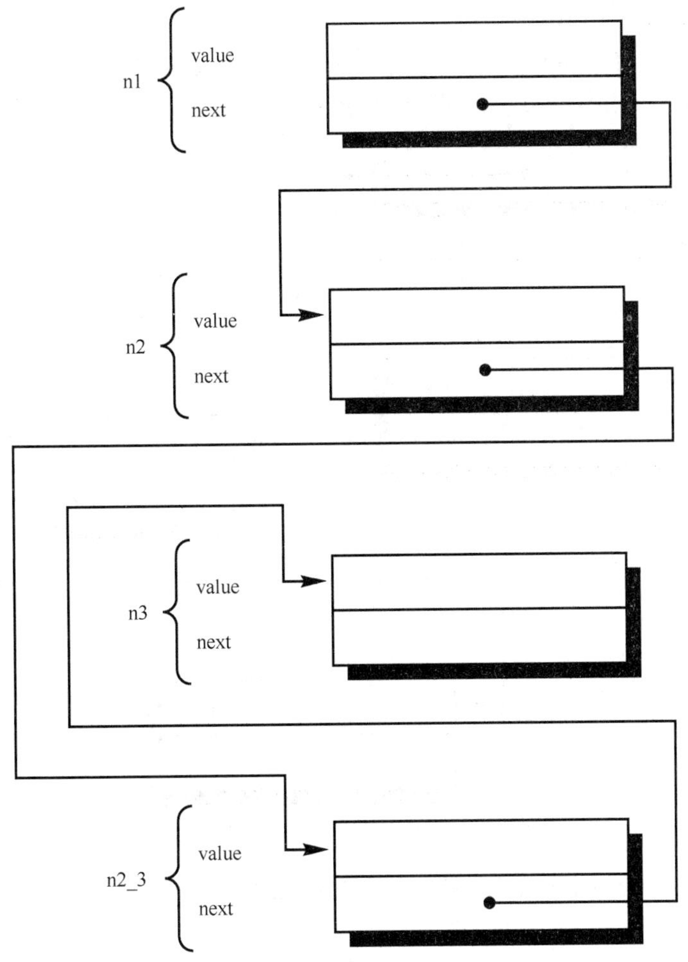

图 10.7　向一个链表中插入一个项之后的情况

在开发一些使用链表的函数时，还有两个注意事项。第一个注意事项是，通常至少有一个指向链表的指针与该链表相关联，并且会保留一个指向链表开头的指针。因此，对于之前由 n1、n2 和 n3 这 3 个项组成的链表，你可以定义一个名为 list_pointer 的变量，并使用下面的语句将其设置为指向链表的开头。假设下面的 n1 先前已经定义。稍后你会看到，指向链表的指针在对链表中的项进行排序时是多么有用。

```
struct entry *list_pointer = &n1;
```

第二个注意事项是要决定用何种方式来表示链表的末尾。只有这样，在遍历一个链表的过程中，才可以判断出是否到达链表的最后一个元素。为此，通常使用一个常量 0，又称为**空**（null）指针。可以将空指针存储在链表最后一项的指针字段中，以实现使用空指针来标记链表的末尾[1]。

1 空指针在内部不一定表示为 0。但编译器必须将赋值为常量 0 的指针识别为空指针。这也适用于指针和常量 0 的比较：编译器将其解释为检查指针是否为空。

在包含 3 个元素的链表中，可以在 n3.next 中存储空指针来标记它的末尾，如下所示：

```
n3.next = (struct entry *) 0;
```

你会在第 12 章看到上述语句如何提高赋值语句的可读性。

使用类型转换运算符将常量 0 的类型转换为适当的类型（即“指向 struct entry 类型的指针”）。这种转换不是必需的，但可以使语句更具可读性。

图 10.8 给出了程序 10.6 中的链表，其中有一个 struct entry 型指针，名为 list_pointer，其指向链表的起始处，n3.next 字段被设置为空指针。

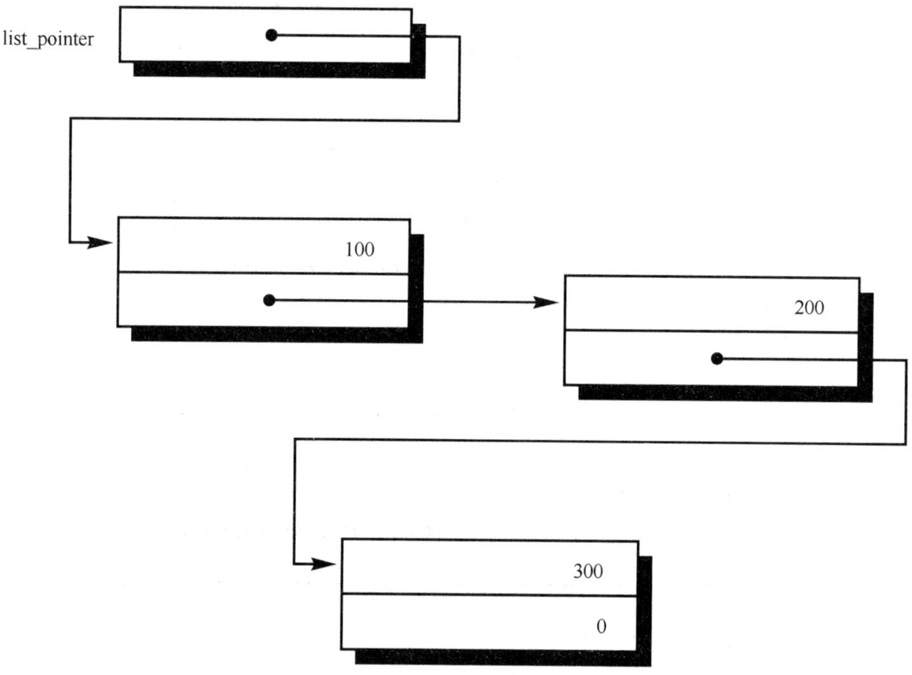

图 10.8　展示链表指针和末尾空指针的链表

程序 10.7 使用一个 while 循环对链表进行顺序遍历，并显示每个项的 value 成员。

程序 10.7　遍历一个链表

```
// 此程序遍历一个链表

#include <stdio.h>

int main (void)
{
    struct entry
    {
        int           value;
        struct entry *next;
    };

    struct entry   n1, n2, n3;
    struct entry   *list_pointer = &n1;

    n1.value = 100;
    n1.next  = &n2;

    n2.value = 200;
    n2.next  = &n3;
```

```
    n3.value = 300;
    n3.next  = (struct entry *) 0;     // 用空指针标记链表末尾节点

    while ( list_pointer != (struct entry *) 0 ) {
        printf ("%i\n", list_pointer->value);
        list_pointer = list_pointer->next;
    }

    return 0;
}
```

程序 10.7　输出

```
100
200
300
```

程序 10.7 定义了变量 n1、n2 和 n3 以及指针变量 list_pointer，并将指针变量 list_pointer 初始化为指向列表中的第一个项 n1。接下来的程序语句将链表的 3 个项链接在一起，最后将 n3 的 next 成员设置为空指针，以标记链表的结束。

然后建立一个 while 循环，按顺序遍历列表中的每个项。只要 list_pointer 的值不等于空指针，就会继续执行这个循环。while 循环内部的 printf()调用显示 list_pointer 当前指向的链表项的 value 成员。

下面是 printf()调用之后的语句：

```
list_pointer = list_pointer->next;
```

上述语句会获取 list_pointer 指向的结构体的 next 成员，并将其值赋给 list_pointer。因此，执行第一次循环时，这条语句会获取包含在 n1.next 中的指针（记住，list_pointer 初始化时设置为指向 n1），并将其赋给 list_pointer。因为该值不为空（它是一个指向 entry 结构体 n2 的指针），所以程序将重复执行 while 循环。

执行第二次循环时，while 循环显示了 n2.value 的值，也就是 200。接下来，将 n2 的 next 成员复制到 list_pointer 中，因为我们将该值设置为指向 n3，所以在第二次循环结束时，list_pointer 指向 n3。

执行第三次循环时，printf()调用将显示 n3.value 中包含的值 300。此时，list_pointer->next（实际上是 n3.next）会被复制到 list_pointer 中，因为我们将该成员设置为空指针，所以在执行完第三次后 while 循环就终止了。

跟踪刚才讨论的 while 循环的操作（必要时可以用纸和铅笔），并跟踪各个变量的值。理解这个循环的操作是理解 C 语言中指针操作的关键。顺便提一下，应当注意，对**任意**长度的链表都可以使用同样的 while 循环进行遍历，只要用空指针标记链表的末尾即可。

在程序中实际使用链表时，通常不会像本节程序示例这样，显式地将链表的各项链接在一起。这里这样做只是为了演示处理一个链表的机制。在实际中，你通常会要求系统为每个新链表项分配内存，并在程序执行时将这些新链表项链接在一起。这是通过一种称为**动态内存分配**（dynamic memory allocation）的机制完成的，这种机制将在第 16 章介绍。

10.5　关键字 const 和指针

你已经看到了如何声明 const 变量或数组，以提醒编译器和读者，程序不会改变这些变量或数组的内容。对于指针，有两件事需要考虑：指针是否会被更改，以及指针所指向的值是否会被更改。想想看，假设有以下声明：

```
char c = 'X';
char *charPtr = &c;
```

上面声明的指针变量 charPtr 指向变量 c。如果该指针变量始终指向变量 c，则可以将其声明为 const 指针（可以理解为“charPtr 是一个指向字符的指针常量”），如下所示：

```
char * const charPtr = &c;
```

所以，下面的语句会导致基于 GNU 的 C 语言编译器给出这样的消息：“foo.c:10: warning: assignment of read-only variable 'charPtr'”[1]。

```
charPtr = &d;                // 无效
```

现在，如果 charPtr 指向的位置**不通过指针变量** charPtr 修改，则可以使用如下声明（可以读作“charPtr 指向一个字符型常量”）：

```
const char *charPtr = &c;
```

当然，这并不意味着 charPtr 所指向的变量 c 的值不能改变，而是意味着不能用下面的语句改变它，否则基于 GNU 的 C 语言编译器会发出这样的消息：“foo.c:11: warning: assignment of read-only location”。

```
*charPtr = 'Y';              // 无效
```

如果指针变量及其指向的位置都不会通过指针改变，可以使用下面的声明语句：

```
const char * const *charPtr = &c;
```

上述语句中，第一个 const 表示指针所引用位置的内容不会改变，第二个 const 表示指针本身不会改变。诚然，这看起来有点令人困惑，但在本书中，这一点还是值得注意的[2]。

10.6　指针和函数

指针和函数可以很好地在一起工作。也就是说，你可以以常规方式将指针作为参数传递给函数，也可以让函数返回一个指针作为结果。

前面提到的第一种情况是传递指针参数，这是很简单的：只需要按常规方式，将指针包含在函数的参数列表中。因此，将程序 10.7 中的指针 list_pointer 作为参数传递给一个名为 print_list 的函数，可以写为：

```
print_list (list_pointer);
```

在 print_list()例程中，必须将形参声明为指向适当类型的指针，如下所示：

```
void print_list (struct entry *pointer)
{
```

1　你的编译器可能会给出不同的警告消息，或者根本不给出任何消息。

2　并非所有可以使用关键字 const 的程序示例都使用了它；而是仅在一些特别选择的示例中使用了它。在熟练掌握上述表达式之前，应用这一关键字可能会加大理解这些示例的难度。

```
    ...
}
```

上面代码中的形参 pointer 可以像普通指针变量一样使用。在处理作为实参传递给函数的指针时，有一件事情值得注意：在函数调用时，指针的值会被复制到形参中。因此，该函数对形参所做的任何更改都**不会**影响传递给该函数的指针。但需要注意的是：虽然函数不能改变指针，但指针所引用的数据元素**可以**被改变！程序 10.8 有助于阐明这一点。

程序 10.8 演示指针和函数的使用

```
// 此程序用于演示指针和函数的使用

#include <stdio.h>

void test (int *int_pointer)
{
    *int_pointer = 100;
}

int main (void)
{
    void test (int *int_pointer);
    int i = 50, *p = &i;

    printf ("Before the call to test i = %i\n", i);

    test (p);
    printf ("After the call to test i = %i\n", i);

    return 0;
}
```

程序 10.8 输出

```
Before the call to test i = 50
After the call to test i = 100
```

函数 test()的参数是一个指向整数的指针。在该函数内部，只执行了一条语句，该语句将 int_pointer 指向的整数设置为数值 100。

main()例程定义了一个 int 型变量 i，并将该变量初始化为 50，然后定义了一个指向整数的指针 p，并将其设置为指向 i。然后程序显示 i 的值，并调用 test()函数，将指针 p 作为实参传递。从程序输出的第二行可以看出，test()函数实际上把 i 的值改为了 100。

现在来看一看程序 10.9。

程序 10.9 使用指针来交换值

```
// 关于指针和函数的更多内容

#include <stdio.h>

void exchange (int * const pint1, int * const pint2)
{
    int temp;

    temp = *pint1;
```

```
        *pint1 = *pint2;
        *pint2 = temp;
    }

    int main (void)
    {
        void exchange (int * const pint1, int * const pint2);
        int i1 = -5, i2 = 66, *p1 = &i1, *p2 = &i2;

        printf ("i1 = %i, i2 = %i\n", i1, i2);

        exchange (p1, p2);
        printf ("i1 = %i, i2 = %i\n", i1, i2);

        exchange (&i1, &i2);
        printf ("i1 = %i, i2 = %i\n", i1, i2);

        return 0;
    }
```

程序 10.9　输出

```
i1 = -5, i2 = 66
i1 = 66, i2 = -5
i1 = -5, i2 = 66
```

exchange()函数的作用是将两个参数所指向的整数值进行互换：

```
void exchange (int * const pint1, int * const pint2)
```

从 exchange()的函数头可以看出，该函数接收两个 int 型指针作为参数，并且不会改变这两个指针的值（使用关键字 const）。

本地 int 型变量 temp 用于在交换过程中保存其中一个整数值。将 pint1 指向的整数赋值给 temp。接下来，将 pint2 指向的整数复制到 pint1 指向的整数中，将 temp 的值存储到 pint2 指向的整数中，从而完成交换。

main()例程定义了 int 型变量 i1 和 i2，分别将其初始化为−5 和 66。接下来定义了两个 int 型指针 p1 和 p2，分别指向 i1 和 i2。然后程序显示 i1 和 i2 的值，并调用 exchange()函数，传递两个指针 p1 和 p2 作为参数。函数 exchange()将 p1 指向的整数中包含的值与 p2 指向的整数中包含的值进行交换，因为 p1 指向 i1，p2 指向 i2，所以函数交换了 i1 和 i2 的值。第二个 printf()调用的输出验证交换工作正确进行了。

对 exchange()的第二次调用更有趣一些。这一次，传递给该函数的参数是指向 i1 和 i2 的指针，这是通过对这两个变量应用地址运算符实现的。因为表达式&i1 产生的是一个指向 int 型变量 i1 的指针，这与函数期望的第一个参数类型（一个“指向 int 型的指针”）一致。第二个参数也是如此。从程序的输出可以看出，exchange()函数完成了它的工作，将 i1 和 i2 的值交换回了它们的原始值。

你应该意识到，如果不使用指针，就不可能编写 exchange()函数来交换两个整数的值，这是因为函数只能返回一个值，而且函数不能永久地改变其参数的值。仔细研究程序 10.9。本章用一个小示例说明了在 C 语言中使用指针时需要理解的关键概念。

程序 10.10 展示了函数如何返回指针。这个程序定义了一个名为 findEntry 的函数，该函数用于在链表中查找指定的值。在找到指定的值时，程序返回一个指向链表项的指针。如果没有找到指定的值，则程序返回空指针。

程序 10.10 从函数中返回一个指针

```
#include <stdio.h>

struct entry
{
    int value;
    struct entry *next;
};

struct entry *findEntry (struct entry *listPtr, int match)
{
    while ( listPtr != (struct entry *) 0 )
        if ( listPtr->value == match )
            return (listPtr);
        else
            listPtr = listPtr->next;

    return (struct entry *) 0;
}

int main (void)
{
    struct entry *findEntry (struct entry *listPtr, int match);
    struct entry n1, n2, n3;
    struct entry *listPtr, *listStart = &n1;

    int search;

    n1.value = 100;
    n1.next = &n2;

    n2.value = 200;
    n2.next = &n3;

    n3.value = 300;
    n3.next = 0;

    printf ("Enter value to locate: ");
    scanf ("%i", &search);

    listPtr = findEntry (listStart, search);

    if ( listPtr != (struct entry *) 0 )
        printf ("Found %i.\n", listPtr->value);
    else
        printf ("Not found.\n");

    return 0;
}
```

程序 10.10　输出

```
Enter value to locate: 200
Found 200.
```

程序 10.10　输出（重新运行）

```
Enter value to locate: 400
Not found.
```

程序 10.10　输出（第二次重新运行）

```
Enter value to locate: 300
Found 300.
```

下面的函数头指明函数 findEntry()返回一个指向 entry 结构体的指针，并将该指针作为第一个参数，将一个整数作为第二个参数。

```
struct entry *findEntry (struct entry *listPtr, int match)
```

该函数首先会进入 while 循环，对链表中的元素进行遍历。这个循环会一直执行，直到找到链表中值与 match 相等的项（这种情况下立即返回 listPtr 的值）或者到达了空指针（这种情况下退出 while 循环并返回空指针）。

在像程序 10.9 那样建立好链表后，main()例程要求用户提供一个值，以便在链表中查找，然后调用 findEntry()函数，该函数的参数是一个指向链表起始位置的指针（listStart）和用户输入的值（search）。findEntry()返回的指针会赋值给 struct entry 型指针变量 listPtr。如果 listPtr 不为空，则显示 listPtr 所指向的 value 成员。这里显示的应该与用户输入的值相同。如果 listPtr 为 null，则返回“Not found.”。

程序的输出表明，在链表中找到了值 200 和 300 的正确位置，但没有找到值 400，因为它实际上并不存在于链表中。

程序中 findEntry()函数返回的指针似乎没有任何实际用途。但在实际的情况下，该指针可能用于访问链表中特定链表项所包含的其他链表元素。例如，你有一个链表，其中包含第 9 章中的词典词条。然后，你可以调用 findEntry()函数（或者将其重命名为 lookup，就像第 9 章提到的那样）在词典词条链表中查找给定单词。lookup()函数返回的指针可以用来访问该项的 definition 成员。

将词典组织为链表有几个优点。向词典中插入一个新词很容易：在确定新词条要插入链表中的哪个位置之后，可以通过简单地调整一些指针来完成插入操作，如本章前面所述。从词典中删除一个词条也很简单。正如你将在第 16 章中了解到的，这种方法还提供一个允许你动态扩展词典大小的框架。

不过，用链表组织词典的方法有一个主要缺点：不能将二分搜索算法应用到这样的链表上。该算法只适用于可以直接索引的元素数组。不幸的是，没有比直接按顺序查找更快的方法了，因为链表中的每个项只能通过前一个项进行访问。

如果想要同时拥有轻松地插入和删除元素以及快速查找的优点，一种方法是使用另一种类型的数据结构，这种数据结构的类型称为**树**（tree）。其他方法，比如使用**哈希表**（hash table），也是可行的。关于这些类型的数据结构，读者可以参阅 *The Art of Computer Programming, Volumn 3, Sorting and Searching* (Donald E. Knuth, Addison-Wesley)，在 C 语言中，这些数据结构可以利用前面介绍的方法轻松实现。

10.7 指针和数组

在 C 语言中，指针最常见的用途之一是指向数组。使用指向数组的指针，主要原因是便于符号表达和提高程序效率。使用指向数组的指针通常会使代码使用更少的内存，执行速度更快。通过本节的讨论，这样做的原因将更加明晰。

如果有一个名为 values 的数组，其包含 100 个整数，那么你可以定义一个指针 valuesPtr（如下所示）来访问数组中的整数：

```
int *valuesPtr;
```

当定义一个指向数组元素的指针时，不应该将其定义为“指向数组的指针”；而应该将这个指针定义为一个指向数组中包含的元素类型的指针。

如果有一个名为text的字符数组，可以使用类似下面的语句定义一个指针，该指针用于指向text中的元素：

```
char *textPtr;
```

要将 valuesPtr 设置为指向 values 数组的第一个元素，只需写出下面的语句即可：

```
valuesPtr = values;
```

这种情况下没有使用地址运算符，因为 C 语言编译器会将出现的没有索引的数组名称，视为指向该数组的指针。因此，只需使用不带索引的 values，就会产生一个指向 values 的第一个元素的指针（参见图 10.9）。

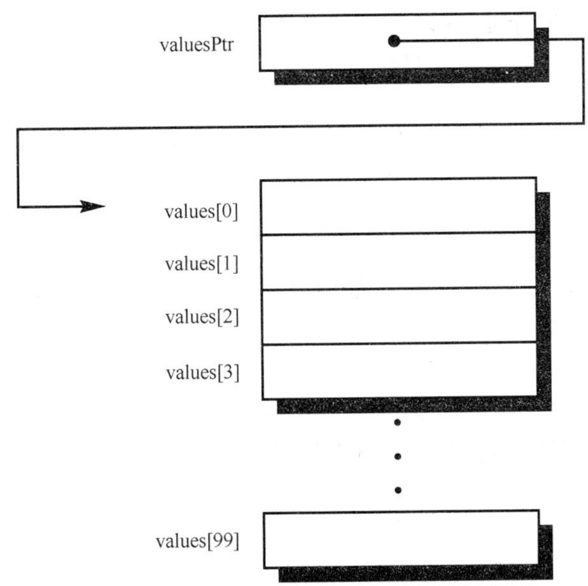

图 10.9 指向 values 的第一个元素的指针

还有一种等效的方法可以生成指向 values 的第一个元素的指针，即对数组的第一个元素应用地址运算符。因此，下面语句的作用等同于在指针变量 valuesPtr 中放置一个指向 values 的第一个元素的指针：

```
valuesPtr = &values[0];
```

要将 textPtr 设置为指向 text 数组中的第一个字符，可以使用以下两条语句中的任意一条。无论你选择使用哪条语句，严格来说都是个人偏好问题。

```
textPtr = text;
textPtr = &text[0];
```

当你想对数组中的元素进行顺序遍历时，指向数组指针的真正作用就会表现出来。如果之前已经定义了 valuesPtr，并且将其设置为指向 values 的第一个元素的指针变量，则下面的表达式可以用来访问 values 数组的第一个整数，即 values[0]：

```
*valuesPtr
```

想要通过 valuesPtr 变量引用 values[3]，可以将 valuesPtr 加 3，然后应用间接运算符：

```
*(valuesPtr + 3)
```

一般来说，下面的表达式可用于访问 values[i]中包含的值：

```
*(valuesPtr + i)
```

因此，要将 values[10]设置为 27，显然可以编写如下表达式：

```
values[10] = 27;
```

也可以使用下面的语句将 values[10]设置为 27：

```
*(valuesPtr + 10) = 27;
```

要将 valuesPtr 设置为指向 values 数组的第二个元素的指针变量，可以对 values[1]应用地址运算符，并将结果赋给 valuesPtr：

```
valuesPtr = &values[1];
```

如果 valuesPtr 指向 values[0]，你可以简单地将 valuesPtr 的值加 1，将其设置为指向 values[1]：

```
valuesPtr += 1;
```

这在 C 语言中是一个完全有效的表达式，可以用于指向**任何**数据类型的指针。

因此，一般来说，如果 a 是一个元素类型为 x 的数组，px 的类型为“指向 x 类型的指针”，i 和 n 是 int 型常量或变量，则下面第一行的语句会将 px 设置为指向 a 的第一个元素的指针变量；第二行的表达式会引用包含在 a[i]中的值；第三行的语句会将 px 设置为指向数组中的第 n 个元素的指针变量，**无论该数组中包含何种类型的元素**。

```
px = a;
*(px + i)
px += n;
```

递增和递减运算符（++和--）在处理指针时特别方便。对指针应用递增运算符的效果与指针加 1 的效果相同，而应用递减运算符的效果与指针减 1 的效果相同。因此，如果 textPtr 被定义为一个字符指针，并且被设置为指向名为 text 的字符数组的开头，则下面第一条语句会设置 textPtr 指向 text 中的下一个字符，即 text[1]。类似的，下面第二条语句会设置 textPtr 指向 text 中的前一个字符，当然，假设在执行这条语句之前 textPtr 没有指向 text 的开头。

```
++textPtr;
--textPtr;
```

在 C 语言中，完全可以比较两个指针变量，这在比较同一个数组中的两个指针时特别有用。例如，你可以测试指针 valuesPtr 是否指向包含 100 个元素的数组的末尾，方法是将它与指向数组最后一个元素的指针进行比较。如果 valuesPtr 指向 values 数组中的最后一个元素，则下面第一个表达式的值为 true（非 0），否则为 false（0）。回想一下前面的讨论，因为没有索引的 values 是一个指向 values 数组开头的指针（记住，这与写作&values[0]是一样的），所以你可以用下面第二个等价的表达式替换第一个表达式。

```
valuesPtr > &values[99]
valuesPtr > values + 99
```

程序 10.11 演示了指向数组的指针的使用。arraySum()函数计算 int 型数组中所有元素之和。

程序 10.11 演示指向数组的指针的使用

```
#include <stdio.h>

// 此函数计算 int 型数组中所有元素之和

int arraySum (int array[], const int n)
{
    int sum = 0, *ptr;
    int * const arrayEnd = array + n;

    for ( ptr = array; ptr < arrayEnd; ++ptr )
        sum += *ptr;

    return sum;
}

int main (void)
{
    int arraySum (int array[], const int n);
    int values[10] = { 3, 7, -9, 3, 6, -1, 7, 9, 1, -5 };

    printf ("The sum is %i\n", arraySum (values, 10));

    return 0;
}
```

程序 10.11 输出

```
The sum is 21
```

在 arraySum()函数内部，定义了常量 int 型指针 arrayEnd，并让该指针指向紧跟在 array 数组最后一个元素之后的位置。然后建立了一个 for 循环去遍历 array 中的元素。在进入循环时，将 ptr 的值设置为指向 array 的起始位置。每次循环时，ptr 指向的 array 的元素都会与 sum 相加并存储在 sum 中。然后，通过 for 循环将 ptr 的值加 1，使其指向 array 的下一个元素。当 ptr 指向 array 末尾时，退出 for 循环，并将 sum 的值返回给调用函数的例程。

10.7.1　稍许离题：程序优化

需要指出的是，arraySum()函数实际上并不需要局部变量 arrayEnd，因为在 for 循环中可以显式地将 ptr 的值与数组末尾的值进行比较，如下所示：

```
for ( ...; pointer <= array + n; ... )
```

使用 arrayEnd 的唯一目的是优化程序。每次执行 for 循环时，都会计算循环条件。因为表达式 array + n 在循环内部永远不会改变，所以它的值在整个 for 循环执行过程中都是常量。因为只会在进入循环**之前**计算一次，所以可以节省每次循环时重新计算这个表达式的时间。虽然对于一个包含 10 个元素的数组来说，几乎没有节省时间，尤其是在程序只调用一次 arraySum()函数的情况下，但如果程序大量使用这个函数来对大型数组求和，那么节省的时间可能会很多。

另一个要讨论的关于程序优化的问题涉及程序中指针本身的使用。在前面讨论的 arraySum()函数中，for 循环中使用*ptr 表达式来访问数组中的元素。以前编写的 arraySum()函数，需要在 for 循环中使用索引变量（例如 i），然后在循环内部将 array[i]的值与 sum 相加。一般来说，索引数组的过程比访问指针内容的过程需要更多的时间。事实上，这是使用指针访问数组元素的主要原因之一，因为这样生成的代码通常更高效。当然，就这个问题而言，如果对数组的访问不是按顺序进行的，那么使用指针就没什么好处了，因为表达式*(pointer + j)的执行时间与表达式 array[j]的执行时间一样长。

10.7.2　是数组还是指针？

回想一下，要将数组传递给函数，只需指定数组的名称，就像前面调用 arraySum()函数时那样。你应该记住，要生成指向数组的指针，只需要指定数组的名称即可。这意味着在调用 arraySum()函数时，传递给函数的实际上是一个指向数组 values 的**指针**。事实正是如此，这也解释了为什么可以在函数中修改数组的元素。

但是如果确实是这样的（将指向数组的指针传递给了函数），那么你可能想知道为什么函数内部的形参没有被声明为指针，换句话说，在 arraySum()函数中的 array 声明，为什么不是下面所示的样子？在函数中对数组的所有引用不都应该使用指针变量吗？

```
int *array;
```

要回答这些问题，需要回想一下前面关于指针和数组的讨论。如前所述，如果 valuesPtr 指向数组 values 中包含的同一类型的元素，那么表达式*(valuesPtr + i)在各个方面都等价于表达式 values[i]，当然前提是 valuesPtr 已被设置为指向 values 的开头。由此可见，你也可以使用表达式*(values + i)来引用数组 values 中的第 i 个元素。一般来说，如果 x 是任意类型的数组，表达式 x[i]在 C 语言中总是可以等价地表示为*(x + i)。

如你所见，在 C 语言中，指针和数组密切相关，这就是为什么可以在 arraySum()函数中声明数组的类型为“int 型数组”，**或者**声明数组的类型为“指向 int 型的指针”。在前面的程序中，这两种声明都能正常工作，请自行尝试并查看结果。

如果要使用索引来引用传递给函数的数组中的元素，请将相应的形参声明为数组。这样能够更准确地反映函数对数组的使用。类似的，如果要将参数用作指向数组的指针，请将其声明为指针类型的参数。

现在，你会意识到在程序 10.11 中，可以将 array 声明为 int 型指针，并可以在随后直接使用指针*array，因此，可以从函数中删除变量 ptr，而使用 array，如程序 10.12 所示。

程序 10.12 计算 int 型数组中所有元素之和

```
#include <stdio.h>

// 此函数计算 int 型数组中所有元素之和（第 2 版）

int arraySum (int *array, const int n)
{
    int sum = 0;
    int * const arrayEnd = array + n;

    for ( ; array < arrayEnd; ++array )
        sum += *array;

    return sum;
}

int main (void)
{
    int arraySum (int *array, const int n);
    int values[10] = { 3, 7, -9, 3, 6, -1, 7, 9, 1, -5 };

    printf ("The sum is %i\n", arraySum (values, 10));

    return 0;
}
```

程序 10.12 输出

```
The sum is 21
```

程序 10.12 的含义很简单。这里省略了 for 循环中的第一个表达式，因为在循环开始之前不需要初始化任何值。值得重复说明的一点是，当调用 arraySum()函数时，传递了一个指向 values 数组的指针，这个指针在函数内部称为 array，修改 array 的值（而不是 array 引用的值）不会影响 values 数组的内容。因此，应用于 array 的递增运算符只会增加指向数组 values 指针的值，而不会影响其内容。（当然，你知道如果需要改变数组中的值，只需要为指针引用的元素赋值即可。）

10.7.3 指向字符串的指针

指向数组的指针最常见的应用之一是用作指向字符串的指针。原因在于其方便性和高效性。为说明如何轻松地使用指向字符串的指针，请编写一个 copyString()函数，将一个字符串复制到另一个字符串中。如果你使用普通的数组索引方法编写这个函数，它的代码可能是这样的：

```
void copyString (char to[], char from[])
{
    int i;

    for ( i = 0; from[i] != '\0'; ++i )
        to[i] = from[i];

    to[i] = '\0';
}
```

在将空字符复制到 to 数组之前 for 循环就结束了，这就解释了为什么需要在函数中添加最后一条语句。

如果你使用指针编写 copyString()，就不再需要索引变量 i。程序 10.13 给出了指针版本的 copyString()。

程序 10.13　指针版本的 copyString()

```
#include <stdio.h>

void copyString (char *to, char *from)
{
    for ( ; *from != '\0'; ++from, ++to )
        *to = *from;

    *to = '\0';
}

int main (void)
{
    void copyString (char *to, char *from);
    char string1[] = "A string to be copied.";
    char string2[50];

    copyString (string2, string1);
    printf ("%s\n", string2);

    copyString (string2, "So is this.");
    printf ("%s\n", string2);

    return 0;
}
```

程序 10.13　输出

```
A string to be copied.
So is this.
```

copyString()函数将两个形参 to 和 from 定义为字符指针，而不是像 copyString()的前一个版本那样定义为字符数组。这反映了函数如何使用这两个变量。

然后进入一个 for 循环（没有初始条件），将 from 指向的字符串复制到 to 指向的字符串中。每次循环时，from 和 to 指针都加 1。这会让 from 指针指向要从源字符串复制的下一个字符，让 to 指针指向目标字符串中要存储下一个字符的位置。

当 from 指针指向空字符时，退出 for 循环。然后，该函数将空字符放在目标字符串的末尾。

在 main()例程中，copyString()函数被调用了两次，第一次将 string1 的内容复制到 string2 中，第二次将字符串常量"So is this."的内容复制到 string2 中。

10.7.4　字符串常量和指针

事实上，下面的函数调用，在将一个字符串常量作为参数传递给函数时，传递的是一个指向该字符串的指针。

```
copyString (string2, "So is this.");
```

不仅在这个例子中是这样的，可以概括为，**每当**在 C 语言中使用字符串常量时，传递的都是一个指向字符串的指针。

因此，如果将 textPtr 声明为一个字符指针（如下面第一条语句所示），则下面第二条语句将一个指向字符串常量"A character string."的指针赋值给 textPtr。

```
char *textPtr;
textPtr = "A character string.";
```

这里要注意区分字符指针和字符数组，因为刚才展示的赋值类型对字符数组是**无效的**。

因此，根据上面的描述，如果将 text 定义为一个字符数组（如下面第一条语句所示），那么你就**不能**按照下面第二条语句所示的方式给 text 赋值。

```
char text[80];
text = "This is not valid.";
```

只有在初始化字符数组时，C 语言才允许对字符数组执行这种类型的赋值操作，如下所示：

```
char text[80] = "This is okay.";
```

以这种方式初始化 text 数组并不会在 text 中存储一个指向字符串"This is okay."的指针，而是将实际字符存储在 text 数组的相应元素中。

如果 text 是一个字符指针，则下面的初始化语句会将一个指向字符串"This is okay."的指针赋给 text。

```
char *text = "This is okay.";
```

这里有另一个区分字符串和字符串指针的例子，下面的代码建立了一个名为 days 的数组，它包含一些**指针**，这些指针指向一周内各天的名称。

```
char *days[] =
     { "Sunday", "Monday", "Tuesday", "Wednesday", "Thursday", "Friday", "Saturday" };
```

上面的数组 days 包含 7 个元素，每个元素都是一个指向字符串的指针。因此，days[0]包含一个指向字符串"Sunday"的指针，days[1]包含一个指向字符串"Monday"的指针，以此类推（参见图 10.10）。例如，可以使用下面的语句显示一周内第三天的名称：

```
printf ("%s\n", days[3]);
```

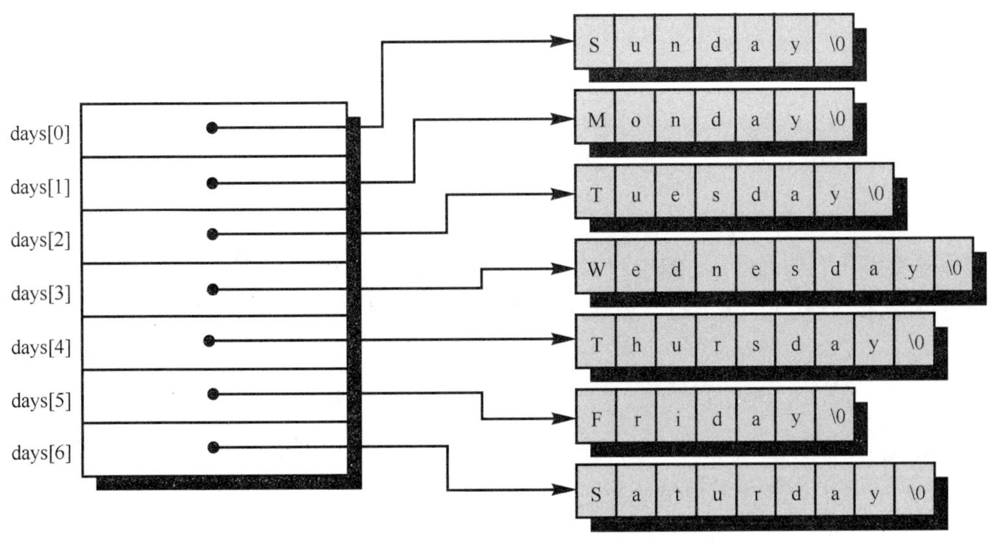

图 10.10 指针的数组

10.7.5　回顾递增和递减运算符

到目前为止，无论何时使用递增或递减运算符，它都是表达式中出现的唯一运算符。当你写表达式++x 时，你知道它的作用是将变量 x 的值加 1。正如你刚刚看到的，如果 x 是一个指向数组的指针，它的作用是将 x 设置为指向数组的下一个元素。

在存在其他运算符的表达式中，也可以使用递增和递减运算符。在这种情况下，更准确地了解这些运算符的工作原理就变得很重要了。

到目前为止，使用递增和递减运算符时，总是把它们放在要递增或递减的变量之前。要增加变量 i，你可以按照下面第一条语句所示的方法编写。但实际上，将递增运算符放在变量**后面**也是完全有效的，如下面第二条语句所示。

```
++i;
i++;
```

这两条语句都是完全有效的，并且都实现了相同的结果，即将 i 的值加 1。在第一种情况下，++放在操作数之前，因此加 1 运算被更准确地识别为**前递增**（preincrement）。在第二种情况下，++放在操作数之后，因此加 1 运算被识别为**后递增**（postincrement）。

同样的讨论也适用于递减运算符。下面第一条语句严格来说执行了 i 的**前递减**。然而下面第二条语句执行了 i 的**后递减**。两者的结果是相同的，即将 i 的值减去 1。

```
--i;
i--;
```

只有在更复杂的表达式中使用递增和递减运算符时，区分这些运算符的**前置**和**后置**属性才有意义。

假设有两个整数 i 和 j。如果将 i 的值设为 0，然后编写了下面这条语句：

```
j = ++i;
```

上面的语句会将值 1 赋值给 j，而不是 0。使用前递增运算符会在表达式中使用该变量**之前**，先递增该变量的值。因此，上面的表达式首先将 i 从 0 增加到 1，然后将其值赋给 j，作用就好像下面两条语句：

```
++i;
j = i;
```

相反，如果使用后递增运算符，如下所示：

```
j = i++;
```

那么会先将 i 的值赋给 j，**然后**将 i 的值加 1。因此，如果在上面的语句执行之前 i 是 0，那么将 0 赋给 j，**然后** i 的值加 1，就像下面两条语句一样：

```
j = i;
++i;
```

这里还有另一个例子，如果 i=1，则下面的语句会有将 a[0]的值赋给 x 的效果，因为变量 i 的值在用于索引 a 之前会先被减去 1。

```
x = a[--i];
```

而下面的这条语句有相反的结果，其会将 a[1]的值赋值给 x，因为 i 的值会先用于索引 a，然后才会被减去 1。

```
x = a[i--];
```

第三个区分递增和递减运算符的例子是函数调用。下面第一条语句会将 i 的值加 1，然后将其值发送给 printf()函数。然而下面第二条语句，会把 i 的值发送给函数后再递增 i 的值。

```
printf ("%i\n", ++i);
printf ("%i\n", i++);
```

因此，对于上面两条语句，如果 i 的值等于 100，第一个 printf()调用将显示 101，而第二个 printf()调用将显示 100。在这两种情况下，i 的值在语句执行后都等于 101。

在介绍程序 10.14 之前，我们来看最后一个关于递增和递减运算符的例子。如果 textPtr 是一个字符指针，则下面第一个表达式，会先将 textPtr 递增，然后获取它所指向的字符。然而，下面第二个表达式，会先获取 textPtr 所指向的字符，然后将其递增。

```
*(++textPtr)
*(textPtr++)
```

在上面两种情况下，括号都不是必需的，因为运算符*和++的优先级相等，但都是自右向左结合的。

现在回到程序 10.13 中的 copyString()函数，重写它，将递增运算直接合并到赋值语句中。

因为在 for 循环中，每次执行完赋值语句后都会将 to 和 from 指针递增，所以它们应该作为后递增操作合并到赋值语句中。程序 10.13 修改后的 for 循环就变成了：

```
for ( ; *from != '\0'; )
    *to++ = *from++;
```

循环中赋值语句的执行过程如下：获取 from 指向的字符，然后将 from 的值加 1，使其指向源字符串中的下一个字符；接着，引用的字符被存储在 to 指向的位置中，然后将 to 的值加 1，使其指向目标字符串中的下一个位置。

仔细研究前面的赋值语句，直到完全理解它的操作。这种类型的语句在 C 语言程序中非常常见，因此在继续后面的学习之前完全理解它是很重要的。

前面的 for 语句似乎不太有用，因为它没有初始表达式，也没有循环表达式。事实上，将它表示为 while 循环更符合逻辑。这在程序 10.14 中已经完成。这个程序展示了 copyString()函数的新版本。while 循环利用了空字符等于 0 的事实，富有经验的 C 语言程序员通常都是这样做的。

程序 10.14 对指针版本的 copyString()函数进行修订版本

```
#include <stdio.h>

// 此函数将一个字符串复制到另一个字符串（指针版第 2 版）

void copyString (char *to, char *from)
{
    while ( *from )
        *to++ = *from++;

    *to = '\0';
}
```

```
int main (void)
{
    void copyString (char *to, char *from);
    char string1[] = "A string to be copied.";
    char string2[50];

    copyString (string2, string1);
    printf ("%s\n", string2);

    copyString (string2, "So is this.");
    printf ("%s\n", string2);

    return 0;
}
```

程序 10.14　输出

```
A string to be copied.
So is this.
```

10.8　指针操作

正如你在本章中看到的，你可以从指针中添加或减去整数值。此外，你可以比较两个指针，看看它们是否相等，或者一个指针是否小于或大于另一个指针。除此之外，只允许对指针执行一种操作了，那就是将两个相同类型的指针相减。在 C 语言中两个指针相减的结果是两个指针之间的元素数量。因此，如果 a 指向一个包含任意类型元素的数组，而 b 指向同一数组中更远位置的另一个元素，则表达式 b–a 表示这两个指针之间的元素数量。例如，如果 p 指向数组 x 中的某个元素，则下述语句的效果是，将 p 指向的 x 内部元素的索引赋给变量 n（这里假设 n 为整型变量）[1]。

```
n = p - x;
```

因此，如果用下述语句将 p 设置为指向 x 中的第 100 个元素，则执行完上面的减法之后，n 的值为 99。

```
p = &x[99];
```

为了实际应用新学到的指针减法，我们来看一看第 9 章中 stringLength()函数的新版本。

在程序 10.15 中，字符指针 cptr 用于遍历 string 所指向的字符，直到遇到空字符为止。此时，将 cptr 与 string 相减，得到字符串中的元素（字符）数量。程序的输出验证了函数能够正确地工作。

程序 10.15　使用指针计算一个字符串中的字符数量

```
#include <stdio.h>

// 此函数计算一个字符串中的字符数量（指针版本）
```

1　两个指针相减得到的有符号整数（例如 int、long int 或 long long int 型数）的实际类型是 ptrdiff_t，其定义在标准头文件 <stddef.h>中。

```
int stringLength (const char *string)
{
    const char *cptr = string;

    while ( *cptr )
        ++cptr;
    return cptr - string;
}

int main (void)
{
    int stringLength (const char *string);

    printf ("%i ", stringLength ("stringLength test"));
    printf ("%i ", stringLength (""));
    printf ("%i\n", stringLength ("complete"));

    return 0;
}
```

程序 10.15 输出

```
17 0 8
```

10.9 指向函数的指针

出于让内容更具完整性的目的，这里简单介绍一个高级一点的概念——指向函数的指针。在使用指向函数的指针时，C 语言编译器不仅需要知道指针变量指向一个函数，还需要知道该函数的返回值类型以及参数的数量和类型。将变量 fnPtr 声明为“指向返回 int 型且没有参数的函数”指针类型，声明语句如下所示：

```
int (*fnPtr) (void);
```

fnPtr 周围的圆括号是必需的，否则 C 语言编译器会将上述语句视为一个名为 fnPtr 的函数的声明，该函数返回一个指向 int 型的指针（因为函数调用运算符()的优先级高于指针间接运算符）。

要将函数指针设置为指向特定函数，只需将函数名赋值给它。因此，如果 lookup 是一个返回 int 且不接收参数的函数，则下面的语句会将指向此函数的指针存储在函数指针变量 fnPtr 中：

```
fnPtr = lookup;
```

对于没有编写左右括号的函数名的处理方式，类似于对于没有编写索引的数组名的处理方式。C 语言编译器会自动生成一个指向特定函数的指针。允许在函数名前加上运算符&，但不是必需的。

如果之前的程序中没有定义 lookup()函数，则必须在执行上述赋值操作之前声明该函数。那么，在将指向此函数的指针赋给变量 fnPtr 之前，需要下面一条语句：

```
int lookup (void);
```

你可以调用通过指针变量间接引用的函数，方法是对指针应用函数调用运算符，并在圆括号内列出函数的所有参数，例如，下面的语句表示调用 fnPtr 所指向的函数，并将返回值存储在变量 entry 中。

```
entry = fnPtr();
```

一个指向函数的指针的常见应用是将它们作为参数传递给其他函数。例如，标准 C 语言库在 qsort()函数中使用了这种指针，该函数对数组中的数据元素执行“快速排序”。qsort()函数的参数之一是一个指向函数的指针，每当 qsort()需要比较待排序数组中的两个元素时，它就调用这个指针所指向的函数。通过这种方式，qsort()可以对任意类型的数组进行排序，因为数组中任意两个元素的比较实际上是由用户提供的函数进行的，而不是由 qsort()函数本身进行的。附录 B.11 中详细地介绍 qsort()，并包含一个使用它的实际示例。

指向函数的指针的另一个常见应用是创建所谓的**调度表**（dispatch table）。你不能将函数本身存储在数组中。但是，将函数**指针**存储在数组中是有效的。因此，可以创建包含要调用函数的函数指针表。例如，你可以创建一个表来处理用户将要输入的不同命令。表中的每个条目都可以包含命令名和一个指针，该指针指向处理该特定命令的函数。现在，无论何时用户输入命令，你都可以在表中查找该命令，并调用相应的函数来处理它。

10.10　指针和内存地址

在结束对 C 语言指针的讨论之前，你应该注意它们实际的实现细节。计算机的内存可以被概念化为存储单元的顺序集合。计算机存储器的每个单元都有一个相应的数，这个数被称为**地址**（address）。通常，计算机内存的第一个地址编号为 0。在大多数计算机系统中，一个“单元”称为一个**字节**（byte）。

计算机使用内存来存储计算机程序的指令，也存储与程序相关的变量的值。因此，如果你声明了一个 int 型、名为 count 的变量，系统就会在程序执行时在内存中分配一个或多个位置来保存 count 的值。例如，该位置可能是计算机内存中的地址 500 处。

幸运的是，诸如 C 语言之类的高级语言的优点之一是，你不需要关心分配给变量的特定内存地址——它们由系统自动处理。但是，如果你理解了每个变量都有一个唯一的内存地址，你将能够更好地理解指针的操作方式。

当你在 C 语言中对变量应用地址运算符时，得到的值就是该变量在计算机内存中的实际地址（显然，这就是地址运算符名称的来源）。下面的语句将计算机内存中分配给变量 count 的地址赋给了 intPtr。

```
intPtr = &count;
```

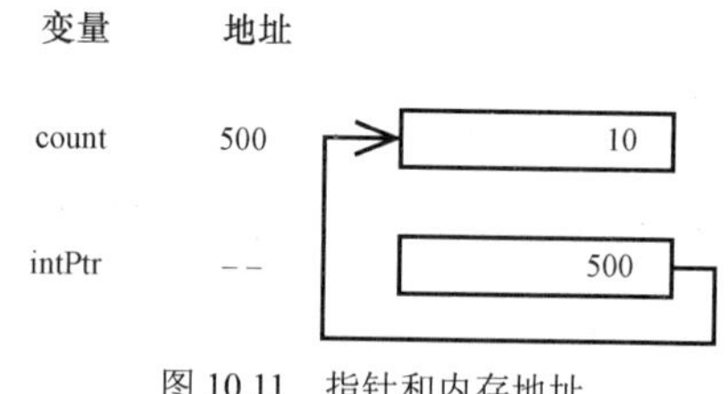

图 10.11　指针和内存地址

因此，如果 count 位于地址 500 处，并包含值 10，下面的语句会将值 500 赋给 intPtr，如图 10.11 所示。intPtr 的地址在图 10.11 中显示为“– –”，因为它的实际值与本例无关。

对指针变量应用间接运算符，如下所示：

```
*intPtr
```

上述表达式具有将指针变量中包含的值作为内存地址处理的效果。然后，获取存储在该内存地址中的值，并解释为指针变量声明的类型。因此，如果 intPtr 是 int 型指针，则存储在

*intPtr 给出的内存地址中的值被系统解释为整数，即在我们的示例中，获取存储在内存地址 500 处的值，并将其解释为整数。表达式的结果是 10，类型是 int。

在指针引用的位置处存入一个值，如下所示：

```
*intPtr = 20;
```

对于上述代码，系统的处理方式与之前的类似，首先会获取 intPtr 的内容并将其作为内存地址处理，然后将指定的整数值存储在该地址中。因此，上述语句会将整数 20 存储在内存地址 500 处。

有时，系统程序员必须访问计算机内存中的特定位置。在这种情况下，了解指针变量的操作方式是很有帮助的。

从本章可以看出，指针在 C 语言中是一个非常强大的组成部分。定义指针变量的灵活性，远超本章所述的范围。例如，你可以定义一个指向指针的指针，甚至可以定义一个指向另一个指向指针的指针的指针。尽管这些类型的构造超出了本书的范围，但是它们只是本章中所学习的关于指针的所有内容的简单逻辑扩展。

指针主题的内容可能是新手最难掌握的。在继续往后学习之前，你应该重新阅读本章中仍然不清楚的部分。完成下面的练习题也会帮助你理解本章内容。

10.11 练习题

1. 输入并运行本章给出的程序。将每个程序产生的输出与本书中每个程序之后给出的输出进行比较。
2. 编写一个名为 insertEntry 的函数，实现向链表中插入一个新项的操作。将一个指向待插入项的指针（为本章定义的 struct entry 类型）和一个指向将要在**其后**插入新项的链表元素的指针作为函数的参数。
3. 练习题 2 中编写的函数只能在列表中现有元素的后面插入一个元素，使用这种方式无法在列表的开头插入一个新项。如何在不修改 insertEntry()函数的情况下解决这个问题呢？（提示：考虑设置一个特殊结构来指向链表的开头。）
4. 编写一个名为 removeEntry 的函数，实现从链表中删除一个项的操作。该函数的唯一参数是一个指向链表的指针。让函数删除参数所指向的项**之后**的项（请思考为什么你不能删除参数所指向的项。）。你需要使用在练习题 3 中建立的特殊结构来处理从链表中删除第一个元素的特殊情况。
5. **双向链表**（double linked list）是一种链表，其中每个项都包含一个指向链表中上一个项的指针，以及一个指向链表中下一个项的指针。为双向链表项定义适当的结构体，然后编写一个小程序，实现一个小型双向链表并输出链表元素。
6. 为双向链表开发 insertEntry()和 removeEntry()函数，它们的功能与前面练习题中为单向链表开发的函数相似。为什么现在这个 removeEntry()函数可以接收一个直接指向要从链表中删除的项的指针作为参数呢？
7. 编写第 7 章中 sort()函数的指针版本。确保函数只使用指针，包括循环中的索引变量。
8. 编写一个名为 sort3 的函数将 3 个整数按升序排序。（此函数不能用数组实现。）
9. 使用字符指针代替数组，来重写第 9 章中的 readLine()函数。

10．使用字符指针代替数组，来重写第 9 章中的 compareStrings()函数。

11．根据本章中定义的 date 结构体，编写一个名为 dateUpdate 的函数，它接收一个指向 data 结构体的指针作为参数，并将该 date 结构体更新为原本日期的第二天（参见程序 8.4）。

12．给定以下声明：

```
char *message = "Programming in C is fun\n";
char message2[] = "You said it\n";
char *format = "x = %i\n";
int  x = 100;
```

确定来自以下集合的每个 printf()调用是否有效，是否与来自该集合的其他调用产生相同的输出。

```
/*** 集合 1 ***/
printf ("Programming in C is fun\n");
printf ("%s", "Programming in C is fun\n");
printf ("%s", message);
printf (message);

/*** 集合 2 ***/
printf ("You said it\n");
printf ("%s", message2);
printf (message2);
printf ("%s", &message2[0]);

/*** 集合 3 ***/
printf ("said it\n");
printf (message2 + 4);
printf ("%s", message2 + 4);
printf ("%s", &message2[4]);

/*** 集合 4 ***/
printf ("x = %i\n", x);
printf (format, x);
```

第 11 章 位运算

如前所述，在最初设计 C 语言时考虑到了系统编程应用。指针是一个完美的例子，因为它们赋予程序员大量控制和访问计算机内存的权限。系统程序员经常还得“摆弄”特定计算机中的各个位（bit）。在本章，你将学习如何使用 C 语言的运算符来操作位，包括：

- 按位与运算符；
- 按位或运算符；
- 按位异或运算符；
- 二进制求补运算符；
- 左移运算符；
- 右移运算符；
- 位域。

11.1 位的基础知识

回想第 10 章关于**字节**概念的讨论。在大多数计算机系统中，一个字节由 8 个更小的单位组成，这种单位称为**位**（bit）。一位可以有两个值：1 或 0。例如，存储在计算机内存中地址为 1000 的字节，可以表示为由 8 个二进制数字组成的字符串：01100100。

一个字节最右边的位被称为**最低有效位**（least significant bit）或**最低位**（low-order bit），而最左边的位被称为**最高有效位**（most significant bit）或**最高位**（high-order bit）。如果你把表示字节的字符串当成整数，上面字节中最右边的位表示 2^0，也就是 1，紧跟在它左边的位表示 2^1，也就是 2，接下来的位表示 2^2，也就是 4，以此类推。因此，上面的二进制数表示的数值是十进制的 $2^2+2^5+2^6=4+32+64=100$。

负数的表示方式稍有不同。大多数计算机使用所谓的“二进制补码”表示法来表示这样的数字。使用这种表示法，最左边的位表示**符号位**。如果该位是 1，则表示该数是负数；如果该位为 0，则表示该数为正数。剩余的位表示该数的值。在二进制补码表示法中，将所有的位都置为 1 来表示数值−1，即 11111111。

将负数从十进制数转换为二进制数的一种简便方法是，首先将该值加 1，然后将相加后的结果用二进制表示出来，最后对所有位“求补”；也就是说，将所有的 1 换成 0，将所有的 0 换成 1。例如，要将−5 转换为二进制数，首先需要加 1，结果是−4；4 的二进制表示是 00000100，对所有位“求补”得到的结果是 11111011。

想要将负数从二进制数转换为十进制数，首先需要将所有位求补，并将结果转换为十进制数，然后改变结果的符号，最后减去 1。

根据对二进制补码表示法的讨论，可以在 n 位中存储的最大正数是 $2^{n-1}-1$，因此，在 8 位的情况下可以存储的最大正数是 2^7-1，即 127。类似的，可以在 n 位中存储的最小负数是

-2^n-1，在 8 位的情况下，就是–128。(你能说出为什么最大正数和最小负数的绝对值不同吗？)

在当今的大多数处理器中，整数占据计算机内存中的连续 4 个字节，即 32 位。因此，计算机内存中可以存储的最大正数是 $2^{32-1}-1$，也就是 2147483647，而可以存储的最小负数是–2147483648。

第 3 章介绍了 unsigned 修饰符，并了解了它可以有效地扩大变量的取值范围。这是因为我们只需要处理正整数，所以最左边的位不需要存储数字的符号。这个“额外”位可以将变量中存储的数值大小增加 2 倍。更准确地说，现在 n 位可以存储的最大数值为 2^{n-1}。将整数存储到 32 位的机器上，这意味着无符号整数的取值范围可以是 0～4294967296。

11.2　位运算符

我们已经学了一些基础知识，现在该讨论各种可用的位运算符了。表 11.1 列出了可用于操作位的 C 语言位运算符。

表 11.1　位运算符

符号	运算
&	按位与
|	按位或
^	按位异或
~	二进制求补
<<	左移
>>	右移

除了二进制求补运算符（~）之外，表 11.1 中列出的所有运算符都是二元运算符，因此需要两个操作数。在 C 语言中，可以对任意类型（包括 int、short、long、long long、signed、unsigned）的整数执行位运算，也可以对字符执行位运算，但不能对浮点数执行位运算。

11.2.1　按位与运算符

在 C 语言中，当两个值进行与运算时，会将这两个值的二进制表示进行逐位比较。当第一个值和第二个值的对应位都是 1 时，结果的对应位也是 1；任何其他情况的结果都是 0。假设 b1 和 b2 表示两个操作数的对应位，下面的表［称为**真值表**（truth table）］针对 b1 和 b2 的所有可能值，给出了将 b1 和 b2 进行与运算后的结果。

```
b1    b2    b1 & b2
-------------------
0     0      0
0     1      0
1     0      0
1     1      1
```

例如，如果将 w1 和 w2 定义为 short int 型变量，并且将 w1 设置为 25，w2 设置为 77，那么下面的 C 语言程序语句会将值 9 赋给 w3。

```
w3 = w1 & w2;
```

如果将 w1、w2 和 w3 视为二进制数，则更容易理解上面的结果。假设 short int 的大小为 16 位。

```
w1    0000000000011001       25
w2    0000000001001101     & 77
----------------------------
w3    0000000000001001        9
```

如果考虑一下逻辑与运算符（&&）的工作方式（只有两个操作数都为 true 时，结果才为 true），就会更容易记住按位与运算符的工作方式。顺便说一句，请确保不要混淆这两个运算符！逻辑与运算符用于逻辑表达式中，并且用于产生 true 或 false 的结果；它不执行按位与运算。

按位与运算符（&）经常用于屏蔽操作。也就是说，该运算符可以轻松地将数据项的特定位设置为 0。例如，下面的语句对 w1 的值与常量 3 进行按位与操作，并将结果赋值给 w3。这样做的效果是将 w3 中除了最右边两位之外的所有位都设置为 0，并保留 w1 中最右边的两位。

```
w3 = w1 & 3;
```

与 C 语言中所有的二进制算术运算符一样，二进制位运算符也可以作为赋值运算符使用，只需在后面添加一个等号即可。所以下面两条语句执行的功能相同，其效果是将 word 中除了最右边 4 位之外的所有位设置为 0。

```
word &= 15;
word = word & 15;
```

当在按位运算中使用常量时，通常用八进制或十六进制表示法表示常量会更方便。使用哪种表示法通常受到所处理数据大小的影响。例如，在 32 位计算机上时，通常使用十六进制表示法，因为 32 是 4 的偶数倍（一个十六进制数位正好对应 4 个二进制位）。

程序 11.1 演示了按位与运算符。因为在这个程序中只处理正数，所以所有整数都被声明为 unsigned int 型变量。

程序 11.1　按位与运算符

```
// 此程序演示按位与运算符

#include <stdio.h>

int main (void)
{
    unsigned int word1 = 077u, word2 = 0150u, word3 = 0210u;

    printf ("%o ", word1 & word2);
    printf ("%o ", word1 & word1);
    printf ("%o ", word1 & word2 & word3);
    printf ("%o\n", word1 & 1);

    return 0;
}
```

程序 11.1　输出

```
50 77 10 1
```

回想一下，如果有一个前导为 0 的整型常量，那么它在 C 语言中表示一个八进制常量。

因此，3 个 unsigned int 型变量 word1、word2 和 word3 的初始八进制数分别为 077、0150 和 0210。在第 3 章中介绍过，如果一个整型常量后面紧跟着一个 u 或 U，则它将被视为无符号数。

第一次 printf()调用将显示八进制数 50，作为将 word1 和 word2 按位与的结果。下面给出了该值的计算方法。下面的值只显示最右边的 9 位，因为这 9 位左边的所有位都是 0。二进制数以 3 位为一组排列，以便在二进制和八进制之间来回转换。

```
word1    ... 000 111 111        077
word2    ... 001 101 000      & 0150
---------------------------------
         ... 000 101 000        050
```

第二次 printf()调用将显示八进制数 77，这是 word1 与自身相与的结果。根据定义，任意一个数 x 与其自身相与，结果还是 x。

第三次 printf()调用显示了 word1、word2 和 word3 一起按位与的结果。根据按位与运算的操作过程，一个表达式 a & b & c，是按照 (a & b) & c 求值，还是按照 a & (b & c) 求值，并没有区别，但严格来说，求值是从左到右进行的。作为练习，你可以验证 word1、word2 和 word3 按位与的结果，是否就是前面显示的八进制数 10。

最后一次 printf()调用的效果是提取 word1 最右边的位。因为任意一个奇数的最右边的一位是 1 而任意一个偶数的最右边的一位是 0，所以这实际上是另一种测试整数是偶数还是奇数的方法。因此当执行下面的 if 语句时，如果 word1 是奇数（按位与操作的结果是 1），则表达式为 true；如果 word1 是偶数（按位与操作的结果是 0），则表达式为 false。（注意：在使用二进制补码表示数字的机器上，这种方法不适用于负整数）。

```
if ( word1 & 1 )
    ...
```

11.2.2　按位或运算符

在 C 语言中，对两个数进行按位或运算时，同样会对这两个数的二进制表示进行逐位比较。如果第一个数的某一位是 1，第二个数对应位也是 1，对这两位求或的结果就是在对应位上产生 1。下面是按位或运算符的真值表。

b1	b2	b1 | b2
0	0	0
0	1	1
1	0	1
1	1	1

因此，如果 w1 是一个等于八进制数 0431 的 unsigned int 型变量，w2 是一个等于八进制数 0152 的 unsigned int 型变量，那么 w1 和 w2 的按位或运算得到的结果是八进制数 0573，如下所示：

```
w1    ... 100 011 001       0431
w2    ... 001 101 010     | 0152
-----------------------------
      ... 101 111 011       0573
```

正如在按位与运算符中指出的那样，一定不要混淆按位或（|）和逻辑或（||）运算，后者

用于确定两个逻辑值中的一个是否为 true。

按位或运算用于将一个字的某些指定位设置为 1。例如，对于下面的第一条语句，不管执行该语句之前 w1 最右边的 3 位是什么状态，执行后都会将 w1 最右边的 3 位都设置为 1。当然，也可以在语句中使用特殊赋值运算符，如下面的第二条语句所示。

```
w1 = w1 | 07;
w1 |= 07;
```

我将在本章后面介绍按位或运算符的使用程序示例。

11.2.3 按位异或运算符

按位异或运算符（^），也常称为 XOR 运算符，其工作原理为：对于两个操作数的对应位，如果其中有一位是 1，但不全都是 1，则执行运算后对应位的结果就是 1；否则为 0。这个运算符的真值表如下所示。

b1	b2	b1 ^ b2
0	0	0
0	1	1
1	0	1
1	1	0

如果将 w1 和 w2 分别设置为八进制数 0536 和 0266，那么 w1 和 w2 按位异或的结果是八进制数 0750，如下所示：

```
w1    ... 101 011 110        0536
w2    ... 010 110 110      ^ 0266
------------------------------
      ... 111 101 000        0750
```

按位异或运算符的一个有趣特性是，任何数与自身按位异或的结果都会是 0。从历史上看，汇编语言程序员经常使用这个技巧来快速地将一个值设置为 0 或比较两个值以查看它们是否相等。不过，不推荐在 C 语言程序中使用这种方法，因为它不能节省时间，而且很可能使程序更加晦涩。

按位异或运算符的另一个有趣特性是，它可以有效地交换两个数的值，而不需要额外的内存位置。我们知道，通常会用一系列语句来交换两个整数 i1 和 i2 的值，如下所示：

```
temp = i1;
i1 = i2;
i2 = temp;
```

使用按位异或运算符，你可以在不需要临时内存位置的情况下交换值：

```
i1 ^= i2;
i2 ^= i1;
i1 ^= i2;
```

这里留给读者一个练习：验证上面的语句确实成功地交换了 i1 和 i2 的值。

11.2.4 二进制求补运算符

二进制求补运算符（~）是一个一元运算符，它的作用是简单地“翻转”操作数的每一位，即将操作数中为 1 的每一位变成 0，为 0 的每一位变成 1。为了完整起见，下面列出真值表。

```
b1      ~b1
-----------
0        1
1        0
```

如果 w1 是一个长度为 16 位的 short int 型变量，并且被设置为八进制数 0122457，那么对其进行二进制求补运算得到的结果为八进制数 0055320：

```
 w1   1 010 010 100 101 111 0122457
~w1   0 101 101 011 010 000 0055320
```

不要将二进制求补运算符（~）与算术减运算符（-）或逻辑取反运算符（!）混淆。如果将 w1 定义为 int 型变量，并设置为 0，则-w1 的结果仍然为 0。如果将二进制求补运算符应用到 w1，则最终 w1 会被设置为全 1，当 w1 在二进制补码表示法中被视为有符号值时，结果为-1。最后，对 w1 应用逻辑取反运算符得到的结果是 true（1），因为 w1 是 false（0）。

如果在某一次运算时，不知道操作数的精确位长，那么二进制求补运算符是很有用的。它的使用可以使程序更具可移植性，换句话说，可以减少对运行该程序的特定计算机的依赖，因此更容易在其他机器上运行。例如，要将 int 型变量 w1 的最低位设置为 0，你可以使用一个 int 型常量与 w1 进行求与运算，这个 int 型常量除最右边一位为 0 之外，其他所有位都是 1。下面是 C 语言中的一条语句，适合在用 32 位表示整数的机器上运行。

```
w1 &= 0xFFFFFFFE;
```

如果将上面的语句替换为下面所示的语句：

```
w1 &= ~1
```

对于上述语句，在任何机器上，w1 都会与正确的值进行求与运算，因为机器会计算 1 的二进制补码，并且会根据需要在其左侧填充任意个 1，以满足 int 型变量的大小（在用 32 位表示整数的系统中，左边会有 31 位）。

程序 11.2 总结了迄今为止介绍的各种按位运算符。不过，在继续介绍之前，有必要说明一下各种运算符的优先级。与、或和异或运算符的优先级都低于算术运算符和关系运算符，但高于逻辑与和逻辑或运算符。按位与运算符的优先级高于按位异或运算符，而按位异或运算符的优先级又高于按位或运算符。一元二进制求补运算符的优先级高于**任何**二元运算符。有关这些运算符优先级的汇总，请参阅附录 A.5。

程序 11.2　演示位运算符

```
/* 此程序演示位运算符 */

#include <stdio.h>

int main (void)
{
    unsigned int w1 = 0525u, w2 = 0707u, w3 = 0122u;

    printf ("%o %o %o\n", w1 & w2, w1 | w2, w1 ^ w2);
    printf ("%o %o %o\n", ~w1, ~w2, ~w3);
    printf ("%o %o %o\n", w1 ^ w1, w1 & ~w2, w1 | w2 | w3);
    printf ("%o %o\n", w1 | w2 & w3, w1 | w2 & ~w3);
```

```
    printf ("%o %o\n", ~(~w1 & ~w2), ~(~w1 | ~w2));

    w1 ^= w2;
    w2 ^= w1;
    w1 ^= w2;
    printf ("w1 = %o, w2 = %o\n", w1, w2);

    return 0;
}
```

程序 11.2 输出

```
505  727 222
37777777252 37777777070 37777777655
0 20 727
527 725
727 505
w1 = 707, w2 = 525
```

你应该用纸和铅笔算出程序 11.2 中的每个操作，以验证你理解了结果是如何得到的。该程序运行在一台使用 32 位表示 int 型变量的计算机上。

在第四次 printf()调用中，一定要记住按位与运算符的优先级高于按位或运算符，否则会影响表达式的计算结果。

第五次 printf()调用说明了德摩根规则，即~(~a & ~b)等于 a | b，~(~a | ~b)等于 a & b。程序中随后的语句序列验证了交换操作的工作原理，如 11.2.3 节所述。

11.2.5 左移运算符

当对一个数值执行左移运算（<<）时，会将数值中包含的各个位逐位向左移动。与此操作相关联的是数值要移动的位数。从数值的最高位移出的位将被丢弃，然后在该数值的最低位移入 0。因此，如果 w1=3，那么表达式 w1 = w1 << 1（也可以写为 w1 <<= 1）的执行结果是将 3 左移一位，结果是将 6 赋给 w1，相关计算过程如下所示：

```
w1      ... 000 011 03
w1 << 1 ... 000 110 06
```

运算符<<左边的操作数是要被移位的数值，而右边的操作数是要移位的位数。如果将 w1 再向左移动一位，w1 的值就是八进制数 014：

```
w1      ... 000 110  06
w1 << 1 ... 001 100 014
```

实际上左移操作产生的效果是将被移动数值乘 2。事实上，有些 C 语言编译器在计算一个数与 2 的幂乘运算时，会自动地通过将该数值左移适当的位数而得到结果，因为在大多数计算机上，左移操作比乘法运算快得多。

在介绍完右移运算符后，会给出一个左移运算符的程序示例。

11.2.6 右移运算符

顾名思义，右移运算符（>>）是将数值的每一位向右移动。从数值的最低位移出的位会被丢弃。对无符号数值进行右移，总是会在左侧移入 0；也就是说，通过最高位移入。对于有符号数值，在左侧移入的内容取决于被移位数值的符号，以及你的计算机系统是如何实现该操作的。如果符号位为 0（表示数值为正数），则不管运行在哪台机器上，都会移入 0。但如果符号位是 1，在某些机器上，1 会被移入，而在另一些机器上，0 会被移入。前一种类型的运算称为**算术**右移，而后一种类型的运算称为**逻辑**右移。

不要对系统是否实现了算术或逻辑上的右移做任何假设。一个对有符号值进行右移的程序，可能在一个系统中能正常工作，但在另一个系统中却会因为这种假设而不能正常工作。

如果 w1 是一个 32 位 unsigned int 型变量，并且 w1 被设置为十六进制数 F777EE22，那么执行下面的语句将 w1 向右移动一位，结果是将十六进制数 7BBBF711 赋给 w1。

```
w1 >>= 1;
```

上面语句的执行过程如下所示：

```
w1         1111 0111 0111 0111 1110 1110 0010 0010 F777EE22
w1 >> 1    0111 1011 1011 1011 1111 0111 0001 0001 7BBBF711
```

如果将 w1 声明为一个（有符号）short int 型变量，在某些计算机上也会产生相同的结果；而在其他一些计算机上，如果执行算术右移操作，产生的结果将是 FBBBF711。

需要注意的是，如果将一个数值向左或向右移动的位数大于或等于该数值的位数，那么程序会产生一个未定义的结果。因此，在一个用 32 位表示整数的机器上，将一个整数向左或向右移动 32 位或更多位，程序会产生一个未定义的结果。你还应该注意，如果将一个数值移动负数位，产生的结果也是未定义的。

11.2.7　移位函数

现在，是时候在一个实际的程序示例中使用左移和右移运算符了，如程序 11.3 所示。有些计算机有一条单独的机器指令，当移位计数为正数时将数值向左移位，当移位计数为负数时将数值向右移位。现在，用 C 语言编写一个函数来模拟这种类型的操作。你可以让函数接收两个参数：要移位的数值和移位计数。如果移位计数为正数，则将数值向左移动指定的位数；否则，将数值向右移动，移动的位数为移位计数的绝对值。

程序 11.3　移位函数的实现

```
// 此函数是一个移位函数，如果移位计数是正数，则将一个 unsigned int 型数向左移位
// 如果是负数，则将其向右移位

#include <stdio.h>

unsigned int shift (unsigned int value, int n)
{
    if ( n > 0 )        // 左移
        value <<= n;
    else                // 右移
        value >>= -n;

    return value;
}

int main (void)
{
    unsigned int w1 = 0177777u, w2 = 0444u;
```

```
    unsigned int shift (unsigned int value, int n);

    printf ("%o\t%o\n", shift (w1, 5), w1 << 5);
    printf ("%o\t%o\n", shift (w1, -6), w1 >> 6);
    printf ("%o\t%o\n", shift (w2, 0), w2 >> 0);
    printf ("%o\n", shift (shift (w1, -3), 3));

    return 0;
}
```

程序 11.3 输出

```
7777740 7777740
1777 1777
444 444
177770
```

程序 11.3 中的 shift()函数将参数 value 的类型声明为 unsigned int，从而确保右移的值会被填充为 0；换句话说，使右移表现为逻辑上的右移。

如果移位计数 n 的值大于 0，则函数将 value 向左移 n 位。如果 n 为负（或 0），则函数将 value 向右移位，移动的位数是通过求 n 的相反数来获得的。

main()例程在第一次调用 shift()函数时指定将 w1 的值向左移动 5 位。printf()调用既显示了调用 shift()函数的结果，也显示了直接将 w1 的值左移 5 位的结果，以便比较这两个值。

第二次调用 shift()函数的效果是将 w1 的值右移 6 位。程序的输出证实了，该函数返回的结果与直接将 w1 的值右移 6 位的结果相同。

在第三次调用 shift()函数时，指定的移位计数是 0。在这个例子中，shift()函数将 value 右移 0 位，从程序的输出可以看出，这对值没有影响。

最后一个 printf()调用演示了对 shift()函数的嵌套函数调用。首先会执行最内层的 shift()函数，这个调用指定将 w1 的值右移 3 位，这个函数调用的结果是 0017777，然后将该结果传递给外层的 shift()函数，将其左移 3 位。从程序的输出中可以看到，这会有将 w1 的最低 3 位设置为 0 的效果。（当然，现在你知道这也可以通过简单地用~7 和 w1 的值求与来完成。）

11.2.8 循环移位

在程序 11.4 中，我们将把本章介绍的一些位运算结合起来，编写一个函数，将一个值进行循环左移或者循环右移。循环移位的过程与前面介绍的移位操作的过程类似，不同的是，当一个值向左循环移位时，从最高位移出的值会被移入最低位。当一个值向右循环移位时，从最低位移出的值会被移入最高位。因此，如果处理的是一个 32 位无符号整数，对应的十六进制数 80000000 向左循环移动 1 位得到的是十六进制数 00000001，因为符号位上的 1 通常在左移 1 位时被丢失，而在循环左移这个被丢弃的 1 又会被找回来并移入最低位。

你的函数有两个参数：第一个参数是要循环移位的数值，第二个参数是要循环移位的位数。如果第二个参数为正数，则将此值向左循环移位；否则，将此值向右循环移位。

你可以采用一种相当直接的方法来实现 rotate()函数。例如，要计算将 x 向左循环移动 n 位的结果（其中 x 的类型是 int 型，n 的取值范围是 0 到 int 型的位数减 1），可以提取 x 最左边的 n 位，将 x 向左移动 n 位，然后将提取的各位从右边移回 x。类似的算法也可用于实现向右循环移位函数。

程序 11.4 使用前面描述的算法实现了 rotate()函数。这个函数假设计算机上使用的 int 是 32 位。本章末尾的练习题 3 给出了一种编写此函数的方法，以避免上述假设。

程序 11.4　实现一个循环移位函数

```
// 此程序演示整数的循环移位

#include <stdio.h>

int main (void)
{
    unsigned int w1 = 0xabcdef00u, w2 = 0xffff1122u;
    unsigned int rotate (unsigned int value, int n);

    printf ("%x\n", rotate (w1, 8));
    printf ("%x\n", rotate (w1, -16));
    printf ("%x\n", rotate (w2, 4));
    printf ("%x\n", rotate (w2, -2));
    printf ("%x\n", rotate (w1, 0));
    printf ("%x\n", rotate (w1, 44));

    return 0;
}

// 此函数将一个 unsigned int 型数向左或向右循环移位

unsigned int rotate (unsigned int value, int n)
{
    unsigned int result, bits;

    // 将移位计数缩小到定义的范围

    if ( n > 0 )
        n = n % 32;
    else
        n = -(-n % 32);

    if ( n == 0 )
        result = value;
    else if ( n > 0 ) {             // 循环左移
        bits = value >> (32 - n);
        result = value << n | bits;
    }
    else {                          // 循环右移
        n = -n;
        bits = value << (32 - n);
        result = value >> n | bits;
    }

    return result;
}
```

程序 11.4　输出

```
cdef00ab
ef00abcd
fff1122f
```

```
bfffc448
abcdef00
def00abc
```

rotate()函数首先确保移位计数 n 是有效的，如下所示：

```
if ( n > 0 )
    n = n % 32;
else
    n = -(-n % 32);
```

首先检查 n 是否为正数。如果是，则将 n 与 int 的大小（在这个例子中假设为 32）进行求模运算，并将求模结果存储在 n 中。这会将移位计数的范围限定在 0～31。如果 n 是负数，则在进行求模运算之前取 n 的相反数，这是因为 C 语言并没有定义对负数进行求模运算的结果符号。你的机器可以产生正数或负数的结果。通过先求相反数，可以确保结果是正数；然后对结果应用一元减运算符，使其再次变为负数，即在−31～0 的范围内。

如果调整后的移位计数为 0，则函数直接将 value 赋值给 result。否则，继续进行移位处理。

rotate()函数将向左循环移动 n 位的操作分为 3 步。首先，提取 value 最左边的 n 位，并将其移到右边。这是通过将 value 向右移动 int 的大小（在程序 11.4 中是 32）减去 n 位来实现的。接下来，将 value 向左移动 n 位。最后，通过或运算将提取出来的位放回去。将 value 向右循环移位的过程与此类似。

注意，在 main()例程中使用了十六进制表示法。第一次调用 rotate()函数时，指定将 w1 的值向左循环移动 8 位。从程序的输出可以看出，rotate()函数返回的十六进制数 cdef00ab，实际上是将 abcdef00 向左循环移动了 8 位。

第二次调用 rotate()函数的效果是将 w1 的值向右循环移动了 16 位。

第三次和第四次对 rotate()函数的调用对 w2 的值做了类似的事情，并且非常容易理解。第五次调用 rotate()函数，指定循环移位的次数为 0。从程序的输出可以验证，在这种情况下，函数只会返回原始值，不做任何变动。

最后一次调用 rotate()指定向左循环移动 44 位，结果就是将该值向左循环移动 12（44%32 的结果是 12）位。

11.3 位域

利用前面讨论的各种位运算符，我们可以继续对位执行各种复杂的运算。我们经常会对包含打包信息的数据项进行位运算。就像在某些计算机上可以使用 short int 来节省内存空间一样，如果不需要使用整个字节或字来表示数据，也可以将信息打包到字节或字的各个位中。例如，用于表示布尔值 true 或 false 的标志，在计算机中可以仅使用一位来表示。在大多数计算机上，声明一个用作标志的 char 型变量会使用 8 位（即 1 个字节），而一个_Bool 变量可能也使用 8 位。此外，如果你需要在一个大表中存储许多标志，则浪费的内存量可能会变得非常大。

C 语言中有两个方法可用于将信息打包在一起，以更好地利用内存。一种方法是在普通的 int 中表示数据，然后使用前几节介绍的位运算符访问 int 中想要的位。另一种方法是使用被称为**位域**（bit field）的 C 语言构造，来定义一种打包信息的构造。

为了说明如何使用第一种方法，假设你想将 5 个数据值打包到一个字中，如果不进行数据值打包，你必须在内存中维护一个非常大的表来存储这些数据值。假设这些数据值中有 3 个是标志位，它们分别称为 f1、f2 和 f3；第四个数据值是一个名为 type 的整数，它的取值范围是 1～255；最后一个数据值是一个名为 index 的整数，它的取值范围为 0～100000。

存储标志 f1、f2 和 f3 的值只需要 3 个存储位就足够了，每一个存储位表示每个标志的 true 或 false。存储整数 type 的值（取值范围为 1～255）需要 8 个存储位。最后，存储整数 index 的值需要 18 位，它的取值范围可以是 0～100000。因此，存储 f1、f2、f3、type 和 index 这 5 个数据值所需的总存储空间为 29 位。你可以定义一个整型变量来存储这 5 个数据值，如下所示：

```
unsigned int packed_data;
```

然后可以在 packed_data 中任意指定特定的位或**字段**（field），来存储这 5 个数据值。图 11.1 给出了这样一种分配方式，其中假定 packed_data 的长度是 32 位。

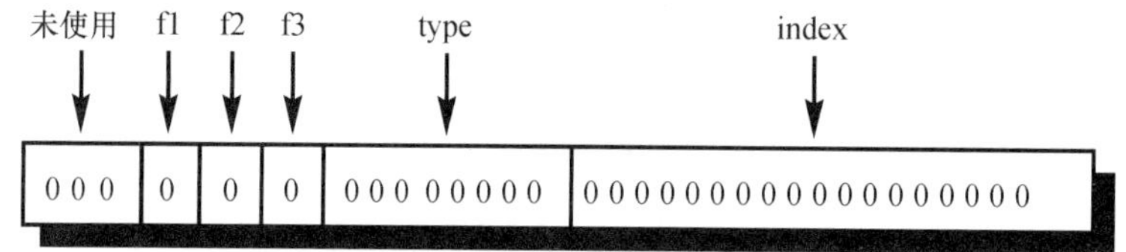

图 11.1　packed_data 中的位域分配

请注意，packed_data 有 3 个未使用的位。现在可以对 packed_data 应用正确的位运算序列，以设置和获取该整数中的各个字段的值。例如，你可以将 packed_data 的 type 字段设置为 7，方法是将值 7 向左移动适当的位数，然后将其写入 packed_data，如下所示：

```
packed_data |= 7 << 18;
```

或者，你可以通过下面所示的语句将 type 字段设置为 n，其中 n 的取值范围为 0～255。

```
packed_data |= n << 18;
```

为了确保 n 的取值范围为 0～255，我们可以在移位前让其与 0xff 进行按位与运算。

当然，上述语句只有在 type 字段为 0 时才有效；否则，必须首先将其清零，方法是取一个值（通常称为掩码），其 type 字段的 8 位均是 0，所有其他位置均为 1，然后将该数值与待清零的数求与：

```
packed_data &= 0xfc03ffff;
```

为了避免显式计算上述掩码的麻烦，也为了让操作与整数的大小无关，可以使用下面的语句将 type 字段设置为 0：

```
packed_data &= ~(0xff << 18);
```

结合前面描述的语句，不管 packed_data 的 type 字段在之前存储了什么内容，都可以将其设置为 n 中低 8 位中包含的值，语句如下所示。语句中有一些括号是非必需的，添加它们是为了增强可读性。

```
packed_data = (packed_data & ~(0xff << 18)) | ((n & 0xff) << 18);
```

你可以看到，为了完成将 type 字段中的位设置为指定值这一相对简单的任务，前面的表达式有多么复杂。其实要从这些字段中提取一个值并没有那么复杂：可以将字段移动到字的最低位，然后与一个具有适当位长的掩码进行求与操作。因此，要提取 packed_data 中的 type 字段并将其赋给 n，可以使用下面的语句来完成。

```
n = (packed_data >> 18) & 0xff;
```

C 语言提供了一种更为方便的方法来处理位域。这种方法是在结构体定义中使用一种特殊的语法，允许你定义一个位域，并为其指定一个名称。每当在 C 语言中使用“位域”术语时，就是指使用上述方法。

为定义前面提到的位域分配，可以定义一个名为 packed_struct 的结构体，如下面的代码所示：

```
struct packed_struct
{
    unsigned int :3;
    unsigned int f1:1;
    unsigned int f2:1;
    unsigned int f3:1;
    unsigned int type:8;
    unsigned int index:18;
};
```

上面的 packed_struct 结构体定义包含 6 个成员。第一个成员没有名称，其中“:3”指定了 3 个未命名的位。第二个成员是 f1，它的类型是 unsigned int 型。紧跟在成员名后面的“:1”指定该成员存储在一个位中。标志 f2 和 f3 也类似地定义为一个位长度。成员 type 定义为具有 8 个位长，而成员 index 定义为具有 18 个位长。

C 语言编译器自动地将上述位域定义打包在一起。这种方法的好处是，将一个变量定义为 packed_struct 型变量后，可以像引用普通结构体成员一样方便地引用该变量的字段。因此，如果你像下面第一行语句这样声明了一个名为 packed_data 的变量，可以使用简单的语句将 packed_data 的 type 字段设置为 7（如下面第二行代码所示），或者你可以用类似的语句将这个字段的值设为 n（如下面第三行代码所示）。在第三行代码的情况下，不需要担心 n 的值是否太大、无法放入 type 字段，因为只有 n 的低 8 位会被赋给 packed_data.type。

```
struct packed_struct packed_data;
packed_data.type = 7;
packed_data.type = n;
```

从一个位域中提取值也是 C 语言编译器自动处理的，因此下面的语句会从 packed_data 中提取 type 字段（根据需要自动将其移到低位），并将其赋值给 n。

```
n = packed_data.type;
```

位域可以在普通表达式中使用，并自动转换为整数。所以下面的表述完全是有效的。

```
i = packed_data.index / 5 + 1;
```

再看下面这条语句，它测试标志 f2 是 true 还是 false。

```
if ( packed_data.f2 )
  ...
```

使用位域时有一点值得注意，那就是无法保证位域在内部是从左到右分配还是从右到左分配的。但是，除非你处理的数据是由不同的程序或不同的机器创建的，否则这不会造成问题。不过在这种情况下，必须知道位域是如何分配的，并正确地进行声明。可以定义如下所示的 packed_struct 结构体，以在一个自右向左分配字段的计算机上实现与图 11.1 相同的表示。永远不要对结构体成员的存储方式做任何假设，无论它们是否包含位域成员。

```
struct packed_struct
{
    unsigned int index:9;
    unsigned int type:4;
    unsigned int f3:1;
    unsigned int f2:1;
    unsigned int f1:1;
    unsigned int :3;
};
```

还可以在包含位域的结构体中包含普通数据类型的结构体。因此，如果你想定义一个包含 int、char 型变量和两个 1 位的标志的结构体，可以使用如下所示的定义：

```
struct table_entry
{
    int          count;
    char         c;
    unsigned int f1:1;
    unsigned int f2:1;
};
```

关于位域，这里还有一些点值得关注。位域只能被声明为 int 或_Bool 型。如果声明中只使用 int，则具体实现取决于它是被解释为有符号值还是无符号值。为安全起见，可以显式地使用 signed int 或 unsigned int 声明。位域没有维度，也就是说，你不能使用位域数组，例如 flag:1[5]。最后，你不能获取位域的地址，因此，显然没有“指向位域的指针”这种类型。

当位域出现在结构体定义中时，它们会被打包成**单元**（unit），单元的大小由具体实现定义，大多是一个字的大小。

C 语言编译器**不会**重新排列位域定义以尝试优化存储空间。

关于位域最后要介绍的一种特殊情况是长度为 0 的未命名字段。这可以将结构体的下一个字段强制对齐到单元边界的起始位置。

对 C 语言位运算的讨论到此结束。读者可以看到 C 语言为高效操作位提供了多么强大的功能。C 语言提供了方便的运算符，用于执行按位与、按位或、按位异或、二进制求补以及左移和右移运算。利用特殊的位域格式，你能够为数据项分配指定数量的位，且无须使用掩码和移位就能轻松地设置和获取位域的值。

在继续学习第 12 章之前，请尝试做以下练习题，以测试你对 C 语言位运算的理解程度。

11.4　练习题

1. 输入并运行本章给出的程序。将每个程序产生的输出与书中每个程序之后给出的输出进行比较。
2. 编写一个程序，以判断你的计算机执行的是算术右移还是逻辑右移。
3. 假设表达式~0 产生一个全是 1 的整数，编写一个名为 int_size 的函数，它返回你的机器上 int 中包含的位数。

4. 利用练习题 3 中获得的结果，修改程序 11.4 中的 rotate()函数，使其不再对 int 型数据的大小做任何假设。
5. 编写一个名为 bit_test 的函数，该函数接收两个参数：一个 unsigned int 型变量和一个位号 n。如果该整数第 n 位为“on”，则函数返回 1；如果为“off”，则返回 0。假定位号 0 引用的是整数中最左边的位。再编写一个对应的函数 bit_set()，它接收两个参数：一个 unsigned int 型变量和一个位号 n，让该函数返回整数中第 n 位设置为“on”后的结果。
6. 编写一个名为 bitpat_search 的函数，该函数用于查找一个 unsigned int 型变量中是否出现特定的位模式。这个函数应该接收 3 个参数，调用方式如下所示：

```
bitpat_search (source, pattern, n)
```

   该函数从整数 source 的最左边开始查找，看 source 中是否出现 pattern 的最右边 n 位。如果找到了这种位模式，则让该函数返回模式开始的位号，其中最左边的位号是 0。如果未找到模式，则让该函数返回−1。
   例如，下面的函数调用会让 bitpat_search()函数在数字 0xe1f4（即二进制数 1110 0001 1111 0100）中查找 3 位模式 0x5（即二进制数 101）。该函数将返回 11，表示在源数字中的位号 11 处找到了该模式。

```
index = bitpat_search (0xe1f4, 0x5, 3);
```

   确保该函数没有对 int 型数据的大小做任何假设（参见本章的练习题 3）。
7. 编写一个名为 bitpat_get 的函数，该函数用于提取一组指定的位。让它接收 3 个参数：第一个参数是 unsigned int，第二个参数是整数的起始位号，第三个参数是位数。按惯例，从最左边的位开始编号，从第一个参数中提取指定的位数，并返回结果。
   例如，下面的函数调用从 x 中提取最左边的 3 位。

```
bitpat_get (x, 0, 3)
```

   再如，下面的函数调用从 x 左边第 4 位开始提取 5 位。

```
bitpat_get (x, 3, 5)
```

8. 编写一个名为 bitpat_set 的函数，将一组特定的位设置为一个特定的值。该函数应该接收 4 个参数：第一个是指向 unsigned int 型的指针，要对这个 unsigned int 中的特定位进行设置；第二个是 unsigned int 型变量，其中包含要设置的指定位的值；第三个是 int 型变量，用于指定起始位号（最左边的位编号为 0）；第四个是 int 型变量，用于指定字段的大小。不要假设 int 型数据的大小（参见本章的练习题 3）。
   例如，下面函数调用的效果是，将从 x 左边第 3 位（对应的位号是 2）开始的 5 个位的值设置为 0。

```
bitpat_set (&x, 0, 2, 5);
```

   同样，下面的函数调用会将 x 最左边 8 位设置为十六进制数 55。

```
bitpat_set (&x, 0x55u, 0, 8);
```

第 12 章

预处理器

本章描述 C 语言的另一个独特特性——预处理器，这是许多其他高级语言所没有的。C 语言预处理器提供了一些工具，使你能够开发出更容易开发、更容易阅读、更容易修改，以及更容易移植到不同计算机系统的程序。你还可以使用预处理器定制 C 语言，以满足特定的程序设计应用，或者满足你自己的程序设计风格。本章将介绍以下内容：

- 使用#define 语句创建自己的常量和宏；
- 使用#include 语句构建自己的库文件；
- 使用条件语句#ifdef、#endif、#else 和#ifndef 编写更强大的程序。

预处理器是 C 语言编译过程的一部分，它用于识别可能散布在 C 语言程序中的特殊语句。顾名思义，预处理器实际上会在分析 C 语言程序本身之前分析这些语句。预处理器语句由井号“#”标识，#必须是该行中的第一个非空格字符。你将会看到，预处理器语句的语法与普通的 C 语言程序语句的语法略有不同。到目前为止，你编写的几乎每个程序都使用了预处理器指令，特别是#include 指令，你还可以使用该指令做更多的事情，这将在本章后面介绍，但我们可以先来研究#define 语句。

12.1　#define 语句

#define 语句的一个主要用途是为程序常量指定符号名称。下面的预处理器语句定义了名称 YES，并使其等同于值 1。名称 YES 随后可以在程序中任何可以使用常数 1 的地方使用。无论该名称何时出现，预处理器都会自动将其定义的值 1 替换到程序中。

```
#define YES 1
```

例如，下面的 C 语言程序语句使用了上面定义的名称 YES。

```
gameOver = YES;
```

这条语句将 YES 的值赋给 gameOver。你不需要关心实际为 YES 定义了什么值，但因为我们知道它被定义为 1，所以上述语句具有将 1 分配给 gameOver 的效果。

下面的预处理器语句定义了名称 NO，在程序后面使用到它时就等同于指定了数值 0。

```
#define NO 0
```

根据上面 NO 的定义，下面的语句将 NO 值赋给 gameOver：

```
gameOver = NO;
```

而下面的 if 语句，将 gameOver 的值与 NO 的值进行比较。

```
if ( gameOver == NO )
  ...
```

唯一不能使用已定义名称的地方是在字符串中，所以下面这条语句将 charPtr 设置为指向字符串"YES"而不是字符串"1"。

```
char *charPtr = "YES";
```

定义的名称并**不是**一个变量。因此，除非将定义的值替换后得到的结果实际上是一个变量，否则你不能给它赋值。每当在程序中使用已定义的名称时，#define 语句中出现在已定义名称右侧的任何内容都会被预处理器自动替换到程序中。这类似于使用文本编辑器进行搜索和替换；在这种情况下，预处理器会将所有出现的已定义名称用与其相关联的文本替换。

注意，#define 语句有一种特殊的语法：在将数值 1 赋给 YES 时，并没有使用等号。此外，分号**也不会**出现在语句的末尾。很快你就会明白这种特殊语法存在的原因。但首先，我们来看一个小程序，它使用了前面介绍过的 YES 和 NO 定义。程序 12.1 中的函数 isEven()在参数为偶数时返回 YES，在参数为奇数时返回 NO。

程序 12.1　介绍#define 语句

```
#include <stdio.h>

#define YES 1
#define NO  0

// 此函数判断一个整数是否为偶数

int isEven (int number)
{
    int answer;

    if ( number % 2 == 0 )
      answer = YES;
  else
      answer = NO;

  return answer;
}

int main (void)
{
    int isEven (int number);

    if ( isEven (17) == YES )
        printf ("yes ");
    else
        printf ("no ");

    if ( isEven (20) == YES )
        printf ("yes\n");
    else
        printf ("no\n");

    return 0;
}
```

程序 12.1　输出

```
no yes
```

#define 语句出现在程序的最前面，这不是必需的，它们可以出现在程序的**任何地方**。但要求一个名称的定义出现在程序对它的引用之前。已定义名称的行为与变量的不同：不存在所谓的局部定义。在程序中，无论是在函数内部还是在函数外部，定义名称之后，可以在程序的**任何后续位置**使用它。大多数程序员将#define 语句放在程序的开头（或者放在一个**包含文件**[1]中），这样它们可以被多个源文件快速引用和共享。

程序员经常定义名称 NULL 来表示空指针[2]。

通过在程序中包含如下定义，你可以写出可读性很强的语句：

```
#define NULL 0
```

使用上面的定义，可以设置一个 while 循环（如下所示），只要 listPtr 的值不等于空指针，循环就会持续执行。

```
while ( listPtr != NULL )
    ...
```

下面是另一个使用已定义名称的例子。假设你要编写 3 个函数来在给定半径的情况下，计算圆的面积、圆的周长和球体的体积。因为所有这些函数都需要使用常数 π，而 π 不是一个特别容易记住的常数，所以，在程序开始时定义这个常数的值一次，然后在每个函数中需要的地方使用这个值是很有意义的[3]。

程序 12.2 展示了如何在程序中设置和使用这个常量的定义。

程序 12.2　更多关于定义的使用

```
/* 此程序在给定半径的情况下，计算一个圆的面积、圆的周长和球体的体积   */

#include <stdio.h>

#define PI       3.141592654

double area (double r)
{
    return PI * r * r;
}

double circumference (double r)
{
    return 2.0 * PI * r;
}

double volume (double r)
{
    return 4.0 / 3.0 * PI * r * r * r;
}

int main (void)
{
    double area (double r), circumference (double r),
           volume (double r);
```

1 继续阅读，了解如何在可以包含在程序中的特殊文件中建立定义。

2 NULL 已经被定义在系统中一个名为<stddef.h>的文件中。同样，稍后将更详细地讨论 include 文件。

3 标识符 M_PI 已经在头文件<math.h>中为你定义。通过在程序中包含该文件，就可以在程序中直接使用它。

```
    printf ("radius = 1: %.4f %.4f %.4f\n",
          area(1.0), circumference(1.0), volume(1.0));

    printf ("radius = 4.98: %.4f %.4f %.4f\n",
          area(4.98), circumference(4.98), volume(4.98));

    return 0;
}
```

程序 12.2 输出

```
radius = 1: 3.1416 6.2832 4.1888
radius = 4.98: 77.9128 31.2903 517.3403
```

在程序开始时，将符号名称 PI 定义为值 3.141592654。随后在 area()、circumference()和 volume()函数中使用 PI 这个名称，会使其定义的值在适当的位置被自动替换。

将常量赋值给符号名称，可以让你不必每次在程序中使用它时都记住这个特定的常量值。此外，如果需要改变常量的值（例如，发现使用了错误的值），只需在程序中的一个位置——也就是在#define 语句中修改这个值。如果没有这种方法，你就必须查找整个程序，在每个使用该常量的地方，逐一地修改它的值。

你可能已经意识到，到目前为止见过的所有#define 语句定义的名称（YES、NO、NULL 和 PI）都是用大写字母写的。这样做是为了从视觉上将定义的值和变量区分开来。有些程序员采用这样的约定，即所有定义的名称都使用大写字母，这样就很容易确定一个名称何时表示一个变量，何时表示一个已定义的名称。另一种常见的约定是在定义的名称前加上字母 k，在这种情况下，名称的后续字母只有首字母大写，例如 kMaximumValues 和 kSignificantDigits。

12.1.1 程序的可扩展性

使用#define 语句的一个好处是使程序更容易扩展。例如，在定义数组时，必须指定数组中元素的个数，可以显式指定，也可以隐式指定（通过指定初始化方法的列表）。后续的程序语句可能会使用数组中包含的元素数量。例如，如果数组 dataValues 在程序中的定义为：

```
float dataValues[1000];
```

根据上面对数组 dataValues 的定义，你很可能会在程序中看到这样的语句，其使用了 dataValues 包含 1000 个元素这一事实。例如，在下面的 for 循环中，可能会使用 1000 作为顺序遍历数组上界。

```
for ( i = 0; i < 1000; ++i )
    ...
```

再如，在程序中使用数组中包含的元素数量，测试索引值是否超过数组的最大元素数量。

```
if ( index > 999 )
    ...
```

现在假设需要将数组 dataValues 的元素从 1000 增加到 2000。这将需要更改所有使用 dataValues 包含 1000 个元素这一事实的语句。

处理数组边界的一种更好的方法是为数组上界定义一个名称，这使程序更容易扩展。因此，如果你使用了合适的#define 语句定义一个名称，例如 MAXIMUM_DATAVALUES：

```
#define MAXIMUM_DATAVALUES 1000
```

接下来，你就可以使用下面的代码行定义 dataValues 数组，使其包含 MAXIMUM_DATAVALUES 元素：

```
float dataValues[MAXIMUM_DATAVALUES];
```

使用数组上界的语句也可以使用这个定义的名称。例如，为了对 dataValues 中的元素进行顺序遍历，可以使用下面的 for 语句：

```
for ( i = 0; i < MAXIMUM_DATAVALUES; ++i )
    ...
```

如果想要测试索引值是否大于数组上界，可以编写：

```
if (index > MAXIMUM_DATAVALUES - 1)
    ...
```

上述方法最棒的地方在于，现在只需修改 MAXIMUM_DATAVALUES 的定义（如下所示），就可以轻松地将数组 dataValues 的大小更改为 2000 个元素：

```
#define MAXIMUM_DATAVALUES 2000
```

如果在编写程序时，将所有使用数组大小的地方都写为 MAXIMUM_DATAVALUES，那么上述定义可能是程序中唯一需要修改的语句。

12.1.2　程序的可移植性

使用#define 语句的另一个好处是有助于提高程序的可移植性。有时，可能需要使用一些特定的常量值，它们与运行程序的特定计算机相关联，例如，可能与特定计算机内存地址、文件名或一个计算机字中包含的位数等有关。回想一下，程序 11.4 中的 rotate()函数就利用了这样的信息：在运行该程序的机器上，int 型数据占用 32 位。

如果你想在另一台 int 型数据占用 64 位的机器上执行这个程序，则 rotate()函数将无法正确工作[1]。在程序**必须**要使用一些与机器相关的值的情况下，尽可能地将这种依赖从程序中隔离出来是有意义的。#define 语句在这方面可以提供很大的帮助。新版本的 rotate()函数可以很容易地移植到另一台计算机上，尽管它只是一个相当简单的例子。下面是新的 rotate()函数：

```
#include <stdio.h>

#define kIntSize 32 // *** 机器特定的值！ ***

// 此函数将一个无符号整数值进行循环左移或循环右移

unsigned int rotate (unsigned int value, int n)
{
    unsigned int result, bits;

    /* 将偏移量缩小到指定范围内 */
```

1　当然，你可以编写 rotate()函数，让它自己决定 int 型数据的位数，使其完全独立于机器。请参阅第 11 章末尾的练习题 3 和练习题 4。

```
    if ( n > 0 )
        n = n % kIntSize;
    else
        n = -(-n % kIntSize);

    if ( n == 0 )
        result = value;
    else if ( n > 0 )          /* 循环左移 */
    {
        bits = value >> (kIntSize - n);
        result = value << n | bits;
    }
    else                       /* 循环右移 */
    {
        n = -n;
        bits = value << (kIntSize - n) ;
        result = value >> n | bits;
    }

    return result;
}
```

12.1.3 更高级的定义类型

一个名称的定义可以包含不止一个简单的常量值。它可以包括一个表达式，而且，正如你很快将看到的，它几乎可以包含任何内容！

下面第一条语句将 TWO_PI 定义为 2.0 和 3.141592654 的乘积。随后，你可以在程序中任何可以使用表达式 2.0*3.141592654 的地方使用这个已定义的名称。例如，你可以用下面第二条语句替换程序 12.2 中圆周函数 circumference()的返回语句。

```
#define TWO_PI 2.0 * 3.141592654
return TWO_PI * r;
```

无论何时在 C 语言程序中遇到已定义的名称，都会用#define 语句中出现在已定义名称右侧的**所有内容**来逐字替换程序中该位置的名称。因此，当 C 语言预处理器遇到前面 return 语句中出现的名称 TWO_PI 时，它会用该名称对应的#define 语句中的内容来替换该名称。因此，当程序中出现已定义的名称 TWO_PI 时，预处理器会将其替换为 2.0 * 3.141592654。

每当定义的名称出现时，预处理器都会逐一执行文本替换，这一事实解释了为什么你通常不希望以分号结束#define 语句。如果你这样做了，那么分号也将被替换到程序中任何出现已定义名称的地方。如果你按照下面第一行语句那样定义 PI，然后按照下面第二行语句那样来使用 PI，那么预处理器会将定义的名称 PI 替换为 3.141592654。因此，在预处理器执行完对 PI 的替换后，编译器会看到下面第三行所示的语句，这将会产生语法错误。

```
#define PI 3.141592654;
return 2.0 * PI * r;
return 2.0 * 3.141592654; * r;
```

预处理器定义本身不一定是有效的 C 语言表达式，只要在使用它的地方得到的表达式是有效的就行。例如在下面的定义中，尽管出现在 LEFT_SHIFT_8 之后的表达式在语法上是无效的，但就该定义而言是合法的。

```
#define LEFT_SHIFT_8 << 8
```

你可以按照下面的语句来使用 LEFT_SHIFT_8，以将 y 的内容左移 8 位，并将左移后的结果赋给 x。

```
x = y LEFT_SHIFT_8;
```

一种更为实用的做法是建立如下定义：

```
#define AND &&
#define OR  ||
```

根据上面定义的 AND 和 OR，我们可以写出下面两个 if 表达式：

```
if ( x > 0 AND x < 10 )
    ...
if ( y == 0 OR y == value )
    ...
```

你甚至还可以定义如下#define 语句：

```
#define EQUALS ==
```

然后，可以在相等测试中使用这个 EQUALS 定义，如下所示：

```
if ( y EQUALS 0 OR y EQUALS value )
    ...
```

通过这样的方法，可以避免错误地使用一个等号来判断是否相等，同时可以提高语句的可读性。

虽然这些例子说明了#define 具有强大的功能，但你也应该注意，以这种方式重新定义底层语言的语法通常被认为是一种糟糕的编程实践。此外，它可能会使其他人很难理解你的代码。

来看一个更有趣的事情：一个已定义的值本身可以引用另一个已定义的值。因此，下面两条#define 语句是完全有效的。TWO_PI 的名称是根据之前定义的名称 PI 定义的，因此无须再次指明值 3.141592654。

```
#define PI     3.141592654
#define TWO_PI 2.0 * PI
```

颠倒上面定义的顺序，如下所示，最后的定义也是有效的。

```
#define TWO_PI 2.0 * PI
#define PI     3.141592654
```

这样做的规则是，如果在程序中**使用**已定义的名称时所有内容都已定义，则可以在定义中引用其他定义的值。为了保证可读性，建议你在定义术语之前不要使用它。

恰当地使用定义，通常可以减少程序中对注释的需求。请看下面的语句：

```
if ( year % 4 == 0 && year % 100 != 0 || year % 400 == 0 )
    ...
```

从本书前面的程序中你可以知道，上面的表达式用于测试变量 year 的值是否为闰年。现在考虑下面的定义和后面的 if 语句：

```
#define IS_LEAP_YEAR    year % 4 == 0 && year % 100 != 0 \
                     || year % 400 == 0
    ...
if ( IS_LEAP_YEAR )
    ...
```

通常预处理器假定一个定义包含在程序的单行代码中。如果需要写到第二行，则第一行的最后一个字符必须是反斜线字符。该字符告诉预处理器，该行后面还有后续内容，如果没有反斜线字符，则第一行之后的内容将被忽略。这同样适用于待续行大于一行的情况，这样除了最后一行外，其余每行的最后必须以反斜线字符结束。

这里的 if 语句比之前没有使用定义的 if 语句要容易理解得多。这里不需要注释，因为该语句的意思不言自明。IS_LEAP_YEAR 定义的作用类似于函数的作用。可以调用 is_leap_year()函数来获得同样的可读性。在这种情况下使用哪一个完全是主观的。当然，is_leap_year()函数比前面的定义更通用，因为它可以接收一个参数，这使你能够测试任何变量的值是否为闰年，而不只测试 IS_LEAP_YEAR 定义所限制的变量 year 的值是否为闰年。实际上，你**可以**编写一个接收一个或多个参数的定义，这就引出了后面要讨论的内容。

1. 参数与宏

IS_LEAP_YEAR 可以被定义为接收一个名为 y 的参数，如下所示：

```
#define IS_LEAP_YEAR(y)     y % 4 == 0 && y % 100 != 0 \
                         || y % 400 == 0
```

上述语句与函数不同，这里并没有定义参数 y 的类型，因为这里仅执行字面量文本替换，而没有调用函数。

请注意，#define 语句中定义的名称和参数列表的左括号之间不允许有空格。

根据前面的定义，可以编写这样的语句来测试 year 的值是否为闰年：

```
if ( IS_LEAP_YEAR (year) )
    ...
```

也可以编写下面的语句来测试 next_year 的值是否为闰年：

```
if ( IS_LEAP_YEAR (next_year) )
    ...
```

在前面的语句中，IS_LEAP_YEAR 的定义可以直接被带入 if 语句中，用参数 next_year 替换定义中所有的 y。因此，if 语句实际上会被编译器视为：

```
if ( next_year % 4 == 0 && next_year % 100 != 0 \
        || next_year % 400 == 0 )
    ...
```

在 C 语言中，定义通常被称为**宏**（macro）。这个术语通常适用于有一个或多个参数的定义。在 C 语言中以宏的形式实现某些东西，而不以函数的形式实现的优势在于，宏中的参数类型并不重要。例如，考虑一个名为 SQUARE 的宏，它只是对其参数求平方，其定义如下面第一条语句所示。下面第二条语句通过宏的方式，将 v 的平方的值赋给 y。

```
#define SQUARE(x) x * x
y = SQUARE (v);
```

这里要强调的是，不管 v 是什么类型（例如，可以是 int、long 或 float）的值，都可以使用**相同**的宏来计算平方。假如将 SQUARE 实现为一个接收 int 型参数的函数，那么你就不能用它来计算 double 型值的平方。关于宏定义中可能与你的应用程序有关的一个注意事项：因为宏是由预处理器直接代入程序的，所以它们不可避免地比等价定义的函数使用更多的内存空间。然而，函数调用和返回都需要时间，使用宏定义可以避免这种开销。

虽然 SQUARE 的宏定义很简单，但在定义宏时需要避免一个陷阱。如前所述，下面第一条语句的声明将 v 的平方的值赋给 y。那么你认为执行下面第二条语句会发生什么呢？下面第二条语句**并不会**像你期望的那样将 (v+1) 的平方的值赋给 y。因为预处理器在宏定义中执行了参数的字面文本替换，所以下面第二条语句，实际上将会按照下面第三条语句那样进行计算，这显然不会产生预期的结果。

```
y = SQUARE (v);
y = SQUARE (v + 1);
y = v + 1 * v + 1;
```

为正确处理上面这种情况，需要在 SQUARE 宏的定义中使用括号，如下面第一条语句所示。尽管这个定义可能看起来很奇怪，但请记住，程序将使用传递给 SQUARE 宏的整个表达式，来替换出现在任何地方的 SQUARE()。使用新的 SQUARE 宏定义，再次执行下面第二条语句，将会被按照下面第三条语句那样进行正确的计算。

```
#define SQUARE(x)  ( (x) * (x) )
y = SQUARE (v + 1);
y = ( (v + 1) * (v + 1) );
```

在定义宏时，条件表达式运算符特别方便。下面定义了一个名为 MAX 的宏，它可以给出两个值中的最大值。

```
#define MAX(a,b)  ( ((a) > (b)) ? (a) : (b) )
```

有了 MAX 宏，可以在之后写出类似下面的语句，它将 x+y 和 minValue 中的最大值赋给 limit。

```
limit = MAX (x + y, minValue);
```

在整个 MAX 定义的两边放置了一对括号，以确保类似下面第一条表达式可以得到一个正确的结果。同时，每个参数周围都单独放置了一对括号，以确保类似下面第二条表达式可以得到一个正确的结果。

```
MAX (x, y) * 100
MAX (x & y, z)
```

这是因为运算符&的优先级低于宏中使用的运算符>，如果宏定义中没有括号，则运算符>会在运算符&之前求值，导致错误的结果。

下面的宏可以测试字符是否为小写字符：

```
#define IS_LOWER_CASE(x)  ( ((x) >= 'a') && ((x) <= 'z') )
```

使用上面的 IS_LOWER_CASE 宏，可以写出类似下面的表达式：

```
if ( IS_LOWER_CASE (c) )
    ...
```

你甚至可以在后续的宏定义中使用 IS_LOWER_CASE 宏将 ASCII 字符从小写转换为大写，而不改变任何非小写字符：

```
#define TO_UPPER(x) ( IS_LOWER_CASE (x) ? (x) - 'a' + 'A' : (x) )
```

下面的循环程序将依次遍历 string 指向的字符，并将字符串中的所有小写字符转换为大写字符[1]。

```
while ( *string != '\0' )
{
    *string = TO_UPPER (*string);
    ++string;
}
```

2. 参数数量可变的宏

一个宏可以被定义为接收不确定数量或可变数量的参数，这一点是通过在参数列表的末尾加上 3 个点来告诉预处理器的。在宏定义中，参数列表中剩余的参数可以通过特殊的标识符__VA_ARGS__来整体引用。例如，下面定义了一个名为 debugPrintf 的宏，它接收可变数量的参数：

```
#define debugPrintf(...) printf ("DEBUG:" __VA_ARGS__);
```

下面展示了对 debugPrintf 宏的两种合法使用示例：

```
debugPrintf ("Hello world!\n");
debugPrintf ("i = %i, j = %i\n", i, j);
```

上面第一个示例得到的输出结果为：

```
DEBUG: Hello world!
```

对于上面第二个示例，如果 i 的值为 100，j 的值为 200，则输出的结果为：

```
DEBUG: i = 100, j = 200
```

对于上面第一个示例中的 printf()调用，预处理器展开的结果如下所示，它还将相邻的字符串常量连接在一起。

```
printf ("DEBGUG: " "Hello world\n");
```

因此，上面第一个示例中最终的 printf()调用看起来应该是：

```
printf ("DEBGUG: Hello world\n");
```

12.1.4　#运算符

如果在宏定义中将#放在一个参数前面，则在调用宏时，预处理器会根据宏参数创建一个字符串常量。例如，下面定义了一个名为 str 的宏：

```
#define str(x) # x
```

1　标准 C 语言库中有许多用于字符测试和转换的函数。例如，islower()和 toupper()与 IS_LOWER_CASE 和 TO_UPPER 宏的作用相同。更多相关细节请参阅附录 B。

使用 str 宏执行下面第一行的语句，对应的语句会被预处理器展开为第二行所示的内容。

```
str (testing)
"testing"
```

另一个使用 str 宏的例子如下面第一行语句所示，预处理器对其展开后的结果等价于下面第二行语句。

```
printf (str (Programming in C is fun.\n));
printf ("Programming in C is fun.\n");
```

预处理器在实际的宏参数周围插入双引号。参数中任何双引号或反斜线字符都会被预处理器保留。因此，下面第一行语句展开后的效果如下面第二行语句所示。

```
str ("hello")
"\"hello\""
```

下面的宏定义可能是一个更实际的使用#运算符的例子：

```
#define printint(var) printf (# var " = %i\n", var)
```

上述宏用于显示一个 int 型变量的值。如果 count 是一个值为 100 的 int 型变量，则下面第一行语句的展开结果如下面第二行语句所示。对 printf()中两个相邻的字符串执行字符串拼接后，变成下面第三行语句所示的样子。

```
printint (count);
printf ("count" " = %i\n", count);
printf ("count = %i\n", count);
```

因此，#运算符提供了一种从宏参数创建字符串的方法。顺便说一下，#和参数名之间的空格是选填项。

12.1.5　##运算符

在宏定义中，##运算符用于将两个**标记**（token）连接在一起。该运算符的前面（或后面）是宏参数的名称。在调用宏时，预处理器获取提供给宏的实际参数，并由该参数和##前面（或后面）的标记生成一个单独的标记。

例如，假设你有一个包含 x1～x100 的变量列表，你可以编写一个名为 printx 的宏，它只接收一个 1～100 的整数值作为参数，并显示相应的变量 x，相关定义如下所示：

```
#define printx(n) printf ("%i\n", x ## n)
```

定义中“x ## n”的含义是，获得现在##之前和之后的标记（分别是字母 x 和参数 n），并将它们组成一个单独的标记。因此，下面第一行语句展开后的结果，就是下面第二行语句所示的内容。

```
printx (20);
printf ("%i\n", x20);
```

printx 宏甚至可以使用前面定义的 printint 宏来获取变量名并显示其值：

```
#define printx(n) printint(x ## n)
```

因此，对于下面第一行所示的函数调用，首先会被展开为下面第二行所示的内容，接着被展开为下面第三行所示的内容，最终的结果为下面第四行所示的内容。

```
printx (10);
printint (x10);
printf ("x10" " = %i\n", x10);
printf ("x10 = %i\n", x10);
```

12.2 #include 语句

在用 C 语言编程一段时间后，你或许会发现自己正在开发一组属于自己的宏和函数，并希望在每个程序中使用它们。不需要在编写的每个新程序中都输入这些宏，预处理器允许将所有的定义汇总到一个单独的文件中，然后使用#include 语句在程序中**包含**（include）该文件及其所有宏和用户定义的函数。这些文件通常以.h 结尾，被称为**头**（header）**文件**或包含文件。

假设你正在编写一系列用于执行各种度量转换的程序。你可能需要为执行转换过程中用到的所有常量设置一些定义：

```
#define INCHES_PER_CENTIMETER 0.394
#define CENTIMETERS_PER_INCH  1 / INCHES_PER_CENTIMETER

#define QUARTS_PER_LITER      1.057
#define LITERS_PER_QUART      1 / QUARTS_PER_LITER

#define OUNCES_PER_GRAM       0.035
#define GRAMS_PER_OUNCE       1 / OUNCES_PER_GRAM
     ...
```

假设你将上述定义保存在系统中一个名为 metric.h 的单独文件中。之后的任何程序如果需要使用 metric.h 文件中包含的定义，只需简单地发出一条预处理器指令即可，如下所示：

```
#include "metric.h"
```

这条语句必须出现在引用 metric.h 中包含的任何定义之前，通常放在源文件的开头。预处理器在系统中查找指定的文件，并将文件中的内容复制到程序中#include 语句出现的位置。因此，文件中的任何语句都会被视为直接输入程序中的语句。

用于标识头文件名的双引号会告诉预处理器在一个或多个文件目录中查找指定的文件（通常首先在包含源文件的同一个目录中查找，但预处理器实际查找的位置与操作系统相关）。如果未找到该文件，预处理器会自动搜索下面给出的其他**系统**目录。

然而如果使用字符“<”和“>”标识文件名（如下所示），会让预处理器在特定的系统头文件目录中查找该头文件。

```
#include <stdio.h>
```

同样，这些目录是与操作系统相关的。在 UNIX 系统（包括 macOS 系统）中，系统头文件目录是/usr/include，因此标准头文件<stdio.h>可以在/usr/include/stdio.h 中找到。

要了解如何在实际的程序示例中使用头文件，请将前面给出的 6 个定义输入名为 metric.h 的文件中。然后输入并运行程序 12.3。

程序 12.3　演示#include 语句的使用

```
/* 此程序演示#include 语句的使用
注意：此程序假定将定义建立在一个名为 metric.h 的文件中
                                                    */

#include <stdio.h>
#include "metric.h"

int main (void)
{
    float liters, gallons;

    printf ("*** Liters to Gallons ***\n\n");
    printf ("Enter the number of liters: ");
    scanf ("%f", &liters);

    gallons = liters * QUARTS_PER_LITER / 4.0;
    printf ("%g liters = %g gallons\n", liters, gallons);

    return 0;
}
```

程序 12.3　输出

```
*** Liters to Gallons ***

Enter the number of liters: 55.75
55.75  liters = 14.73 gallons.
```

程序 12.3 相当简单，因为其只引用了头文件 metric.h 中的一个定义值（QUARTS_PER_LITER）。尽管如此，要点还是很明确的：在将这些定义输入 metric.h 之后，只需要使用合适的#include 语句，就可以在任何程序中使用它们。

头文件功能最大的好处之一是，它能将你的定义集中起来，从而确保所有程序都引用相同的值。此外，如果发现头文件中的某个值出现了错误，只需要在一个位置进行修正，从而避免需要对每个使用该值的程序进行修正。任何引用了不正确值的程序只需要重新编译即可，而不必进行编辑。

实际上，你可以在头文件中放入任何东西，而不仅是#define 语句。使用头文件将常用的预处理器定义、结构体定义、原型声明和全局变量声明集中在一起是一种很好的程序设计技术。

关于头文件，本章最后还要说明的一点是：头文件可以嵌套，也就是说，一个头文件可以包含另一个头文件，以此类推。

系统头文件

值得注意的是，头文件<stddef.h>中包含对 NULL 的定义，其通常用于测试指针是否为空值。在 12.1 节中，我们还看到了头文件<math.h>包含对 M_PI 的定义，其被设置为 π 的近似值。

头文件<stdio.h>包含标准 I/O 库中各个 I/O 例程的信息。第 15 章会更详细地介绍这个头文件。在程序中使用任何 I/O 库例程时，都应该包含这个头文件。

另外两个有用的系统头文件是<limits.h>和<float.h>。头文件<limits.h>包含与操作系统相关的值，其指定了各种字符和整数数据类型的取值范围。例如，int 的最大值是由这个头文件中的 INT_MAX 定义的，unsigned long int 型数据的最大值是由这个头文件中的 ULONG_MAX

定义的，以此类推。

而头文件<float.h>给出了浮点数据类型的信息。例如，FLT_MAX 指定了 float 型的最大值，FLT_DIG 指定了 float 型精度的小数位数。

其他系统头文件包含存储在系统库中的各种函数的原型声明。例如，头文件<string.h>包含用于执行字符串操作（如复制、比较和拼接操作）的库例程的原型声明。

有关这些头文件的更多细节请参阅附录 B。

12.3 条件编译

C 语言预处理器提供了一个特性，该特性被称为**条件编译**（conditional compilation）。条件编译通常用于创建一个程序，这个程序能够被编译并运行在不同的计算机系统中。它还经常用于打开或关闭程序中的各种语句，例如输出各种变量值或跟踪程序执行流程的调试语句。

12.3.1 #ifdef、#endif、#else 和#ifndef 语句

12.1.2 节已经介绍过如何提高第 11 章中的 rotate()函数的可移植性，并看到了#define 在这方面的用途。下面所示的定义用于隔离对 unsigned int 中特定位数的依赖。

```
#define kIntSize 32
```

有人指出，在一些地方根本不需要建立这种依赖关系，因为程序本身可以确定 unsigned int 中存储的位数。

遗憾的是，程序有时必须依赖与操作系统相关的参数，例如文件名，这些参数可能在不同的操作系统中有不同的定义，或者一个程序可能还会依赖操作系统中的某个特定的功能。

如果你有一个大型程序，它对计算机系统的特定硬件和/或软件有许多这样的依赖关系（这种关系应该尽可能减少），那么最终可能会有许多定义，当程序移植到另一个计算机系统中时，可能必须修改这些定义的值。

通过使用预处理器的条件编译功能，可以减少在移植程序时必须修改这些定义的问题，并且可以将不同机器的定义值合并到程序中。下面是一个简单的例子。如果之前已经定义了符号 UNIX，则将 DATADIR 定义为“/uxn1/data”，否则定义为“\usr\data”。从下面的语句也可以看到，可以在预处理器语句开始的#后面放一个或多个空格。

```
#ifdef UNIX
#    define DATADIR     "/uxn1/data"
#else
#    define DATADIR     "\usr\data"
#endif
```

#ifdef、#else 和#endif 语句的行为与预期的一致。如果#ifdef 行中指定的符号已经定义（通过#define 语句或编译程序时的命令行定义），那么编译器会处理#else、#elif 或#endif 之后的代码行；否则，它们将被忽略。

要为预处理器定义符号 UNIX，可以使用下面第一行的语句，甚至仅使用下面第二行的语句就足够了。

```
#define UNIX 1
#define UNIX
```

大多数编译器还允许在程序编译时使用编译器命令的特殊选项为预处理器定义一个名称。例如，下面的 gcc 命令在预处理器中定义了 UNIX 的名称，这会使 program.c 中对所有#ifdef UNIX 语句的求值结果为 true（注意，在命令行中，必须在程序名称**之前**输入-D UNIX）。这种技术使得**无须**编辑源程序即可定义名称。

```
gcc -D UNIX program.c
```

还可以在命令行中为已经定义的名称赋值。例如，下面命令行中调用了 GCC，将 GNUDIR 定义为文本/c/gnustep。

```
gcc -D GNUDIR=/c/gnustep program.c
```

避免重复包含头文件

#ifndef 语句的工作原理与#ifdef 语句的相同。该语句的用法与#ifdef 语句的相似，不同之处在于，如果指定的符号**没有**被定义，则会导致后续行被处理。该语句通常用于避免在程序中多次包含一个头文件。例如，在头文件中，如果你想确保它在程序中只被包含一次，则可以定义一个独一无二的标识符，以便之后测试。考虑下面的语句序列：

```
#ifndef _MYSTDIO_H
#define _MYSTDIO_H
    ...
#endif /* _MYSTDIO_H */
```

假设你将上面这些语句输入一个名为 mystdio.h 的文件中。如果你在程序中使用如下语句来包含这个文件，文件中的#ifndef 将测试是否定义了_MYSTDIO_H。

```
#include "mystdio.h"
```

因为_MYSTDIO_H 没有被定义，所以#ifndef 和与其匹配的#endif 之间的行将被包含在程序中。据推测，这将包含这个头文件中所有你希望包含到程序中的语句。请注意，头文件中的下一行定义了_MYSTDIO_H。而且由于_MYSTDIO_H 已经被定义，因此后面的语句（直到#endif 为止，它可能位于头文件的末尾）都不会包含在程序中，从而可以避免在程序中多次包含该文件。

这种方法在系统头文件中使用，以避免在程序中多次包含它们。可以找一些文件来看看！

12.3.2 #if 和#elif 预处理器语句

#if 预处理器语句提供一种通用的方式来控制条件编译。#if 语句可用于测试常量表达式的计算结果是否非 0。如果表达式的结果是非 0 的，则处理#else、#elif 或#endif 之前的所有行；否则，跳过它们。接下来举例说明如何使用#if 语句。假设你定义了 OS 名称，如果操作系统是 macOS，则将 OS 的值设置为 1；如果操作系统是 Windows，则将 OS 的值设置为 2；如果操作系统是 Linux，则将 OS 的值设置为 3；等等。你可以编写一系列语句，根据 OS 的值进行条件编译，如下所示：

```
#if OS == 1   /* macOS */
  ...
#elif OS == 2 /* Windows */
```

```
    ...
#elif OS == 3 /* Linux */
    ...
#else
    ...
#endif
```

在大多数编译器中，可以在命令行中使用前面讨论的-D 选项为名称 OS 指定一个值。例如下面所示的命令行，在编译 program.c 时，将 OS 名称的值定义为 2。这会使编译的程序可以运行在 Windows 系统中。

```
gcc -D OS=2 program.c
```

在#if 中还可以使用一个特殊的运算符，如下所示：

```
defined (name)
```

下面的两组预处理器语句实现了相同的结果：

```
#if defined (DEBUG)
    ...
#endif

#ifdef DEBUG
    ...
#endif
```

下面的语句如果定义了 WINDOWS 或 WINDOWSNT 其中的一个，则会将 BOOT_DRIVE 定义为"C:/"，否则会将其定义为"D:/"。

```
#if defined (WINDOWS) || defined (WINDOWSNT)
#    define BOOT_DRIVE "C:/"
#else
#    define BOOT_DRIVE "D:/"
#endif
```

12.3.3 #undef 语句

在某些情况下，可能需要将已定义的名称变为未定义的。这可以通过#undef 语句来完成。要删除特定名称的定义，可以这样写：

```
#undef name
```

因此，下面的语句会删除 LINUX 的定义。后续对#ifdef LINUX 或#if define (LINUX)语句的求值结果将变为 false。

```
#undef LINUX
```

对预处理器的讨论到此结束。你已经看到了如何使用预处理器使程序更易于读、写和修改，还了解了如何使用头文件将公共定义和声明整合到一个文件中，以便在不同文件之间共享。还有一些这里没有介绍的预处理器语句，请参见附录 A.9。

在第 13 章中，你将了解更多关于数据类型和类型转换的知识。在继续之前，请尝试完成以下练习题。

12.4　练习题

1. 输入并运行本章给出的程序，记住要输入与程序相关的头文件。将每个程序产生的输出与本书中每个程序之后给出的输出进行比较。
2. 在你的系统中找到头文件<stdio.h>、<limits.h>和<float.h>（在 UNIX 系统中，请查看/usr/include 目录），检查文件里的内容。
3. 定义一个宏 MIN，用于计算两个值中的最小值，然后编写一个程序来测试这个宏定义。
4. 定义一个宏 MAX3，用于计算 3 个值中的最大值，然后编写一个程序来测试这个宏定义。
5. 编写一个宏 SHIFT，以实现与程序 11.3 中 shift()函数相同的功能。
6. 编写一个宏 IS_UPPER_CASE，如果字符是大写字母，则给出一个非 0 值。
7. 编写一个宏 IS_ALPHABETIC，如果字符是字母字符，则给出一个非 0 值。让该宏使用本章中定义的 IS_LOWER_CASE 宏和练习题 6 中定义的 IS_UPPER_CASE 宏。
8. 编写一个宏 IS_DIGIT，如果字符是数字'0'～'9'，它会给出一个非 0 值。在另一个宏 IS_SPECIAL 的定义中使用该宏，如果字符是特殊字符（不是字母，也不是数字），则返回非 0 结果。一定要使用练习题 7 中编写的 IS_ALPHABETIC 宏。
9. 编写一个宏 ABSOLUTE_VALUE，计算其参数的绝对值。确保下面所示的表达式能够被宏正确地计算。

```
ABSOLUTE_VALUE (x + delta)
```

10. 请看本章中 printint 宏的定义：

```
#define printint(n) printf ("%i\n", x ## n)
```

下面的代码可以用来显示 x1～x100 这 100 个变量的值吗？为什么可以或者为什么不可以？

```
for (i = 1; i < 100; ++i)
    printx (i);
```

11. 测试系统库函数，它们与你在前 3 个练习题中编写的宏等价。库函数分别是 isupper()、isalpha()和 isdigit()。你需要让程序包含系统头文件<ctype.h>以便在程序中使用这 3 个系统库函数。

第 13 章

用枚举数据类型、类型定义及数据类型转换以扩展数据类型

本章向你介绍一种尚未介绍过的数据类型：枚举数据类型。你还将学习 typedef 语句，使用它能够给基本数据类型或派生数据类型分配自定义的名称。最后，本章还会介绍编译器对表达式进行数据类型转换时使用的准确规则。虽然本章中涉及的 3 个主题各不相同，但要在程序中最大限度地发挥数据应用的能力，理解这些主题是至关重要的。本章涉及的主题包括：

- 使用枚举数据类型；
- 使用 typedef 语句，为 C 语言中已经存在的数据类型创建自定义的标签；
- 将现有数据类型转换为其他数据类型。

13.1 枚举数据类型

如果你可以定义一个变量，并指定可以存储在该变量中的有效值，那不是一件很好的事吗？例如，假设有一个名为 myColor 的变量，你只想用它来存储红、黄、蓝 3 种颜色中的一种，不存储其他值。枚举数据类型就可以提供这种能力。

通过关键字 enum 可以定义一个枚举数据类型。紧跟在这个关键字后面的是枚举数据类型的名称，后面是一组枚举标识符（用花括号进行标识），这些枚举标识符限定了可以赋给该类型的有效值。例如，下面的语句定义了一个 primaryColor 数据类型。声明为这种数据类型的变量在程序中可以被赋值 red、yellow 和 blue，**但不能赋其他值**。试图给这样的变量赋其他值时，某些编译器会给出错误消息，而另一些编译器不会进行检查。

```
enum primaryColor { red, yellow, blue };
```

想要声明一个类型为 enum primaryColor 的变量，你只需要再次使用关键字 enum，后面紧跟枚举数据类型的名称，再后面是变量清单。所以，下面的语句将变量 myColor 和 gregsColor 的类型定义为 primaryColor 类型。允许赋给这两个变量的值只有 red、yellow 和 blue。

```
enum primaryColor myColor, gregsColor;
```

所以，下面的赋值语句和 if 语句都是有效的。

```
myColor = red;

if ( gregsColor == yellow )
   ...
```

下面是另一个枚举数据类型定义的例子，它定义了 enum month 类型，允许赋给此类型的

变量的有效值是一年中的各个月份：

```
enum month { January, February, March, April, May, June,
             July, August, September, October, November, December };
```

实际上 C 语言编译器会将枚举标识符视为整型常量。从列表中的第一个名称开始，编译器会为这些名称分配连续的整数值，默认从 0 开始。如果你的程序包含如下语句，那么会将值 1 赋给 thisMonth（而不是名称 February），因为它是枚举列表中的第二个枚举标识符。

```
enum month thisMonth;
    ...
thisMonth = February;
```

如果想要将枚举标识符与特定的整数值关联起来，可以在定义数据类型时将该整数值分配给枚举标识符。在列表中随后出现的枚举标识符仍将分配连续的整数值，但是分配的起始值是指定整数值加 1。例如，下面定义了一个 direction 枚举数据类型，其有效的取值包括 up、down、left 和 right。编译器会将 0 赋给 up，因为它是第一个出现在列表中的；down 紧随其后，所以将 1 赋给 down；将 10 赋给 left，因为它被显式地赋了这个值；因为 right 紧跟在 left 之后，所以将 11 赋给 right。

```
enum direction { up, down, left = 10, right };
```

程序 13.1 展示了一个使用枚举数据类型的简单程序。在枚举数据类型 month 中将第一个元素 January 设置为 1，这样枚举值 January 到 December 正好对应月份数字 1～12。程序 13.1 读取一个月份编号，然后进入一个 switch 语句来查看输入的是哪个月。回想一下，枚举值被编译器视为整型常量，因此它们是有效的用例值。将指定月份的天数赋给变量 days，并在 switch 语句退出后显示它的值。程序 13.1 中包括一个特殊的测试，该测试用于确定这个月是否是二月。

程序 13.1　使用枚举数据类型

```
// 此程序显示一个月的天数

#include <stdio.h>

int main (void)
{
    enum month { January = 1, February, March, April, May, June,
                 July, August, September, October, November, December };
    enum month aMonth;
    int        days;

    printf ("Enter month number: ");
    scanf ("%i", &aMonth);

    switch (aMonth ) {
        case January:
        case March:
        case May:
        case July:
        case August:
        case October:
        case December:
                  days = 31;
                  break;
        case April:
```

```
        case June:
        case September:
        case November:
                    days = 30;
                    break;
        case February:
                    days = 28;
                    break;
        default:
                    printf ("bad month number\n");
                    days = 0;
                    break;
    }
    if ( days != 0 )
        printf ("Number of days is %i\n", days);

    if ( aMonth == February )
        printf ("...or 29 if it's a leap year\n");

    return 0;
}
```

程序 13.1 输出

```
Enter month number: 5
Number of days is 31
```

程序 13.1 输出（重新运行）

```
Enter month number: 2
Number of days is 28
...or 29 if it's a leap year
```

枚举标识符可以共享相同的值。例如，在下面的定义中将枚举值 no 或 off 赋给一个 enum switch 型变量，其结果都是将值 0 赋给该变量；将 yes 或 on 赋给它，其结果都是将值 1 赋给该变量。

```
enum switch { no=0, off=0, yes=1, on=1 };
```

可以使用类型转换运算符显式地将一个整数值赋给枚举数据类型变量。例如，如果 monthValue 是一个整型变量，其值为 6，则下面的表达式是有效的，其结果是将值 5 赋给 thisMonth。

```
thisMonth = (enum month) (monthValue - 1);
```

在使用枚举数据类型变量编写程序时，不要想当然地认为枚举值就是整数，而应该尝试将它们视为不同的数据类型。枚举数据类型提供了一种将符号名称与整数关联的方法。如果之后需要修改该数字的值，则只需在定义枚举的位置进行修改即可。如果根据枚举数据类型的实际值进行假设，就会失去使用枚举带来的好处。

与定义结构体时允许有变化类似，定义枚举数据类型时也允许有变化：可以省略数据类型的名称，并且可以在定义枚举数据类型的同时，将变量声明为该类型。下面的例子展示了这两种变化，其中定义了一个包含值 east、west、south 和 north（未命名）的枚举数据类型，并声明了一个该类型的变量 direction。

```
enum { east, west, south, north } direction;
```

就其作用域而言，枚举数据类型定义的行为类似于结构体和变量定义的行为：在块中定义枚举数据类型会将该定义的作用域限制在块中。而且，如果在程序开始时（在任何函数之外）定义枚举数据类型，则该定义在文件中是全局的。

在定义枚举数据类型时，必须确保在同一作用域中，定义的枚举标识符不会与其他变量和已定义枚举标识符同名。

13.2　typedef 语句

C 语言提供了一种让你能为数据类型分配另一个名称的功能。这种功能是通过 typedef 语句实现的。下面的第一条语句定义了一个名为 Counter 的类型，其等价于 C 语言中的 int 数据类型。随后可以声明 Counter 型变量，如下面第二条语句所示。

```
typedef int Counter;
Counter j, n;
```

实际上，C 语言编译器会将上述代码中声明的变量 j 和 n 视为普通的 int 型变量。在这种情况下，使用 typedef 的主要好处是增加了变量定义的可读性。从 j 和 n 的定义可以清楚地看出这些变量在程序中预期的用途。如果按照传统方式将它们声明为 int 型变量，则根本无法明确这些变量的用途。当然，选择更有意义的变量名也会有所帮助！

在很多情况下，typedef 语句可以用适当的#define 语句进行等价替换。例如，你可以使用下面的语句来得到与前面语句相同的结果。

```
#define Counter int
```

但是，因为 typedef 是由 C 语言编译器进行正确处理的，而不是由预处理器进行处理的，所以在为派生数据类型指定名称时，typedef 语句提供的灵活性比#define 提供的灵活性更大。例如，下面的 typedef 语句定义了一个名为 Linebuf 的类型，它是一个包含 81 个字符的数组。

```
typedef char Linebuf [81];
```

有了上面的定义，随后就可以声明类型为 Linebuf 的变量，如下面第一条语句所示，其效果是将变量 text 和 inputLine 定义为一个包含 81 个字符的数组，等价于下面第二条语句的效果。请注意，在这种情况下，Linebuf **不能**用#define 预处理器语句等价地定义。

```
Linebuf text, inputLine;
char text[81], inputLine[81];
```

下面第一条语句中的 typedef 将名为 StringPtr 的类型定义为 char 型指针，随后声明一个 StringPtr 类型的变量，如下面第二条语句所示，这个变量就会被 C 语言编译器视为一个字符指针。

```
typedef char *StringPtr;
StringPtr buffer;
```

要用 typedef 定义一个新的类型名，可以遵循以下步骤。

（1）像声明所需类型的变量一样编写语句。

（2）在通常会出现所声明的变量名的地方，写入新的类型名。

（3）在整条语句的前面，放置关键字 typedef。

下面是这个过程的一个例子，其中定义一个名为 Date 的结构体类型，该结构体包含 3 个整数成员 month、day 和 year。首先需要写出结构体的定义，然后在通常出现变量名的位置（最后一个分号之前）写入 Date，最后在整条语句之前，加上关键字 typedef：

```
typedef struct
        {
            int month;
            int day;
            int year;
        } Date;
```

有了 typedef 之后，就可以将变量声明为 Date 类型，例如，下面的语句将 birthdays 定义为一个包含 100 个 Date 结构体的数组。

```
Date birthdays[100];
```

如果程序的源代码包含在多个文件中（如第 14 章所述），最好将常用的 typedef 语句放在一个单独的文件中，然后用#include 语句将它们包含到每个源文件中。

再举一个例子，假设你正在开发一个图形包，需要处理线、圆等的绘制，你可能会大量使用坐标系统。下面的 typedef 语句定义了一个名为 Point 的类型，其中 Point 是一个包含两个 float 型成员 x 和 y 的结构体：

```
typedef struct
{
    float x;
    float y;
} Point;
```

现在可以利用这个 Point 类型继续开发图形包了。例如，下面的声明语句将 origin 和 currentPoint 定义为 Point 型变量，并将 origin 的成员 x 和 y 设置为 0.0。

```
Point origin = { 0.0, 0.0 }, currentPoint;
```

这里有一个名为 distance 的函数，该函数用于计算两点之间的距离。如前所述，sqrt()是标准 C 语言库中的平方根函数。它是在系统头文件<math.h>中声明的，因此程序中要使用#include。

```
#include <math.h>

double distance (Point p1, Point p2)
{
    double diffx, diffy;

    diffx = p1.x - p2.x;
    diffy = p1.y - p2.y;

    return sqrt (diffx * diffx + diffy * diffy);
}
```

请记住，typedef 语句实际上并没有定义新类型，它只是定义了一个新的类型名。因此，本节开始时定义的 Counter 型变量 j 和 n，无论在哪个方面，都会被 C 语言编译器视为普通的 int 型变量。

13.3 数据类型转换

第 3 章中简要介绍了这样一个事实：在计算表达式时，有时系统会隐式地进行一些转换。我们研究了与 float 和 int 数据类型有关的情况，看到了如何将一个涉及 float 和 int 的运算当作浮点运算来执行，整数数据项会被自动地转换为浮点值。

我们还看到了如何使用类型转换运算符来明确地要求进行转换。所以在下面的声明中，变量 total 的类型在运算之前会被转换为 float 型，从而保证这个除法运算是按照浮点除法执行的。

```
average = (float) total / n;
```

C 语言编译器在为包含不同数据类型的表达式求值时，会遵循严格的规则。

下面总结了在表达式中对两个操作数求值时所发生的转换过程。

（1）如果任一操作数的类型是 long double 型，则另一个操作数的类型会被转换为 long double 型，结果也是该类型。

（2）如果任一操作数的类型是 double 型，则另一个操作数的类型会被转换为 double 型，结果也是该类型。

（3）如果任一操作数的类型是 float 型，则另一个操作数的类型会被转换为 float 型，结果也是该类型。

（4）如果任一操作数的类型是_Bool、char、short int、位字段或枚举数据类型，则将其转换为 int 型。

（5）如果任一操作数的类型是 long long int 型，则另一个操作数的类型会被转换为 long long int 型，结果也是该类型。

（6）如果任一操作数的类型是 long int 型，则另一个操作数的类型会被转换为 long int 型，结果也是该类型。

（7）如果到达这一步骤，即两个操作数的类型都是 int 型，那么结果也是该类型。

这实际上是表达式中操作数转换步骤的简化版本。当涉及无符号操作数时，规则会变得很复杂。有关完整的规则集的内容请参阅附录 A.5.17。

从这一系列的步骤中可以看到，每当你到达一个步骤，其中说明“结果也是该类型”时，表示转换过程已经完成。

举个例子，看看下面的表达式是如何计算的，其中 f 被定义为 float 型，i 是 int 型变量，l 是 long int 型变量，s 是 short int 型变量。

```
f * i + l / s
```

首先考虑 f 与 i 的乘法，也就是 float 型变量与 int 型变量的乘法。从步骤（3）可以发现，因为 f 是 float 型变量，所以另一个操作数 i 的类型也被转换为 float 型，即最终乘法运算的结果类型。

接下来，执行 l 除以 s，也就是 long int 型变量除以 short int 型变量。步骤（4）告诉你，short int 被提升为 int。继续，从步骤（6）你会发现，因为其中一个操作数（也就是 l）的类型是 long int，所以另一个操作数的类型也会被转换为 long int，结果也是 long int。因此，除法运算的结果类型为 long int，而除法运算中产生的小数部分会被截断。

最后，步骤（3）指出，如果表达式中有一个操作数的类型是 float（即 f * i 的结果），则另一个操作数的类型会被转换为 float 型，运算的结果也是该类型。l 除以 s 后，运算结果会被转换为 float 型，然后与 f 和 i 的乘积相加。因此，上述表达式的最终结果是 float 型的值。

请记住，类型转换运算符总是可以显式地使用来强制执行类型转换，从而控制特定表达式的求值方式。

因此，如果你不希望前面表达式中 l 除以 s 的计算结果被截断，可以将其中一个操作数的类型强制转换为 float 型，从而强制执行浮点数除法：

```
f * i + (float) l / s
```

在上面的表达式中，在执行除法运算之前 l 会被转换为 float 型，因为类型转换运算符的优先级高于除法运算符。因为除法运算的一个操作数的类型是 float 型，所以另一个操作数的类型会被自动转换为 float 型，这也是最终运算结果的类型。

13.3.1　符号扩展

当把 signed int 型值或 signed short int 型值转换为更大的整数时，符号会在转换时向左扩展。例如，这可以保证值为−5 的 short int 型变量在转换为 long int 型变量时仍然具有−5 的值。在将无符号整数转换为更大的整数时，如你所料，不会发生符号扩展。

在某些系统中，字符被视为有符号的量。这意味着当字符转换为整数时，会发生符号扩展。只要使用标准 ASCII 字符集中的字符，就不会发生符号扩展。但是，如果使用的字符值不是标准 ASCII 字符集的一部分，那么在转换为整数时，其符号可能会扩展。例如，在 macOS 上，字符型常量'\377'会被转换为值−1，因为在将其视为有符号的 8 位数值时，它的值是负数。

回想一下，C 语言允许使用无符号声明字符型变量，从而避免了这个潜在的符号扩展问题。也就是说，在将无符号字符型变量转换为整数时，它的符号永远不会扩展，它的值总是大于或等于 0。因此，对于典型的 8 位字符，有符号字符型变量的取值范围是−128～127（包括−128 和 127），无符号字符型变量的取值范围是 0～255（包括 0 和 255）。

如果想对字符型变量进行强制符号扩展，可以将此类变量声明为 signed char 型。这可以确保在将字符值转换为整数时发生符号扩展，即使在一些默认不会进行此类转换的机器上也是如此。

13.3.2　参数转换

本书中所编写的所有函数都使用了原型声明。在第 7 章中，我们知道这是一种很谨慎的方法，因为有了原型声明，你可以将函数放在对其调用之前或之后，甚至放在另一个源文件中。我们还知道，只要编译器知道函数期望的参数类型，它就会自动将参数转换为适当的类型。而它获知这一信息的唯一方法是提前遇到实际的函数定义或原型声明。

回想一下，如果编译器在遇到函数调用之前既没有看到函数定义，也没有看到原型声明，它就假定该函数返回 int 型值。编译器还会对其参数类型进行假设。在缺少函数参数类型信息的情况下，编译器自动将_Bool、char 或 short 型参数转换为 int 型参数，并将 float 型参数转换为 double 型参数。

例如，当编译器遇到程序中的如下语句，但在此之前没有看到 absoluteValue()函数的定义，也没有该函数的原型声明的话，编译器会将存储在 float 型变量 x 中的值转换为 double 型后传递给 absoluteValue()函数，并假设此函数返回一个 int 型值。

```
float x;
 ...
y = absoluteValue (x);
```

如果像下面所示，将 absoluteValue()函数定义在另一个源文件中，那你就有麻烦了。首先，该函数返回一个 float 型值，但编译器认为它返回一个 int 型值。其次，该函数期望看到一个 float 型参数，但编译器将传递一个 double 型参数。

```
float absoluteValue (float x)
{
    if ( x < 0.0 )
        x = -x;

    return x;
}
```

请记住，程序中应该始终包含对所使用函数的原型声明。这可以防止编译器对返回类型和参数类型做出错误的假设。

现在你已经学习了很多关于数据类型的知识，是时候学习如何处理那些可以分为多个源文件的大型程序了。第 14 章将详细介绍这个主题。在你开始第 14 章的学习之前，尝试完成下面的练习题，确保你理解了刚刚学过的概念。

13.4　练习题

1. 定义一个类型 FunctionPtr()（使用 typedef），它表示指向一个函数的指针，该函数返回 int 型值，不带参数。有关如何声明这种类型变量的详细信息，请参阅第 10 章。
2. 编写一个名为 monthName 的函数，它接收一个 enum month 型值作为参数（在本章中已定义），并返回一个指向字符串的指针，其中包含月份的名称。你可以使用如下语句显示 enum month 型变量的值：

   ```
   printf ("%s\n", monthName (aMonth));
   ```

3. 给定以下变量声明：

   ```
   float      f = 1.00;
   short int i = 100;
   long int  l = 500L;
   double    d = 15.00;
   ```

   利用本章中描述的表达式中操作数转换的 7 个步骤，确定以下表达式的类型和值。

   ```
   f + i
   l / d
   i / l + f
   l * i
   f / 2
   i / (d + f)
   l / (i * 2.0)
   l + i / (double) l
   ```

第 14 章 处理大型程序

本书中介绍的程序都非常短小，也相对简单。遗憾的是，当你为了解决特定问题而开发程序时，这些程序可能既不会很短小也不会很简单。本章主要介绍处理大型程序的正确方法。读者将看到，C 语言提供了高效开发大型程序所需的特性。此外，使用集成开发环境（Integrated Development Environment，IDE）或者使用本章简要介绍的几个实用程序进行开发，都可以简化大型程序的开发。

本章涵盖许多主题，这些主题与你使用的操作系统和开发环境有关，即使你使用的是不同的开发环境，这些主题也是值得学习的。本章涉及的一些主题包括：

- 将大型程序分为多个文件；
- 将多个文件编译为一个可执行文件；
- 使用外部变量；
- 扩展头文件的使用；
- 使用实用工具改进程序。

14.1 将你的程序分为多个文件

到目前为止，在你看到的每个程序中，都假定整个程序被输入了一个文件中——可能是通过 C 语言编译器附带的某个文本编辑器，或者独立产品（如 Emacs、Vim 或某些基于 Windows 的编辑器），然后被编译和执行。在这个单独的文件中，包含该程序使用到的所有函数（当然不包含系统函数，如 printf()和 scanf()），还包含用于获取定义和函数声明的标准头文件（如 <stdio.h>和< stdbool.h>）。这种方法在处理小程序时很有效（这里说的小程序是指语句的数量不超过 100 条的程序）。然而，当你开始处理较大的程序时，这种方法就不再可行了。随着程序中语句数量的增加，编辑程序和随后重新编译程序所需的时间也在增加。不仅如此，大型程序经常需要多个程序员的努力。让每个人都在同一个源文件上，甚至让他们各自在关于同一个源文件的副本上工作，这是无法管理的。

C 语言支持模块化编程的概念，因此不需要将特定程序的所有语句都包含在一个文件中。这意味着你可以将某个特定模块的代码输入一个文件中，将另一个模块的代码输入另一个文件中，以此类推。在这里，**模块**（module）这个术语是指一个函数，或者多个被合理地组合在一起的相关函数。

如果你使用的是基于 Windows 的项目管理工具，例如 CodeWarrior、Code::Blocks、Microsoft Visual Studio、Apple's Xcode 或其他 IDE，处理多个源文件是很容易的。你只需标识属于当前项目的特定文件，软件就会为你处理其余的工作。接下来将介绍如何在不使用此类工具的情况下处理多个文件，也就是说，接下来假设你从命令行直接执行 gcc 或 cc 命令来编译程序。

从命令行编译多个源文件

假设你已经从概念上将程序分为 3 个模块，并且已经将第一个模块的语句放入名为 mod1.c 的文件中，将第二个模块的语句放入名为 mod2.c 的文件中，并将 main()例程的语句放入文件 main.c 中。要告诉系统这 3 个模块实际上属于同一个程序，只需在输入命令编译程序时，包含这 3 个文件的名称即可。例如，使用下面的 gcc 命令，会分别编译 mod1.c、mod2.c 和 main.c 中包含的代码。

```
$ gcc mod1.c mod2.c main.c -o dbtest
```

编译器会分别报告在 mod1.c、mod2.c 和 main.c 中发现的错误。例如，如果 GCC 给出如下输出，则意味着编译器指出在 mod2.c 的第 10 行中有错误，错误位于 foo()函数中。

```
mod2.c:10: mod2.c: In function 'foo':
mod2.c:10: error: 'i' undeclared (first use in this function)
mod2.c:10: error: (Each undeclared identifier is reported only once
mod2.c:10: error: for each function it appears in.)
```

这里没有显示 mod1.c 和 main.c 的相关消息，意味着在编译这些模块时没有发现错误。

通常，如果在一个模块中发现了错误，你必须编辑该模块来修正错误[1]。在这种情况下，由于错误只在 mod2.c 中被发现，因此只需要编辑这个文件就可以修正错误。在将错误修正后，你可以使用 C 语言编译器重新编译模块，如下面的命令所示。

```
$ gcc mod1.c mod2.c main.c -o dbtest
$
```

因为没有发现错误，所以可执行程序被放在 dbtest 文件中。

通常，编译器会为它编译的每个源文件生成对应的中间对象文件。默认情况下，编译器会将编译 mod.c 得到的目标代码放入文件 mod.o 中。（大多数 Windows 编译器的工作方式与此类似，只是它们可能会将结果对象代码放在.obj 文件而不是.o 文件中。）通常，这些中间目标文件会在编译过程结束后自动删除。有些 C 语言编译器（以及历史上标准的 UNIX C 编译器）会保留这些对象文件，并且在一次编译多个文件时不会删除它们。当你在仅修改了一个或几个模块后重新编译程序时，你就可以利用上述事实带来的好处。在前面的例子中，因为 mod1.c 和 main.c 没有在编译时发现错误，所以对应的.o 文件，即 mod1.o 和 main.o，在 gcc 命令完成后仍然存在。将文件名 mod.c 中的 c 替换为 o，会告诉 C 语言编译器使用上次编译 mod.c 时生成的对象文件。因此，下面的命令行可以用于不删除目标代码文件的编译器（在本例中是 cc）。综上所述，如果编译器没有发现错误，你不仅不必重新编辑 mod1.c 和 main.c，而且也不必重新编译它们。

```
$ cc mod1.o mod2.c main.o -o dbtest
```

如果你的编译器会自动删除中间目标文件，你仍然可以通过单独编译每个模块并使用-c 命令行选项来执行增量编译。这个选项告诉编译器不要去链接你的文件（也就是说，不要尝试生成可执行文件），并保留它创建的中间目标文件。所以，输入下面的命令来编译 mod2.c 文件，会将得到的可执行程序放置在文件 mod2.o 中。

```
$ gcc -c mod2.c
```

1　错误的出现也可能是由于该模块包含的头文件出现了问题，这意味着必须编辑头文件而不是模块。

因此，一般情况下，你可以使用增量编译技术按照以下顺序来编译 3 个模块以及 dbtest 程序：

```
$ gcc -c mod1.c                          // 编译 mod1.c => mod1.o
$ gcc -c mod2.c                          // 编译 mod2.c => mod2.o
$ gcc -c main.c                          // 编译 main.c => main.o
$ gcc mod1.o mod2.o mod3.o -o dbtest     // 生成可执行文件
```

上面的 3 个模块是单独编译的，上面的输出表明编译器没有检测到任何错误。如果有，则可以对文件进行修正编辑和重新编译。上面所示的最后一行命令只列出了对象文件，没有列出源文件。在本例中，这些对象文件被链接在一起，生成可执行文件 dbtest。

如果你将前面的例子扩展到由许多模块组成的程序，就会看到如何利用这种单独编译技术来更高效地开发大型程序。例如，下面的命令可用于编译由 6 个模块组成的程序，6 个模块中只有 legal.c 模块需要重新编译。

```
$ gcc -c legal.c                         // 编译 legal.c，将输出放入 legal.o 中
$ gcc legal.o makemove.o exec.o enumerator.o evaluator.o display.o -o superchess
```

在 14.3.1 节你会看到，增量编译的过程可以通过 make 工具自动完成。本章开头提到的 IDE 总是知道哪些文件需要重新编译，它们只会在必要时重新编译文件。

14.2 模块之间的通信

这里有几种可以使包含在不同文件中的模块能够有效地进行通信的方法。如果一个文件中的函数需要调用另一个文件中的函数，则可以以正常方式进行函数调用，并且可以以正常方式传递和返回参数。当然，在调用函数的文件中，**应该始终确保包含一个原型声明，以便编译器知道函数的参数类型和返回值的类型**。正如第 13 章中提到的，在没有关于任何该函数信息的情况下，编译器假设它返回一个 int 型值，并在调用函数时将 short 或 char 型参数转换为 int 型参数，将 float 型参数转换为 double 型参数。

重要的是要记住，即使在命令行中同时向编译器指定多个模块，**编译器也会独立编译每个模块**。这意味着编译器不会在模块编译之间共享结构体定义、函数的返回值的类型或函数的参数类型的信息。这完全需要程序员来确保编译器有足够的信息去正确编译每个模块。

14.2.1 外部变量

包含在不同文件中的函数可以通过**外部变量**（external variable）进行通信，这实际上是第 7 章中讨论的全局变量概念的扩展。

外部变量的值可以被未包含它的模块访问和修改。在需要访问外部变量的模块中，该变量会按常规方式声明，并在声明前面放置关键字 extern。这样就告诉系统要访问另一个文件中定义的一个全局变量。

假设你定义了一个名为 moveNumber 的 int 型变量，你希望通过位于另一个文件中的函数进行访问，并有可能修改该变量的值。在第 7 章中，我们学过可以在程序的开头（位于任何函数之外）编写如下程序语句：

```
int moveNumber = 0;
```

这样变量的值可以被程序中的任何函数引用。在这种情况下，moveNumber 被定义为一个全局变量。

实际上，变量 moveNumber 的定义也使得包含在其他文件中的函数可以访问它的值。具体来说，上面的语句不仅将变量 moveNumber 定义为全局变量，还将其定义为**外部**全局变量。要从另一个模块引用外部全局变量的值，必须声明要访问的变量，并在声明前加上关键字 extern，如下所示：

```
extern int moveNumber;
```

现在，包含上述声明的模块可以访问和修改 moveNumber 的值了。其他模块也可以通过在文件中使用类似的 extern 声明来访问 moveNumber 的值。

在使用外部变量时，必须遵守一条重要的规则：该变量必须**已经定义**在源文件中的某个位置。有两种方法可以定义外部变量。第一种方法是在函数外部声明变量，前面**不能**加关键字 extern，如下所示：

```
int moveNumber;
```

如前所述，这里可以根据需要为变量指定初始值。

第二种方法是在任何函数外部声明变量，在声明的前面加上关键字 extern，并**显式地为其赋值**，如下所示：

```
extern int moveNumber = 0;
```

注意，这两种方法是相互排斥的。

在处理外部变量时，只能在源文件的一个地方省略关键字 extern。如果任何地方都没有省略该关键字，那必须在一个明确的地方为该变量赋一个初始值。

下面用一个小程序示例来说明外部变量的使用。假如你在文件 main.c 中输入以下代码：

```
#include <stdio.h>

int i = 5;

int main (void)
{
    printf ("%i ", i);
    foo ();

    printf ("%i\n", i);

    return 0;
}
```

上述程序中定义了全局变量 i，使得任何使用适当的 extern 声明的模块都可以访问它的值。假如你现在在文件 foo.c 中输入以下语句：

```
extern int i;

void foo (void)
{
    i = 100;
}
```

使用如下命令编译 main.c 和 foo.c 两个模块：

```
$ gcc main.c foo.c
```

编译完成后，执行该程序会在终端产生以下输出：

```
5 100
```

这个输出验证了函数 foo()能够访问和修改外部变量 i 的值。

因为外部变量 i 的值是在函数 foo()**内部**引用的，所以可以将 i 的 extern 声明放在函数自身内部，如下所示：

```
void foo (void)
{
    extern int i;

    i = 100;
}
```

如果文件 foo.c 中的许多函数都需要访问 i 的值，那么更简单的一种方法是在文件的前面声明一次 extern。然而，如果只有一个函数或少数函数需要访问这个变量，那么在每个这样的函数中单独声明 extern，可以使程序的组织更加合理，更能将特定的变量隔离到真正使用它的函数中来。

当声明一个外部数组时，不需要给出它的大小。因此，下面的声明使你能够引用在其他地方定义的字符数组 text。

```
extern char text[];
```

与形参数组一样，如果外部数组是多维数组，则必须指定除第一维度之外的所有维度的大小。因此，下面的语句声明了一个包含 50 列的二维外部数组 matrix。

```
extern int matrix[][50];
```

14.2.2 静态、外部变量和函数的对比

现在你知道，任何在函数外部定义的变量不仅是全局变量，而且是外部变量。在很多情况下，你希望将变量定义为全局变量而**不是**外部变量。换句话说，你希望将全局变量定义为一个特定模块（也就是某个文件）的局部变量。如果除了特定文件中包含的函数外，没有其他函数需要访问该特定变量，那么以这种方式定义变量是有意义的。这在 C 语言中可以通过将变量定义为静态变量来实现。

下面的语句如果是在函数之外创建的，则位于该文件内并且定义在 moveNumber 之后的函数都可以访问 moveNumber 的值，但包含在其他文件中的函数不能访问 moveNumber 的值。

```
static int moveNumber = 0;
```

如果你需要定义一个全局变量，它的值不需要从另一个文件中访问，那么就将其声明为静态变量。这是一种更简洁的编程方式：static 声明更准确地反映了变量的使用情况，可以防止两个模块无意中因为两个不同的外部全局变量使用了相同的名称而产生冲突。

正如本章前面提到的，你可以直接调用另一个文件中定义的函数。与变量不同，这种调用不需要特殊的机制。也就是说，要调用包含在另一个文件中的函数，不需要为该函数声明 extern。

定义一个函数时，可以将其声明为 extern 或 static，前者是默认值。声明为 static 的函数只能在该函数所在的文件中调用。因此，如果你有一个名为 squareRoot 的函数，在函数头声

明之前使用 static 关键字可以让它只能在定义它的文件中调用。下面所示 squareRoot()函数的定义实际上将该函数的作用域限定在了定义它的文件中，即不能从该文件外部调用它。

```
static double squareRoot (double x)
{
    ...
}
```

前面提到的使用静态变量的目的同样适用于静态函数。

图 14.1 总结了不同模块之间的通信。这里描述了两个模块，它们分别是 mod1.c 和 mod2.c。

```
double x;
static double result;

static void doSquare (void)
{
    double square (void);

    x = 2.0;
    result = square ();
}

int main (void)
{
    doSquare ();
    printf ("%g\n", result);

    return 0;
}
```

mod1.c

```
extern double x;

double square(void)
{

   return x * x;
}
```

mod2.c

图 14.1　不同模块之间的通信

mod1.c 定义了两个函数：doSquare()和 main()。这里的处理方法是，main()调用 doSquare()，而 doSquare()又调用 square()。square()函数定义在模块 mod2.c 中。

因为 doSquare()被声明为 static，它只能在 mod1.c 中被调用，而不能被其他模块调用。

mod1.c 定义了两个全局变量 x 和 result，它们都是 double 型变量。任何与 mod1.c 链接的模块都可以访问 x。另外，位于 result 定义前的 static 关键字意味着它只能被定义在 mod1.c 中的函数访问（即 main()和 doSquare()）。

执行开始时，main()例程调用 doSquare()。这个函数将值 2.0 赋给全局变量 x，然后调用函数 square()。因为 square()是在另一个源文件中（在 mod2.c 中）定义的，而且它不返回 int 型值，所以在 doSquare()函数的开头正确地包含一个适当的声明。

square()函数返回的值是全局变量 x 值的平方。因为 square()想要访问这个变量的值，而它定义在另一个源文件中（在 mod1.c 中），所以在 mod2.c 中出现了适当的 extern 声明（在这个例子中，声明发生在 square()函数内部还是外部没有区别）。

square()返回的值会赋给 doSquare()中的全局变量 result，然后将 result 的值返回给 main()。在 main()中，会显示全局变量 result 的值。运行这个例子，在终端得到的结果是 4.0（显然是 2.0 的平方）。

学习这个例子，直到你完全理解了它。这个小程序示例虽然不实用，但演示了模块之间通信的重要概念。要想有效地处理大型程序，你必须理解这些概念。

14.2.3 有效地使用头文件

在第 12 章中，我们学习了包含文件的概念。如前所述，你可以将所有常用的定义分组在这样一个文件中，然后简单地将该文件包含在需要使用这些定义的任何程序中。在开发被划分为多个独立程序模块的程序时，#include 工具就显得更加有用了。

如果有多个程序员在开发一个特定的程序，包含文件提供了一种标准化的手段：每个程序员都使用相同的定义，它们具有相同的值。此外，每个程序员都不必再浪费时间，在每个必须使用这些定义的文件中输入这些定义，从而避免了输入错误。当你开始将公共结构体定义、外部变量声明、typedef 定义和函数原型声明放在包含文件中时，最后这两点会变得更加重要。一个大型程序的各个模块总要使用公共数据结构。通过将数据结构的定义集中到一个或多个包含文件中，可以避免两个模块对同一数据结构使用不同定义导致的错误。此外，如果必须修改特定数据结构的定义，只需要在一个地方（包含文件）中修改即可。

回想一下第 8 章中介绍的 date 结构体。下面是一个包含文件，如果你需要处理不同模块中的大量日期，可能会创建一个类似的文件。这也是一个很好的例子，说明了如何将目前学到的许多概念结合起来。

```
// 处理日期的头文件

#include <stdbool.h>

// 枚举数据类型

enum kMonth { January=1, February, March, April, May, June,
        July, August, September, October, November, December };

enum kDay { Sunday, Monday, Tuesday, Wednesday, Thursday, Friday };

struct date
{
    enum kMonth month;
    enum kDay   day;
    int         year;
};

// Date 类型
typedef struct date Date;

// 处理日期的函数
Date dateUpdate (Date today);
int numberOfDays (Date d);
bool isLeapYear (Date d);

// 这个宏用于设置一个结构体中的日期
#define setDate(s,mm,dd,yy) s = (Date) {mm, dd, yy}

// 外部变量引用
extern Date todaysDate;
```

头文件定义了两个枚举数据类型 kMonth 和 kDay，以及 date 结构体（注意枚举数据类型的使用）；使用 typedef 创建一个名为 Date 的类型；并声明使用这种类型的函数、一个将日期设置为特定值的宏（使用复合字面量）和一个名为 todaysDate 的外部变量，该变量可能会设置为当天的日期（在某一个源文件中定义）。

作为使用这个头文件的示例，下面是对第 8 章中 dateUpdate()函数的一个重写版本。

```
#include "date.h"

// 此函数计算明天的日期

Date dateUpdate (Date today)
{
    Date tomorrow;

    if ( today.day != numberOfDays (today) )
        setDate (tomorrow, today.month, today.day + 1, today.year);
    else if ( today.month == December )          // 年末
        setDate (tomorrow, January, 1, today.year + 1);
    else                                         // 月末
        setDate (tomorrow, today.month + 1, 1, today.year);

    return tomorrow;
}
```

14.3 其他处理大型程序的工具

如前所述，IDE 是处理大型程序的强大工具。如果你仍然想从命令行开始工作，可能需要学习如何使用其他工具。这些工具不是 C 语言的一部分。然而，它们可以帮助缩短开发周期，这就是它们的意义所在。

下面将介绍处理大型程序时可以考虑的工具。如果你运行的是 UNIX，你会发现有大量的命令可供你使用，这些命令也可以帮助你进行开发。这只是冰山一角。在处理大量文件时，学习如何用脚本语言（如 UNIX Shell）编写程序也很有用。

14.3.1 make 工具

make 工具是一个强大的工具（或它的 GNU 版本——gnumake），它允许你在一个名为 Makefile 的特殊文件中指定一系列文件及其依赖项。make 程序仅在必要时才自动重新编译文件，这基于文件的修改时间。因此，如果 make 发现源文件（.c 文件）的修改时间比对应的对象文件（.o 文件）的更新，它会自动发出命令，重新编译源文件以创建新的对象文件。你甚至可以指定依赖于头文件的源文件。例如，你可以指定一个名为 datefuncs.o 的模块，其依赖于它的源文件 datefunc.c 以及头文件 date.h。如果你修改了 date.h 头文件中的任何内容，make 工具会自动重新编译 datefuncs.c 文件。这基于一个简单的事实，即头文件比源文件更新。

下面是一个简单的 Makefile，可以用于 14.1 节中提到的 3 个模块示例。这里假设你已经将此文件与源文件放在同一个目录中。

```
$ cat Makefile
SRC = mod1.c mod2.c main.c
OBJ = mod1.o mod2.o main.o
PROG = dbtest
```

```
$(PROG): $(OBJ)
	gcc $(OBJ) -o $(PROG)

$(OBJ): $(SRC)
```

这里不详细解释这个 Makefile 的工作原理。简而言之，它定义了一组源文件（SRC）、一组相应的对象文件（OBJ）、可执行文件（PROG）和一些依赖项。

下面的第一个依赖表示可执行文件依赖于对象文件。因此，如果一个或多个对象文件被更改，则需要重新构建可执行文件。

```
$(PROG): $(OBJ)
```

构建可执行文件的方法在下面的 GCC 命令行中指定，在输入命令前必须放置一个制表符，如下所示：

```
gcc $(OBJ) -o $(PROG)
```

下面所示 Makefile 的最后一行表示每个对象文件依赖于其对应的源文件。因此，如果源文件更改，则必须重新编译其对应的对象文件。make 工具有内置的规则来告诉它如何做到这一点。

```
$(OBJ): $(SRC)
```

下面是你第一次运行 make 时发生的事情。make 编译每个单独的源文件，然后将产生的对象文件链接起来，以创建可执行文件。

```
$ make
gcc    -c -o mod1.o mod1.c
gcc    -c -o mod2.o mod2.c
gcc    -c -o main.o main.c
gcc mod1.o mod2.o main.o -o dbtest
$
```

如果在 mod2.c 中出现了错误，make 的输出会是下面这样的。在这里，make 发现在编译 mod2.c 时出现了错误，并停止了 make 进程，这是它的默认操作。

```
$ make
gcc    -c -o mod1.o mod1.c
gcc    -c -o mod2.o mod2.c
mod2.c: In function 'foo2':
mod2.c:3: error: 'i' undeclared (first use in this function)
mod2.c:3: error: (Each undeclared identifier is reported only once
mod2.c:3: error: for each function it appears in.)
make: *** [mod2.o] Error 1
$
```

如果你修正了 mod2.c 中的错误并再次运行 make，会发生以下情况：

```
$ make
gcc    -c -o mod2.o mod2.c
gcc    -c -o main.o main.c
gcc mod1.o mod2.o main.o -o dbtest
$
```

注意，make 没有重新编译 mod1.c。那是因为它知道不需要重新编译。make 工具的强大力量和优雅就在于此。

即使在这个简单的示例中，你也可以使用示例 Makefile 开始为自己的程序使用 make。

14.3.2　CVS 工具

CVS 工具是管理源代码的几个实用工具之一。它提供了源代码的自动版本跟踪功能，并跟踪对模块所做的更改，这允许你在需要时重新创建程序的特定版本（例如，用于回滚代码或为客户支持重新创建旧版本）。使用 CVS（Concurrent Versions System，并发版本系统），你可以“check out”一个程序（使用带有 checkout 选项的 cvs 命令），对其进行更改，然后“check it back in”（使用带有 commit 选项的 cvs 命令）。这种机制避免了多个程序员想要编辑同一个源文件时可能出现的冲突。使用 CVS，程序员可以在多个位置通过网络处理相同的源代码。

14.3.3　UNIX 工具：ar、grep、sed 等命令

UNIX 提供了各种各样的命令，使得大型程序的开发更容易、更高效。例如，你可以使用 ar 来创建自己的库。再如，创建一堆经常使用或想要共享的工具函数。就像在使用标准数学库中的例程时使用-lm 选项链接程序一样，你也可以在链接时使用选项-l*lib* 指定自己的库。在链接阶段，C 语言编译器会自动搜索库的位置以定位你从库中引用的函数。任何这样的函数都是从库中提取出来，并与程序链接在一起的。

其他命令，如 grep 和 sed，对于在文件中搜索字符串或对一组文件进行全局修改也很有用。例如，结合一些 Shell 编程技巧，你可以轻松地使用 sed 将一组源文件中出现的某个特定变量名全部更改为另一个变量名。grep 命令只是在一个或多个文件中搜索指定的字符串，这对于在一组源文件中定位变量或函数，或在一组头文件中定位宏非常有用。所以下面的命令可用于在文件 main.c 中搜索包含字符串 todaysDate 的所有行。

```
$ grep todaysDate main.c
```

下面的命令会搜索当前目录中的所有源文件和头文件，并在显示每个匹配的字符串时给出对应文件中的相对行号（使用-n 选项）。

```
$ grep -n todaysDate *.c *.h
```

你已经看到了 C 语言如何支持将程序划分为更小的模块，以及如何增量地、独立地编译这些模块。当你使用头文件来指定共享的原型声明、宏、结构体定义、枚举等时，头文件提供了模块之间的“黏合剂”。

如果使用 IDE，在程序中管理多个模块很简单。在你进行更改时，IDE 应用会跟踪需要重新编译的文件。如果你使用的是命令行编译器（如 GCC），则必须自己跟踪需要重新编译的文件，或者求助于 make 之类的工具来自动跟踪。如果你是在命令行中编译，需要寻找其他工具，它们可以帮助你搜索源文件，可以对它们进行全局更改，并创建和维护程序库。

第 15 章 C 语言中的输入与输出操作

到目前为止，所有数据的读写都是通过输出窗口（也称为控制台或终端）完成的。当你想要输入一些信息时，你可以使用 scanf()或 getchar()函数。通过调用 printf()函数，所有程序结果都显示在窗口中。

C 语言本身没有任何用于执行输入/输出（Input/Output，I/O）操作的特殊语句。C 语言中的所有 I/O 操作都必须通过函数调用进行。这些函数包含在标准 C 语言库中。本章将介绍一些额外的输入/输出函数，以及如何处理文件。本章涵盖的主题包括：

- 使用 putchar()和 getchar()完成基本的 I/O 操作；
- 使用标志和修饰符最大化 printf()和 scanf()的用途；
- 重定向文件的输入和输出；
- 使用文件函数和指针。

回想一下在前面使用 printf()或 scanf()函数的程序中对下方 include 语句的使用。

```
#include <stdio.h>
```

该包含文件包含与标准 C 语言库中的 I/O 例程相关的函数声明和宏定义。因此，每当使用这个库中的函数时，都应该在程序中包含这个文件。

在本章中，你将学习标准 C 语言库提供的许多 I/O 函数。遗憾的是，限于篇幅本章不会详细地介绍这些函数，也不会讨论所提到的每个函数。有关标准 C 语言库中更多函数的列表，请参阅附录 B。

15.1 字符 I/O：getchar()与 putchar()

当你想一次读取一个字符的数据时，getchar()函数是很方便的。在程序 9.6 中，你看到了如何开发一个名为 readLine 的函数来读取用户输入的整行文本。这个函数反复调用 getchar()，直到读取到换行符为止。

还有一个类似的函数可以一次写入一个字符，这个函数的名称是 putchar。

putchar()函数的调用非常简单：它接收的唯一参数是要显示的字符。那么，如下所示的函数调用的效果是显示 c 中包含的字符（c 被定义为 char 型）。

```
putchar (c);
```

下面调用的效果是显示换行符，如你所知，换行符会使光标移到下一行的开头。

```
putchar ('\n');
```

15.2 格式化 I/O：printf()与 scanf()

在本书中，你一直在使用 printf()和 scanf()函数。在本节中，你将了解这些函数可用于格式化数据的所有选项。

printf()和 scanf()的第一个参数都是一个字符指针，它指向一个格式字符串。格式字符串指定了函数 printf()中余下的参数如何显示，以及 scanf()中读取的数据如何解释。

15.2.1　printf()函数

在各种程序示例中，你已经看到如何在%字符和特定的所谓转换字符之间放置某些字符，以更精确地控制输出的格式。例如，你在程序 4.3A 中看到了如何使用转换字符之前的整数值来指定**字段宽度**（field width）。格式字符%2i 指定以右对齐显示一个整数值，字段宽度为 2 列。在第 4 章的练习题 6 中，你也看到了如何使用减号将字段以左对齐方式显示。

printf()转换规范的一般格式如下（可选字段用括号进行标识，必须按照下面所示的顺序出现）：

```
%[flags][width][.prec][hlL]type
```

表 15.1、表 15.2 和表 15.3 总结了格式字符串中可以直接放在%符号之后、类型规范之前的所有字符和值。

表 15.1　printf()标志

标志	含义
-	输出的值左对齐
+	输出值的前面添加+或-
空格	输出的正值前面添加一个空格字符
0	未满位数自动归零
#	输出的八进制数前面加 0，十六进制数前面加 0x（或 0X）；显示浮点数的小数点；舍去 g 或 G 格式尾部的 0

表 15.2　printf()位宽和精度修饰符

标志	含义
数字	输出数值的最小位宽值
*	获取 printf()的下一个参数作为字段的位宽
.数字	整数显示的最少位数；e 或 f 格式下显示的小数位数；g 格式下显示的最多有效数字位数；s 格式下显示的最大字符数
.*	将 printf()的下一个参数作为精度值（并按照前一行中的指示进行解释）

表 15.3　printf()类型修饰符

标志	含义
hh	将整数参数显示为字符
h*	显示 short integer 型的值
l*	显示 long integer 型的值
ll*	显示 long long integer 型的值
L	显示 long double 型的值
j*	显示 intmax_t 或者 uintmax_t 型的值
t*	显示 ptrdiff_t 型的值
z*	显示 size_t 型的值

注意，这些修饰符也可以放在 n 转换字符之前，用于表示对应的指针参数的类型是指定的类型。

表 15.4 列出了可以在格式字符串中指定的 printf()转换字符。

表 15.4　printf()转换字符

字符	用于显示
i 或 d	整数
u	无符号整数
o	八进制整数
x	十六进制整数，10～15 使用 a～f 显示
X	十六进制整数，10～15 使用 A～F 显示
f 或 F	浮点数，默认精确到小数后 6 位
e 或 E	指数形式表示的浮点数（e 表示在指数前放置小写的 e，E 表示在指数前放置大写的 E）
g	f 或 e 格式中的浮点数
G	F 或 E 格式中的浮点数
a 或 A	十六进制格式 0xd.ddddp±d 的浮点数
c	单个字符
s	以 NULL 结尾的字符串
p	指针
n	不显示任何内容；将本次调用到目前为止输出的字符数写入一个 int 型变量中，这个 int 型变量由相应的参数指向（参考表 15.3 的注意事项）
%	百分号

表 15.1～表 15.4 可能看起来有点复杂。如你所见，可以使用许多不同的组合来精确控制输出的格式。熟悉各种可能的最佳方法是通过实验。只要确保提供给 printf()函数的参数数量与格式字符串中%符号的数量匹配即可（当然，%%是个例外）。而且，在使用*代替整数作为字段宽度或精度修饰符的情况下，请记住，printf()也需要为每个星号提供一个参数。

程序 15.1 展示了使用 printf()进行格式化的一些可能。

程序 15.1　演示各种 printf()格式

```
// 此程序演示各种 printf()格式
#include <stdio.h>

int main (void)
{
    char                c = 'X';
    char                s[] = "abcdefghijklmnopqrstuvwxyz";
    int                 i = 425;
    short int           j = 17;
    unsigned int        u = 0xf179U;
    long int            l = 75000L;
    long long int       L = 0x1234567812345678LL;
    float               f = 12.978F;
    double              d = -97.4583;
    char                *cp = &c;
    int                 *ip = &i;
```

```
    int             c1, c2;

    printf ("Integers:\n");
    printf ("%i %o %x %u\n", i, i, i, i);
    printf ("%x %X %#x %#X\n", i, i, i, i);
    printf ("%+i % i %07i %.7i\n", i, i, i, i);
    printf ("%i %o %x %u\n", j, j, j, j);
    printf ("%i %o %x %u\n", u, u, u, u);
    printf ("%ld %lo %lx %lu\n", l, l, l, l);
    printf ("%lli %llo %llx %llu\n", L, L, L, L);

    printf ("\nFloats and Doubles:\n");
    printf ("%f %e %g\n", f, f, f);
    printf ("%.2f %.2e\n", f, f);
    printf ("%.0f %.0e\n", f, f);
    printf ("%7.2f %7.2e\n", f, f);
    printf ("%f %e %g\n", d, d, d);
    printf ("%.*f\n", 3, d);
    printf ("%*.*f\n", 8, 2, d);

    printf ("\nCharacters:\n");
    printf ("%c\n", c);
    printf ("%3c%3c\n", c, c);
    printf ("%x\n", c);

    printf ("\nStrings:\n");
    printf ("%s\n", s);
    printf ("%.5s\n", s);
    printf ("%30s\n", s);
    printf ("%20.5s\n", s);
    printf ("%-20.5s\n", s);

    printf ("\nPointers:\n");
    printf ("%p %p\n\n", ip, cp);

    printf ("This%n is fun.%n\n", &c1, &c2);
    printf ("c1 = %i, c2 = %i\n", c1, c2);

    return 0;
}
```

程序 15.1　输出

```
Integers:
425 651 1a9 425
1a9 1A9 0x1a9 0X1A9
+425 425 0000425 0000425
17 21 11 17
61817 170571 f179 61817
75000 222370 124f8 75000
1311768465173141112 110642547402215053170 1234567812345678 1311768465173141112

Floats and Doubles:
12.978000 1.297800e+01 12.978
12.98 1.30e+01
13 1e+01
  12.98 1.30e+01
```

```
-97.458300 -9.745830e+01 -97.4583
-97.458
  -97.46

Characters:
X
  X X
58

Strings:
abcdefghijklmnopqrstuvwxyz
abcde
    abcdefghijklmnopqrstuvwxyz
               abcde
abcde

Pointers:
0xbffffc20 0xbffffbf0

This is fun.
c1 = 4, c2 = 12
```

值得花点时间详细解释一下输出。第一组输出处理的是整数的显示，类型包括 short、long、unsigned 和“普通”int。第一行以十进制（%i）、八进制（%o）、十六进制（%x）和无符号（%u）格式显示变量 i。注意，在显示八进制数时，没有在它们前面添加前导 0。

下一行再次输出 i 的值。首先，使用%x 以十六进制表示法显示 i。使用大写字母 X（%#X）会使 printf()在显示十六进制数时使用大写字母 A～F，而不是小写字母。#修饰符（%#x）会使数字前面出现一个前导 0x，当使用大写字母 X 作为转换字符（%#X）时，会使数字前面出现前导 0X。

第四个 printf()调用首先使用+标志强制显示符号，即使值是正数（通常不显示符号）。然后，使用空格修饰符强制在正值前面添加一个前导空格。（这个操作有时对于对齐那些既有可能是正数又有可能是负数的值来说很有用：正数有前导空格；负数有一个负号。）接下来，使用%07 格式以右对齐的方式显示 i，并限制字段宽度为 7 个字符。标志 0 指定以 0 填充。因此，i 的值（即 425）前面有 4 个 0。这个调用中的最后一个转换是%.7i，表示以最少 7 位的数字显示 i 的值。实际效果与使用%07i 的效果相同，即显示 4 个前导 0，后面是 3 位数字 425。

第五个 printf()调用以各种格式显示 short int 型变量 j 的值，可以指定以任何整数格式来显示 short int 型值。

接下来的 printf()调用展示了使用%i 来显示 unsigned int 值会发生什么。因为赋给 u 的值比运行这个程序的机器上可以存储在 signed int 中的最大正数还要大，所以在使用%i 格式字符时，它显示为负数。

第一组输出中的倒数第二个 printf()调用展示了如何使用修饰符 l 来显示 long int 型值，最后一个 printf()调用展示了如何显示 long long int 型值。

第二组输出演示了各种可能的格式来显示 float 和 double 型值。其中第一行输出显示了使用%f、%e 和%g 格式显示 float 型值的结果。如前所述，除非另有说明，否则%f 和%e 格式默认显示 6 位小数。对于%g 格式，printf()根据值的大小和指定的精度，决定是以%e 还是%f 格式显示值。如果指数小于−4 或大于可选指定的精度（记住，默认值是 6），则使用%e；否则，使用%f。在这两种情况下，数值尾部的 0 都会自动删除，并且只有在小数点后面有非 0 位时才显示小数点。一般来说，要想以美观的格式显示浮点数，%g 是一种很好的选择。

在下一行输出中，使用精度修饰符.2 将 f 的值的显示限制在小数点后两位。如你所见，printf()完全可以对 f 的值进行四舍五入。紧随其后的下一行展示了.0 精度修饰符的使用，该修饰符用来禁止在%f 格式中显示任何小数，包括小数点。再次指出，f 的值被自动四舍五入。

用于生成下一行输出的修饰符 7.2，指明了该值以最少 7 列的形式显示，精度为小数点后两位。因为要显示的两个值都少于 7 列，所以 printf()在指定的字段宽度内，将数值右对齐显示（在左边添加空格）。

在接下来的 3 行输出中，double 型变量 d 的值以各种格式显示。使用相同的格式字符显示 float 和 double 型值，因为回想一下，当将 float 型值作为参数传递给函数时，会被自动转换为 double 型值。下面的 printf()函数调用将 d 的值显示到小数点后 3 位。

```
printf ("%.*f\n", 3, d);
```

格式字符串中点号后面的星号指示 printf()将函数的下一个参数作为精度值。在这个例子中，下一个参数是 3。此值也可以由变量指定（如下所示），这使得此功能在需要动态更改显示格式时非常有用。

```
printf ("%.*f\n", accuracy, d);
```

第二组输出的最后一行显示了使用格式字符%*.*f 显示 d 的值。在这种情况下，由格式字符串中的两个星号可知，字段宽度和精度都作为函数的参数给出。因为格式字符串后面的第一个参数是 8，所以将其作为字段宽度。下一个参数 2 被用作精度值。因此，在包含 8 个字符的字段中，将 d 的值显示到两位小数。请注意，字段宽度计数中会包含负号和小数点，这一点适用于任何字段修饰符。

第三组输出演示了以各种格式显示字符 c（最初被设置为字符 X）。第一次使用熟悉的%c 格式字符显示。下一行使用字段宽度 3 将其显示了两次。这将导致该字符的显示带有两个前导空格。

可以使用任何整数格式来显示字符。在下一行输出中，以十六进制显示 c 的值。输出表明，在这台机器上，字符 X 在内部表示为十六进制数 58。

第四组输出演示了显示字符串 s。第一次以正常的%s 格式字符显示。第二次使用精度规格 5，仅显示字符串中的前 5 个字符。其结果就是显示了字母表的前五个字母。

第三次再次显示了整个字符串，这次使用的字段宽度规范为 30。如你所见，字符串以右对齐的方式在规定的宽度中显示。

第四组输出的最后两行显示了字符串 s 中的 5 个字符，其字段宽度为 20。第一次以右对齐的方式在限定的字段宽度内显示 5 个字符。第二次显示时使用负号，以左对齐的方式在限定的字段宽度内显示 5 个字符。这里输出了垂直条字符，以验证格式字符%−20.5s 在终端上实际显示了 20 个字符（5 个字母后紧跟着 15 个空格）。

第五组输出使用%p 字符来显示指针的值。这里显示的是 int 型指针 ip 和 char 型指针 cp。请注意，在你的系统中可能会显示不同的值，因为你的指针很可能包含不同的地址。

使用%p 时的输出格式是由具体实现定义的，在本例中，指针以十六进制格式显示。从输出中可以看出，指针变量 ip 包含十六进制地址 bffffc20，指针 cp 包含十六进制地址 bffffbf0。

最后一组输出演示了%n 格式字符的使用。在这种情况下，printf()的对应参数必须是指向 int 的指针类型，除非指定了 hh、h、l、ll、j、z 或 t 的类型修饰符。实际上 printf()

会将到目前为止输出的字符数存储到这个参数所指向的整数中。因此，第一次出现%n，会使 printf()将值 4 存储在 int 型变量 c1 中，因为这是到目前为止本次调用已经输出的字符数。第二次出现%n 时，将值 12 存储在 c2 中，这是因为到目前为止 printf()显示了 12 个字符。请注意，在格式字符串中包含%n 对 printf()产生的实际输出没有任何影响。

15.2.2 scanf()函数

与 printf()函数的格式字符串一样，在 scanf()调用的格式字符串中也可以指定许多的格式选项，而且可指定的选项比到目前为止介绍的还要多。与 printf()一样，scanf()接收%和转换字符之间的可选修饰符。表 15.5 总结了这些可选的转换修饰符。表 15.6 总结了可以指定的转换字符。

表 15.5 scanf()转换修饰符

修饰符	含义
*	字段被忽略，且不会被赋值
size	输入字段的最大容量
hh	将读入的值存储在 unsigned 或者 signed char 中
h	将读入的值存储在 short int 中
l	将读入的值存储在 long int、double 或者 wchar_t 中
j、z 或者 t	将读入的值存储在 size_t（%j）、ptrdiff_t（%z）、intmax_t 或者 uintmax_t（%t）中
ll	将读入的值存储在 long long int 中
L	将读入的值存储在 long double 中
type	转换字符

表 15.6 scanf()转换字符

字符	操作
d	要读取的值用十进制表示；对应的参数是一个指向 int 型的指针，在使用了 h、l 或 ll 修饰符的情况下，参数分别是指向 short、long 或 long long int 型的指针
i	与%d 一样，但是还可以读入以八进制（前导 0）或十六进制（前导 0x 或 0X）表示的数字
u	要读取的值是一个整数，对应的参数是一个指向 unsigned int 型的指针
o	要读取的值用八进制表示法表示，可以选择显示前导 0；对应的参数是一个指向 int 型的指针，在字母 o 之前使用 h、l 或 ll 情况下，参数分别是指向 short、long 或 long long 型的指针
x	要读取的值用十六进制表示法表示，可以选择显示前导 0x 或 0X；对应的参数是一个指向 unsigned int 型的指针，除非使用 h、l 或 ll 修饰 x
a、e、f 或 g	要读取的值用浮点表示法表示；值之前可以有一个符号，也可以用指数表示法表示（如 3.45 e–3）；对应的参数是一个指向 float 型的指针，当使用了 l 或 L 修饰符时，参数分别是指向 double 或 long double 型的指针
c	要读取的值是一个单字符；读取输入中的下一个字符，即使它是空格、制表符、换行符或换页符。对应的参数是一个指向 char 型的指针；可以在 c 之前添加一个数字，以指定要读取的字符数
s	要读取的值是一个字符序列；序列从第一个非空白字符开始，并以第一个空白字符结束。 对应的参数是一个指向字符数组的指针，该字符数组必须有足够的空间，以存储读取的字符以及自动添加到末尾的空字符。如果在 s 之前有数字，则读取指定的字符数，除非首先遇到一个空白字符
[...]	方括号内的字符可以表示要读取字符串，如%s；也可以表示字符串中允许的字符。如果遇到方括号中指定字符以外的任何字符，则字符串终止；通过在括号中放置一个^作为第一个字符，可以“反转”这些字符的处理方式。在这种情况下，^之后的字符将作为字符串的终止字符；也就是说，如果在输入中找到了后续字符中的任意一个，则字符串结束

续表

字符	操作
n	什么也没读。到目前为止，本次调用所读取的字符数，写入相应参数所指向的 int 型变量中
p	要读取的值是一个指针，格式与 printf()的 p 转换字符相同。对应的参数是一个指向 void 指针的指针
%	输入中的下一个非空白字符必须是一个%

当 scanf()函数在输入流中搜索要读取的值时，它总是忽略任何前导**空白字符**，这里说的**空白字符**指的是空格、水平制表符（'\t'）、垂直制表符（'\v'）、回车符（'\r'）、换行符（'\n'）或换页符（'\f'）。这里有两种例外情况：一种是使用%c 格式字符，在这种情况下，无论输入的下一个字符是什么，都会被读入；另一种是读取有方括号的字符串，在这种情况下，用方括号进行标识的字符（或**未用**方括号标识的字符）指定了字符串中允许的字符。

当 scanf()读取一个特定的值时，一旦达到字段宽度指定的字符数（如果提供了），或者遇到的字符对于要读取的值是无效的，将立即终止读取。对整数来说，有效字符是一个可选填的有符号数序列，这些有效的字符（十进制：0～9；八进制：0～7；十六进制：0～9、a～f 或 A～F）与要读取整数的基数有关。对于浮点数，允许的字符是一个可选填的有符号的十进制数序列，后面跟着一个可选填的小数点和另一个可选填的十进制数序列，这些数字后面可以跟着字母 e（或 E）和一个可选填的有符号的指数。对于%a，十六进制的浮点数可以表示为：一个前导 0x，紧跟着一个十六进制数序列，然后是一个可选填的小数点，最后是一个以字母 p（或 P）开头的可选指数。对于使用%s 格式读取的字符串，任何非空白字符都有效。对于使用%c 格式读取的字符串，所有字符都有效。最后，在读取带有方括号的字符串时，只有包含在方括号中的才是有效字符（如果在左方括号后使用了^字符，则不包含在方括号中的才是有效字符）。

回想一下，在第 8 章中，当你编写提示用户从终端输入时间的程序时，在 scanf()调用的格式字符串中指定的任何非格式字符都被期望出现在输入中。例如，下面的 scanf()调用意味着将读入 3 个整数值并分别存储在变量 hour、minutes 和 seconds 中。在格式字符串中，“:”字符指定冒号作为 3 个整数值之间的分隔符。

```
scanf ("%i:%i:%i", &hour, &minutes, &seconds);
```

如果希望指定一个百分号作为输入，需要在格式字符串中包含两个百分号，如下所示：

```
scanf ("%i%%", &percentage);
```

格式字符串中的空白字符会匹配输入中的任意数量的空白字符。因此，当使用“29 w”作为文本输入来调用下面的函数时，会将值 29 分配给 i，将空格字符分配给 c，因为它是输入中紧跟在字符 29 之后出现的字符。

```
scanf ("%i%c", &i, &c);
```

如果执行下面的 scanf()调用，并同样输入文本“29 w”，会将值 29 赋给 i，字符'w'赋给 c，因为格式字符串中的空格，使得 scanf()函数在读入字符 29 之后，在继续读入下一个字符时会忽略所有前导空白字符。

```
scanf ("%i %c", &i, &c);
```

表 15.5 中指示可以使用一个星号来跳过字段。如果使用“144abcde 736.55 (wine and cheese)”文本作为输入，调用下面的 scanf()函数，则会将值 144 存储在 i1 中；5 个字符 abcde 存储在字符数组 text 中；浮点数 736.55 被匹配但没有被赋值；字符串"(wine"存储在 string 中，以一个空字符结束。

```
scanf ("%i %5c %*f %s", &i1, text, string);
```

下一次 scanf()调用**从上次停止的地方开始读取**。因此，下面的函数调用会将字符串"and"存储在 string2 中，将字符串"cheese)"存储在 string3 中，并让函数等待输入一个整数值。

```
scanf ("%s %s %i", string2, string3, &i2);
```

请记住，scanf()需要指向变量的指针，用于存储所读入的数值。根据第 10 章的内容，你知道为什么要这样做——这样 scanf()就可以对变量进行修改；也就是说，将读入的值存储到这些变量中。还要记住，要指定一个指向数组的指针，只需指定数组的名称。因此，如果将 text 定义为一个具有适当大小的字符数组，则下面的 scanf()调用，会从输入中读取接下来的 80 个字符并将它们存储到 text 中。

```
scanf ("%80c", text);
```

下面的 scanf()调用表示要读取的字符串可以由除了斜线以外的任何字符组成。

```
scanf ("%[^/]", text);
```

使用“(wine and cheese)/”文本作为输入，执行上述的语句，其效果是将字符串"(wine and cheese)"存储在 text 中，因为这个字符串直到匹配了“/”才终止（这也是下次调用 scanf()时要读取的字符）。

从终端将完整的一行读入字符数组 buf 中，你可以指定行尾的换行符作为字符串的结束符，如下所示：

```
scanf ("%[^\n]\n", buf);
```

换行符在括号外重复，这样做的目的是让 scanf()能够匹配它，并且在下次调用 scanf()时不会再次读取它。（请记住，scanf()总是从最后一次调用终止的字符处继续读取字符。）

当读取的值与 scanf()所期望的值不匹配（例如，当期望的值是整数而输入字符 x 时）时，scanf()将不再从输入中读取任何项并立即返回。该函数会返回成功读取并赋值给程序中变量的项数，因此可以测试此值以确定输入中是否发生了任何错误。例如，下面的函数调用会测试返回值，以确保 scanf()成功读取并分配了 3 个值。如果不是，则显示相应的消息。

```
if ( scanf ("%i %f %i", &i, &f, &l) != 3 )
    printf ("Error on input\n");
```

请记住，scanf()的返回值指示**读取并赋值**的值的数量，因此下面的函数调用执行成功时会返回 2，而不是 3，因为你正在读取并赋值**两个**整数（中间跳过一个）。

```
scanf ("%i %*d %i", &i1, &i3)
```

还要注意，使用%n（获取到目前为止读取的字符数）时并不会将其计算到 scanf()的返回值中。

尝试 scanf()函数提供的各种格式选项。与 printf()函数一样，只有在实际的程序示例中尝试它们，才能很好地理解这些不同的格式。

15.3　文件的输入和输出操作

到目前为止，当本书中的一个程序调用 scanf()函数时，调用所请求的数据总是由程序的用户从键盘输入的。类似的，所有对 printf()函数的调用都会将所需的信息显示到活动窗口。为了提高程序的实用性，你需要能够从文件中读取数据，并向文件中写入数据，本节将介绍这些内容。

15.3.1　将 I/O 重定向到文件

在许多操作系统（包括 Windows、Linux 和 UNIX）下，都可以轻松地执行文件读写操作，而无须对程序进行任何特殊操作。程序 15.2 是一个非常简单的例子，它接收一个数字，然后对它执行一些非常简单的计算。

程序 15.2　一个简单例子

```
// 输入单个数字，输出几个计算结果
#include <stdio.h>

main()
{
    float d = 6.5;
    float half, square, cube;

    half = d/2;
    square = d*d;
    cube = d*d*d;

    printf("\nYour number is %.2f\n", d);
    printf("Half of it is %.2f\n", half);
    printf("Square it to get %.2f\n", square);
    printf("Cube it to get %.2f\n", cube);

    return 0;
}
```

上面的例子很简单，但假设你想把结果保存在一个文件中，例如，你想把这个程序的结果写入一个名为 results.txt 的文件，在 UNIX 或 Windows 中，如果在命令提示符窗口中运行，你只需要用下面的命令执行这个程序，将程序的输出重定向到文件 results.txt 中：

```
program1502 > results.txt
```

上述命令要求系统执行程序 program1502，但将通常写入命令提示符窗口的输出重定向到一个名为 results.txt 的文件中。因此，printf()显示的任何值都不会出现在命令提示符窗口中，而是写入名为 results.txt 的文件。

虽然程序 15.2 很有趣，但更有价值的做法是提示用户输入一个数字，然后对这个数字执行计算并显示结果。程序 15.3 展示了这个稍微调整过的程序。

程序 15.3　一个简单但有更多交互性的例子

```
// 输入单个数字，输出几个计算结果
#include <stdio.h>
```

```
main()
{
    float d ;
    float half, square, cube;

    printf("Enter a number between 1 and 100: \n");
    scanf("%f", &d);
    half = d/2;
    square = d*d;
    cube = d*d*d;

    printf("\nYour number is %.2f\n", d);
    printf("Half of it is %.2f\n", half);
    printf("Square it to get %.2f\n", square);
    printf("Cube it to get %.2f\n", cube);

    return 0;
}
```

现在假设你想把这个程序的数据保存到文件 results2.txt 中。在命令提示符窗口中输入并执行如下代码：

```
program1503 > results2.txt
```

这一次，程序看起来好像挂起了，没有响应。这种理解是部分正确的。程序不会前进，因为它在等待用户输入一个数字来执行计算。这就是以这种方式将输出定向到文件的缺点。所有的输出都会写入文件，甚至包括用来提示用户输入数据的 printf()语句。如果你检查 results2.txt 的内容，会得到以下结果（假设你输入的数字是 6.5）：

```
Enter a number between 1 and 100:

Your number is 6.50
Half of it is 3.25
Square it to get 42.25
Cube it to get 274.63
```

这将验证程序的输出是否如前面所述写入了文件 results2.txt。你可以尝试使用不同的文件名和不同的数字运行该程序，以查看它是否可以重复工作。

对程序的输入也可以执行类似的重定向。调用通常从窗口读取数据的函数（如 scanf()和 getchar()），都可以很容易地从文件中读取信息。创建一个文件，其中只包含一个数字（在本例中，文件名是 simp4.txt，只包含数字 4），然后重新运行 program1503，但使用以下语句：

```
program1503 < simp4.txt
```

执行上述语句之后，终端的输出如下：

```
Enter a number between 1 and 100:

Your number is 4.00
Half of it is 2.00
Square it to get 16.00
Cube it to get 64.00
```

请注意，这个程序要求输入一个数字，但并不会等待用户输入一个数字。这是因为 program1503 的输入（而不是输出）是从名为 simp4.txt 的文件重定向过来的。因此，程序中 scanf()调用的效果是从文件 simp4.txt 中读取值，而不是从命令提示符中读取。文件中输入信息的方式必须与终端输入的方式相同。scanf()函数本身并不知道（也不关心）它的输入是来自窗口还是来自文件，它只关心格式是否正确。

当然，你可以同时重定向一个程序的输入和输出。下面的命令会执行程序 program1503，并从文件 simp4.txt 读取所有程序输入，并将所有程序输出写入文件 results3.txt。

```
program1503 < simp4.txt > results3.txt
```

重定向程序的输入和/或输出的方法通常是很实用的。例如，假设你正在为杂志撰写一篇文章，并将文本输入到名为 article 的文件中。程序 9.8 计算在终端输入的文本行中出现的单词的个数。你也可以使用这个程序来计算文章的字数，只需输入以下命令[1]：

```
wordcount < article
```

当然，你必须要记得在 article 文件的末尾包含一个额外的回车符，因为你的程序被设计为，当出现仅包含一个换行符的行时，程序才认为数据结束。

请注意，这里描述的 I/O 重定向实际上不是 C 语言 ANSI 定义中的一部分。这意味着你可能会发现操作系统不支持它。幸运的是，大多数操作系统都是支持它的。

15.3.2 文件末尾

关于在数据末尾包含一个额外的回车符这件事，值得进一步讨论。在处理文件时，数据末尾的回车符被称为**文件末尾**（end of file）。当从文件中读取最后一段数据时，就会存在文件末尾条件。试图读取超过文件末尾的数据可能会导致程序报错并终止，或者如果程序没有检查此条件，则可能导致程序进入无限循环。幸运的是，标准 I/O 库中的大多数函数都返回一个特殊标志，以指示程序何时到达文件的末尾。该标志的值名为 EOF（End of File 的缩写），该名称定义在标准 I/O 头文件<stdio.h>中。

程序 15.4 是将 EOF 测试和 getchar()函数结合使用的一个例子，它读入字符并在终端窗口中显示出来，直到到达文件末尾。注意 while 循环中包含的表达式。如你所见，赋值不必在单独的语句中进行。

程序 15.4 将字符从标准输入复制到标准输出

```
// 此程序将显示字符，直到文件末尾

#include <stdio.h>
int main (void)
{
    int c;
    while ( (c = getchar ()) != EOF )
        putchar (c);
    return 0;
}
```

1 UNIX 系统提供了 wc 命令，它也可以对单词进行计数。另外，回想一下，这个程序是设计用来处理文本文件的，而不是字处理文件，例如微软的 Word 文件。

如果编译并执行程序 15.4，用下面的命令将输入重定向到一个文件，该程序会在终端显示文件 infile 的内容。试试看！

```
program1504 < infile
```

实际上，程序 15.4 与 UNIX 系统中的 cat 命令的基本功能相同，你可以使用它来显示任何你选择的文本文件中的内容。

在程序 15.4 的 while 循环中，将 getchar()函数返回的字符赋给变量 c，然后与定义的值 EOF 进行比较。如果值相等，就意味着你已经读取了文件中的最后一个字符。关于 getchar()函数返回的 EOF 值，必须指出的一个重要的点：该函数实际上返回的是 int 型值而不是 char 型值。这是因为 EOF 值必须是唯一的；也就是说，它不能等于 getchar()通常返回的任何字符的值。因此，在程序 15.4 中将 getchar()返回的值赋给 int 型变量，而不是 char 型变量。这种做法是可行的，因为 C 语言允许你在 int 中存储字符，尽管在一般情况下，这可能不是最好的编程实践。

如果将 getchar()函数的结果存储在一个 char 型变量中，结果是不可预测的。在对字符进行符号扩展的系统中，代码仍然可以正常工作。在不对字符进行符号扩展的系统中，程序可能会陷入无限循环。

最重要的是，一定要记得将 getchar()的结果存储在一个 int 型变量中，以便能够正确地检测到文件末尾条件。

可以在 while 循环的条件表达式中赋值，这说明了 C 语言在表达式构造方面提供的灵活性较高。赋值运算符周围必须要有括号，因为赋值运算符的优先级低于不相等测试运算符。

15.4 处理文件的特殊函数

你将开发的许多程序很可能只使用 getchar()、putchar()、scanf()和 printf()函数以及 I/O 重定向的概念就能够执行所有的 I/O 操作。然而，确实会出现一些情况，在这些情况下，你需要更高的灵活性来处理文件。例如，你可能需要从两个或更多不同的文件中读取数据，或者将输出的结果写入几个不同的文件中。为处理这些情况下的文件，C 语言专门设计了一些特殊函数。下面几节将介绍其中几个函数。

15.4.1 fopen()函数

在开始对文件进行任何 I/O 操作之前，必须先**打开**文件。要打开文件，必须指定文件的名称。然后，系统会进行检查，以确保该文件确实存在，在某些情况下，如果该文件不存在，则为你创建该文件。在打开文件时，还必须向系统指定要对文件执行的 I/O 操作的类型。如果打开文件是为了读取数据，通常以**读模式**（read mode）打开文件。如果要向文件写入数据，则以**写模式**（write mode）打开文件。最后，如果你想在已经包含一些数据的文件末尾追加信息，就以**追加模式**（append mode）打开文件。在后两种模式下，如果指定的文件在系统中不存在，则系统会为你创建该文件。在读模式下，如果文件不存在，就会发生错误。

因为一个程序可以同时打开许多不同的文件，所以当你想对一个文件执行一些 I/O 操作时，需要一种方法来识别程序中的这个文件，即通过**文件指针**（file pointer）完成。

标准 C 语言库中名为 fopen 的函数，用于在系统中打开一个文件，并返回一个唯一的文件指针，随后用该指针标识此文件。该函数接收两个参数：第一个是一个字符串，指明了要打开文件的名称；第二个也是一个字符串，表示要打开文件的模式。该函数返回一个文件指针，其他库函数使用该指针识别特定的文件。

如果由于某种原因无法打开文件，该函数返回值 NULL，该值是在头文件<stdio.h>[1]中定义的。在这个文件中还定义了一个名为 FILE 的类型。要在程序中存储 fopen()函数返回的结果，必须定义一个类型为“指向 FILE 类型的指针”的变量。

根据上面的讨论，下述语句会以只读模式打开名为 data 的文件。(写模式由字符串 " w " 指定，追加模式由字符串 " a " 指定。)

```
#include <stdio.h>

FILE *inputFile;

inputFile = fopen ("data", "r");
```

fopen()调用会为打开的文件返回一个标识符，并将该标识符赋给 FILE 指针变量 inputFile。接下来用定义的值 NULL 来测试这个变量，判断文件打开是否成功，如下所示：

```
if ( inputFile == NULL )
    printf ("*** data could not be opened.\n");
else
    // 从文件读取数据
```

你应该始终检查 fopen()调用的结果，以确保它成功执行。使用 NULL 指针可能会产生不可预知的结果。

在 fopen()调用中，对返回的 FILE 指针变量赋值以及与 NULL 指针的测试通常可以合并，如下所示：

```
if ( (inputFile = fopen ("data", "r")) == NULL )
    printf ("*** data could not be opened.\n");
```

fopen()函数还支持其他 3 种模式，这 3 种模式统称为**更新模式**(" r+ " 、" w+ " 和 " a+ ")。所有这 3 种更新模式都允许对文件执行读和写操作。读更新模式（ " r+ " ）会打开一个已存在的文件，进行读写操作。写更新模式（ " w+ " ）类似于写模式（如果文件已经存在，文件中的内容将被清除；如果文件不存在，则创建该文件），但同样允许进行读写操作。追加更新模式（ " a+ " ）会打开一个已存在的文件，或者创建一个新文件（如果文件不存在）。读操作可以发生在文件的任何位置，但写操作只能向文件末尾添加数据。

在一些会区分文本文件和二进制文件的操作系统（例如 Windows）中，要读写二进制文件，必须在模式字符串的末尾加上 b。如果你忘记这样做，即使程序仍能运行，也会得到奇怪的结果。这是因为在这些系统中，当读写文本文件时，会将一对回车/换行符转换为回车符。此外，当一个文件不是以二进制文件打开，并且文件中包含 Ctrl+Z 字符，就会在输入时出现文件结束条件。因此，使用下方语句打开二进制文件 data 进行阅读。

```
inputFile = fopen ("data", "rb");
```

15.4.2　getc()和 putc()函数

函数 getc()使你能够从文件中读取一个字符。这个函数的行为与前面描述的 getchar()函数

1 NULL 的官方定义位于头文件<stddef.h>；然而，NULL 也很可能定义在<stdio.h>中。

的相似。唯一的区别是 getc()接收一个参数：一个 FILE 指针，标识要读取的字符所在的文件。因此，如果像前面那样调用 fopen()，则执行下面的语句会从文件 data 中读取单个字符。文件中后续的字符可以通过继续调用 getc()函数从文件中读取。

```
c = getc (inputFile);
```

getc()函数在到达文件末尾时返回 EOF 值，与 getchar()函数一样，应该将 getc()的返回值保存在 int 型变量中。

你可能已经猜到了，putc()函数等价于 putchar()函数，只是它可以接收两个参数而不是一个参数。putc()的第一个参数是要写入文件的字符，第二个参数是 FILE 指针。因此，下面的函数调用会将换行符写入由 FILE 指针 outputFile 标识的文件。当然，为了使调用成功，被标识的文件之前必须以写模式或追加模式（或任何一种更新模式）打开。

```
putc ('\n', outputFile);
```

15.4.3　fclose()函数

有一个必须要提的文件操作是关闭文件。从某种意义上说，fclose()函数的作用与 fopen()函数的正好相反：fclose()函数告诉系统你不再需要访问该文件。在关闭文件时，系统执行一些必要的清理工作（例如将内存缓冲区中保存的所有数据写入文件），然后将特定的文件标识符与文件分离。一个文件被关闭后，无法再对其进行读写操作，除非重新打开它。

在完成对文件的操作后，关闭文件是一个好习惯。当程序正常终止时，系统会自动为你关闭所有打开的文件。通常，更好的编程实践是在使用完一个文件后立即关闭它。如果程序必须处理大量文件，这种做法可能是有益的，因为一个程序可以同时打开的文件数量是有实际限制的。你的系统可能对你可以同时打开的文件数量有各种限制。但这只有在程序中要处理多个文件时才可能成为一个问题。

顺便说一下，fclose()函数的参数是要关闭文件的 FILE 指针。因此，下面的函数调用会关闭与 FILE 指针 inputFile 关联的文件。

```
fclose (inputFile);
```

有了函数 fopen()、putc()、getc()和 fclose()，现在可以继续编写一个程序，将一个文件复制到另一个文件。程序 15.5 提示用户输入要复制的文件名以及复制后的文件名。本程序基于程序 15.4。为了便于比较，你可能需要参考程序 15.4。

假设以下 3 行文本已经被输入到文件 copyme.txt 中：

```
This is a test of the file copy program
that we have just developed using the
fopen, fclose, getc, and putc functions.
```

程序 15.5　复制文件

```
// 此程序将一个文件复制到另一个文件

#include <stdio.h>

int main (void)
{
    char inName[64], outName[64];
```

```
    FILE *in, *out;
    int  c;

    // 从用户获取文件名
    printf ("Enter name of file to be copied: ");
    scanf ("%63s", inName);
    printf ("Enter name of output file: ");
    scanf ("%63s", outName);

    // 打开输入和输出文件
    if ( (in = fopen (inName, "r")) == NULL ) {
        printf ("Can't open %s for reading.\n", inName);
        return 1;
    }

    if ( (out = fopen (outName, "w")) == NULL ) {
        printf ("Can't open %s for writing.\n", outName);
        return 2;
    }

    // 将 in 复制到 out
    while ( (c = getc (in)) != EOF )
        putc (c, out);

    // 关闭打开的文件
    fclose (in);
    fclose (out);

    printf ("File has been copied.\n");

    return 0;
}
```

程序 15.5　输出

```
Enter name of file to be copied: copyme
Enter name of output file: here
File has been copied.
```

现在查看一下文件 here.txt 的内容。该文件应该包含与 copyme.txt 文件相同的 3 行文本。

程序开始时调用的 scanf()函数的字段宽度为 63，这样做的目的是确保字符数组 inName 或者 outName 不会溢出。然后，程序打开指定的输入文件进行读操作，打开指定的输出文件进行写操作。如果输出文件已经存在，并且以写模式打开，那么在大多数系统中，之前的内容会被覆盖。

如果两个 fopen()调用有一个不成功，程序就会在终端显示一个适当的消息，然后不再继续，返回一个非 0 的退出状态来表示失败。如果两个 fopen()调用都成功，则通过连续调用 getc()和 putc()，每次复制一个字符，直到遇到文件末尾。然后，程序关闭这两个文件，并返回 0 作为退出状态，表示成功。

15.4.4　feof()函数

为了测试文件的文件结束条件，标准 C 语言库提供了函数 feof()。该函数唯一的参数是

FILE 指针。该函数返回一个整数值，如果试图读取文件的末尾，则返回非 0 值，否则返回 0 值。因此，下面的语句中，如果由 inFile 标识的文件满足文件结束条件，则会在终端显示“Ran out of data.”。

```
if ( feof (inFile) ) {
    printf ("Ran out of data.\n");
    return 1;
}
```

请记住，feof()告诉你已经试图读取文件末尾之后的数据，而不是告诉你刚刚读取了文件的最后一个数据项。为了让 feof()返回非 0 值，必须读取最后一个数据项的后一项。

15.4.5　fprintf()和 fscanf()函数

函数 fprintf()和 fscanf()可以对文件执行类似于函数 printf()和 scanf()的操作。这些函数有一个额外的参数，即 FILE 指针，用于标识要进行数据写入或读取的文件。因此，要将字符串"Programming in C is fun.\n"写入由 outFile 标识的文件中，可以编写以下语句：

```
fprintf (outFile, "Programming in C is fun.\n");
```

类似的，要从 inFile 标识的文件中读取下一个浮点数，并存储到变量 fv，可以使用下述语句。

```
fscanf (inFile, "%f", &fv);
```

与 scanf()一样，fscanf()会返回成功读取并赋值的参数个数；如果在处理任何转换规范之前到达文件末尾，则返回 EOF 值。

15.4.6　fgets()和 fputs()函数

为了从文件读取或写入整行数据，可以使用 fgets()和 fputs()函数。fgets()函数的调用方式如下：

```
fgets ( buffer, n, filePtr);
```

上述代码中 buffer 是一个指向字符数组的指针，读入的行将存储在其中；n 是一个整数值，表示能够存储在 buffer 中的最大字符数；而 filePtr 标识了要从哪个文件读取该行。

fgets()函数从指定的文件中读取字符，直到读取了换行符（换行符**也将**存储在缓冲区中）或读取了 n−1 个字符，两个条件满足一个即停止读取。这个函数会自动在 buffer 的最后一个字符后面放一个空字符。如果读取成功，则返回 buffer 的值（第一个参数）；如果读取出错，或者试图读取文件末尾，则返回 NULL。

与单独使用 scanf()相比，fgets()函数可以与 sscanf()函数结合使用，以更有序、更可控的方式进行逐行读取。

函数 fputs()将一行字符写入指定的文件。该函数的调用方式如下所示：

```
fputs ( buffer, filePtr);
```

该函数会将 buffer 指向的数组中存储的字符写入 filePtr 标识的文件，直到遇到空字符为止。结尾的空字符**不会**写入文件。

还有一些类似的函数 gets()和 puts()，它们分别用于从终端读取一行数据和向终端写入一行数据。这些函数将在附录 B.5 中描述。

15.4.7　stdin、stdout 和 stderr

当一个 C 语言程序执行时，系统会自动打开 3 个文件供程序使用。这些文件由**常量** FILE 指针 stdin、stdout 和 stderr 标识，它们定义在<stdio.h>中。FILE 指针 stdin 标识程序的标准输入，通常与终端窗口相关联。所有执行输入而不以文件指针作为参数的标准 I/O 函数都从 stdin 获取输入，例如，scanf()函数从 stdin 中读取输入，调用这个函数相当于调用第一个参数为 stdin 的 fscanf()函数。因此，下述代码从标准输入（通常是终端窗口）中读取下一个整数值。如果程序的输入被重定向到一个文件，则这个调用会从文件中读取下一个整数值。

```
fscanf (stdin, "%i", &i);
```

你可能已经猜到了，stdout 指的是标准输出，通常也与终端窗口关联。所以，下面第一行的函数调用可以替换为第二行所示的对 fprintf()函数的等效调用。

```
printf ("hello there.\n");
fprintf (stdout, "hello there.\n");
```

FILE 指针 stderr 标识了标准错误文件。系统产生的大多数错误消息都写到这里，通常也与终端窗口相关联。stderr 存在的原因是，错误消息可以记录到设备或文件中，而不是写入正常输出的地方。当程序的输出被重定向到文件时，这是特别需要的。在这种情况下，正常的输出被写入文件，但任何系统错误消息仍然出现在窗口中。出于同样的原因，你可能希望向 stderr 写入自己的错误消息。例如，下面的语句调用了 fprintf()，如果 data 文件无法打开读取，则将错误消息写入 stderr。此外，如果标准输出被重定向到一个文件，此消息仍然出现在你的窗口中。

```
if ( (inFile = fopen ("data", "r")) == NULL )
{
    fprintf (stderr, "Can't open data for reading.\n");
        ...
}
```

15.4.8　exit()函数

有时，你可能希望强制终止程序（例如在程序检测到错误条件时）。你知道，只要执行完 main()中的最后一条语句，或者在 main()中执行了 return 语句，程序执行就会自动终止。要明确地终止一个程序，无论是从哪里执行该程序，都可以调用 exit()函数。下面的函数调用会终止（退出）当前执行的程序。任何打开的文件都会被系统自动关闭。整数值 *n* 称为**退出状态**（exit status），与 main()返回的值含义相同。

```
exit (n);
```

标准头文件<stdlib.h>将 EXIT_FAILURE 定义为一个整数值，你可以用它来表示程序执行失败，而 EXIT_SUCCESS 可以用来表示程序执行成功。

如果程序执行完 main()中的最后一条语句就结束了，那么它的退出状态是未定义的。如果另一个程序需要使用这个退出状态，那么你一定不能让程序的退出状态是未定义的。在这种情况下，请确保退出 main()或从 main()返回时指定了退出状态。

作为使用 exit()函数的例子，下面的函数在指定的文件不能以读模式打开时，使程序以 EXIT_FAILURE 退出状态结束。当然，你可能希望返回打开失败这一事实，而不是采取终止程序这样极端的行动。

```
#include <stdlib.h>
#include <stdio.h>

FILE *openFile (const char *file)
{
    FILE *inFile;

    if ( (inFile = fopen (file, "r")) == NULL ) {
        fprintf (stderr, "Can't open %s for reading.\n", file);
        exit (EXIT_FAILURE);
    }

    return inFile;
}
```

请记住，退出和从 main()返回之间并没有真正的区别。它们都终止程序，返回一个退出状态。exit()和 return()的主要区别在于当它们在非 main()内部执行时，exit()调用会**立即**终止程序，而 return()调用只是将控制权转移回调用例程。

15.4.9 重命名和删除文件

库中的 rename()函数可用于更改文件的名称。它接收两个参数：旧文件名和新文件名。如果由于某种原因，重命名操作失败（例如，第一个参数指定的文件不存在，或者系统不允许你重命名特定的文件），rename()将返回一个非 0 值。下面的代码将名为 tempfile 的文件重命名为 database，并检查操作结果以确保操作成功。

```
if ( rename ("tempfile", "database") ) {
    fprintf (stderr, "Can't rename tempfile\n");
    exit (EXIT_FAILURE);
}
```

remove()函数会删除其参数指定的文件。如果文件删除失败，则返回一个非 0 值。下面的代码尝试删除文件 tempfile，如果删除失败，则将错误消息写入标准错误并退出。

```
if ( remove ("tempfile") )
{
    fprintf (stderr, "Can't remove tempfile\n");
    exit (EXIT_FAILURE);
}
```

顺便说一句，使用 perror()函数可以报告来自标准 C 语言库例程的错误。更多细节请参考附录 B.5。

对 C 语言下 I/O 操作的讨论到此结束。如前所述，由于篇幅有限，本书不会涵盖所有库函数。标准 C 语言库包含大量函数，可用于对字符串执行操作，进行**随机** I/O、数学计算和动态内存管理。附录 B 将列出这个库中的许多函数。

15.5 练习题

1. 输入并运行本章给出的程序。将每个程序产生的输出与本书中每个程序之后给出的输出进行比较。

2. 回想一下本书前面开发的程序，尝试将输入和输出重定向到文件。
3. 编写一个程序，将一个文件复制到另一个文件，将所有小写字母替换为对应的大写字母。
4. 编写一个程序，将两个文件中的行交替合并，并将结果写入 stdout。如果一个文件的行数比另一个文件的少，则将大文件中剩余的行复制到 stdout 中。
5. 编写一个程序，将文件每行的 m～n 列写入 stdout。让程序从终端窗口接收 m 和 n 的值。
6. 编写一个程序，在终端上以每次 20 行显示一个文件的内容。在每 20 行末尾，让程序等待从终端输入一个字符。如果输入的字符是字母 q，程序应该停止显示文件内容；而如果输入的是其他任何字符，应该继续显示文件中接下来的 20 行内容。

第 16 章 其他内容及高级特性

本章会讨论一些前面没有涉及的 C 语言特性，并讨论一些更高级的主题，例如命令行参数和动态内存分配。本章中介绍的主题是多种多样的，了解它们很重要，因为你将在遇到的 C 语言程序中看到许多这样的概念。本章涉及的主题包括：

- 理解 goto 语句，以及为什么要避免使用它；
- 使用联合体最大化空间使用；
- 向程序中添加空语句；
- 实现包含逗号运算符的语句；
- 在你的程序中使用命令行参数；
- 使用 malloc()和 calloc()动态分配内存，并使用 free()清理内存。

16.1 其他语言语句

本节讨论到目前为止还没有遇到的两种语句：goto 语句和空语句。

16.1.1 goto 语句

任何了解结构化编程的人都知道 goto 语句的“坏名声”。几乎每一种计算机语言都有这样的语句。

执行 goto 语句会导致程序直接跳转到指定点继续执行。这一跳转是在执行 goto 时立即且无条件执行的。为了确定跳转到程序的哪个位置，需要一个**标签**（label）。标签的命名规则与变量的命名规则相同，且后面必须紧跟一个冒号。标签直接放置在要跳转到的语句之前，并且必须与 goto 在相同的函数中。

例如，下面的语句会使程序立即跳转到标签 out_of_data:标记处的语句。

```
goto out_of_data;
```

标签 out_of_data 可以位于函数中的任意位置，既可以在 goto 之前，也可以在 goto 之后，可以像下面这样使用：

```
out_of_data: printf ("Unexpected end of data.\n");
    ...
```

懒惰的程序员经常滥用 goto 语句跳转到代码的其他部分。goto 语句会中断程序正常的执行流程，因此会使程序难以理解。在程序中使用过多的 goto 语言可能会使程序更加无法理解。这种编程风格经常被嘲笑为“意大利面式代码”。因此，goto 语句不被认为是良好编程风格的一部分。

16.1.2 空语句

C 语言允许在普通程序语句可以出现的地方放置一个单独的分号。这种用分号表示的语句称为**空语句**（null statement），空语句什么都不做。虽然空语句看起来没什么用，但 C 语言程序员经常在 while、for 和 do 循环中使用它。例如，下面语句的目的是将从标准输入中读取的所有字符存储到 text 指向的字符数组中，直到遇到换行符为止。

```
while ( (*text++ = getchar ()) != '\n' )
    ;
```

所有运算都在 while 语句的循环条件部分完成。空语句是必需的，因为编译器会将循环表达式后面的语句视为循环体。如果没有这条空语句，程序中随后出现的语句会被编译器视为程序循环体。

下面的 for 语句将字符从标准输入复制到标准输出，直到遇到文件末尾：

```
for ( ; (c = getchar ()) != EOF; putchar (c) )
    ;
```

下一条 for 语句计算出现在标准输入中的字符数：

```
for ( count = 0; getchar () != EOF; ++count )
    ;
```

作为最后一个演示空语句的例子，下面的循环将指针 from 所指向的字符串复制到指针 to 所指向的字符串中：

```
while ( (*to++ = *from++) != '\0' )
    ;
```

这里给读者提一个建议，有些程序员倾向于在 while 的条件部分，或者 for 的条件部分或循环部分中添加尽可能多的代码。尽量不要成为这些程序员中的一员。一般来说，只有那些涉及循环条件测试的表达式才应该放到条件部分中，其他所有东西都应该放到循环体中。使用这种复杂表达式的唯一理由可能是试图得到更高的执行效率。除非执行速度非常关键，否则应该避免使用这类表达式。

上面的 while 语句写成下面这样更容易理解：

```
while ( *from != '\0' )
    *to++ = *from++;

*to = '\0';
```

16.2　使用联合体

在 C 语言程序设计中比较不寻常的结构之一是**联合体**（union）。这种结构主要用于更高级的程序设计应用，其中需要在同一个存储区域中存储不同类型的数据。例如，如果你想定义一个名为 x 的变量，它可用于存储单个字符、浮点数或整数，则可以先定义一个联合体，并将其命名为 mixed：

```
union mixed
{
    char  c;
    float f;
    int   i;
};
```

联合体的声明与结构体的声明相同，只是需要在本来使用关键字 struct 的地方使用关键字 union。结构体和联合体之间的真正区别在于内存分配的方式。声明一个 union mixed 型变量，可以使用下面的语句：

```
union mixed x;
```

上面的定义并**没有**将 x 定义为包含 3 个不同的成员 c、f 和 i；相反，它将 x 定义为包含**一个**成员，x **可以**是 c、f 或 i。这样，变量 x 可以用来存储 char、float 或 int 型值，但不能同时存储这 3 种类型（甚至不能同时存储这 3 种类型中的两种）的值。你可以使用下面的语句将一个字符存储在变量 x 中：

```
x.c = 'K';
```

存储在 x 中的字符之后也可以用同样的方式提取。例如，要在终端中显示它的值，可以使用以下代码：

```
printf ("Character = %c\n", x.c);
```

要在 x 中存储浮点值，可以使用 x.f 这种表示法：

```
x.f = 786.3869;
```

最后，要将整数 count 除以 2 的结果存储在 x 中，可以使用下面的语句：

```
x.i = count / 2;
```

因为 x 的 float、char 和 int 型成员都存储于内存中的同一个位置，所以一次只能在 x 中存储一个值。此外，你有责任确保从联合体中提取值的方式与最后一次将值存储在该联合体中的方式一致。

联合体成员遵循的算术规则与表达式中使用的成员类型遵循的相同。因此，下面的表达式由于 x.i 和 2 都是整数，其计算遵循整数运算规则。

```
x.i / 2
```

可以将一个联合体定义为包含任意多数量的成员。C 语言编译器确保分配足够的存储空间来容纳联合体的最大成员。可以定义包含联合体的结构体，也可以定义包含联合体的数组。在定义联合体时，联合体的名称不是必需的，可以在定义联合体的同时声明变量；也可以声明指向联合体的指针，其执行运算的语法和规则与结构体的相同。

可以对联合体变量中的某个成员进行初始化。如果没有指定成员名，则会将联合体中的**第一个**成员设置为指定的值，如下所示。其将 x 的第一个成员（也就是 c）设置为字符“#”。

```
union mixed x = { '#' };
```

通过指定成员名，可以初始化联合体中的任何成员，如下所示，将 union mixed 型变量 x 的浮点数成员 f 设置为 123.456。

```
union mixed x = { .f = 123.456; };
```

也可以将一个自动联合体变量初始化为另一个相同类型的联合体变量，如下所示，函数 foo()将参数 x 的值赋给自动联合体变量 y。

```
void foo (union mixed x)
{
```

```
    union mixed y = x;
    ...
}
```

可以定义一个联合体数组，用于存储不同数据类型的元素。例如，下面的语句创建了一个名为 table 的数组，该数组包含 kTableEntries 个元素。数组的每个元素都包含一个结构体，该结构体由一个名为 name 的字符指针、一个名为 type 的枚举成员和一个名为 data 的联合体成员组成。数组中的每个 data 成员的类型可以是 int、float 或 char 型。成员 type 可用于跟踪成员 data 中存储的数值类型。例如，如果 data 包含 int 型数值，则可以将 type 赋值为 INTEGER；如果包含 float 型数值，可以赋值为 FLOATLNG；如果包含 char 型数值，可以赋值为 CHARACTER。这些信息将使你能够知道如何引用特定数组元素中的特定 data 成员。

```
struct
{
    char            *name;
    enum symbolType type;
    union
    {
        int    i;
        float  f;
        char   c;
    }               data;
} table [kTableEntries];
```

要将字符'#'存储在 table[5]中，并随后设置 type 字段以表明该位置存储了一个字符，可以使用以下两条语句：

```
table[5].data.c = '#';
table[5].type = CHARACTER;
```

当对 table 的元素进行顺序遍历时，你可以通过设置一系列适当的测试语句来确定存储在每个元素中的数据值的类型。例如，下面的循环执行后将在终端显示 table 中的每个名称及其相关联的值：

```
enum symbolType { INTEGER, FLOATING, CHARACTER };

    ...

for ( j = 0; j < kTableEntries; ++j ) {
    printf ("%s ", table[j].name);

    switch ( table[j].type ) {
        case INTEGER:
             printf ("%i\n", table[j].data.i);
             break;
        case FLOATING:
             printf ("%f\n", table[j].data.f);
             break;
        case CHARACTER:
             printf ("%c\n", table[j].data.c);
             break;
        default:
             printf ("Unknown type (%i), element %i\n", table[j].type, j );
             break;
```

```
    }
}
```

举例来说，本章所介绍的应用程序类型适用于符号表的存储，其中可能包含每个符号的名称、类型和值（可能还有关于符号的其他信息）。

16.3　逗号运算符

你可能没有意识到逗号（,）可以作为运算符在表达式中使用。可以说，逗号运算符位于优先级"图腾柱"的底部。第 4 章介绍过，在 for 语句中，可以在每个字段中包含多个表达式，每个表达式之间用逗号分隔。例如，下面的 for 语句在循环开始前，将 i 的值初始化为 0，并将 j 的值初始化为 100；在每次循环体执行完毕后，将 i 的值加 1，并将 j 的值减去 10。

```
for ( i = 0, j = 100; i != 10; ++i, j -= 10 )
    ...
```

任何可以使用有效 C 语言表达式的地方，都可以使用逗号运算符来分隔多个表达式，表达式从左到右计算。因此，下面的语句将 data[i]的值加到 sum 中，然后将 i 加 1。注意，这里不需要使用花括号，因为 while 语句后面只有一条语句（这条语句由两个表达式组成，用逗号运算符分隔）。

```
while ( i < 100 )
    sum += data[i], ++i;
```

因为C语言中的所有运算符都会产生一个值，所以逗号运算符的值就是最右边表达式的值。

请注意，用于分隔函数调用中的参数或声明列表中的变量名的逗号，是一个独立的语法实体，不是逗号运算符的应用示例。

16.4　类型限定符

本节介绍的限定符可以用在变量的前面，以便向编译器提供更多有关变量用途的信息，在某些情况下，还可以帮助编译器生成更好的代码。

16.4.1　register 限定符

如果一个函数大量使用某个变量，可以要求编译器尽可能提高对该变量的访问速度。通常，这意味着在函数执行时将其存储在计算机的某个寄存器中，这是通过在变量声明前加上关键字 register 来实现的，如下所示：

```
register int index;
register char *textPtr;
```

局部变量和形参都可以声明为 register 型变量。可存储在寄存器中的变量类型因机器而异。基本数据类型和指向任何数据类型的指针通常可以存储在寄存器中。

即使编译器允许你将变量声明为 register 型变量，但仍然不能保证它会对该声明执行任何操作，这取决于编译器实现。

你还应当知道，不能将地址运算符应用于 register 型变量。除此之外，register 型变量的行为与普通的自动变量的一样。

16.4.2　volatile 限定符

volatile 限定符的作用与 const 限定符的相反。volatile 限定符明确地告诉编译器，指定变量的值会发生改变。它包含在语言中是为了防止编译器优化掉看似冗余的变量赋值，或者在变量的值看起来没有变化的情况下重复检查变量。一个很好的例子是考虑 I/O 端口。假设有一个输出端口，它是由程序中的变量 outPort 指向的。如果你想向端口写入两个字符，例如一个 O 和一个 N，可以使用以下代码：

```
*outPort = 'O';
*outPort = 'N';
```

"聪明"的编译器可能会注意到对同一个位置的两次连续赋值，因为在这两次赋值之间没有修改 outPort，所以编译器就会直接从程序中删除第一次赋值。为了防止这种情况发生，需要将 outPort 声明为 volatile 指针，如下所示：

```
volatile char *outPort;
```

16.4.3　restrict 限定符

与 register 限定符一样，restrict 限定符也为编译器提供了优化提示，因此，编译器可以选择忽略它。restrict 限定符用于告诉编译器，在某个值的作用域内，只有一个特定指针引用它（间接或直接）。也就是说，同一个值不能被该作用域中的任何其他指针或变量引用。

下面的代码告诉编译器，在 intPtrA 和 intPtrB 定义的作用域内，它们永远不会访问同一个值，例如，它们用于指向数组中的整数时，是互斥的。

```
int * restrict intPtrA;
int * restrict intPtrB;
```

16.5　命令行参数

很多时候，开发的程序需要用户在终端输入少量信息，这些信息可能是一个数字，表示你想要计算的三角数，也可能是一个你想要在词典中查找的单词。

你可以在程序执行时将这些信息提供给程序，而不是让程序向用户请求这类信息。这个功能是由所谓的**命令行参数**（command-line argument）提供的。

如 7.1 节所述，main()函数与一般函数的唯一区别在于它的名称很特殊，它指明了程序从哪里开始执行。事实上，函数 main()会在程序开始执行时被 C 语言程序系统［更正式的名称是**运行时**（runtime）系统］调用，就像在自己的 C 语言程序中调用函数一样。当 main()执行完成时，程序会将控制权交还给运行时系统，这样运行时系统就知道你的程序已经执行完成。

当运行时系统调用 main()时，实际上向函数传递了两个参数。第一个参数，按惯例称为 argc（argument count，表示参数个数），是一个整数值，指明了在命令行中输入的参数个数。第二个参数是一个字符指针数组，按惯例称为 argv（argument vector，表示参数向量）。这个数组中包含 argc + 1 个字符指针，其中 argc 的最小值总是 0。这个数组的第一项是一个指向正在执行的程序名的指针，或者是一个指向空字符串的指针（如果在你的系统中无法获取程序名）。数组中的后续项分别指向在程序启动时传入的参数值。argv 数组的最后一个指针 argv[argc]被定义为空。

要访问命令行参数，必须将 main()函数恰当地声明为接收两个参数。通常使用的声明如下所示：

```
int main (int argc, char *argv[])
{
    ...
}
```

请记住，argv 的声明定义了一个数组，其中包含类型为“指向 char 型的指针”的元素。回想一下程序 9.10 对命令行参数的实际使用，它在词典中查找一个单词并输出它的含义。你可以利用命令行参数，在程序执行的同时指定要查找的单词含义，如下所示：

```
lookup aerie
```

通过这种方式就不再需要程序提示用户输入一个单词，因为它已经在命令行中输入了。

如果执行了上面的命令，系统会自动向 main()传递一个指向字符串"aerie"的指针，并将其存储在 argv[1]中。回想前文，argv[0]包含一个指向正在执行的程序名的指针，在这里是“lookup”。

main()例程可能如下所示：

```
#include <stdlib.h>
#include <stdio.h>

int main (int argc, char *argv[])
{
    const struct entry dictionary[100] =
    {    { "aardvark", "a burrowing African mammal"        },
         { "abyss",    "a bottomless pit"                  },
         { "acumen",   "mentally sharp; keen"              },
         { "addle",    "to become confused"                },
         { "aerie",    "a high nest"                       },
         { "affix",    "to append; attach"                 },
         { "agar",     "a jelly made from seaweed"         },
         { "ahoy",     "a nautical call of greeting"       },
         { "aigrette", "an ornamental cluster of feathers" },
         { "ajar",     "partially opened"                  } };

    int entries = 10;
    int entryNumber;
    int lookup (const struct entry dictionary [], const char search[],
                const int entries);

    if ( argc != 2 )
    {
        fprintf (stderr, "No word typed on the command line.\n");
        return EXIT_FAILURE;
    }

    entryNumber = lookup (dictionary, argv[1], entries);

    if ( entryNumber != -1 )
        printf ("%s\n", dictionary[entryNumber].definition);
        else
```

```
        printf ("Sorry, %s is not in my dictionary.\n", argv[1]);

    return EXIT_SUCCESS;
}
```

在程序执行时，main()例程会测试是否在程序名后面输入了一个单词。如果不是，或者输入了多个单词，argc 的值就不等于 2。在这种情况下，程序会向标准错误写入一条错误消息并终止程序，返回退出状态 EXIT_FAILURE。

如果 argc 的值等于 2，则调用 lookup()函数，在词典中查找 argv[1]所指向的单词。如果找到该单词，则显示其定义。

下面是使用命令行参数的另一个例子。程序 15.5 是一个文件复制程序，接下来的程序 16.1 从命令行中获取两个文件名，而不是提示用户输入它们。

程序 16.1　使用命令行参数的文件复制程序

```
// 此程序将一个文件复制到另一个文件（第 2 版）

#include <stdio.h>

int main (int argc, char *argv[])
{
    FILE *in, *out;
    int c;

    if ( argc != 3 ) {
        fprintf (stderr, "Need two files names\n");
        return 1;
    }

    if ( (in = fopen (argv[1], "r")) == NULL ) {
        fprintf (stderr, "Can't read %s.\n", argv[1]);
        return 2;
    }

    if ( (out = fopen (argv[2], "w")) == NULL ) {
        fprintf (stderr, "Can't write %s.\n", argv[2]);
        return 3;
    }

    while ( (c = getc (in)) != EOF )
        putc (c, out);

    printf ("File has been copied.\n");

    fclose (in);
    fclose (out);

    return 0;
}
```

程序首先进行检查，确保在程序名后面输入了两个参数。确保输入了两个参数后，通过 argv[1]指向输入文件的名称，通过 argv[2]指向输出文件的名称。在以读模式打开第一个文件，以写模式打开第二个文件，并检查两个文件都成功打开后，程序像以前一样逐个字符地复制文件。

请注意，程序有 4 种不同的终止方式：命令行参数个数不正确；无法以读模式打开要复制的文件；无法以写模式打开要输出的文件；成功终止。记住，如果要使用退出状态，则你应该**总是**用退出状态来结束程序。如果程序执行到 main()的末尾而终止，它将返回一个**未定义**的退出状态。

如果将程序 16.1 命名为 copyf，并使用以下命令行执行该程序，则在 main()函数被调用时 argv 数组的内容如图 16.1 所示。

```
copyf foo foo1
```

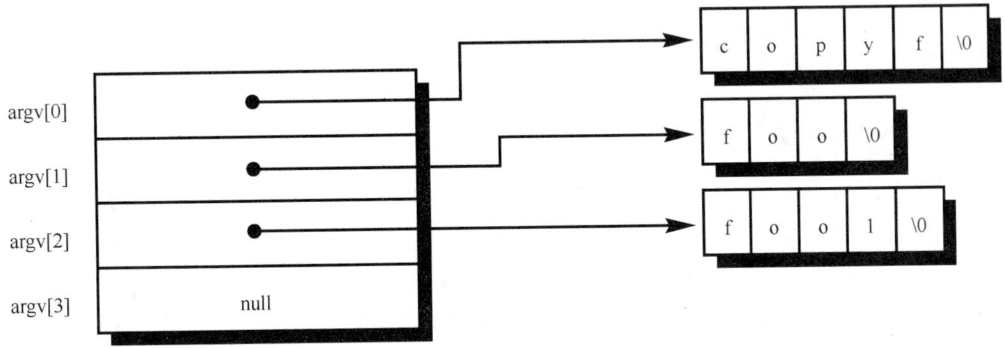

图 16.1　在 main()函数被调用时的 argv 数组

记住，命令行参数**总是**以字符串的形式存储。使用命令行参数 2 和 16 执行程序 power，如下所示：

```
power 2 16
```

在 argv[1]中存储了一个指向字符串"2"的指针，在 argv[2]中存储了一个指向字符串"16"的指针。如果程序将参数解释为数字（正如你在 power 程序中所猜测的那样），它们必须由程序本身进行转换。程序库中有几个例程（如 sscanf()、atof()、atoi()、strtod()和 strtol()）可以完成这种转换，它们都在附录 B 中进行介绍。

16.6　动态内存分配

在 C 语言中定义变量时，无论是简单数据类型、数组还是结构体，实际上都在计算机内存中预留了一个或多个位置，用于存储该变量中的值。C 语言编译器会自动分配正确的存储空间。

在程序运行时，通常希望（如果不是必要的话）能够**动态**分配存储空间。假设你有一个程序，它的作用是将一组数据从文件读入内存中的数组。然而，假设在程序开始执行之前，你不知道文件中有多少数据，那么有以下 3 种方法可供选择。

（1）定义该数组，使其在编译时包含最大可能的元素数量。

（2）使用变长数组在运行时确定数组的大小。

（3）使用 C 语言的内存分配例程动态分配数组。

使用第一种方法时，你需要定义数组，使其能够包含可以读入数组的最大元素数，如下所示：

```
#define kMaxElements 1000

struct dataEntry dataArray [kMaxElements];
```

现在，只要数据文件中包含的元素个数少于或等于 1000 个，就没问题。但如果元素的数目超过了这个数目，就必须回到程序，修改 kMaxElements 的值，并重新编译它。当然，无论你选择什么值，将来你总有可能再次遇到相同的问题。

使用第二种方法时，如果你可以在开始读入数据之前确定（例如通过文件的大小确定）所需元素的个数，就可以定义一个变长数组，如下所示，这里假定变量 dataItems 包含要读入的数据项的个数。

```
struct dateEntry dataArray [dataItems];
```

使用动态内存分配函数，你可以根据需要获得存储空间。也就是说，这种方法使你能够在程序执行时分配内存。要使用动态内存分配，你必须首先学习 3 个函数和一个新的运算符。

16.6.1　calloc()和 malloc()函数

在标准 C 语言库中，有两个函数，称为 calloc()和 malloc()，可用于在运行时分配内存。calloc()函数接收两个参数，这两个参数分别表示要预留元素的数量和每个元素的**字节**大小。该函数返回一个指针，指向分配的内存存储区的起始位置。存储区域也自动设置为 0。

calloc()函数返回一个指向 void 的指针，这是 C 语言的泛型指针类型。在将返回的指针存储在程序中的指针变量中之前，可以使用类型转换运算符将其转换为适当类型的指针。

malloc()函数的工作方式与 calloc()函数的类似，只是它只接收一个参数，即要分配存储空间的总字节数，而且也不会自动将存储区域设置为 0。

动态内存分配函数是在标准头文件<stdlib.h>中声明的，你使用这些例程时，应该在程序中包含这个头文件。

16.6.2　sizeof 运算符

一种与机器无关的用来确定 calloc()或 malloc()要预留的数据元素的大小的方式，应该是使用 C 语言的 sizeof 运算符。sizeof 运算符返回指定项的字节数。sizeof 运算符的参数可以是变量、数组名、基础数据类型的名称、派生数据类型的名称或者是一个表达式。例如，下面的语句给出存储一个整数所需的字节数。在 Pentium 4 机器上，这个值为 4，因为整数在该机器上占用 32 位。

```
sizeof (int)
```

如果将 x 定义为一个包含 100 个整数的数组，则下面的表达式给出了存储 x 中 100 个整数所需的存储空间大小（在 Pentium 4 上这个值是 400）。

```
sizeof (x)
```

下面这个表达式给出了存储一个 dataEntry 结构体所需的存储空间。

```
sizeof (struct dataEntry)
```

最后，如果将 data 定义为一个包含 struct dataEntry 元素的数组，则下面的第一个表达式给出了 data 中包含的元素个数（data 必须是先前定义的数组，不能是形参或外部引用的数组）。下面的第二个表达式也会产生相同的结果。

```
sizeof (data) / sizeof (struct dataEntry)
sizeof (data) / sizeof (data[0])
```

下面的宏定义简单地推广了这种技术。

```
#define ELEMENTS(x) (sizeof(x) / sizeof(x[0]))
```

有了上面的宏定义，你可以像下面这样来编写代码：

```
if ( i >= ELEMENTS (data) )
    ...
```

或是像下面这样：

```
for ( i = 0; i < ELEMENTS (data); ++i )
    ...
```

你应该记住，sizeof 实际上是一个运算符，而不是一个函数，尽管它看起来像一个函数。除非在其参数中使用了变长数组，否则这个运算符是在编译时计算的，而不是在运行时计算的。如果没有使用这样的数组，编译器会计算 sizeof 表达式的值，并将其替换为计算的结果，该结果被视为一个常量。

尽可能使用 sizeof 运算符，以避免在程序中对对象大小进行计算和硬编码。

回到动态内存分配，如果你想在程序中分配足够的内存来存储 1000 个整数，可以像下面这样调用 calloc()：

```
#include <stdlib.h>
    ...
int *intPtr;
  ...
intPtr = (int *) calloc (sizeof (int), 1000);
```

如果使用 malloc()，则函数调用看起来像这样：

```
intPtr = (int *) malloc (1000 * sizeof (int));
```

请记住，malloc()和 calloc()都被定义为返回一个指向 void 的指针，如前所述，应该使用类型转换将这个指针的类型转换为适当的指针类型。在前面的例子中，malloc()和 calloc()被类型转换为 int 型指针，然后赋给 intPtr。

如果你请求的内存比系统可用内存要多，calloc()（或 malloc()）会返回一个空指针。无论使用 calloc()还是 malloc()，一定要测试返回的指针，以确认分配是否成功。

下面的代码段为 1000 个整数分配空间，并测试返回的指针。

```
#include <stdlib.h>
#include <stdio.h>
    ...
int *intPtr;
    ...
intPtr = (int *) calloc (sizeof (int), 1000);

if ( intPtr == NULL )
{
    fprintf (stderr, "calloc failed\n");
    exit (EXIT_FAILURE);
}
```

如果分配失败，程序将一条错误消息写入标准错误，然后退出。

如果分配成功，int 型指针变量 intPtr 就可以像指向包含 1000 个整数的数组一样使用。因此，要将所有的 1000 个元素设置为-1，可以这样写（假设 p 被声明为一个 int 型指针）：

```
for ( p = intPtr; p < intPtr + 1000; ++p )
    *p = -1;
```

为了给 n 个 struct dataEntry 型元素预留存储空间，首先需要定义一个适当类型的指针，如下所示：

```
struct dataEntry *dataPtr;
```

然后可以继续调用 calloc()函数来预留适当个数的元素：

```
dataPtr = (struct dataEntry *) calloc (n, sizeof (struct dataEntry));
```

上述语句的执行过程如下。

（1）调用 calloc()函数有两个参数，第一个参数指明要为 n 个元素动态分配存储空间，第二个参数指明每个元素的大小。

（2）calloc()函数返回一个指向已分配存储区域的指针。如果无法分配存储空间，则返回一个空指针。

（3）该指针被强制转换为一个类型为“指向 struct dataEntry 类型”的指针，然后赋值给指针变量 dataPtr。

同样，接下来应该测试 dataPtr 的值，以确保分配成功。如果分配成功，则其值为非空。然后，可以像指向 n 个 dataEntry 元素的数组一样，以正常方式使用该指针。例如，如果 dataEntry 包含一个名为 index 的整数成员，则可以使用下面的语句为 dataPtr 指向的成员赋值 100：

```
dataPtr->index = 100;
```

16.6.3　free()函数

当你使用完由 calloc()或 malloc()动态分配的内存时，你应该通过调用 free()函数将内存交还给系统。free()函数只有一个参数，该参数是由 calloc()或 malloc()调用返回的一个指向已分配内存起始位置的指针。那么，对于下面的函数调用，如果 dataPtr 的值仍然指向已分配内存的**起始**位置，则将前面所示的 calloc()动态分配的内存交还给系统。

```
free (dataPtr);
```

free()函数没有返回值。

由 free()释放的内存可以在之后通过调用 calloc()或 malloc()再次使用。如果程序需要分配更多的存储空间，而不是一次性分配所有的存储空间，那么这一点值得记住。请确保给 free()函数提供了一个有效的指针，该指针指向先前分配的某些空间的起始位置。

在处理链式结构（例如链表）时，动态内存分配是非常有用的。当需要向链表中添加新元素时，可以动态地为链表中的一个元素分配存储空间，并使用 calloc()或 malloc()返回的指针将其链接到链表中。例如，假设 listEnd 指向一个类型为 struct entry 的单向链表末尾，定义如下：

```
struct entry
{
    int             value;
    struct entry    *next;
};
```

下面是一个名为 addEntry 的函数，它接收一个指向链表开头的指针作为参数，并在链表末尾添加一个新元素。

```
#include <stdlib.h>
#include <stddef.h>

// 在链表末尾添加新项

struct entry *addEntry (struct entry *listPtr)
{
    // 找到链表末尾

    while ( listPtr->next != NULL )
        listPtr = listPtr->next;

    // 为新项分配内存

    listPtr->next = (struct entry *) malloc (sizeof (struct entry));

    // 向链表的新末尾添加空指针

    if ( listPtr->next != NULL )
         (listPtr->next)->next = (struct entry *) NULL;

    return listPtr->next;
}
```

如果分配成功，则在新分配的链表项的 next 成员（由 listPtr->next 指向）中放置一个空指针。

该函数返回一个指向新链表项的指针，如果分配失败，则返回空指针（这种情况是可能发生的，请验证）。绘制一幅链表的图，并追踪 addEntry()的执行过程，有助于理解该函数的工作原理。

另一个与动态内存分配相关的函数名为 realloc()。它可以用来缩小或扩大一些之前已经分配的存储空间。更多细节请参考附录 B.8。

本章结束了 C 语言特性的介绍。在第 17 章中，你将学习一些有助于调试 C 语言程序的技术：一个是使用预处理器；另一个涉及一种特殊工具的使用，该工具被称为交互式调试器。

16.7 练习题

1. 输入并运行本章给出的程序。比较选择复制的原始文件和输入的要复制的文件名，检查程序的结果，确保复制文件与原始文件相同。
2. 编写一个程序，该程序接收一个单词作为命令行参数，并查找这个单词，以确认它是否在数组中。如果找到，则提供该单词的定义；如果没有找到，则通知用户该术语不在程序的术语表中。

第 17 章
调试程序

本章将介绍两种用于调试程序的技术：一种技术是使用预处理器，允许在程序中包含一些条件调试语句；另一种技术涉及交互式调试器的使用。本章将介绍一个流行的调试器 GDB。即使你使用不同的调试器（比如 dbx，或者内置在 IDE 中的调试器），你的调试器也很可能与 GDB 有相似之处。

同样，正如第 14 章开头提到的，根据你所使用的操作系统和开发环境的不同，本章涉及的一些主题可能并不适用于你，但相关概念很重要，而且是通用的。

17.1 使用预处理器调试

如 12.3 节所述，在调试程序时条件编译很有用。C 语言预处理器可用于在程序中插入调试代码。通过恰当地使用#ifdef 语句，你可以自行决定启用或禁用调试代码。程序 17.1（当然是人为设计的）读入 3 个整数并输出它们的和。请注意，当定义了预处理器标识符 DEBUG 后，调试代码（输出到 stderr）会与程序的其余部分一起编译，而没有定义 DEBUG 时，调试代码将被忽略。

程序 17.1 使用预处理器添加调试语句

```
#include <stdio.h>
#define DEBUG

int process (int i, int j, int k)
{
    return i + j + k;
}

int main (void)
{
    int i, j, k, nread;

    nread = scanf ("%d %d %d", &i, &j, &k);

#ifdef DEBUG
    fprintf (stderr, "Number of integers read = %i\n", nread);
    fprintf (stderr, "i = %i, j = %i, k = %i\n", i, j, k);
#endif

    printf ("%i\n", process (i, j, k));
    return 0;
}
```

程序 17.1 输出

```
1 2 3
Number of integers read = 3
i = 1, j = 2, k = 3
```

```
6
```

程序 17.1 输出（重新运行）

```
1 2 e
Number of integers read = 2
i = 1, j = 2, k = 0
3
```

请注意，k 的值可以是任何值，因为它的值没有被 scanf()调用设置，也没有被程序初始化。

预处理器会分析下面的语句：

```
#ifdef DEBUG
        fprintf (stderr, "Number of integers read = %i\n", nread);
        fprintf (stderr, "i = %d, j = %d, k = %d\n", i, j, k);
#endif
```

如果此前定义了标识符 DEBUG（#ifdef DEBUG），则预处理器会将#ifdef DEBUG 与#endif 之间的所有语句（两个 fprintf()调用）发送给编译器进行编译。如果没有定义 DEBUG，那么两个 fprintf()调用永远不会被编译器编译（它们会被预处理器从程序中删除）。如你所见，程序读取整数后会输出消息。程序第二次运行时，输入了一个无效字符（e），调试输出会向你告知这一错误。

注意，要关闭调试代码，你只需要删除（或者注释掉）下面这一行代码即可，而且 fprintf()语句不会与程序的其他部分一起编译。

```
#define DEBUG
```

虽然这个程序很短，你可能觉得不值得费心，但想想看，在一个有几百行代码的程序中，只需修改一行代码，就能轻松地打开和关闭调试代码。

你甚至可以在程序编译时通过命令行来控制调试。如果你使用的是 GCC，则下面的命令会编译文件 debug.c，并为你定义预处理器变量 DEBUG。

```
gcc -D DEBUG debug.c
```

上面的方式等价于在程序中添加了下面的代码：

```
#define DEBUG
```

看一个稍微长一点的程序。程序 17.2 最多接收两个命令行参数，它们都被转换为一个整数值，并赋给相应的变量 arg1 和 arg2。要将命令行参数转换为整数，可以使用标准库函数 atoi()。这个函数接收一个字符串作为参数，并返回相应的整数表示。atoi()函数在头文件<stdlib.h>中声明，该文件包含在程序 17.2 的开头。

处理完命令行参数后，程序调用 process()函数，将两个命令行值作为参数传递。这个函数只返回这两个参数的乘积。可以看到，定义了 DEBUG 标识符后，会输出各种调试信息，而没有定义 DEBUG 标识符时，只会输出结果。

程序 17.2 将调试代码编译在程序内

```
#include <stdio.h>
#include <stdlib.h>

int process (int i1, int i2)
```

```
{
    int val;

#ifdef DEBUG
    fprintf (stderr, "process (%i, %i)\n", i1, i2);
#endif
    val = i1 * i2;
#ifdef DEBUG
    fprintf (stderr, "return %i\n", val);
#endif
    return val;
}

int main (int argc, char *argv[])
{
    int arg1 = 0, arg2 = 0;

    if (argc > 1)
    arg1 = atoi (argv[1]);
    if (argc == 3)
        arg2 = atoi (argv[2]);
#ifdef DEBUG
    fprintf (stderr, "processed %i arguments\n", argc - 1);
    fprintf (stderr, "arg1 = %i, arg2 = %i\n", arg1, arg2);
#endif
    printf ("%i\n", process (arg1, arg2));

    return 0;
}
```

程序 17.2　输出

```
$ gcc -D DEBUG p18-2.c                // 定义了 DEBUG 的编译
$ a.out 5 10
processed 2 arguments
arg1 = 5, arg2 = 10
process (5, 10)
return 50
50
```

程序 17.2　输出（重新运行）

```
$ gcc p18-2.c                         // 没有定义 DEBUG 的编译
$ a.out 2 5
10
```

当程序准备发布时，只要没有定义 DEBUG，调试语句就可以留在源文件中，而不会影响代码的执行。如果后来发现了 bug，就可以将调试代码编译在内，并检查输出查看发生了什么。

这种方法仍然相当笨拙，因为程序本身很难阅读。你可以做的一件事是改变使用预处理器的方式。你可以定义一个宏，接收可变数量的参数来产生调试输出，如下所示：

```
#define DEBUG(fmt, ...) fprintf (stderr, fmt, __VA_ARGS__)
```

用上面的宏替代 fprintf()，如下所示：

```
DEBUG ("process (%i, %i)\n", i1, i2);
```

其求值结果如下所示：

```
fprintf (stderr, "process (%i, %i)\n", i1, i2);
```

DEBUG 宏可以在整个程序中使用，其意图非常明确，如程序 17.3 所示。

程序 17.3　定义一个 DEBUG 宏

```
#include <stdio.h>
#include <stdlib.h>

#define DEBUG(fmt, ...) fprintf (stderr, fmt, __VA_ARGS__)

int process (int i1, int i2)
{
    int val;

    DEBUG ("process (%i, %i)\n", i1, i2);
    val = i1 * i2;
    DEBUG ("return %i\n", val);

    return val;
}

int main (int argc, char *argv[])
{
    int arg1 = 0, arg2 = 0;

    if (argc > 1)
    arg1 = atoi (argv[1]);
    if (argc == 3)
        arg2 = atoi (argv[2]);

    DEBUG ("processed %i arguments\n", argc - 1);
    DEBUG ("arg1 = %i, arg2 = %i\n", arg1, arg2);
    printf ("%d\n", process (arg1, arg2));

    return 0;
}
```

程序 17.3　输出

```
$ gcc pre3.c
$ a.out 8 12
processed 2 arguments
arg1 = 8, arg2 = 12
process (8, 12)
return 96
96
```

如你所见，这种形式的程序可读性更强。当你不再需要调试输出时，简单地将宏定义为空，就可以告诉预处理器用空语句来替换 DEBUG 宏的调用，因此所有对 DEBUG 的使用都将转换为空语句，如下所示：

```
#define DEBUG(fmt, ...)
```

你可以进一步扩展 DEBUG 宏的概念，以允许在编译时和运行时进行调试控制：声明一个用于定义调试级别的全局变量 DEBUG。所有级别小于或等于 DEBUG 的调试语句都会产生输出。DEBUG 现在至少接收两个参数。其中第一个参数是级别，如下所示：

```
DEBUG (1, "processed data\n");
DEBUG (3, "number of elements = %i\n", nelems)
```

如果调试级别设置为 1 或 2，则只有上述第一条调试语句会产生输出；如果调试级别设置为 3 或更高，上述两条调试语句都会产生输出。

同样，可以在执行时通过命令行选项设置调试级别，如下所示：

```
a.out -d1          // 设置调试级别为 1
a.out -d3          // 设置调试级别为 3
```

上述 DEBUG 宏的定义很简单，如下所示：

```
#define DEBUG(level, fmt, ...) \
  if (Debug >= level) \
    fprintf (stderr, fmt, __VA_ARGS__)
```

例如，下面的 DEBUG 语句：

```
DEBUG (3, "number of elements = %i\n", nelems);
```

最后会被替换为：

```
if (Debug >= 3)
 fprintf (stderr, "number of elements = %i\n", nelems);
```

同样，如果 DEBUG 被定义为空，那么对 DEBUG 的调用就会变成空语句。

下面的定义提供了上述所有特性，以及在编译时控制 DEBUG 定义的能力：

```
#ifdef DEBON
#  define DEBUG(level, fmt, ...) \
       if (Debug >= level) \
            fprintf (stderr, fmt, __VA_ARGS__)
#else
#  define DEBUG(level, fmt, ...)
#endif
```

在编译包含上面定义的程序时（可以方便地将其放在头文件中，并包含在程序中），可以定义 DEBON，也可以不定义。如果你像下面这样编译 prog.c，它根据上面预处理器语句中显示的#else 子句，将 DEBUG 编译为空定义。

```
$ gcc prog.c
```

另外，如果像下面这样编译程序，则会基于调试级别调用 fprintf()的 DEBUG 宏，并与其他代码一起编译。

```
$ gcc -D DEBON prog.c
```

在运行时，如果已经将调试代码编译进去，则可以选择调试级别。如前所述，这可以通过如下命令行选项完成。

```
$ a.out -d3
```

在上述命令中，调试级别被设置为 3。你应该在程序中处理这个命令行参数，并将调试级别存储在一个名为 Debug 的变量中（可能是全局变量）。在这种情况下，只有指定级别为 3 或更高的 DEBUG 宏才会触发 fprintf()调用。

注意，a.out -d0 将调试级别设置为 0，这样即使调试代码仍然存在，也不会产生调试输出。

总而言之，你在这里看到了两层调试方案：调试代码可以编译在代码中，也可以排除在外；调试代码编译在代码中时，可以设置不同的调试级别以产生不同数量的调试输出。

17.2 用 GDB 调试程序

GDB 是一个功能强大的交互式调试器，经常用于调试用 GCC 编译的程序。它允许你运行程序，并在预定位置停止，显示和/或设置变量，并继续执行。它允许你跟踪程序的执行，甚至一次只执行一行。GDB 还提供了一种工具，用于确定**内核转储**（core dump）发生在何处。内核转储是由于某些异常事件（例如除数为 0 或试图访问数组末尾之后的数据）造成的。这会创建一个名为 core 的文件，其中包含进程终止时内存内容的快照[1]。

为了充分利用 GDB 的特性，必须使用带有-g 选项的 GCC 来编译 C 语言程序。-g 选项会使 C 语言编译器向输出文件添加一些额外的信息，包括变量和结构体类型、源文件名以及 C 语言程序语句到机器码的映射。

程序 17.4 展示了一个试图访问数组末尾之后元素的程序。

程序 17.4　一个与 GDB 一起使用的简单程序

```
#include <stdio.h>

int main (void)
{
      const int data[5] = {1, 2, 3, 4, 5};
      int i, sum;

      for (i = 0; i >= 0; ++i)
           sum += data[i];

      printf ("sum = %i\n", sum);

      return 0;
}
```

下面是程序在 macOS 系统的终端窗口中运行时的情况（在其他系统中运行此程序可能会显示不同的消息）：

```
$ a.out
Segmentation fault
```

使用 GDB 尝试跟踪此错误。这当然是一个人为的例子；但是，还是能说明问题的。

首先，确保使用-g 选项编译程序。然后，可以对可执行文件启动 GDB，这里程序的默认名称是 a.out。这可能会在你的系统中显示一些介绍性的信息：

```
$ gcc -g p18.4.c            // 重新编译，为 GDB 生成调试信息
$ gdb a.out                 // 对可执行文件启动 GDB
```

1 你的系统可能被配置为禁用自动创建 core 文件，通常是因为这些文件太大了。有时，这与所能创建的最大文件大小有关，最大文件大小可以用 ulimit 命令来更改。

```
GNU gdb 5.3-20030128 (Apple version gdb-309) (Thu Dec 4 15:41:30 GMT 2003)
Copyright 2003 Free Software Foundation, Inc.
GDB is free software, covered by the GNU General Public License, and you are
welcome to change it and/or distribute copies of it under certain conditions.
Type "show copying" to see the conditions.
There is absolutely no warranty for GDB. Type "show warranty" for details.
This GDB was configured as "powerpc-apple-darwin".
Reading symbols for shared libraries .. done
```

当 GDB 准备接收命令时，它会显示 (gdb) 提示符。在我们的简单示例中，通过输入并执行 run 命令，告诉它运行你的程序，然后 GDB 开始运行你的程序，直到正常结束或发生异常事件：

```
(gdb) run
Starting program: /Users/stevekochan/MySrc/c/a.out
Reading symbols for shared libraries . done

Program received signal EXC_BAD_ACCESS, could not access memory.
0x00001d7c in main () at p18-4.c:9
9               sum += data[i];
(gdb)
```

当你的程序发生一个错误（就像以前一样）时，它仍然处于 GDB 的控制之下。这就是 GDB 好用的地方，因为现在你可以看到错误发生时程序正在做什么事情，以及查看错误发生时变量的值。

正如你从之前的显示中看到的，你的程序的第 9 行代码正在尝试执行一个无效的内存访问。源文件中实际发生问题的代码行将会自动显示。为了获取与这行代码相关的一些上下文信息，你可以使用 list 命令，它会在一个窗口中显示指定行前后的 10 行代码（前 5 行和后 4 行）：

```
(gdb) list 9
4       {
5               const int data[5] = {1, 2, 3, 4, 5};
6               int i, sum;
7
8               for (i = 0; i >= 0; ++i)
9                   sum += data[i];
10
11              printf ("sum = %i\n", sum);
12
13              return 0;
(gdb)
```

你可以使用 print 命令查看变量。查看在程序发生错误停止时 sum 的值是什么：

```
(gdb) print sum
$1 = -1089203864
```

显然上面显示的 sum 的值是不正常的（在你的系统中显示的值可能与这里所显示的值不同）。GDB 使用了$n 符号来跟踪之前显示的值，之后你就可以很容易地再次引用它们。

查看索引变量 i 的值是多少：

```
(gdb) print i
$2 = 232
```

哎呀！这不太好。你的数组中只有 5 个元素，但是在发生错误时你试图访问第 233 个元素。在你的系统中，这个错误发生的时间可能是不同的，但最终应该都会发生这个错误。

在退出 GDB 之前，查看另一个变量，看看 GDB 是如何处理像数组和结构体这样的变量的：

```
(gdb) print data          // 显示 data 数组的内容
$3 = {1, 2, 3, 4, 5}
(gdb) print data[0]       // 显示第一个元素的值
$4 = 1
```

稍后你将会看到一个结构体的例子。为了完成第一个关于 GDB 的例子，你需要学习如何退出 GDB。你可以使用 quit 命令来完成：

```
(gdb) quit
The program is running. Exit anyway? (y or n) y
$
```

尽管程序有一个错误，但从技术上讲，它仍然处于 GDB 的控制之下；错误仅导致程序的执行被暂停，但没有终止。这就是 GDB 要求确认退出的原因。

17.2.1　处理变量

GDB 有两个基本命令，它们允许你操作程序中的变量。你目前已经看到的一个是 print 命令，而另一个命令允许你设置变量的值——这是使用 set var 命令完成的。set 命令实际上有多种不同的选项，var 是其中一个，它用于给一个变量赋值：

```
(gdb) set var i=5
(gdb) print i
$1 = 5
(gdb) set var i=i*2              // 你可以写任何有效的表达式
(gdb) print i
$2 = 10
(gdb) set var i=$1+20            // 你可以使用所谓的“快捷变量”
(gdb) print i
$3 = 25
```

一个变量必须能够被当前函数访问，而且进程必须是**活跃的**，即正在运行中。GDB 会维护当前行（如编辑器）、当前文件（程序的源文件）和当前函数的概念。当 GDB 在没有核心文件的情况下启动时，当前函数是 main()，当前文件是包含 main()的文件，而当前行是 main()的第一个可执行行；否则，当前行、文件和程序将被设置为程序中止的位置。

如果一个带有指定名称的本地变量不存在，那么 GDB 将寻找具有相同名称的外部变量。在前面的示例中，在发生无效访问时执行的函数是 main()，而 i 是 main()的一个局部变量。

可以使用“函数::变量”的形式将函数作为变量名的一部分，来引用位于特定函数中的变量，例如：

```
(gdb) print main::i              // 显示 main()中变量 i 的内容
$4 = 25
(gdb) set var main::i=0          // 设置 main()中变量 i 的值
```

注意，试图在非活动的函数（即不是当前执行的函数，或者正在等待另一个函数返回来继续执行自己的函数）中设置一个变量是错误的，并会显示以下消息：

```
No symbol "var" in current context.
```

全局变量可以直接通过 file::var 的方式引用。这会强制 GDB 访问定义在文件 file 中的外部变量，并忽略当前函数中任何同名的局部变量。

可以使用标准的 C 语言语法访问结构体成员和联合体成员。如果 datePtr 是一个指向 date structure 类型的指针，则 print datePtr->year 会输出 datePtr 所指向的结构体的 year 成员。

如果引用结构体或联合体时没有指明成员，则会显示整个结构体或联合体的内容。

你可以强制 GDB 以不同的格式显示变量，例如在 print 命令后面加上一个/和一个指定格式的字母，就会以十六进制格式显示变量。许多 GDB 命令可以简写为一个字母。在下面的例子中，使用了 print 命令的缩写 p：

```
(gdb) set var i=35          // 设置 i 为 3
(gdb) p /x i                // 以十六进制格式显示 i
$1 = 0x23
```

17.2.2 显示源文件

GDB 提供了几个命令，可以让你访问源文件。这使你能够调试程序，而不必引用源代码列表或在其他窗口中打开源文件。

如前所述，GDB 会维护当前行和文件的概念。你已经看到了如何用 list 命令显示当前行周围的代码，该命令可以简写为 l。随后每次输入并执行 list 命令（或者更简单的方式，只需按 Enter 键）时，都会显示文件的后 10 行。值 10 是默认值，可以使用 listsize 命令将其设置为任意值。

如果你想显示一定范围内的行，可以指定起始和结束的行号，行号之间用逗号分隔，如下所示：

```
(gdb) list 10,15        // 显示第 10～15 行代码
```

通过在 list 命令中指定函数名，可以列出该函数中的行：

```
(gdb) list foo          // 显示函数 foo()中的行
```

如果函数在另一个源文件中，GDB 会自动切换到该文件。通过输入并执行命令 info source，可以查看当前 GDB 显示的源文件的名称。

在 list 命令后输入一个“+”会显示当前文件的后 10 行，这与只输入 list 命令的结果相同。输入一个“-”会显示当前文件的前 10 行。“+”和“-”选项后面也可以跟着一个数字，用于指定从当前行增加或减去的相对偏移量。

17.2.3 控制程序的执行

显示文件中的行并不会改变程序的执行方式，如果想要改变程序的执行方式你必须使用其他命令。目前已经看到了在 GDB 中控制程序执行的两个命令 run 和 quit，前者从头开始运行程序，后者终止当前程序的执行。

run 命令后面可以跟着命令行参数和/或重定向（< 或 >），GDB 会正确地处理它们。后续使用不带任何参数的 run 命令会再次使用之前的参数和重定向。你可以使用命令 show args 显示当前的参数。

1. 插入断点

break 命令可用于在程序中设置**断点**（breakpoint）。断点，顾名思义，就是程序中的一个

点，在执行过程中到达这个点会导致程序“中断”或暂停，程序的执行被挂起，这让你可以做一些事情，比如查看变量并准确判断当前发生了什么。

只需在命令中指定行号，就可以在程序中的任何行设置断点。如果指定了行号但没有指定函数或文件名，则断点设置在当前文件的指定行上；如果指定了一个函数，则断点设置在该函数的第一个可执行行上：

```
(gdb) break 12                  // 在第 12 行上设置断点
Breakpoint 1 at 0x1da4: file mod1.c, line 12.
(gdb) break main                // 在 main()函数开始处设置断点
Breakpoint 2 at 0x1d6c: file mod1.c, line 3.
(gdb) break mod2.c:foo          // 在文件 mod2.c 的 foo()函数处设置断点
Breakpoint 3 at 0x1dd8: file mod2.c, line 4.
```

在程序执行过程中遇到断点时，GDB 会暂停程序的执行，将控制权返回给你，并标识出断点以及停在程序中的哪一行。此时，你可以做任何想做的事情：显示或设置变量，设置或取消设置断点，等等。要恢复程序的执行，可以直接使用 continue 命令，它可以简写为 c。

2. 单步执行

另一个用于控制程序执行的命令是 step 命令，它可以简写为 s。这个命令会单步执行你的程序，也就是说，每输入一个 step 命令都会执行程序中的一行 C 语言代码。如果 step 命令后面跟着一个数字，则会执行相应行数的代码。注意，一行可能包含多条 C 语言语句；但是，GDB 是面向行的，一步会执行一行中的所有语句。如果一条语句跨越多行，在单步执行语句的第一行时，会导致该语句的所有行都被执行。在任何可以使用 continue（在一个信号或断点之后）的时候，都可以单步执行程序。

如果语句中包含一个函数调用，那么在单步执行的时候，GDB 会将你带入被调用的函数（前提是它不是系统库函数；通常不会进入系统库函数）中。如果使用 next 命令而不是 step，GDB 将进行函数调用，并且不会将你带入被调用的函数中。

请尝试在程序 17.5 中使用 GDB 的一些特性（这个程序没有其他的用处）。

程序 17.5 使用 GDB

```
#include <stdio.h>
#include <stdlib.h>

struct date {
    int month;
    int day;
    int year;
};

struct date foo (struct date x)
{
    ++x.day;

    return x;
}

int main (void)
{
    struct date today = {10, 11, 2014};
    int         array[5] = {1, 2, 3, 4, 5};
```

```
    struct date *newdate, foo ();
    char        *string = "test string";
    int         i = 3;

    newdate = (struct date *) malloc (sizeof (struct date));
    newdate->month = 11;
    newdate->day = 15;
    newdate->year = 2014;

    today = foo (today);

    free (newdate);

    return 0;
}
```

在程序 17.6 的示例会话中，输出可能略有不同，这取决于你使用的 GDB 版本，以及 GDB 运行在什么样的系统中。

程序 17.6　GDB 会话

```
$ gcc -g p18-5.c
$ gdb a.out
GNU gdb 5.3-20030128 (Apple version gdb-309) (Thu Dec 4 15:41:30 GMT 2003)
Copyright 2003 Free Software Foundation, Inc.
GDB is free software, covered by the GNU General Public License, and you are
welcome to change it and/or distribute copies of it under certain conditions.
Type "show copying" to see the conditions.
There is absolutely no warranty for GDB. Type "show warranty" for details.
This GDB was configured as "powerpc-apple-darwin".
Reading symbols for shared libraries .. done
(gdb) list main
14
15          return x;
16      }
17
18      int main (void)
19      {
20          struct date today = {10, 11, 2014};
21          int         array[5] = {1, 2, 3, 4, 5};
22          struct date *newdate, foo ();
23          char        *string = "test string";
(gdb) break main            // 在 main() 函数开始处设置断点
Breakpoint 1 at 0x1ce8: file p18-5.c, line 20.
(gdb) run                   // 启动程序执行
Starting program: /Users/stevekochan/MySrc/c/a.out
Reading symbols for shared libraries . done

Breakpoint 1, main () at p18-5.c:20
20          struct date today = {10, 11, 2014};
(gdb) step                  // 执行第 20 行
21          int         array[5] = {1, 2, 3, 4, 5};
(gdb) print today
$1 = {
   month = 10,
   day = 11,
   year = 2014
```

```
}
(gdb) print array          // 这个数组还没有初始化
$2 = {-1881069176, -1880816132, -1880815740, -1880816132, -1880846287}
(gdb) step                 // 执行另一行
23          char          *string = "test string";
(gdb) print array          // 现在尝试它
$3 = {1, 2, 3, 4, 5}       // 现在可以正常执行
(gdb) list 23,28
23          char          *string = "test string";
24        int           i = 3;
25
26        newdate = (struct date *) malloc (sizeof (struct date));
27        newdate->month = 11;
28        newdate->day = 15;
(gdb) step 5               // 执行第 5 行
29        newdate->year = 2014;
(gdb) print string
$4 = 0x1fd4 "test string"
(gdb) print string[1]
$5 = 101 'e'
(gdb) print array[i]       // 程序将 i 设置为 3
$6 = 4
(gdb) print newdate        // 这是一个指针变量
$7 = (struct date *) 0x100140
(gdb) print newdate->month
$8 = 11
(gdb) print newdate->day + i       // 任意的 C 语言表达式
$9 = 18
(gdb) print $7                     // 访问之前的值
$10 = (struct date *) 0x100140
(gdb) info locals                  // 显示所有本地变量的值
today = {
  month = 10,
  day = 11,
  year = 2014
}
array = {1, 2, 3, 4, 5}
newdate = (struct date *) 0x100140
string = 0x1fd4 "test string"
i = 3
(gdb) break foo                    // 在 foo()函数的开头设置一个断点
Breakpoint 2 at 0x1c98: file p18-5.c, line 13.
(gdb) continue                     // 继续执行
Continuing.

Breakpoint 2, foo (x={month = 10, day = 11, year = 2014}) at p18-5.c:13
13          ++x.day; 0x8e in foo:25: {
(gdb) print today                  // 显示 today 的值
No symbol "today" in current context
(gdb) print main::today            // 显示 main()函数中的 today 的值
$11 = {
  month = 10,
  day = 11,
  year = 2014
}
(gdb) step
```

```
15      return x;
(gdb) print x.day
$12 = 12
(gdb) continue
Continuing.
Program exited normally.
(gdb)
```

注意 GDB 的一个特性：在到达断点或单步执行之后，它会列出程序恢复执行时接下来要执行的代码行，而不是列出刚刚执行的代码行。这就是为什么 array 在第一次显示时仍然没有初始化。单步执行一行代码将对它进行初始化。还要注意，初始化自动变量的声明语句被视为可执行代码行（它们实际上会导致编译器生成可执行代码）。

3. 列出和删除断点

设置断点后，断点将一直保留在程序中，直到 GDB 退出或删除它们。你可以使用 info break 命令查看设置的所有断点，如下所示：

```
(gdb) info break
Num Type           Disp Enb Address    What
1   breakpoint     keep y   0x00001c9c in main at p18-5.c:20
2   breakpoint     keep y   0x00001c4c in foo at p18-5.c:13
```

可以使用 clear 命令和行号删除特定行的断点。你可以通过在 clear 命令中指定函数名来删除函数开始处的断点：

```
(gdb) clear 20          // 删除第 20 行处的断点
Deleted breakpoint 1
(gdb) info break
Num Type                Disp Enb Address    What
2 breakpoint            keep y   0x00001c4c in foo at p18-5.c:13
(gdb) clear foo         // 删除函数 foo() 开始处的断点
Deleted breakpoint 2
(gdb) info break
No breakpoints or watchpoints.
(gdb)
```

17.2.4　获得堆栈信息

有时，你想确切地知道程序中断时函数调用的层次结构。在检查核心文件时，层次结构是有用的信息。你可以使用 backtrace 命令查看**调用栈**（call stack），该命令可以简写为 bt。下面是程序 17.5 的一个使用示例。

```
(gdb) break foo
Breakpoint 1 at 0x1c4c: file p18-5.c, line 13.
(gdb) run
Starting program: /Users/stevekochan/MySrc/c/a.out
Reading symbols for shared libraries . done

Breakpoint 1, foo (x={month = 10, day = 11, year = 2014}) at p18-5.c:13
13          ++x.day;
(gdb) bt          // 输出堆栈信息
#0  foo (x={month = 10, day = 11, year = 2014}) at p18-5.c:13
#1  0x00001d48 in main () at p18-5.c:31
(gdb)
```

当在 foo()的入口处发生中断时，执行 backtrace 命令。输出显示了调用栈中的两个函数 foo() 和 main()，如你所见，会将函数的参数也列出来。使用这里没有介绍的各种命令（如 up、down、frame 和 info args）允许在堆栈中移动，以便更容易地检查传递给特定函数的参数或处理其局部变量。

17.2.5 调用函数以及设置数组和结构体

你可以在 GDB 表达式中使用函数调用，如下所示是对程序 17.5 中的函数 foo()的调用：

```
(gdb) print foo(*newdate) // 使用 newdata 指向的数据结构调用 foo() 函数
$13 = {
  month = 11,
  day = 16,
  year = 2014
}
(gdb)
```

通过将一组值放在一对花括号中，可以为数组或结构体赋值，如下所示：

```
(gdb) print array
$14 = {1, 2, 3, 4, 5}
(gdb) set var array = {100, 200}
(gdb) print array
$15 = {100, 200, 0, 0}                // 未定义的值设置为 0
(gdb) print today
$16 = {
  month = 10,
  day = 11,
  year = 2014
}
(gdb) set var today={8, 8, 2014}
(gdb) print today
$17 = {
  month = 8,
  day = 8,
  year = 2014
}
(gdb)
```

17.2.6 使用 GDB 命令获取帮助信息

你可以使用内置的 help 命令来获取各种命令或命令类型［GDB 称之为类（class）］的信息。未携带任何参数的 help 命令会列出所有可用的类：

```
(gdb) help
List of classes of commands:

aliases -- Aliases of other commands
breakpoints -- Making program stop at certain points
data -- Examining data
files -- Specifying and examining files
internals -- Maintenance commands
obscure -- Obscure features
running -- Running the program
```

```
stack -- Examining the stack
status -- Status inquiries
support -- Support facilities
tracepoints -- Tracing of program execution without stopping the program
user-defined -- User-defined commands

Type "help" followed by a class name for a list of commands in that class.
Type "help" followed by command name for full documentation.
Command name abbreviations are allowed if unambiguous.
```

现在，可以给 help 命令指定其中一个类，如下所示：

```
(gdb) help breakpoints
Making program stop at certain points.

List of commands:

awatch -- Set a watchpoint for an expression
break -- Set breakpoint at specified line or function
catch -- Set catchpoints to catch events
clear -- Clear breakpoint at specified line or function
commands -- Set commands to be executed when a breakpoint is hit
condition -- Specify breakpoint number N to break only if COND is true
delete -- Delete some breakpoints or auto-display expressions
disable -- Disable some breakpoints
enable -- Enable some breakpoints
future-break -- Set breakpoint at expression
hbreak -- Set a hardware assisted breakpoint
ignore -- Set ignore-count of breakpoint number N to COUNT
rbreak -- Set a breakpoint for all functions matching REGEXP
rwatch -- Set a read watchpoint for an expression
save-breakpoints -- Save current breakpoint definitions as a script
set exception-catch-type-regexp -
          Set a regexp to match against the exception type of a caughtobject
set exception-throw-type-regexp -
          Set a regexp to match against the exception type of a thrownobject
show exception-catch-type-regexp -
          Show a regexp to match against the exception type of a caughtobject
show exception-throw-type-regexp -
          Show a regexp to match against the exception type of a thrownobject
tbreak -- Set a temporary breakpoint
tcatch -- Set temporary catchpoints to catch events
thbreak -- Set a temporary hardware assisted breakpoint
watch -- Set a watchpoint for an expression

Type "help" followed by command name for full documentation.
Command name abbreviations are allowed if unambiguous.
(gdb)
```

或者，你可以指定一个命令，例如前面列表中的命令：

```
(gdb_ help break
Set breakpoint at specified line or function.
Argument may be line number, function name, or "*" and an address.
If line number is specified, break at start of code for that line.
If function is specified, break at start of code for that function.
If an address is specified, break at that exact address.
With no arg, uses current execution address of selected stack frame.
```

```
This is useful for breaking on return to a stack frame.

Multiple breakpoints at one place are permitted, and useful if conditional.

break ... if <cond> sets condition <cond> on the breakpoint as it is created.

Do "help breakpoints" for info on other commands dealing with breakpoints.
(gdb)
```

可以看到，GDB 中内置了很多有帮助的信息，一定要好好利用它！

17.2.7 其他

GDB 还提供了许多其他特性，但由于篇幅的原因，这里就不介绍了。GDB 提供以下功能：

- 设置临时断点，当到达这些断点后这些断点会被自动清除；
- 启用和禁用断点，而不需要清除它们；
- 以指定的格式转储内存位置；
- 设置一个观察点，当程序中指定表达式的值发生变化时停止执行（例如，变量的值发生变化时）；
- 定义一个列表，当程序停止时显示列表中的值；
- 按名称设置自己的“快捷变量”。

此外，如果你使用的是 IDE，大多数 IDE 都有自己的调试工具，其中很多与本章描述的 GDB 命令类似。本章不可能涵盖每一个 IDE，因此探索可用选项的最佳方法是在程序中运行调试工具，甚至可以引入一些必须用调试器查找的错误。

表 17.1 列出了本章涉及的常用 GDB 命令。命令名的前导粗体字符表示该命令的简写形式。

表 17.1 常用 GDB 命令

命令类型	命令	含义
源文件	**l**ist [n][1]	显示第 n 行前后的代码行，如果未指定 n，则显示接下来的 10 行
	list m,n	显示第 m～n 行代码
	list +[n]	显示文件中的前 n 行，如果没有指定 n，则显示前面的 10 行
	list –[n]	显示文件中的后 n 行，如果没有指定 n，则显示后面的 10 行
	list func	显示函数 func()中的行
	listsize n	指定使用 list 命令显示的行数
	info source	显示当前的源文件名
变量和表达式	**p**rint /fmt expr	根据格式 fmt 输出 expr，fmt 可以是 d（十进制）、u（无符号）、o（八进制）、x（十六进制）、c（字符）、f（浮点数）、t（二进制）或 a（地址）
	info locals	显示当前函数中局部变量的值
	set var var=expr	设置变量 var 的值为 expr
断点	**b**reak n	在第 n 行设置断点
	break func	在函数 func()的开始处设置断点
	info break	显示所有的断点

1 请注意，每个以行号或函数名为参数的命令前面都可以有一个可选填的文件名，后跟一个冒号（例如，list main.c:1,10 或 break main.c:12）。

续表

命令类型	命令	含义
断点	clear [n]	删除第 n 行断点，如果没有指定 n，则删除下一行的断点
	clear func	删除 func()函数开始处的断点
程序执行	**r**un [args] [<file] [>file]	从头开始执行程序
	continue	继续执行程序
	step [n]	执行下一行程序或者接下来的 n 行程序
	next [n]	执行下一行程序或者接下来的 n 行程序，但是不会单步执行到函数内部
	quit	退出 GDB 执行
帮助	**h**elp [cmd]	显示命令的种类或特定命令 cmd 或 class 的帮助信息
	help [class]	

第18章 面向对象程序设计

面向对象程序设计（Object-Oriented Programming，OOP）非常流行，而且许多广泛使用的 OOP 语言（如 C++、C#、Java 和 Objective-C）都是基于 C 语言的，因此本章简要介绍面向对象程序设计。本章首先概述了 OOP 的概念，然后选择前面提到的 4 种 OOP 语言中的 3 种（包含字母 C 的 3 种语言），分别展示一个简单程序示例。本章不是要教你如何使用这些语言编程，也不是描述它们的主要功能，而是让你快速体验一下这些语言。本章包括以下内容：

- 理解 OOP 的基本概念，包括对象、实例和方法；
- 解释结构化编程语言处理问题的方式与面向对象语言处理问题的方式的基本区别；
- 比较 3 种不同的 OOP 语言（Objective-C、C++和 C#）如何处理同一个简单的编程任务的方法。

18.1 到底什么是对象?

对象是一个东西。把 OOP 想象成一件你想对这个东西做的事情。OOP 语言与 C 语言不同，后者更正式地称为过程式编程语言。在 C 语言中，通常首先考虑要做什么（可能还需要编写一些函数来完成这些任务），然后考虑对象——这几乎与在 OOP 语言中完全相反。

举个日常生活中的例子。假设你有一辆汽车，这辆汽车显然是一个对象——你拥有的一个东西。你拥有的是一辆特定的汽车，而制造它的工厂可能位于任意国家或地方。你的汽车有一个车辆识别代号（Vehicle Identification Number，VIN），可以唯一地标识你的汽车。

用面向对象的话说，**你的汽车**是一个汽车**实例**（instance）。继续使用术语，**汽车**是一个**类**（class）的名称，汽车实例就是从这个类创建的。因此，每次制造出一辆新汽车时，都会从汽车类中创建一个新实例。每个汽车实例也被称为**对象**（object）。

现在，你的汽车可能是银色的，它可能有黑色的内饰，它可能是敞篷车或拥有金属顶盖，等等。此外，你还可以对你的汽车做一些特定的事情或操作，例如，驾驶你的汽车，给你的汽车加油，清洗你的汽车，送你的汽车去保养，等等，如表 18.1 所示。

表 18.1　对对象执行的操作

对象	对对象执行的操作
你的汽车	驾驶
	加油
	清洗
	保养

表 18.1 列出的操作既可以对你的汽车执行，也可以对其他汽车执行，例如，你的妹妹可以驾驶她的汽车，清洗她的汽车，给她的汽车加油，等等。

18.2　实例和方法

一个类的独一无二的实现就是一个实例。你执行的操作称为**方法**（method）。在某些情况下，一个方法可以应用于一个类的实例，也可以应用于类本身。例如，清洗汽车可以应用于实例（实际上，表 18.1 中列出的所有操作都属于实例方法）。找出一家制造商生产了多少种不同类型的汽车，这一操作可以应用到这个类，因此它是一个类方法。

在 C++中，你可以使用以下方法来调用实例上的方法：

```
Instance. method ();
```

在 C#中，可以使用相同的方法来调用，如下所示：

```
Instance. method ();
```

Objective-C 的消息调用遵循以下格式：

```
[Instance method]
```

回顾表 18.1 中列出的操作，用上述格式编写消息表达式。假设 yourCar 是一个 Car 类的对象。表 18.2 展示了 3 种 OOP 语言中的消息表达式。

表 18.2　OOP 语言中的消息表达式

C++	C#	Objective-C	Action
yourCar.drive()	yourCar.drive()	[yourCar drive]	驾驶你的汽车
yourCar.getGas()	yourCar.getGas()	[yourCar getGas]	给你的汽车加油
yourCar.wash()	yourCar.wash()	[yourCar wash]	清洗你的汽车
yourCar.service()	yourCar.service()	[yourCar service]	送你的汽车去保养

如果你的妹妹有一辆汽车名为 suesCar，那么她可以对她的汽车调用相同的方法，如下所示：

```
suesCar.drive()     // C++
suesCar.drive()     // C#
[suesCar drive]     // Objective-C
```

这是面向对象程序设计背后的关键概念之一（即对不同的对象应用相同的方法）。

另一个关键概念称为多态（polymorphism），它允许你向来自不同类的实例发送相同的消息。例如，如果你有一个 Boat 类，以及一个来自这个类的实例 myBoat，那么多态允许你使用 C++编写以下消息表达式：

```
myBoat.service()
myBoat.wash()
```

这里的关键在于，你可以为 Boat 类编写一个知道如何维修一艘船的方法，而这个方法可以（而且很可能）与 Car 类中知道如何维修一辆汽车的方法完全不同。这就是多态的关键之处。

OOP 语言与 C 语言的重要区别在于，前者处理的是对象，比如汽车和船，而在后者中，你通常使用函数（或过程）。在所谓的过程式编程语言（如 C 语言）中，你可以编写一个名为 service 的函数，然后在该函数中编写单独的代码来处理不同交通工具的保养问题，如汽车、船或自行车。如果你想添加一种新类型的交通工具，就必须修改所有处理不同交通工具类型的函数。在 OOP 语言中，你只需为该交通工具定义一个新类并向该类添加新的方法。你不需要担心其他交通工具类，它们与你的类是独立的，所以你不需要修改它们的代码（甚至可能根本无权访问这些代码）。

在 OOP 程序中使用的类可能不是汽车或船，它们更有可能是窗口、矩形、剪贴板等对象。你要发送的消息（使用类似 C#的语言）看起来会像这样：

```
myWindow.erase()                       // 擦除窗口内容
myRect.getArea()                       // 计算矩形区域的面积
userText.spellCheck()                  // 对一些文本进行拼写检查
deskCalculator.setAccumulator(0.0)     // 将计算器清零
favoritePlaylist.showSongs()           // 显示偏爱的播放列表中的歌曲
```

18.3 编写一个处理分数的 C 语言程序

假设你需要编写一个处理分数的程序，你可能需要处理加法、减法、乘法等运算。你可以定义一个结构体来保存一个分数，然后开发一组函数来处理它们。

使用 C 语言实现分数运算的基本设置可能类似于程序 18.1。程序 18.1 设置分子和分母，然后显示分数的值。

程序 18.1　用 C 语言处理分数

```
// 这个简单的程序对分数进行处理
#include <stdio.h>

typedef struct {
    int numerator;
    int denominator;
} Fraction;

int main (void)
{
    Fraction myFract;

    myFract.numerator = 1;
    myFract.denominator = 3;

    printf ("The fraction is %i/%i\n", myFract.numerator, myFract.denominator);

    return 0;
}
```

程序 18.1　输出

```
The fraction is 1/3
```

接下来的 3 节将分别说明如何使用 Objective-C、C++和 C#类来处理分数。在程序 18.2 之后，有关 OOP 的讨论适用于整个 OOP，因此你应该按顺序阅读这些节。

18.4 定义一个 Objective-C 类来处理分数

Objective-C 语言是 Brad Cox 在 20 世纪 80 年代早期发明的。该语言基于 Smalltalk-80 语言，并在 1988 年得到了 NeXT 软件的许可。苹果在 1988 年收购 NeXT 时，使用 NeXTSTEP 作为 macOS 操作系统的基础。macOS 上的大多数应用程序，以及一些 iPad 和 iPhone 应用程序，都是用 Objective-C 编写的。

程序 18.2 展示了如何使用 Objective-C 定义和使用一个 Fraction 类。

程序 18.2　使用 Objective-C 类来处理分数

```
// 此程序处理分数（Objective-C 版本）

#import <stdio.h>
#import <objc/Object.h>

//------- @interface 部分-------

@interface Fraction: Object
{
    int         numerator;
    int         denominator;
}
-(void) setNumerator: (int) n;
-(void) setDenominator: (int) d;
-(void) print;

@end

//------- @implementation 部分-------

@implementation Fraction;

// getter
-(int) numerator
{
    return numerator;
}
-(int) denominator
{
    return denominator;
}

// setter
-(void) setNumerator: (int) num
{
    numerator = num;
}
-(void) setDenominator: (int) denom
{
    denominator = denom;
}

// 其他
-(void) print
{
    printf ("The value of the fraction is %i/%i\n", numerator, denominator);
}

@end

//------- 程序部分-------
```

```
int main (void)
{
    Fraction *myFract;

    myFract = [Fraction new];

     [myFract setNumerator: 1];
     [myFract setDenominator: 3];

    printf ("The numerator is %i, and the denominator is %i\n",
        [myFract numerator], [myFract denominator]);
    [myFract print];       // 使用此方法显示分数的值

    [myFract free];

    return 0;
}
```

程序 18.2 输出

```
The numerator is 1, and the denominator is 3
The value of the fraction is 1/3
```

从程序 18.2 的注释中可以看到，该程序逻辑上分为 3 个部分：@interface 部分、@implementation 部分和程序部分。这些部分通常放在单独的文件中。@interface 部分通常放在一个头文件中，任何想使用该特定类的程序都会包含这个头文件，它告诉编译器类中包含哪些变量和方法。@implementation 部分包含实现这些方法的实际代码。程序部分包含用于完成程序预期目的的程序代码。

新类的名称是 Fraction，它的父类名称是 Object。类会从它们的父类继承方法和变量。

正如你在@interface 部分看到的，下面的声明表明 Fraction 对象有两个整数成员，它们分别称为 numerator 和 denominator。

```
int numerator;
int denominator;
```

本节中声明的成员称为实例变量。每次创建一个新对象时，都会创建一组新的、独一无二的实例变量。因此，假设你有两个分数，一个叫 fracA，另一个叫 fracB，每个分数都有自己的一组实例变量。也就是说，fracA 和 fracB 都有自己独立的 numerator 和 denominator。

你必须定义用于处理分数的方法。你需要能够将分数的值设置为特定的值。因为你无法直接访问分数的内部表示（换句话说，不能直接访问它的实例变量），所以必须编写方法来设置分子和分母，编写的这些方法称为**设置器**（setter）。你还需要一些方法来获取实例变量的值，这些方法称为**获取器**（getter）[1]。

OOP 的一个关键概念就是，一个对象的实例变量对于对象的用户来说是隐藏的，这称为**数据封装**（data encapsulation）。如果某些人想扩展或修改一个类，数据封装可以保证访问该类的数据（即实例变量）的所有代码都包含在方法中。数据封装在程序员和类开发人员之间提供了一个很好的隔离层。

1 你也可以直接访问实例变量，但这通常被认为是糟糕的编程实践。

下面是 setter 方法的声明，前导的减号（-）表示该方法是一个实例方法。

```
-(int) numerator;
```

与减号对应的选项是加号（+），它表示该方法是一个类方法。一个类方法是指在类自身上执行某些操作的方法，例如创建一个类的新实例的方法。这类似于制造一辆新汽车，这里的汽车是一个类，你想创建一辆新的汽车就是一个类方法。

实例方法对一个类的特定实例执行某些操作，例如设置、检索、显示它的值等。以汽车为例，在制造出汽车后，可能需要给汽车加油。给汽车加油的操作是在特定的汽车上执行的，因此它类似于一个实例方法。

当声明一个新方法（类似于声明一个函数）时，你要告诉 Objective-C 编译器这个方法是否有返回值，如果有，还要说明返回什么类型的值。这是通过在减号或加号后面加上一对括号来实现的。因此，下面的声明表示一个名为 numerator 的实例方法将返回一个整数值。

```
-(int) numerator;
```

类似的，下面定义了一个方法，它用于设置分数的分子值，且没有返回值。

```
-(void) setNumerator: (int) num;
```

当一个方法接收参数时，在引用方法时要在方法名后面加上一个冒号。因此，识别这两个方法的正确方式是 setNumerator:和 setDenominator:——这两个方法都只接收一个参数。此外，如果分子方法和分母方法末尾没有冒号，则表明这些方法不接收任何参数。

setNumerator:方法接收一个名为 num 的整数参数，并将其存储在实例变量 numerator 中。类似的，setDenominator:将其参数 denom 的值存储在实例变量 denominator 中。注意，方法可以直接访问它们的实例变量。

在 Objective-C 程序中定义的最后一个方法是 print，它的用途是显示分数的值。如你所见，它没有参数，也没有返回结果。它只是使用 printf()来显示分数的分子和分母，分子和分母之间用斜线分隔。

在 main()中，下面这行代码定义了一个名为 myFract 的变量。

```
Fraction *myFract;
```

上述代码指出 myFract 是一个 Fraction 型对象；也就是说，myFract 用于存储来自新 Fraction 类的值。myFract 前面的星号（*）表明 myFract 实际上是一个指向 Fraction 类型的指针。实际上，它指向一个结构体，其中包含 Fraction 类中一个特定实例的数据。

现在已经有了一个用于存储 Fraction 的对象，你需要创建一个对象，就像让工厂为你制造一辆新的汽车一样。这是通过下面这行代码完成的：

```
myFract = [Fraction new];
```

如果你想为一个新的分数分配存储空间，下面的表达式会向新创建的 Fraction 类发送一条消息。

```
[Fraction new]
```

上述代码表明你在要求 Fraction 类应用 new 方法，但你从未定义一个 new 方法，那么这个方法是从哪里来的呢？这个方法继承自父类。

现在可以设置 Fraction 的值了。下面的程序行就是在做这件事。

```
[myFract setNumerator: 1];
[myFract setDenominator: 3];
```

上述第一条消息语句将 setNumerator:消息发送给 myFract，提供的参数值为 1，然后将控制权发送给为 Fraction 类定义的 setNumerator:方法。Objective-C 运行时系统知道该方法是这个类要使用的方法，因为它知道 myFract 是 Fraction 类的一个对象。在 setNumerator:方法中只有一行代码，其将传入的值作为参数，并将其存储在实例变量 numerator 中。因此，实际上的效果就是将 myFract 的分子设置为 1。

上述第二条语句是调用 myFract 的 setDenominator:方法的消息，其工作方式与第一条语句类似。

设置好分数后，程序 18.2 调用了两个 getter 方法 numerator 和 denominator，从 myFract 中获取对应实例变量的值，然后将这些值传递给 printf()来显示。

程序接下来调用 print 方法。这个方法将从消息中接收的值显示出来。虽然在程序中已经看到了如何使用 getter 方法获取分子和分母，但为了便于说明，我们还是在 Fraction 类的定义中添加了一个单独的 print 方法。

程序中的最后一条消息会释放 Fraction 对象使用的内存：

```
[myFract free];
```

18.5　定义一个 C++类来处理分数

程序 18.3 展示了如何使用 C++语言编写一个程序，来实现 Fraction 类。C++是由 Bjarne Stroustroup 在贝尔实验室发明的，是第一个基于 C 语言的 OOP 语言——至少据我所知是这样的！注意，如果你在编译这个程序时使用的是一个可以编译 C 语言和 C++语言程序的 IDE，而且到目前为止你一直在编写 C 语言程序，IDE 可能会尝试将这个程序保存为.c 文件。这将生成一系列错误消息，可以通过使用.cpp 扩展名保存文件来避免这些错误消息，并确保 IDE 将程序编译为 C++语言程序。

程序 18.3　使用 C++类来处理分数

```
#include <iostream>

class Fraction
{
private:
    int numerator;
    int denominator;

public:
    void setNumerator (int num);
    void setDenominator (int denom);
    int Numerator (void);
    int Denominator (void);
    void print (Fraction f);
};

void Fraction::setNumerator (int num)
```

```
{
    numerator = num;
}

void Fraction::setDenominator (int denom)
{
    denominator = denom;
}

int Fraction::Numerator (void)
{
    return numerator;
}

int Fraction::Denominator (void)
{
    return denominator;
}

void Fraction::print (Fraction f)
{
    std::cout << "The value of the fraction is " << numerator << '/'
              << denominator << '\n';
}

int main (void)
{
    Fraction myFract;

    myFract.setNumerator (1);
    myFract.setDenominator (3);

    myFract.print (myFract);

    return 0;
}
```

程序 18.3　输出

```
The value of the fraction is 1/3
```

将 C++成员（实例变量）numerator 和 denominator 标记为 private 来实现数据封装，可以防止从类的外部直接访问它们。

setNumerator()方法的声明如下所示，在这个方法前面加上 Fraction::表明它属于 Fraction 类。

```
void Fraction::setNumerator (int num)
```

像在 C 语言中创建普通变量一样，可以创建一个 Fraction 的新实例，如下面 main()函数中的声明：

```
Fraction myFract;
```

然后通过下面的方法调用，将分数的分子和分母分别设置为 1 和 3：

```
myFract.setNumerator (1);
myFract.setDenominator (3);
```

最后使用该分数的 print()方法显示分数的值。

程序 18.3 中最奇怪的语句可能出现在 print()方法内部，如下所示：

```
std::cout << "The value of the fraction is " << numerator << '/'
          << denominator << '\n';
```

cout 是标准输出流的名称，类似于 C 语言中的 stdout。“<<”称为**流插入运算符**（stream insertion operator），它提供了一种获取输出的简单方法。你可能会想到<<也是 C 语言中的左移运算符。这是 C++的一个重要特性——**运算符重载**（operator overloading），它允许你定义与类关联的运算符。在这里，左移运算符被重载了，因此当在上下文中使用它（也就是说，将一个流作为左操作数）时，它会调用一个方法将一个格式化的值写入输出流，而不是真正执行左移操作。

另一个重载的例子是，你可能想重载加法运算符（+），这样当你尝试将两个分数相加时，就会调用 Fraction 类中适当的方法来处理加法：

```
myFract + myFract2
```

<<后面的每个表达式都会被求值并写入标准输出流。在这个例子中，首先写入字符串"The value of the fraction is"，然后是分数的分子，后面跟着一个/，接下来是分数的分母，最后是一个换行符。

注意，在前面的 C++例子中，在 Fraction 类中定义了 getter 方法 Numerator()和 Denominator()，但是并没有使用。

18.6 定义一个 C#类来处理分数

作为本章的最后一个例子，程序 18.4 展示了用 C#编写的分数示例程序。C#是微软公司开发的程序设计语言，是微软 Visual Studio 套件的一部分，也是.NET 框架的关键开发工具。如果你想尝试 C#，请访问 Visual Studio 官网下载整个产品的免费 Express 版本。

程序 18.4　使用 C#类来处理分数

```
using System;

class Fraction
{
    private int numerator;
    private int denominator;

    public int Numerator
    {
        get
        {
            return numerator;
        }

        set
        {
            numerator = value;
        }
    }
```

```
    public int Denominator
{
    get
    {
        return denominator;
    }

    set
    {
        denominator = value;
    }
}

public void print ()
{
    Console.WriteLine("The value of the fraction is {0}/{1}",
         numerator, denominator);
    }
}

class example
{
    public static void Main()
    {
        Fraction myFract = new Fraction();

        myFract.Numerator = 1;
        myFract.Denominator = 3;

        myFract.print ();

    }
}
```

程序 18.4　输出

```
The value of the fraction is 1/3
```

可以看到，C#程序与其他两种 OOP 语言程序看起来略有不同，但你可能仍然可以确定发生了什么。在定义 Fraction 类时，首先将两个实例变量 numerator 和 denominator 声明为 private 变量。Numerator 和 Denominator 方法都将 getter 和 setter 方法定义为**属性**（property）。仔细看一下 Numerator：

```
public int Numerator
{
    get
    {
        return numerator;
    }

    set
    {
        numerator = value;
    }
}
```

当在表达式中需要分子的值时，如下面的代码所示，就会执行 get 代码：

```
num = myFract.Numerator;
```

当给方法赋值时，如下面的代码所示，则会执行 set 代码：

```
myFract.Numerator = 1;
```

在调用 setter 方法时，会将实际的待赋值保存在变量 value 中。注意，这里 setter 和 getter 方法后面没有括号。

当然，你可以定义接收可选参数的方法，也可以定义接收多个参数的 setter 方法。例如，下面的 C#方法调用可以通过一次调用将一个分数的值设置为 2/5：

```
myFract.setNumAndDen (2, 5)
```

回到程序 18.4，下面的语句用于从 Fraction 类创建一个新实例，并将结果赋给 Fraction 型变量 myFract，然后使用 Fraction 的 setter 方法将 Fraction 设置为 1/3：

```
Fraction myFract = new Fraction();
```

接下来在 myFract 上调用 print()方法，以显示分数的值。在 print()方法中，使用了 Console 类中的 WriteLine()方法来显示输出。与 printf()的%表示法类似，{0}在字符串中表示要显示第一个值的位置，{1}在字符串中表示要显示第二个值的位置，以此类推。与 printf()例程不同，这里不需要担心显示的类型。

和 C++的例子一样，这里没有使用 C#中 Fraction 类的 getter 方法。

到这里就结束了对 OOP 的简要介绍。希望本章能让你更好地理解什么是 OOP，以及 OOP 语言与 C 语言的区别。你已经看到了如何使用 3 种 OOP 语言中的一种编写一个简单的程序来处理表示分数的对象。如果你真的需要在程序中处理分数运算，可能会扩展上面的类定义，以支持例如加法、减法、乘法、除法、倒数和化简等运算。这对你来说可能是一个相对简单的任务。

如果你想继续深入学习，请参考一种特定 OOP 语言的优秀教程。

附录 A

C 语言概要

本附录以适合快速查阅的方式对 C 语言进行总结。本附录不打算介绍 C 语言的完整定义，而是对其特性进行非正式描述。在学完本书正文的内容后，你应该仔细阅读本附录。这样做不仅能巩固已经学习的内容，还能让你对 C 语言有更加全面的理解。

本附录基于 ANSI C11（ISO/IEC 9899:2011）标准。

A.1 双字符序列与标识符

A.1.1 双字符序列

表 A.1 列出了特殊的双字符序列（双字符组），它们的含义等价于后面列出的单字符。

表 A.1 双字符组

双字符组	含义
<:	[
:>	]
<%	{
%>	}
%:	#
%:%:	##

A.1.2 标识符

C 语言中的**标识符**（identifier）由一系列字母（大写或小写）、通用字符名、数字或下划线字符组成。标识符的第一个字符必须是字母、下划线或通用字符名。对于一个外部名称，一个标识符的前 31 个字符是保证有效的，对于内部标识符或者宏名称来说，前 63 个字符是保证有效的。

1. 通用字符名

通用字符名（universal character name）由字符'\u'后跟 4 个十六进制数或字符'\U'后跟 8 个十六进制数组成。如果标识符的第一个字符是通用字符，则其值不能为数字字符。当在标识符中使用通用字符时，不能指定值小于 $A0_{16}$ 的字符（24_{16}、40_{16} 和 60_{16} 是例外，可以指定），也不能指定 $D800_{16}$～$DFFF_{16}$ 的字符（包括 $D800_{16}$ 和 $DFFF_{16}$，不能指定）。

通用字符可以用在标识符、字符型常量和字符串中。

2. 关键字

表 A.2 中列出的标识符是对 C 语言编译器而言具有特殊含义的关键字。

表 A.2 关键字

_Bool	default	inline	struct
_Complex	do	int	switch
_Generic	double	long	typedef
_Imaginary	else	register	union
auto	enum	restrict	unsigned
break	extern	return	void
case	float	short	volatile
char	for	signed	while
const	goto	sizeof	
continue	if	static	

A.2 注释

可以在程序中插入两种注释。一种注释可以以//开始，同一行之后的任何字符都会被编译器忽略。

另一种注释可以以/*开始，在遇到*/时结束。这种注释内部可以包括任何字符，还可以跨越程序中的多行。在程序中任何允许使用空格的地方，都可以使用注释。然而，注释不能嵌套，这意味着无论使用多少个/*，遇到的第一个*/都是注释的结尾。

A.3 常量

A.3.1 整型常量

整型常量是一个数字序列，它的前面可以有一个加号或减号。如果第一个数字是 0，这个整型常量将被当作一个八进制常量，在这种情况下，接下来的所有数字必须在 0～7 的范围内。如果第一个数字是 0，并且紧跟着字母 x（或 X），则这个整型常量将被当作十六进制常量，其后的数字可以是 0～9 或 a～f（或 A～F）。

可以在一个十进制整型常量的末尾添加后缀字母 l 或 L，使其成为一个 long int 型常量。如果 long int 无法容纳这个值，则将其视为 long long int 型常量。当在一个八进制或十六进制整型常量末尾添加字母 l 或 L 时，如果 long int 可以容纳它的值，则将其视为 long int 型常量；如果 long int 无法容纳它的值，则将其视为 long long int 型常量。最后，如果 long long int 也无法容纳它的值，则将其视为 unsigned long long int 型常量。

可以在一个十进制整型常量的末尾添加字母 ll 或 LL，使其成为一个 long long int 型常量。在将其加到一个八进制或十六进制常量的末尾时，首先会将其作为 long long int 型常量，如果无法容纳它的值，则会将其作为 unsigned long long int 型常量。

可以在一个整型常量的末尾添加字母 u 或 U，使其成为一个 unsigned int 型常量。如果常量太大，无法装入 unsigned int 型，则将其视为 unsigned long int 型常量。如果因为值太大也无法放入 unsigned long int，则将其视为 unsigned long long int 型常量。

可以在一个整型常量的末尾同时添加 u 和 l 后缀，使其成为一个 unsigned long int 型常量。如果常量值太大，无法放入 unsigned long int，则将其视为 unsigned long long int 型常量。

可以在一个整型常量的末尾同时添加 u 和 ll 后缀，使其成为一个 unsigned long long int 型常量。

如果一个没有后缀的十进制整型常量值太大，无法放入 signed int，则将其视为 long int 型常量。如果因为常量值太大无法放入 long int，则将其视为 long long int 型常量。

如果一个没有后缀的八进制或十六进制整型常量值太大，无法放入 signed int，则将其视为 unsigned int 型常量。如果因为常量值太大，无法放入 unsigned int，则将其视为 long int 型常量，如果因为常量值太大，无法放入 long int，则将其视为 unsigned long int 型常量。如果 unsigned long 也无法存储它的值，则将其视为 long long int 型常量。最后，如果因为常量值太大无法放入 long long int，则将其视为 unsigned long long int 型常量。

A.3.2　浮点型常量

一个浮点型常量由一串小数、一个小数点和另一串小数组成。如果在浮点型常量值的前面放置一个减号，则表示负数。可以省略浮点型常量小数点前或小数点后的数字，但不能同时省略。

如果浮点型常量后面紧跟字母 e（或 E）和一个有符号整数，则该常量用科学记数法表示。这个整数表示 10 的幂（**指数**），用于乘字母 e 前面的值（**尾数**）。例如，1.5e−2 表示 1.5×10^{-2}，即 0.015。

一个**十六进制**浮点型常量有一个前导 0x 或 0X，后面是一个或多个十进制或十六进制数字，接下来跟着一个 p 或 P，再后面是一个有符号的二进制指数，例如，0x3p10 表示值 3×2^{10}。

编译器将浮点型常量视为一个双精度值。可以在一个浮点型常量末尾添加后缀字母 f 或 F，表示这是 float 型常量，而不是 double 型常量。还可以加上后缀字母 l 或 L 来表示这是一个 long double 型常量。

A.3.3　字符型常量

用单引号进行标识的字符就是字符型常量。单引号中包含多个字符的处理方式，是由具体实现定义的。可以在字符型常量中使用通用字符，来表示一个不属于标准字符集的字符。

1. 转义序列

特殊的转义序列由反斜线字符标识和引入。表 A.3 列出了这些特殊的转义序列。

表 A.3　特殊的转义序列

转义序列	含义
`\a`	响铃
`\b`	退格
`\f`	换页
`\n`	换行
`\r`	回车
`\t`	水平制表符
`\v`	垂直制表符
`\\`	反斜线
`\"`	双引号
`\'`	单引号

续表

转义序列	含义
\?	问号
\nnn	八进制字符值
\unnnn	通用字符名
\Unnnnnnnn	通用字符名
\xnn	十六进制字符值

在使用八进制字符的情况下，可以指定 1～3 位的八进制数字。在表 A.3 中的最后 3 种情况下，使用的是十六进制数字。

2. 宽字符型常量

宽字符型常量（wide character constant）被写成 L'x'，这种常量的类型是 wchar_t，定义在标准头文件<stddef.h>中。宽字符型常量提供了一种方法，用于表示字符集中无法完全用普通 char 型表示的字符。

A.3.4 字符串常量

用双引号进行标识的 0 个或多个字符序列表示一个字符串常量。字符串中可以包含任何有效字符，包括前面列出的任何转义字符。编译器会自动在字符串末尾插入一个空字符（'\0'）。

通常，编译器会生成一个指向字符串中第一个字符的指针，其类型为“指向 char 型的指针”。但是，当字符串常量与 sizeof 运算符一起使用以初始化一个字符数组时，或者与运算符&一起使用时，字符串常量的类型是“char 型数组”。

程序无法修改字符串常量。

1. 字符串级联

预处理器会自动将相邻的字符串常量级联在一起。字符串可以由 0 个或多个空字符分隔。因此，下面的 3 个字符串级联后等同于单个字符串"a character string"。

```
"a"
" character "
"string"
```

2. 多字节字符

由实现定义的字符序列可被用于在字符串的不同状态之间来回**切换**，以便包含多字节字符。

3. 宽字符串常量

扩展字符集的字符串常量使用 L"..."的格式表示。这种常量的类型是“指向 wchar_t 类型的指针”，其中 wchar_t 定义在<stddef.h>中。

A.3.5 枚举常量

如果一个标识符被声明为一种枚举数据类型的值，编译器会将其视为这种特定类型的常量，否则会将其视为 int 型常量。

A.4　数据类型和声明

本节总结声明、基本数据类型、派生数据类型、枚举数据类型、typedef，以及声明变量的格式。

A.4.1　声明

在定义特定的结构体、联合体、枚举数据类型或 typedef 时，编译器不会自动预留任何存储空间。该定义只是告诉编译器特定的数据类型，并根据需要将其与一个名称相关联。这种定义既可以在函数内部进行，也可以在函数外部进行。在前一种情况下，只有函数知道它的存在；在后一种情况下，文件的其余部分都会知道它的存在。

在定义之后，可以将变量的类型声明为特定的数据类型。编译器会为声明为**任意**数据类型的变量预留存储空间，除非使用 extern 声明［在这种情况下可能会为变量分配存储空间，也可能不会（参见 A.6 节）］。

C 语言还允许在定义特定结构体、联合体或枚举数据类型的同时分配存储空间。这可以通过在定义结束的分号之前列出变量来实现。

A.4.2　基本数据类型

表 A.4 总结了 C 语言的基本数据类型。可以使用下列格式将变量声明为某种特定的基本数据类型：

```
type name = initial_value;
```

为变量赋初始值是可选的，并要遵守 A.6.2 节总结的规则。可以使用下列通用格式同时声明多个变量：

```
type name_1 = initial_value_1, name_2 = initial_value_2, ... ;
```

在声明类型之前，还可以指定一个可选的存储类，如 A.6.2 节中总结的那样。如果指定了存储类，并且变量的类型是 int，那么可以省略 int。例如，下面的语句将 counter 声明为一个 static int 型变量。

```
static counter;
```

表 A.4　基本数据类型总结

类型	含义
int	整数值，即不包含小数点的值；可以保证包含至少 16 位的精度
short int	低精度整数值；在某些机器上，需要的内存是 int 的一半；可以保证包含至少 16 位的精度
long int	扩展精度的整数值；可以保证包含至少 32 位的精度
long long int	扩展精度的整数值；可以保证包含至少 64 位的精度
unsigned int	正整数，存储的正值大小可以达到 int 的两倍；可以保证包含至少 16 位的精度
float	浮点值，也就是说，一个可以包含小数位的值；可以保证包含至少 6 位数的精度
double	扩展精度的浮点值；可以保证包含至少 10 位的精度
long double	额外扩展精度的浮点值；可以保证包含至少 10 位的精度，具体的精度取决于编译器和硬件环境

续表

类型	含义
char	单字符值；在某些系统中，在用于表达式中时，可能会发生符号扩展
unsigned char	与 char 基本相同，但确保在整型提升的时候不会发生符号扩展
signed char	与 char 基本相同，但确保在整型提升的时候会发生符号扩展
_Bool	布尔类型；大小足以存储数值 0 或 1
float _Complex	复数
double _Complex	扩展精度的复数
long double _Complex	额外扩展精度的复数
void	无类型；用于确保没有返回值的函数不会像有返回值那样使用，或者显式地“丢弃”一个表达式的结果。也用作一种通用指针类型（void *）

请注意，signed 修饰符也可以放在 int、short int、long int 和 long long int 型的前面。因为这些类型默认都是有符号的，所以这种做法没有实际效果。

_Complex 和_Imaginary 数据类型允许声明和操作复数和虚数，使用库中的函数可以支持对这些类型的算术运算。通常，你应该将头文件<complex.h>包含在你的程序中，它定义了一些宏并声明了用于处理复数和虚数的函数。例如，一个 double_Complex 型变量 c1 可以像下面这样声明并初始化为 5 + 10.5i，然后，可以使用库函数 creal()和 cimag()分别提取 c1 的实部和虚部。

```
double_Complex c1 = 5 + 10.5 * I;
```

实现上不要求必须支持_Complex 和_Imaginary 类型，程序可以选择支持其中一种，但不支持另一种。

可以在程序中包含头文件<stdbool.h>，以便更容易地使用布尔变量。在这个文件中，定义了宏 bool、true 和 false，让你能够编写这样的语句：

```
bool endOfData = false;
```

A.4.3 派生数据类型

派生数据类型是由一个或多个基本数据类型构建而成的类型。派生数据类型包括数组、结构体、联合体和指针。返回指定类型值的函数也被认为是派生数据类型的。下面将对除函数之外的派生数据类型进行总结。函数将在 A.7 节单独介绍。

1. 数组

（1）一维数组

数组可以定义为包含任意基本数据类型或任意派生数据类型。函数数组是不被允许的（尽管函数指针数组是允许的）。

下面是数组声明的基本格式。

```
type name[n] = { initExpression_1, initExpression_2, ... };
```

表达式 n 定义了数组 name 中元素的数量，如果指定了初始值列表，可以省略它，在这种情况下，数组的大小取决于列出的初始值的数量，或者当使用**指定初始化方法**时引用的最大索引元素。

如果定义了全局数组，则每个初始值都必须是常量表达式。初始化列表中的值可以比数组中的元素少，但不能比数组中的元素多。如果指定的值较少，则只初始化数组中的一部分元素，剩余的元素被设置为0。

字符数组是数组初始化中一种比较特殊的情况，它可以用一个字符串常量进行初始化。例如，下面的语句声明了一个名为 today 的字符数组，并将数组中的每个元素分别初始化为'M'、'o'、'n'、'd'、'a'、'y'和'\0'。

```
char today[] = "Monday";
```

如果明确指定了字符数组的长度，但没有为最后的空字符留下位置，则编译器就不会在数组末尾添加空字符。例如，下面的语句将 today 声明为一个包含 6 个字符的数组，并将其元素分别设置为字符'M'、'o'、'n'、'd'、'a'和'y'。

```
char today[6] = "Monday";
```

通过将元素编号放在方括号中，可以以任意顺序初始化数组元素。例如，下面的语句定义了一个包含 10 个元素的数组 a（根据数组中指定初始化方法中的最高索引确定数组大小），并将最后一个元素初始化为 x + 1（1234），将前 3 个元素分别初始化为 1、2 和 3。

```
int     x = 1233;
int     a[] = { [9] = x + 1, [3] = 3, [2] = 2, [1] = 1 };
```

（2）变长数组

在一个函数或代码块中，可以使用包含变量的表达式来设定数组的大小。在这种情况下，数组的大小是在运行时计算的。例如，下面的函数定义了一个名为 valArray 的自动数组，其大小为 n 个元素，其中 n 的值是在运行时计算的，并且可能在不同的函数调用中有不同的值。变长数组不能在声明时进行初始化。

```
int makeVals (int n)
{
    int valArray[n];
    ...
}
```

（3）多维数组

声明一个多维数组的通用格式如下，其中数组 name 被定义为包含 d1×d2×…×dn 个指定类型的元素。

```
type name[d1][d2]...[dn] = initializationList;
```

例如，下面的语句定义了一个三维数组 three_d，该数组包含 200 个整数。

```
int three_d [5][2][20];
```

要引用多维数组中的特定元素，需要将对应维度的索引放在各自的方括号中。例如，下面的语句将数值 100 存储到数组 three_d 的指定元素中。

```
three_d [4][0][15] = 100;
```

多维数组可以像一维数组一样初始化，还可以使用嵌套的花括号来控制对数组中的各个元素的赋值。

下面的代码将 matrix 声明为一个包含 4 行 3 列的二维数组。

```
int matrix[4][3] =
        {  { 1, 2, 3 },
           { 4, 5, 6 },
           { 7, 8, 9 } };
```

matrix 的第一行的元素分别被设置为 1、2 和 3；第二行的元素分别被设置为 4、5 和 6；而第三行的元素分别被设置为 7、8 和 9；第四行的元素被设置为 0，因为没有为该行指定数值。

下面的声明语句使用相同的值初始化 matrix，因为多维数组中的元素是按照“维度”（从左到右的维度）顺序初始化的。

```
static int matrix[4][3] =
           { 1, 2, 3, 4, 5, 6, 7, 8, 9 };
```

下面的声明语句将 matrix 第一行的第一个元素设置为 1，第二行的第一个元素设置为 4，第三行的第一个元素设置为 7，所有剩余元素默认设置为 0。

```
int matrix[4][3] =
        {  { 1 },
           { 4 },
           { 7 } };
```

最后，下面的声明语句将 matrix 中的指定元素初始化为指定的值。

```
int matrix[4][3] = { [0][0] = 1, [1][1] = 5, [2][2] = 9 };
```

2. 结构体

声明一个结构体的通用格式如下所示：

```
struct name
{
    memberDeclaration
    memberDeclaration
        ...
} variableList;
```

结构体 name 被定义为包含一些成员，每个成员由各个 memberDeclaration 指定。每个这样的声明由一个类型名，以及紧跟在类型名之后的一个或多个成员名列表组成。

变量可以在定义结构体时进行声明，只需在分号结束前列出它们即可，也可以在定义之后使用下面的格式声明。

```
struct name variableList;
```

如果在定义该结构体时省略了 name，则不能使用该格式。在这种情况下，该结构体类型的所有变量都必须在定义中声明。

初始化结构体变量的格式类似于初始化数组的格式。可以通过将初始值列表放在一对花括号中对其成员进行初始化。如果初始化的是一个全局结构体，列表中的每个值都必须是一个常量表达式。

下面的声明定义了一个名为 point 的结构体和一个名为 start 的 struct point 型变量，并使用指定的值进行初始化。

```
struct point
{
    float x;
    float y;
} start = {100.0, 200.0};
```

在初始化列表中，可以使用.member = value 的形式以任意顺序对指定的成员进行初始化，例如：

```
struct point end = { .y = 500, .x = 200 };
```

下面的语句声明了一个 dictionary 变量，其包含 1000 个 entry 结构体，并将前 3 个元素初始化为指定的字符串指针。

```
struct entry
{
    char *word;
    char *def;
} dictionary[1000] = {
    { "a",          "first letter of the alphabet"  },
    { "aardvark",   "a burrowing African mammal"    },
    { "aback",      "to startle"                    }
};
```

使用指定初始化方法的语句还可以写成下面这样：

```
struct entry
{
    char *word;
    char *def;
} dictionary[1000] = {
    [0].word = "a",         [0].def = "first letter of the alphabet",
    [1].word = "aardvark",  [1].def = "a burrowing African mammal",
    [2].word = "aback",     [2].def = "to startle"
};
```

对于 dictionary 的初始化，还可以写成下面这样的形式：

```
struct entry
{
    char *word;
    char *def;
} dictionary[1000] = {
    {.word = "a",          .def = "first letter of the alphabet" },
    {.word = "aardvark",   .def = "a burrowing African mammal"} ,
    {.word = "aback",      .def = "to startle"}
};
```

可以将一个自动结构体变量初始化为另一个相同类型的结构体，如下所示：

```
struct date tomorrow = today;
```

其声明了一个 date 结构体变量 tomorrow，并将（之前声明的）date 结构体变量 today 的内容赋值给它。

memberDeclaration 具有以下格式：

```
type fieldName : n
```

memberDeclaration 在结构体内部定义了一个 n 位宽的**字段**，其中 n 是一个整数值。在一些机器上字段可以从左到右打包，而在另一些机器上字段可以从右到左打包。如果省略 fieldName，则保留指定的位数，但不能引用。如果省略 fieldName 并且 n 为 0，则紧跟在后面的字段会对齐到下一个存储**单元**边界，其中一个单元的大小是由具体实现定义的。字段的类型可以是_Bool、int、signed int 或 unsigned int。int 型字段被视为 signed 型字段还是 unsigned 型字段是由具体实现定义的。地址运算符（&）不能应用于字段，并且不能为数组定义字段。

3. 联合体

声明联合体的通用格式如下，其定义了一个名为 name 的联合体。

```
union name
{
    memberDeclaration
    memberDeclaration
        ...
} variableList;
```

联合体的成员由各个 memberDeclaration 指定。联合体的每个成员会共享重叠的存储空间，编译器负责确保为联合体预留足够的空间，以包含联合体中最大的成员。

可以在定义联合体时声明变量，也可以在定义后使用下面的形式声明变量（前提是定义联合体时为变量指定了一个名称）：

```
union name variableList;
```

程序员有责任确保，从联合体中获取的值与最后存储在联合体中的值保持一致。可以将初始值放在一对花括号中，并初始化联合体的**第一个**成员。对于全局联合体变量，初始值必须是一个常量表达式。

下面的语句声明了一个联合体变量 swap，并将成员 l 设置为十六进制数 ffffffff。

```
union shared
{
    long long int l;
    long int    w[2];
} swap = { 0xffffffff };
```

还可以通过指定成员名来初始化其他成员，如下所示：

```
union shared swap2 = {.w[0] = 0x0, .w[1] = 0xffffffff; }
```

自动联合体变量也可以初始化为相同类型的联合体，如下所示：

```
union shared swap2 = swap;
```

4. 指针

声明一个指针变量的基本格式如下：

```
type *name;
```

标识符 name 被声明为一个“指向 type 类型的指针”类型，type 可以是基本数据类型，也可以是派生数据类型。

例如，下面的语句声明 ip 为一个指向 int 型的指针：

```
int *ip;
```

再如，下面的语句声明 ep 为一个指向 entry 结构体的指针：

```
struct entry *ep;
```

如果需要将指针指向数组元素，则可以将指针声明为指向数组中包含元素的类型，例如，前面声明的 ip 也可以用来声明一个指向 int 型数组的指针。

还允许使用更高级的指针声明形式。例如，下面的语句声明 tp 为一个包含 100 个字符指针的数组：

```
char *tp[100];
```

而下面的语句声明 fnPtr 为一个指向函数的指针，该函数返回一个 entry 结构体并接收一个 int 型参数。

```
struct entry (*fnPtr) (int);
```

要测试指针是否为空，可以将其与值为 0 的常量表达式进行比较。实现时可以选择在内部用非 0 的值表示一个空指针，但在比较这种内部表示的空指针和常量 0 时，结果必须是相等的。

将指针转换为整数的方式以及将整数转换为指针的方式是取决于计算机的，用于保存指针所需的整数大小也是如此。

“指向 void”类型是一种泛型指针类型。C 语言会保证任何类型的指针都可以赋值给“指向 void”类型的指针，再反向赋值回来时，不会改变它的值。

除上述特殊情况外，不允许在不同指针类型间赋值，如果尝试赋值，通常编译器会给出一条警告消息。

A.4.4　枚举数据类型

声明枚举数据类型的通用格式如下：

```
enum name { enum_1, enum_2, ... } variableList;
```

枚举数据类型 name 中定义了枚举值 enum_1、enum_2 等，每个枚举值都是一个标识符或者是后面紧跟一个等号和一个常量表达式的标识符。variableList 是一个可选填的变量列表（初始值可选），这些变量被声明为 enum name 类型的变量。

编译器将按照整数顺序从 0 开始为枚举标识符赋值。如果一个标识符后面跟着等号和一个常量表达式，则将该表达式的值赋给标识符。后续标识符会以常量表达式的值加 1 开始赋值。编译器会将枚举标识符视为常量整数值。

如果需要将变量声明为预先定义（并命名）的枚举数据类型的变量，则可以使用下面的构造：

```
enum name variableList;
```

一个声明为特定枚举数据类型的变量只能被赋予相同数据类型的值，尽管编译器可能不会将其标记为错误。

A.4.5　typedef 语句

typedef 语句用于为基本数据类型或派生数据类型分配一个新名称。typedef 并不会定义一个新类型，而只是为现有类型定义一个新名称。因此，声明为新名称类型的变量，编译器对待它们的方式与对待声明为与新名称相关联类型的变量的方式完全一样。

在构建一个 typedef 定义时，首先像构建普通变量一样进行声明。然后，将新类型名放在变量名通常出现的位置。最后，在所有代码的前面加上 typedef 关键字。

例如，下面的例子将名称 Point 与一个包含两个 float 型成员 x 和 y 的结构体相关联。

```
typedef struct
        {
            float x;
            float y;
        } Point;
```

随后变量可以被声明为 Point 类型，如下所示：

```
Point origin = { 0.0, 0.0 };
```

A.4.6 类型限定符 const、volatile 和 restrict

可以在类型声明之前放置关键字 const，告诉编译器这个值不能被修改。例如，下面的语句将 x5 声明为一个 int 型常量（也就是说，在程序运行期间，它不会被设置为任何其他值）。

```
const int x5 = 100;
```

当尝试修改一个 const 变量的值时，编译器可能不会发出警告（由编译器的具体实现决定）。

volatile 限定符明确告诉编译器变量的值会改变（通常是动态的）。在表达式中使用 volatile 变量时，程序会在每个出现它的位置访问它的值。

要将 port17 声明为“指向 char 型的 volatile 指针”，可以将声明的语句写为：

```
volatile char *port17;
```

关键字 restrict 可用于指针。它是对编译器进行优化的一个提示（其作用就像用于变量的 register 关键字的作用）。关键字 restrict 告诉编译器，该指针是指向特定对象的唯一引用；也就是说，它没有被同一作用域中的任何其他指针引用。

下面的语句告诉编译器，在定义 intPtrA 和 intPtrB 的作用域内，它们永远不会访问同一个值。当用它们指向整数时（例如，在数组中），它们彼此之间是互斥的。

```
int * restrict intPtrA;
int * restrict intPtrB;
```

A.5 表达式

变量名、函数名、数组名、常量、函数调用、数组引用、结构体和联合体引用都被认为是表达式。在上述表达式中应用一元运算符（在适当的地方），结果还是一个表达式，将两个或多个表达式与二元或三元运算符结合在一起，结果还是一个表达式。被括号标识的表达式也是一个表达式。

对于除 void 以外的任何类型的表达式，如果用于标识一个数据对象，则将其称为左值（lvalue）；如果可以给它赋值，则将其称为**可修改左值**（modifiable lvalue）。

在某些地方需要可修改左值表达式。赋值运算符左侧的表达式必须是可修改左值。此外，递增和递减运算符只能应用于可修改左值，一元地址运算符（&）也是如此（除非它是一个函数）。

A.5.1　C 语言运算符总结

表 A.5 总结了 C 语言中的各种运算符。这些运算符按照优先级递减的顺序排列。组合在一起的运算符具有相同的优先级。

表 A.5　C 语言运算符总结

<table>
<tr><th>运算符</th><th>描述</th><th>结合性</th></tr>
<tr><td>()</td><td>函数调用</td><td rowspan="4">自左向右</td></tr>
<tr><td>[]</td><td>数组元素引用</td></tr>
<tr><td>-></td><td>指向结构体成员引用的指针</td></tr>
<tr><td>.</td><td>结构体成员引用</td></tr>
<tr><td>-</td><td>一元减</td><td rowspan="10">自右向左</td></tr>
<tr><td>+</td><td>一元加</td></tr>
<tr><td>++</td><td>递增</td></tr>
<tr><td>--</td><td>递减</td></tr>
<tr><td>!</td><td>逻辑求反</td></tr>
<tr><td>~</td><td>二进制求补</td></tr>
<tr><td>*</td><td>指针引用（间接）</td></tr>
<tr><td>&</td><td>地址</td></tr>
<tr><td>sizeof</td><td>一个对象的大小</td></tr>
<tr><td>(type)</td><td>类型转换</td></tr>
<tr><td>*</td><td>乘法</td><td rowspan="3">自左向右</td></tr>
<tr><td>/</td><td>除法</td></tr>
<tr><td>%</td><td>求模</td></tr>
<tr><td>+</td><td>加法</td><td rowspan="2">自左向右</td></tr>
<tr><td>-</td><td>减法</td></tr>
<tr><td><<</td><td>左移</td><td rowspan="2">自左向右</td></tr>
<tr><td>>></td><td>右移</td></tr>
<tr><td><</td><td>小于</td><td rowspan="6">自左向右</td></tr>
<tr><td><=</td><td>小于或等于</td></tr>
<tr><td>></td><td>大于</td></tr>
<tr><td>=></td><td>大于或等于</td></tr>
<tr><td>==</td><td>等于</td></tr>
<tr><td>!=</td><td>不等于</td></tr>
<tr><td>&</td><td>按位与</td><td>自左向右</td></tr>
<tr><td>^</td><td>按位异或</td><td>自左向右</td></tr>
<tr><td>|</td><td>按位或</td><td>自左向右</td></tr>
<tr><td>&&</td><td>逻辑与</td><td>自左向右</td></tr>
<tr><td>||</td><td>逻辑或</td><td>自左向右</td></tr>
<tr><td>?:</td><td>条件</td><td>自右向左</td></tr>
<tr><td>=
*= /= %=
+= -= &=
^= |=
<<= >>=</td><td>赋值运算符</td><td>自右向左</td></tr>
<tr><td>,</td><td>逗号运算符</td><td>自右向左</td></tr>
</table>

下面举例说明如何使用表 A.5。对于表达式 b | c & d * e，乘法运算符的优先级高于按位或和按位与运算符的优先级，因为在表 A.5 中，乘法运算符出现在其他两个运算符之前。类似的，按位与运算符的优先级高于按位或运算符的优先级，因为在表 A.5 中，前者出现在后者之前。因此，上述表达式的计算顺序为 b | (c & (d * e))。

对于表达式 b % c * d，因为求模运算符和乘法运算符在表 A.5 中属于同一组，所以它们的优先级相同。这些运算符的结合性是自左向右，所以上述表达式的计算顺序为（b % c) * d。

再看另一个例子，对于表达式++a->b，因为运算符->的优先级高于运算符++的优先级，所以上述表达式会按照++(a->b)的顺序计算。

因为赋值运算符的结合性是自右向左的，所以语句 a = b = 0 的计算顺序是 a = (b = 0)，最终结果是将 a 和 b 的值设置为 0。

对于表达式 x[i] + ++i，无法确定编译器是先计算加号运算符的左侧还是右侧。这里计算顺序会影响结果，因为 i 的值可能在求 x[i]的值之前就被加 1。

表达式 x[i] = ++i 是另一种没有定义计算顺序的情况。这种情况没有定义 i 的值是在用于索引 x 之前加 1 还是之后加 1。

函数参数的计算顺序也是未定义的。因此，在下面的函数调用中 i 可能会先递增，从而导致将两个相同的值作为参数传递给函数。

```
f (i, ++i);
```

C 语言保证运算符&&和||是自左向右求值的。而且，对于运算符&&来说，如果第一个操作数为 0，则保证不会计算第二个操作数；对于运算符||来说，如果第一个操作数非 0，则保证不会计算第二个操作数。在构造下面的表达式时，应该牢记上述事实，因为在下面表达式所示情况下，只有当 dataFlag 的值为 0 时才调用 checkData()。

```
if ( dataFlag || checkData (myData) )
    ...
```

再举一个例子，如果数组 a 定义为包含 n 个元素，则下面的语句只有当 index 是一个有效的数组索引时，才会引用数组中包含的元素。

```
if (index >= 0 && index < n && a[index] == 0))
    ...
```

A.5.2　常量表达式

常量表达式就是其中的每一项都是常量值的表达式。下列情况需要使用常量表达式：

（1）在 switch 语句中，用作 case 后面的值；

（2）用于指定一个被初始化或全局声明的数组的大小；

（3）用于给枚举标识符分配值；

（4）用于在一个结构体定义中指明位字段的大小；

（5）用于为静态变量赋初始值；

（6）用于为全局变量赋初始值；

（7）在#if 预处理器语句中，紧跟在#if 后面的表达式。

在前 4 种情况下，常量表达式必须由整型常量、字符型常量、枚举常量和 sizeof 表达式组成。常量表达式中只有算术运算符、位运算符、关系运算符、条件表达式运算符和类型转换运算符可以使用。sizeof 运算符不能用于带有变长数组的表达式中，因为其结果是在运行时计算的，不是一个常量表达式。

在第五种和第六种情况下，除了前面引用的规则，还可以隐式或显式地使用地址运算符。但是，它只能应用于全局或静态变量及函数。例如，下面的表达式，如果 x 是一个全局变量或静态变量，则是一个有效的常量表达式。

```
&x + 10
```

此外，如果 a 是一个全局数组或静态数组，则下面的表达式是一个有效的常量表达式。

```
&a[10] - 5
```

由于&a[0]等价于表达式 a，因此下面的表达式也是一个有效的常量表达式。

```
a + sizeof (char) * 100
```

对于最后一种需要常量表达式的情况（在#if 后面），除了不能使用 sizeof 运算符、枚举常量和类型转换运算符之外，规则与前 4 种情况的相同。但是，允许使用特殊的 defined 运算符（参见 A.9.2 节）。

A.5.3 算术运算符

假设：

a, b	是除了 void 之外的任意基本数据类型的表达式
i, j	是任意整数数据类型的表达式

根据上面的假设，则有：

-a	对 a 的值求相反数
+a	给出 a 的值
a + b	将 a 与 b 相加
a - b	将 a 与 b 相减
a * b	将 a 与 b 相乘
a / b	将 a 与 b 相除
i % j	给出 i 除以 j 的余数

在每个表达式中，都会对操作数执行常见的算术转换（参见 A.5.17 节）。如果 a 是无符号数，则计算-a 时会首先对其进行整数提升，然后从提升类型的最大值中减去 a，再将结果加 1。

如果两个整数值相除，则结果会被截断。如果有一个操作数是负数，则没有定义截断的方向（即在某些机器上-3 / 2 可能产生-1，而在另一些机器上产生-2）；否则，截断总是趋向于 0（3 / 2 总是产生 1）。关于指针算术运算的总结，请参见 A.5.15 节。

A.5.4 逻辑运算符

假设：

a, b	是除了 void 之外的任意基本数据类型的表达式，或者两个都是指针

根据上面的假设，则有：

a && b	如果 a 和 b 都是非 0 值，则结果为 1，否则结果为 0（只有 a 为非 0 值时，才会计算 b）
a || b	只要 a 或 b 其中一个为非 0 值，结果就为 1，否则结果为 0（只有 a 为 0 时，才会计算 b）
! a	如果 a 为 0，则结果为 1，否则结果为 0

通常的算术转换适用于 a 和 b（参见 A.5.17 节）。所有情况下的结果类型都是 int。

A.5.5 关系运算符

假设：

`a, b`	是除了 `void` 之外的任意基本数据类型的表达式，或者两个都是指针

根据上面的假设，则有：

`a < b`	如果 `a` 小于 `b`，则结果为 `1`，否则结果为 `0`
`a <= b`	如果 `a` 小于或等于 `b`，则结果为 `1`，否则结果为 `0`
`a > b`	如果 `a` 大于 `b`，则结果为 `1`，否则结果为 `0`
`a >= b`	如果 `a` 大于或等于 `b`，则结果为 `1`，否则结果为 `0`
`a == b`	如果 `a` 等于 `b`，则结果为 `1`，否则结果为 `0`
`a != b`	如果 `a` 不等于 `b`，则结果为 `1`，否则结果为 `0`

通常的算术转换也适用于 a 和 b（参见 A.5.17 节）。当 a 和 b 为指针时，仅当它们都指向相同数组、相同结构体或联合体的成员时，前 4 种关系运算才有意义。所有情况下的结果类型都是 int。

A.5.6 位运算符

假设：

`i, j, n`	是任意整数数据类型的表达式

根据上面的假设，则有：

`i & j`	对 `i` 和 `j` 执行按位与运算
`i | j`	对 `i` 和 `j` 执行按位或运算
`i ^ j`	对 `i` 和 `j` 执行按位异或运算
`~i`	获取 `i` 的二进制补码
`i << n`	将 `i` 左移 `n` 位
`i >> n`	将 `i` 右移 `n` 位

位运算符对操作数执行通常的算术转换，但<<和>>除外——这两个运算符只对每个操作数执行整型提升（参见 A.5.17 节）。如果移位量为负数，或者大于等于被移位对象中包含的位数，则移位的结果是未定义的。在一些机器上，右移是算术移位（进行符号扩展），而在另一些机器上，右移是逻辑移位（填充 0）。移位运算结果的类型是提升后的左操作数的类型。

A.5.7 递增和递减运算符

假设：

`lv`	是一个可修改的左值表达式，它的类型未被限定为 `const`

根据上面的假设，则有：

`++lv`	递增 `lv`，然后使用它的值作为表达式的值
`lv++`	使用 `lv` 的值作为表达式的值，然后递增 `lv`
`--lv`	递减 `lv`，然后使用它的值作为表达式的值
`lv--`	使用 `lv` 的值作为表达式的值，然后递减 `lv`

A.5.15 节将介绍这些运算在指针上是怎么执行的。

A.5.8 赋值运算符

假设：

`lv`	是一个可修改的左值表达式，它的类型未被限定为 `const`
`op`	是任何可用于赋值的运算符（见表 A.5）
`a`	是一个表达式

根据上面的假设，则有：

`lv = a`	将 a 的值存入 `lv`
`lv op= a`	将 *op* 应用于 `lv` 和 `a`，将结果存入 `lv`

在第一个表达式中，如果 a 的类型是基本数据类型之一（void 除外），则将其转换为匹配 lv 的类型；如果 lv 是一个指针，则 a 必须是一个指向与 lv 相同类型的指针、void 指针或**空指针**（null pointer）。如果 lv 是一个 void 指针，则 a 的类型可以是任意指针类型。

第二个表达式相当于 lv = lv *op* (a)，只是 lv 仅被计算一次（考虑 x[i++] += 10）。

A.5.9 条件运算符

假设：

`a, b, c`	是表达式

根据上面的假设，则有：

`a ? b : c`	如果 a 非 0，则将 b 作为表达式的值，否则将 c 作为表达式的值；仅对表达式 b 或 c 之一进行求值

表达式 b 和 c 的数据类型必须相同。如果它们的类型不相同，但都是算术数据类型，则应用常规的算术转换，使它们的类型相同。如果一个是指针，另一个为 0，则后者会被视为与前者类型相同的空指针。如果一个是指向 void 的指针，而另一个是指向其他类型的指针，则后者会转换为指向 void 的指针，这也是结果的类型。

A.5.10 类型转换运算符

假设：

`type`	是基本数据类型、枚举数据类型（前置关键字 `enum`）、`typedef` 定义的类型或者一种派生数据类型
`a`	是一个表达式

根据上面的假设，则有：

`( type )a`	将 a 转换为指定的类型

A.5.11 sizeof 运算符

假设：

`type`	是基本数据类型、枚举数据类型（前置关键字 `enum`）、`typedef` 定义的类型或者一种派生数据类型
`a`	是一个表达式

根据上面的假设，则有：

`sizeof (type)`	将用于存放特定类型的值所需的字节数作为此表达式的值
`sizeof a`	将用于存放 a 的求值结果所需的字节数作为此表达式的值

如果 type 是 char，则其结果被定义为 1；如果 a 是一个大小已经确定的（明确设定或者通过初始化隐式设定）数组的名称，并且不是形参或者未设定大小的 extern 数组，那么 sizeof a 将给出在 a 中存储元素所需的字节数。

如果 a 是一个类的名称，那么 sizeof(a)将给出存储一个实例 a 所需的数据结构的大小。

sizeof 运算符产生的整数类型是 size_t，它定义在标准头文件<stddef.h>中。

如果 a 是一个变长数组，则 sizeof 运算符会在运行时求值；否则 sizeof 运算符会在编译时对 a 求值，求值的结果可用于常量表达式（参见 A.5.2 节）。

A.5.12 逗号运算符

假设：

`a, b`	是表达式

根据上面的假设，则有：

`a, b`	将先对 a 求值，然后对 b 求值；表达式最后的类型和值是 b 的类型和值

A.5.13 数组的基本操作

假设：

`a`	被声明为一个包含 n 个元素的数组
`i`	是一个任意整数数据类型的表达式
`v`	是一个表达式

根据上面的假设，则有：

`a[0]`	引用数组 a 中的第一个元素
`a[n - 1]`	引用数组 a 中的最后一个元素
`a[i]`	引用数组 a 中的第 i 个元素
`a[i] = v`	将 v 的值存储在 a[i]中

在每种情况下，结果的类型都是 a 中所存放元素的类型。有关指针和数组操作的总结，请参见 A.5.15 节。

A.5.14 结构体的基本操作[1]

假设：

`x`	是一个类型为 struct s 的可修改的左值表达式
`y`	是一个类型为 struct s 的表达式
`m`	是结构体 s 中某个成员的名称
`v`	是一个表达式

根据上面的假设，则有：

`x`	引用整个结构体，其类型是 struct s
`y.m`	引用结构体 y 的成员 m，其类型是为成员 m 声明的类型
`x.m = v`	将 v 赋给 x 的成员 m，其类型是为成员 m 声明的类型
`x = y`	将 y 赋给 x，其类型是 struct s
`f (y)`	调用函数 f ()，将结构体 y 作为参数传递给函数；在 f () 内部，形参的类型必须被声明为 struct s
`return y;`	返回结构体 y；函数声明的返回值类型必须是 struct s

1 这些基本操作同样适用于联合体。

A.5.15 指针的基本操作

假设：

x	是一个类型为 t 的左值表达式
pt	是一个类型为“指向 t 类型的指针”的可修改的左值表达式
v	是一个表达式

根据上面的假设，则有：

&x	产生一个指向 x 的指针，其类型为“指向 t 类型的指针”
pt = &x	设置 pt 指向 x，其类型为“指向 t 类型的指针”
pt = 0	将空指针赋值给 pt
pt == 0	测试 pt 是否为空
*pt	引用 pt 指向的值，其类型为 t
*pt = v	将 v 存储到 pt 指向的位置，其类型为 t

1. 指向数组的指针

假设：

a	是一个元素类型为 t 的数组
pa1	是一个可修改的左值表达式，其类型为“指向 t 类型的指针”，指向 a 中的一个元素
pa2	是一个可修改的左值表达式，其类型为“指向 t 类型的指针”，指向 a 中的一个元素，或者 a 中最后一个元素的下一个元素
v	是一个表达式
n	是一个整型表达式

根据上面的假设，则有：

a, &a, &a[0]	产生一个指针，指向数组中的第一个元素
&a[n]	产生一个指针，指向 a 的第 n 个元素，其类型为“指向 t 类型的指针”
*pa1	引用 a 中 pa1 所指向的元素，其类型为 t
*pa1 = v	将 c 的值存储在 pa1 指向的元素中，其类型为 t
++pa1	无论 a 中存放什么类型的元素，设置 pa1 指向 a 的下一个元素，其类型为“指向 t 类型的指针”
--pa1	无论 a 中存放什么类型的元素，设置 pa1 指向 a 的上一个元素，其类型为“指向 t 类型的指针”
*++pa1	递增 pa1，然后引用 a 中 pa1 所指向的元素，其类型为 t
*pa1++	引用 a 中 pa1 所指向的元素，然后递增 pa1，其类型为 t
pa1 + n	产生一个指针，指向 a 中 pa1 所指元素之后的第 n 个元素，其类型为“指向 t 类型的指针”
pa1 - n	产生一个指针，指向 a 中 pa1 所指元素之前的第 n 个元素，其类型为“指向 t 类型的指针”
*(pa1 + n) = v	将 v 存储在由 pa1 + n 所指向的元素中，其类型为 t
pa1 < pa2	测试 pa1 所指元素是否位于 pa2 所指元素之前，其类型为 int（任何关系运算符都可用于两个指针的比较）
pa2 - pa1	产生这两个指针之间包含的 a 中的元素个数(假定 pa2 指向的元素位于 pa1 所指元素之后)，其类型为 int
a + n	产生一个指针，指向 a 的第 n 个元素，类型为“指向 t 类型的指针”，其在各方面都等价于表达式&a[n]
*(a + n)	引用 a 中的第 n 个元素，其类型为 t，其在各方面都等价于表达式 a[n]

两个指针相减产生的整数的实际类型由 ptrdiff_t 指定，ptrdiff_t 定义在标准头文件<stddef.h>中。

2. 指向结构体的指针[1]

假设：

1 这些基本操作同样适用于联合体。

```
x               是一个类型为 struct s 的左值表达式
ps              是一个类型为“指向 struct s 类型的指针”的可修改的左值表达式
m               是结构体 s 的成员名称，其类型为 t
v               是一个表达式
```

根据上面的假设，则有：

```
&x              产生一个指向 x 的指针，其类型为“指向 struct s 类型的指针”
ps = &x         设置 ps 指向 x，其类型为“指向 struct s 类型的指针”
ps->m           引用 ps 所指结构体的成员 m，其类型为 t
(*ps).m         引用 ps 所指结构体的成员 m，其在各个方面都等价于表达式 ps->m
ps->m = v       将 v 的值存储到 ps 所指结构体的成员 m 中，其类型为 t
```

A.5.16 复合字面量

复合字面量是由一个用括号进行标识的类型名和其后的初始化列表组成的。它创建了一个指定类型的匿名值，该值的作用域仅限于创建它的块，如果定义在任何块之外，则为全局作用域。在后一种情况下，初始化方法必须都是常量表达式。

举一个例子，下面的表达式生成一个 struct point 型结构体，且该结构体带有指定的初始值。

```
(struct point) {.x = 0, .y = 0}
```

我们可以将上面的结构体赋值给另一个 struct point 型结构体，如下所示：

```
origin = (struct point) {.x = 0, .y = 0};
```

我们还可以将其传递给一个需要 struct point 型参数的函数，如下所示：

```
moveToPoint ((struct point) {.x = 0, .y = 0});
```

也可以定义结构体以外的类型，例如，如果 intPtr 的类型是 int *，则下面的语句（可以出现在程序的任何地方）将 intptr 设置为指向一个包含 100 个整数的数组，其中 3 个元素按指定的方式进行初始化。

```
intPtr = (int [100]) {[0] = 1, [50] = 50, [99] = 99 };
```

数组的大小如果没有指定，则由初始化列表决定。

A.5.17 基本数据类型的转换

C 语言按照预定义的顺序转换算术表达式中的操作数的类型，即**通常的算术转换**。

步骤 1: 如果有一个操作数的类型是 long double 型，另一个操作数的类型会被转换为 long double 型，这也是结果的类型。

步骤 2: 如果有一个操作数的类型是 double 型，另一个操作数的类型会被转换为 double 型，这也是结果的类型。

步骤 3: 如果有一个操作数的类型是 float 型，另一个操作数的类型会被转换为 float 型，这也是结果的类型。

步骤 4: 如果有一个操作数的类型是_Bool、char、short int、int 或枚举数据类型，如果 int 能够完全表示其范围内的值，则将其转换为 int；否则，将其转换为 unsigned int。如果两个操作数的类型相同，则结果也是该类型。

步骤 5：如果两个操作数都有符号或都无符号，则较小的整数类型会转换为较大的整数类型，这也是结果的类型。

步骤 6：如果无符号操作数的大小等于或大于有符号操作数的，则将有符号操作数的类型转换为无符号操作数的类型，这也是结果的类型。

步骤 7：如果有符号操作数能够表示无符号操作数中的所有值，前者能够完全表示所有取值范围，则后者的类型会被转换为前者的类型，这也是结果的类型。

步骤 8：如果到达这一步，两个操作数都会转换为与有符号类型对应的无符号类型。

步骤 4 的更为正式的叫法是**整型提升**（integral promotion）。

大多数情况下，操作数之间的转换都是正常的，但有以下几点需要注意。

（1）在某些计算机上，将 char 转换为 int 可能涉及符号扩展，除非 char 被声明为 unsigned。

（2）在将有符号整数的类型转换为较大的整数类型时，符号会向左扩展；将无符号整数的类型转换为较大的整数类型时，左侧填充为 0。

（3）将任何值转换为_Bool 型值时，如果值为 0，则结果为 0，否则结果为 1。

（4）将较长的整数转换为较短的整数会导致左侧的整数被截断。

（5）浮点数转换为整数时，会截断小数部分。如果整数不够大，容纳不了转换后的浮点数，则结果未定义，将负浮点数转换为无符号整数的结果也是未定义的。

（6）将较长的浮点数转换为较短的浮点数时，可能会在截断之前进行舍入操作，也可能不会。

A.6　存储类和作用域

术语**存储类**（storage class），对变量而言指的是编译器为其分配内存的方式；而对函数而言指的是特定函数定义的作用域。存储类包括 auto、static、extern 和 register 等。可以在声明中省略存储类，此时会指定一个默认的存储类，本节稍后会讨论。

术语**作用域**（scope）是指一个特定标识符在程序中的应用范围。定义在任何函数或语句块（以下称为块，block）之外的标识符可以在文件后续的任何地方引用。在一个块内定义的标识符是该块的局部标识符，并且可以在该块外重新定义该标识符。标签名和形参名在整个代码块中都是已知的。标签、实例变量、结构体和结构体成员名、联合体和联合体成员名以及枚举数据类型名不需要相互区分，也不需要与变量或函数名相区分。但是，枚举标识符**必须**与变量名和同一作用域中定义的其他枚举标识符相区分。

A.6.1　函数

如果在定义函数时指定了存储类，那么指定的存储类必须是 static 或 extern。声明为 static 的函数只能在包含该函数的文件中引用。声明为 extern（或者没有指定任何存储类）的函数可以被其他文件中的函数调用。

A.6.2　变量

表 A.6 总结了可用于声明变量的各种存储类，以及它们的作用域和初始化方法等。

表 A.6 可用于声明变量的各种存储类以及它们的作用域和初始化方法总结

<table>
<tr><th>存储类</th><th>声明位置</th><th>作用域</th><th>初始化方法</th><th>说明</th></tr>
<tr><td rowspan="2">static</td><td>位于任何块之外</td><td>文件中的任意位置</td><td rowspan="2">仅常量表达式</td><td rowspan="2">变量只在程序开始执行时初始化一次；值在整个块内保留；默认值为 0</td></tr>
<tr><td>位于一个块内</td><td>在该块内</td></tr>
<tr><td rowspan="2">extern</td><td>位于任何块之外</td><td>文件中的任意位置</td><td rowspan="2">仅常量表达式</td><td rowspan="2">声明变量时，必须至少有一个地方不使用关键字 extern，或者在一个地方使用关键字 extern 并赋初始值</td></tr>
<tr><td>位于一个块内</td><td>在该块内</td></tr>
<tr><td>auto</td><td>位于一个块内</td><td>在该块内</td><td>任何有效表达式</td><td>每次进入块内时，变量会被初始化；无默认值</td></tr>
<tr><td>register</td><td>位于一个块内</td><td>在该块内</td><td>任何有效表达式</td><td>无法保证分配给寄存器；对可以声明的变量类型进行各种限制；无法获取寄存器变量的地址；每次进入块内时，变量会被初始化；无默认值</td></tr>
<tr><td rowspan="2">omitted</td><td>位于任何块之外</td><td>文件中的任意位置，或者其他包含适当声明的文件</td><td>仅常量表达式</td><td rowspan="2">这个声明只能出现在一个地方；变量在程序开始执行时初始化；默认值为 0；默认为 auto</td></tr>
<tr><td>位于一个块内</td><td>（见 auto）</td><td>（见 auto）</td></tr>
</table>

A.7 函数

本节对函数的语法和操作进行总结。

A.7.1 函数定义

声明一个函数定义的通用格式如下：

```
returnType name ( type1 param1, type2 param2, ... )
{
        variableDeclarations

        programStatement
        programStatement
        ...
        return expression;
}
```

上方代码定义了一个名为 name 的函数，它返回一个类型为 returnType 的值，形参为 param1、param2 等。param1 被声明为 type1 类型，param2 被声明为 type2 类型，以此类推。

通常会在函数开头声明局部变量，但这不是必需的。局部变量可以在任何地方声明，但在这种情况下，对它们的访问仅限于该函数中出现在其声明语句之后的语句。

如果函数没有返回值，则将 returnType 指定为 void。

如果在括号中只指定了 void，则该函数不接收任何参数。如果列表中的最后一个（或唯一的）形参是“...”，则该函数接收的形参数量是可变的，如下所示：

```
int printf (char *format, ...)
{
  ...
}
```

一维数组参数的声明不必指定数组中的元素数量。对于多维数组而言，除第一维度外，其他维度的大小都必须指定。

有关 return 语句的讨论，请参见 A.8.9 节。

关键字 inline 可以放在函数定义之前，作为对编译器的提示。有些编译器将函数调用替换为函数本身的实际代码，从而提供更快的执行速度，例如：

```
inline int min (int a, int b)
{
    return ( a < b ? a : b);
}
```

A.7.2　函数调用

声明一个函数调用的通用格式如下：

```
name ( arg1, arg2, ... )
```

函数 name()被调用，值 arg1、arg2 等作为参数传递给函数。如果函数没有参数，则只指定左括号和右括号即可（如 initialize()）。

如果调用的函数是在调用之后定义的，或者是在另一个文件中定义的，则应该包含该函数的**原型声明**，其通用格式如下：

```
returnType name (type1 param1, type2 param2, ... );
```

原型声明会告诉编译器函数的返回类型、接收的参数数量以及每个参数的类型。举个例子，下面的语句将 power()声明为一个函数，其返回一个 long double 型值，接收两个参数，第一个参数的类型是 double 型，第二个参数的类型是 int 型。

```
long double power (double x, int n);
```

上方语句括号内的参数名实际上是虚拟名，可以省略（如下所示），省略后函数也可以正常工作。

```
long double power (double, int);
```

如果编译器之前遇到过函数定义或函数的原型声明，那么每个参数的类型（在可能的情况下）都会自动转换为调用函数时函数期望的类型。

如果函数定义和函数的原型声明编译器之前都没有遇到过，编译器会假定该函数返回 int 型值，自动将所有 float 型参数转换为 double 型参数，并对所有整数参数执行整型提升，如 A.5.17 节所述。其他函数参数无须转换即可传递。

接收可变数量参数的函数必须按上面的方式声明，否则，编译器会根据调用中实际使用的参数数量，自主假定函数接收固定数量的参数。

对于将返回类型声明为 void 的函数，编译器会标记出任何试图使用该函数返回值的调用。

函数的所有参数都是按值传递的，因此，函数不能改变它们的值。如果将指针传递给函数，函数**可以**改变指针引用的值，但仍然不能改变指针变量本身的值。

A.7.3　函数指针

如果函数名后面没有括号，则会生成一个指向该函数的指针。也可以将地址运算符应用于函数名，来产生一个指向函数名的指针。

如果 fp 是一个指向函数的指针，则可以使用下面两条语句中的任意一条（这两条语句等价）来调用相应的函数：

```
fp ()
(*fp) ()
```

如果函数接收参数，则可以在括号内列出参数。

A.8 语句

程序语句是后面紧跟一个分号的任何有效表达式（通常是一个赋值表达式或函数调用），或者是下面几节中描述的特殊语句之一。可以有选择地在任何语句之前放置一个**标签**，该标签由一个标识符后面紧跟一个冒号构成。

A.8.1 复合语句

包含在一对花括号中的程序语句统称为**复合语句**或**块**，它们可以出现在程序中允许使用单条语句的任何地方。一个块可以有自己的一组变量声明，这将覆盖在块之外定义的任何同名变量。在块内声明的局部变量的作用域是定义它们的块。

A.8.2 break 语句

声明一条 break 语句的通用格式如下：

```
break;
```

在 for、while、do 或 switch 语句中执行 break 语句会立即终止该语句的执行，然后将继续执行紧跟在循环或 switch 之后的语句。

A.8.3 continue 语句

声明 continue 语句的通用格式如下：

```
continue;
```

在循环内部执行 continue 语句会导致跳过循环中 continue 之后的所有语句，然后将继续正常执行循环。

A.8.4 do 语句

声明 do 语句的通用格式如下：

```
do
      programStatement
while ( expression );
```

只要 expression 的计算结果为非 0，就会执行 programStatement。注意，因为 expression 每次都是在 programStatement 执行之后求值的，所以可以保证 programStatement 至少会被执行一次。

A.8.5 for 语句

声明 for 语句的通用格式如下：

```
for ( expression_1; expression_2; expression_3 )
    programStatement
```

当循环开始执行时，expression_1 会被计算一次；然后，expression_2 会被求值，如果它的值非 0，则执行 programStatement；接下来计算 expression_3。只要 expression_2 的值不为 0，programStatement 的执行和后续对 expression_3 的求值计算就会继续。请注意，因为每次对 expression_2 的求值计算是在执行 programStatement 之前进行的，如果第一次进入循环时 expression_2 的值为 0，那么 programStatement 可能永远不会执行。

可以在 for 循环的 expression_1 中声明局部变量。这些局部变量的作用域就是 for 循环的作用域。例如，下面的语句声明 int 型变量 i，并在循环开始时将其初始值设置为 0。循环内的任何语句都可以访问这个变量，但在循环结束后就不能再访问了。

```
for ( int i = 0; i < 100; ++i)
    ...
```

A.8.6　goto 语句

声明 goto 语句的通用格式如下：

```
goto identifier;
```

执行 goto 语句将导致控制权直接发送到标记为 identifier 的语句。被标记的语句必须与 goto 语句位于相同的函数中。

A.8.7　if 语句

一种声明 if 语句的通用格式如下，如果计算 expression 的结果非 0，则执行 programStatement；否则，跳过该函数。

```
if ( expression )
    programStatement
```

另一种声明 if 语句的通用格式如下，如果 expression 的计算结果非 0，则执行 programStatement_1；否则，执行 programStatement_2。

```
if ( expression )
    programStatement_1
else
    programStatement_2
```

如果上述 programStatement_2 是另一条 if 语句，则会产生一个 if-else 语句链，如下所示：

```
if ( expression_1 )
    programStatement_1
else if ( expression_2 )
    programStatement_2
    ...
else
    programStatement_n
```

else 子句总是关联到最后一个不包含 else 的 if 语句。如果需要，可以使用花括号来改变这种关联。

A.8.8 空语句

声明空语句的通用格式如下：

```
;
```

空语句的执行对程序没有任何影响，主要用于满足 for、do 或 while 循环中的程序语句的要求。例如，在下面的语句中，它将由 from 指向的字符串复制到由 to 指向的字符串中：

```
while ( *to++ = *from++ )
    ;
```

空语句用于满足 while 循环表达式后面必须有程序语句的要求。

A.8.9 return 语句

一种声明 return 语句的通用格式如下：

```
return;
```

执行 return 语句会导致程序的执行立即返回到调用函数。这种格式只能用于从没有返回值的函数返回。

如果程序执行到函数的末尾，还没有遇到 return 语句，那么函数就会像存在这样一条 return 语句一样返回。因此，在这种情况下，没有返回值。

另一种声明 return 语句的通用格式如下：

```
return expression;
```

expression 的计算结果会被返回给调用函数。如果 expression 的类型与函数声明中声明的返回类型不一致，它的计算结果会在返回之前自动转换为声明的类型。

A.8.10 switch 语句

声明 switch 语句的通用格式如下：

```
switch ( expression )
{
    case constant_1:
        programStatement
        programStatement
          ...
        break;
    case constant_2:
        programStatement
        programStatement
          ...
        break;
    ...
    case constant_n:
        programStatement
        programStatement
          ...
        break;
    default:
        programStatement
```

```
        programStatement
          ...
        break;
}
```

expression 会被计算并与常量表达式的值 constant_1、constant_2、…、constant_n 进行比较。如果 expression 的计算结果匹配到这些分支中的一个，则执行紧随其后的程序语句。如果没有值与 expression 的计算结果匹配，则执行 default 分支（如果包含）。如果不包含 default 分支，则不会执行包含在 switch 中的任何语句。

expression 计算的结果必须是整型值，且任意两个 case 后的值都不能相同。省略特定 case 中的 break 语句会导致程序继续执行到下一个 case。

A.8.11　while 语句

声明 while 语句的通用格式如下：

```
while ( expression )
      programStatement
```

只要 expression 的计算结果不为 0，programStatement 就会被执行。注意，因为每次在执行 programStatement 之前会先计算 expression，所以 programStatement 可能永远不会被执行。

A.9　预处理器

在编译器看到代码之前，预处理器会分析源文件。预处理器的工作如下：

（1）用它们的等价物替换三字符序列（参见 A.9.1 节）；

（2）将所有以反斜线字符（\）结尾的行连接为一行；

（3）将程序划分为标记流；

（4）删除注释，用一个空格替换它们；

（5）处理预处理器指令（参见 A.9.2 节），并展开宏。

A.9.1　三字符组

为了处理非 ASCII 字符集，表 A.7 中列出的**三字符组**（trigraph）在程序中（以及字符串中）出现时都会被识别和特殊处理。

表 A.7　三字符序列

三字符组	含义
??=	#
??(	[
??)	]
??<	{
??>	}
??/	\
??'	^
??!	|
??-	~

A.9.2 预处理器指令

所有的预处理器指令都以字符#开始，它必须是一行中的第一个非空字符。#后面可以有选择地跟着一个或多个空格或制表符。

1. #define 指令

一种声明#define 指令的通用格式如下：

```
#define name text
```

上方语句向预处理器定义了标识符 name，并将它与 text 相关联，text 是指从 name 后的第一个空格开始直到行尾的所有内容。随后在程序中使用 name 时，会直接在程序的相同位置用 text 替换 name。

另一种声明#define 指令的通用格式如下：

```
#define name( param_1, param_2, ..., param_n) text
```

宏 name 被定义为接收 param_1、param_2、…、param_n 参数，每个参数都是一个标识符。随后在程序中使用带有参数列表的 name 时，会直接在程序的相同位置使用 text 代替 name，并使用宏调用中的参数替换 text 中的所有相应参数。

如果宏接收可变参数数量，则在参数列表的末尾使用 3 个点表示。列表中剩余的参数在宏定义中通过特殊的标识符__VA_ARGS__引用。例如，下面定义了一个名为 myPrintf 的宏，它接收一个格式字符串作为开头，后面跟着一个可变数量的参数列表：

```
#define myPrintf(...) printf ("DEBUG: " __VA_ARGS__);
```

下面两条语句展示了上述宏的合法使用示例：

```
myPrintf ("Hello world!\n");
myPrintf ("i = %i, j = %i\n", i, j);
```

如果定义需要多行，则每一行都必须以反斜线字符结束。定义名称之后，可以在文件的后续任何位置使用它。

可以在接收参数的#define 指令中使用#运算符。它后面跟着宏的参数名称。在调用宏时，预处理器会用双引号对传递给宏的实际值进行标识，也就是说，它会将其转换为一个字符串。例如，若有下面的定义：

```
#define printint(x) printf (# x " = %d\n", x)
```

则当调用下面的第一条语句时，预处理器会将宏扩展为下面的第二条语句或第三条语句（第二条语句和第三条语句等价）。

```
printint (count);
printf ("count" " = %i\n", count);
printf ("count = %i\n", count);
```

在执行这个**字符串化**操作时，预处理器会在任何 " 或 \ 字符前放置一个 \ 字符。例如，若有下面的定义：

```
#define str(x) # x
```

则当调用下面的第一条语句时，其会被扩展为下面第二条语句所示的结果：

```
str (The string "\t" contains a tab)
"The string \"\\t\" contains a tab"
```

也可以在接收参数的#define 指令中使用##运算符。它的前面（或后面）是宏的一个参数名。预处理器会获取调用宏时传递的值，并根据宏的参数及其后面（或前面）的标记创建一个单一的标记。例如，若有下面的宏定义：

```
#define printx(n) printf ("%i\n", x ## n );
```

则当调用下面第一条语句时，会扩展为下面第二条语句所示的结果：

```
printx (5)
printf ("%i\n", x5);
```

若有如下的定义：

```
#define printx(n) printf ("x" # n " = %i\n", x ## n );
```

则当调用下面第一条语句时，在替换和拼接字符串之后会扩展为下面第二条语句所示的结果：

```
printx(10)
printf ("x10 = %i\n", x10);
```

#和##运算符周围不需要空格。

2. #error 指令

声明#error 指令的通用格式如下：

```
#error text
    ...
```

指定的 text 会被预处理器作为一条错误信息输出。

3. #if 指令

一种声明#if 指令的通用格式如下：

```
#if constant_expression
    ...
    #endif
```

上方语句将计算 constant_expression 的值。如果结果非 0，将处理直到#endif 指令之前的所有程序行；否则，预处理器或编译器将自动跳过它们，不进行任何处理。

另一种声明#if 指令的通用格式如下：

```
#if constant_expression_1
    ...
#elif constant_expression_2
    ...
#elif constant_expression_n
    ...
#else
    ...
#endif
```

如果 constant_expression_1 的求值结果非 0，则处理直到#elif 之前的所有程序行，其余直到#endif 的所有行将被跳过；如果 constant_expression_2 的求值结果非 0，则处理直到下一个

#elif 之前的所有程序行，其余直到#endif 的所有行将被跳过。如果没有一个常量表达式的求值结果非 0，则处理#else（如果有的话）后面的代码行。

在常量表达式中可以使用特殊运算符 defined，例如下面的语句，如果之前已经定义了标识符 DEBUG，则会处理#if 和#endif 之间的代码。

```
#if defined (DEBUG)
    ...
#endif
```

标识符周围的括号不是必需的，所以下面的语句也可以正常工作：

```
#if defined DEBUG
```

4. #ifdef 指令

声明#ifdef 指令的通用格式如下：

```
#ifdef identifier
    ...
#endif
```

如果 identifier 的值之前已经被定义（在程序编译时通过#define 或-D 命令行选项），那么直到#endif 之前的所有程序语句都会被处理；否则，将跳过它们。与#if 指令一样，#elif 和#else 指令也可以与#ifdef 指令一起使用。

5. #ifndef 指令

声明#ifndef 指令的通用格式如下：

```
#ifndef identifier
    ...
#endif
```

如果 identifier 的值之前没有被定义，那么直到#endif 之前的所有程序语句都会被处理；否则，将跳过它们。与#if 指令一样，#elif 和#else 指令也可以与#ifndef 指令一起使用。

6. #include 指令

一种声明#include 指令的通用格式如下：

```
#include "fileName"
```

预处理器首先在一个或多个由具体实现定义的目录中搜索文件 fileName。通常，首先会搜索包含源文件的目录。如果没有找到该文件，则搜索一系列由具体实现定义的标准位置。在找到它之后，该文件的内容就会被包含在#include 指令出现的位置。包含在被包含文件中的预处理器指令会被分析，因此，被包含文件本身可以包含其他#include 指令。

另一种声明#include 指令的通用格式如下，预处理器仅会在标准位置搜索指定的文件。在找到文件之后，所采取的操作与上面描述的相同。

```
#include <fileName>
```

在这两种通用格式中，都可以提供先前定义的名称并进行扩展。因此，下面的序列是有效的：

```
#define DATABASE_DEFS </usr/data/database.h>
    ...
#include DATABASE_DEFS
```

7. #line 指令

声明#line 指令的通用格式如下：

```
#line constant "fileName"
```

该指令会让编译器在处理程序的后续行时，将源文件的名称视为 fileName，将所有后续行的行号都视为以 constant 开头。如果没有指定 fileName，则使用上一个#line 指令指定的文件名或源文件的名称（如果之前没有指定过文件名）。

#line 指令主要用于控制编译器发出错误消息时显示的文件名和行号。

8. #pragma 指令

声明#pragma 指令的通用格式如下，使用该指令会导致预处理器执行一些由具体实现定义的操作。

```
#pragma text
```

例如，下面的语句可能导致在特定编译器上执行特殊的循环优化。如果编译器不能识别 loop_opt 编译指示，就会忽略这个编译指示。

```
#pragma loop_opt(on)
```

位于#pragma 之后的特殊关键字 STDC 具有特殊含义。当前可以跟在#pragma STDC 之后的受支持的“开关”是 FP_CONTRACT、FENV_ACCESS 和 CX_LIMITED_RANGE。

9. #undef 指令

声明#undef 指令的通用格式如下所示：

```
#undef identifier
```

对预处理器来说，使用该指令后，指定的 identifier 会变为未定义的。后续的#ifdef 或#ifndef 指令的行为就好像 identifier 从未被定义过一样。

10. #指令

#指令是一个空指令，预处理器会忽略它。

A.9.3 预定义标识符

表 A.8 中列出的标识符是由预处理器预定义的。

表 A.8　由预处理器预定义的标识符

标识符	含义
`__LINE__`	被编译的当前行
`__FILE__`	当前被编译的源文件名称
`__DATE__`	文件被编译的日期，它的格式是“mm dd yyyy”
`__TIME__`	文件被编译的时间，它的格式是“hh:mm:ss”
`__STDC__`	如果编译器遵循 ANSI 标准，则定义为 1，否则定义为 0
`__STDC_HOSTED__`	如果实现被托管，则定义为 1，否则定义为 0
`__STDC_VERSION__`	定义为 199901L

附录 B

标准 C 语言库

标准 C 语言库包含大量可以在 C 语言程序中调用的函数。本附录不会列出所有函数，而是列出大多数常用的函数。想要获得所有可用函数的完整列表，请查阅编译器附带的文档，或者查看附录 E 中列出的资源。

本附录没有描述的例程包括：处理日期和时间的例程（如 time()、ctime()和 localtime()）、执行非局部跳转的例程（setjmp()和 longjmp()）、生成诊断信息的例程（assert()）、处理可变参数数量的例程（va_list()、va_start()、va_arg()和 va_end()）、处理信号的例程（signal()和 raise()）、处理本地化的例程（在<locale.h>中定义）和处理宽字符串的例程。

B.1 标准头文件

本节介绍一些标准头文件（<stddef.h>、<limits.h>、<stdbool.h>、<float.h>和<stdint.h>）。

B.1.1 <stddef.h>

<stddef.h>头文件包含一些标准定义，如表 B.1 所示。

表 B.1 <stddef.h>头文件

定义	含义
`NULL`	一个空指针常量
`offsetof (`*`structure, member`*`)`	成员 member 距离结构体 structure 开头的偏移字节数；结果的类型为 size_t
`ptrdiff_t`	两个指针相减时生成的整数的类型
`size_t`	sizeof 运算符生成的整数的类型
`wchar_t`	保存宽字符需要的整数的类型（参见附录 A.3.3）

B.1.2 <limits.h>

<limits.h>头文件包含对字符和整数数据类型的各种由具体实现定义的限制，如表 B.2 所示。ANSI 标准保证了某些最值。这些值在各描述最后的括号中说明。

表 B.2 <limits.h>头文件

定义	含义
`CHAR_BIT`	一个 char 型对象的位数（8）
`CHAR_MAX`	一个 char 型对象的最大值（如果对 char 进行符号扩展则为 127，否则为 255）
`CHAR_MIN`	一个 char 型对象的最小值（如果对 char 进行符号扩展则为-128，否则为 0）
`SCHAR_MAX`	一个 signed char 型对象的最大值（127）
`SCHAR_MIN`	一个 signed char 型对象的最小值（-128）
`UCHAR_MAX`	一个 unsigned char 型对象的最大值（255）

续表

定义	含义
SHRT_MAX	一个 short int 型对象的最大值（32767）
SHRT_MIN	一个 short int 型对象的最小值（−32768）
USHRT_MAX	一个 unsigned short int 型对象的最大值（65535）
INT_MAX	一个 int 型对象的最大值（32767）
INT_MIN	一个 int 型对象的最小值（−32768）
UINT_MAX	一个 unsigned int 型对象的最大值（65535）
LONG_MAX	一个 long int 型对象的最大值（2147483647）
LONG_MIN	一个 long int 型对象的最小值（−2147483648）
ULONG_MAX	一个 unsigned long int 型对象的最大值（4294967295）
LLONG_MAX	一个 long long int 型对象的最大值（9223372036854775807）
LLONG_MIN	一个 long long int 型对象的最小值（−9223372036854775808）
ULLONG_MAX	一个 unsigned long long int 型对象的最大值（18446744073709551615）

B.1.3　<stdbool.h>

<stdbool.h>头文件包含用于处理布尔变量（_Bool 型变量）的定义，如表 B.3 所示。

表 B.3　<stdbool.h>头文件

定义	含义
bool	替代基本_Bool 型的名称
true	定义为 1
false	定义为 0

B.1.4　<float.h>

<float.h>头文件定义了与浮点数运算相关的各种限制，如表 B.4 所示。最值在各含义最后的括号中说明。请注意，这里没有列出所有的定义。

表 B.4　<float.h>头文件

定义	含义
FLT_DIG	float 型对象的精度位数（6）
FLT_EPSILON	与 1.0 相加后不等于 1.0 的最小值（1e−5）
FLT_MAX	一个 float 型对象的最大值（1e+37）
FLT_MAX_EXP	一个 float 型对象的最大值（1e+37）
FLT_MIN	一个归一化 float 型对象的最小值（1e−37）

double 和 long double 型也有类似的定义。对于 double 型只需要使用 DBL 替换前缀 FLT 即可，而对于 long double 型需要使用 LDBL 替换，例如，DBL_DIG 给出了 double 型对象的精度位数，而 LDBL_DIG 给出了 long double 型对象的精度位数。

你还应该留意头文件<fenv.h>，它可以用于获取信息，并对 float 型环境有更多的控制。例如，有一个名为 fesetround 的函数，它允许你使用<fenv.h>中的定义（FE_TONEAREST、FE_UPSTREAM、FE_DOWNWARD 或 FE_TOWARDZERO）来指定一个数值四舍五入的方向。你还可以使用 feclearexcept()、feraiseexcept()和 fetextexcept()函数分别清除、抛出或测试浮点异常。

B.1.5 <stdint.h>

<stdint.h>头文件定义了各种类型定义和常量，你可以使用它们以一种与特定机器无关的方式处理整数。例如，typedef int32_t 可用于声明一个 32 位的有符号整型变量，而不需要知道在编译程序的系统中，一个整数数据类型是否恰好是 32 位。类似的，int_least32_t 可用于声明一个宽度至少为 32 位的整数。例如，其他类型的 typedef 允许你选择最快的整数表示法。有关更多信息，可以查看系统中的文件或查阅文档。

<stdint.h>头文件中的其他一些有用的定义如表 B.5 所示。

表 B.5 <stdint.h>头文件

定义	含义
intptr_t	保证容纳任意指针值的整数
uintptr_t	保证容纳任意指针值的无符号整数
intmax_t	最大有符号整数
uintmax_t	最大无符号整数

B.2 字符串函数

下面的函数对字符数组进行操作。在这些函数的声明中，s、s1 和 s2 表示指向以空字符结尾的字符数组的指针，c 是 int 型变量（int 型变量接收字符时将其转换为对应的 ASCII 值），n 表示 size_t 型整数（在<stddef.h>中定义）。对于 strn×××()函数，s1 和 s2 可以指向不以空字符结尾的字符数组。

要使用下面的函数中的任何一个，你应该在程序中包含头文件<string.h>：

```
#include <string.h>
```

```
char *strcat (s1, s2)
```

上述函数将字符串 s2 拼接到 s1 的末尾，在最后一个字符串的末尾放置一个空字符。该函数返回 s1。

```
char *strchr (s, c)
```

上述函数在字符串 s 中查找字符 c 第一次出现的位置。如果查找到，则返回一个指向字符 c 的指针；否则，返回空指针。

```
int strcmp (s1, s2)
```

上述函数比较字符串 s1 和 s2，如果 s1 小于 s2，返回一个小于 0 的值；如果 s1 等于 s2，返回 0；如果 s1 大于 s2，返回一个大于 0 的值。

```
char *strcoll (s1, s2)
```

上述函数类似于strcmp()，只是s1和s2是指针，指向以当前语言环境表示的字符串。

```
char *strcpy (s1, s2)
```

上述函数将字符串s2复制到s1，返回s1。

```
char *strerror (n)
```

上述函数返回与错误号n相关联的错误消息。

```
size_t strcspn (s1, s2)
```

上述函数统计s1中除s2以外的任意字符所包含的首字符的最大数目，返回结果。

```
size_t strlen (s)
```

上述函数返回s中的字符数，不包括空字符。

```
char *strncat (s1, s2, n)
```

上述函数将s2复制到s1的**末尾**，直到遇到空字符或复制了n个字符（以最先出现的为准）。该函数返回s1。

```
int strncmp (s1, s2, n)
```

上述函数执行与strcmp()相同的功能，只是最多比较n个字符。

```
char *strncpy (s1, s2, n)
```

上述函数将s2复制到s1，直到遇到空字符或复制了n个字符（以最先出现的为准）。该函数返回s1。

```
char *strrchr (s, c)
```

上述函数在字符串s中查找字符c最后一次出现的位置。如果找到，则返回一个指向字符串s中出现的c字符的指针；返回空指针。

```
char *strpbrk (s1, s2)
```

上述函数在s1中查找第一次出现的s2中的任意字符，返回一个指向该字符的指针，如果没有找到则返回空指针。

```
size_t strspn (s1, s2)
```

上述函数统计s1中的初始字符中最多有多少个字符仅来自s2中的字符组成，返回结果。

```
char *strstr (s1, s2)
```

上述函数在字符串 s1 中查找字符串 s2 第一次出现的位置。如果找到，则返回一个指向 s1 中找到 s2 的起始位置的指针；如果没有在 s1 中找到 s2，则返回空指针。

```
char *strtok (s1, s2)
```

上述函数根据 s2 中的分隔符，将字符串 s1 拆分成多个标记。在第一次调用中，s1 是被解析的字符串，s2 是一个存放分隔符的字符列表。如果找到了标记，该函数会在 s1 中放置一个空字符，以标记找到的每个标记的末尾，并返回一个指向该标记开头的指针。在后续的调用中，s1 应该是一个空指针。当没有剩余标记时，返回一个空指针。

```
size_t strxfrm (s1, s2, n)
```

上述函数转换字符串 s2 中的最多 n 个字符，并将结果放在 s1 中。可以使用 strcmp()比较来自当前语言的这样两个已转换字符串。

B.3 内存函数

下面的函数处理字符数组。它们的设计目的是高效地搜索内存，以及将数据从内存的一个区域复制到另一个区域。要使用它们，需要在程序中包含头文件<string.h>：

```
#include <string.h>
```

在这些函数的声明中，m1 和 m2 是 void *型变量；c 是 int 型变量，其会被函数转换为 unsigned char 型变量；n 是 size_t 型整数。

```
void *memchr (m1, c, n)
```

上述函数在 m1 中查找第一次出现 c 的位置，如果找到则返回一个指向 c 的指针，如果在检查了 n 个字符后仍未找到则返回空指针。

```
void *memcmp (m1, m2, n)
```

上述函数比较 m1 和 m2 中相应的前 n 个字符。如果两个数组的前 n 个字符相同，则返回 0。如果不相同，则返回导致第一个不匹配的 m1 和 m2 对应字符之间的差值。因此，如果 m1 中第一个不匹配的字符小于 m2 中对应的字符，则返回一个小于 0 的值；否则，返回一个大于 0 的值。

```
void *memcpy (m1, m2, n)
```

上述函数将 m2 中的 n 个字符复制到 m1，结果返回 m1。

```
void *memmove (m1, m2, n)
```

上述函数类似于 memcpy()，不同之处在于即使 m1 和 m2 在内存中有重叠，也能保证正常工作。

```
void *memset (m1, c, n)
```

上述函数将 m1 的前 n 个字符设置为 c，结果返回 m1。

请注意，这些函数对数组中的空字符没有进行特殊处理。它们也可以应用于非字符数组，前提是将指针的类型转换为 void *。因此，如果 data1 和 data2 都是一个包含 100 个 int 型值的数组，则下面的函数调用会将所有 100 个整数从 data1 复制到 data2。

```
memcpy ((void *) data2, (void *) data1, sizeof (data1));
```

B.4　字符函数

下面的函数用于处理单字符。要使用它们，必须在你的程序中包含头文件<ctype.h>：

```
#include <ctype.h>
```

表 B.6 列出了单字符处理函数，其中每个函数都接收一个 int 型变量 c 为参数，如果测试通过，则返回 TRUE 值（非 0），否则返回 false 值（0）。

表 B.6　单字符处理函数

名称	测试
isalnum	c 是否为一个字母数字字符
isalpha	c 是否为一个字母表字符
isblank	c 是否为一个空白字符（空格或者水平制表符）
iscntrl	c 是否为一个控制字符
isdigit	c 是否为一个数字字符
isgraph	c 是否为一个图形字符（除了空格之外的任何可被显示的字符）
islower	c 是否为一个小写字母
isprint	c 是否为一个可输出字符（包括空格）
ispunct	c 是否为一个标点字符（除了空格和字母数字之外的任何字符）
isspace	c 是否为一个空白字符（空格、换行符、回车符、水平或者垂直制表符或换页符）
isupper	c 是否为一个大写字母
isxdigit	c 是否为一个十六进制数字字符

头文件<ctype.h>中还提供了以下两个函数来实现字符转换。

```
int tolower(c)
```

上述函数返回与 c 等价的小写字母。如果 c 不是大写字母，则返回 c 本身。

```
int toupper(c)
```

上述函数返回与 c 等价的大写字母。如果 c 不是小写字母，则返回 c 本身。

B.5 I/O 函数

下面介绍 C 语言库中一些更常用的 I/O 函数。你应该在任何使用这些函数的程序开头包含头文件<stdio.h>，这可以通过使用下面的语句实现：

```
#include <stdio.h>
```

<stdio.h>头文件中包含 I/O 函数的声明，以及 EOF、NULL、stdin、stdout、stderr（都是常量）和 FILE 的定义。

在接下来的描述中，fileName、fileName1、fileName2、accessMode 和 format 是指向以空字符结尾的字符串的指针，buffer 是一个指向字符数组的指针，filePtr 的类型是“指向 FILE 的指针”，n 和 size 是类型为 size_t 的正整数，i 和 c 的类型是 int。

```
void clearerr (filePtr)
```

上述函数清除与 filePtr 标识的文件相关联的文件末尾和错误指示符。

```
int fclose (filePtr)
```

上述函数关闭由 filePtr 标识的文件，如果成功则返回 0，如果发生错误则返回 EOF。

```
int feof (filePtr)
```

上述函数如果标识的文件已经到达文件末尾，则返回非 0 值，否则返回 0。

```
int ferror (filePtr)
```

上述函数检查指定文件是否存在错误，如果存在错误则返回 0，否则返回非 0 值。

```
int fflush (filePtr)
```

上述函数将内部缓冲区中的所有数据写入指定的文件，如果成功则返回 0，发生错误时返回 EOF。

```
int fgetc (filePtr)
```

上述函数返回由 filePtr 标识的文件的下一个字符，如果已经到达文件末尾，则返回 EOF。（记住，这个函数返回一个 int 型值。）

```
int fgetpos (filePtr, fpos)
```

上述函数获取与 filePtr 相关联文件的当前文件位置，并将其存储到 fpos 指向的 fpos_t（定义在<stdio.h>）变量中。如果成功则 fgetpos 返回 0，失败时返回非 0 值。参阅 fsetpos()函数。

```
char *fgets (buffer, i, filePtr)
```

上述函数从指定的文件中读取字符，直到读取了 i－1 个字符或者读取到一个换行符（以最先出现的情况为准）。读取的字符会被存储到 buffer 指向的字符数组中。如果读取了一个换行符，它将被存储在数组中。如果到达文件末尾或发生错误，则返回 NULL；否则，返回 buffer。

```
FILE *fopen (fileName, accessMode)
```

上述函数用指定的访问模式打开指定的文件。有效的访问模式包括：用于读取的"r"、用于写入的"w"、用于在一个已经存在的文件末尾追加写入的"a"、用于在一个已经存在的文件开头进行读/写访问的"r+"、用于读/写访问的"w+"（如果文件中之前存在内容，则会丢失）、用于在文件末尾进行所有写入的读/写访问的"a+"。如果要打开的文件不存在，则在 accessMode 为写（"w"、"w+"）或追加（"a"、"a+"）时创建文件。如果文件是以追加模式（"a"或"a+"）打开的，则不会覆盖文件中现有的数据。

在区分二进制文件和文本文件的系统中，只有在访问模式中附加字母 b（例如"rb"），才能打开一个二进制文件。

如果 fopen()调用成功，则返回一个 FILE 指针，用于在后续的 I/O 操作中标识该文件；否则，返回一个空指针。

```
int fprintf (filePtr, format, arg1, arg2, ..., argn)
```

上述函数按照字符串 format 指定的格式将指定的参数写入 filePtr 标识的文件。格式化字符与 printf()函数相同（参见第 15 章）。函数会返回写入的字符数。如果返回值为复数，则表示输出时发生了错误。

```
int fputc (c, filePtr)
```

上述函数将 c 的值（转换为 unsigned char 型值）写入 filePtr 标识的文件，如果写入成功则返回 c，否则返回 EOF。

```
int fputs (buffer, filePtr)
```

上述函数将 buffer 指向的数组中的字符写入指定的文件，直到遇到 buffer 中的空字符。该函数**不会**自动将换行符写入文件。失败时，返回 EOF。

```
size_t fread (buffer, size, n, filePtr)
```

上述函数从标识的文件中读取 n 个数据项到 buffer 中。每个数据项的长度为 size 字节。例如，下面的函数调用从 in_file 标识的文件中读取了 80 个字符，并将它们存储到 text 指向的数组中。该函数会返回成功读取的数据项的数目。

```
numread = fread (text, sizeof (char), 80, in_file);
```

```
FILE *freopen (fileName, accessMode, filePtr)
```

上述函数关闭与 filePtr 关联的文件，并使用指定的 accessMode 打开文件 fileName（参见 fopen()函数）。被打开的文件随后会与 filePtr 相关联。如果 freopen()调用成功，则返回 filePtr；否则，返回一个空指针。freopen()函数经常用于在程序中重新分配 stdin、stdout 或 stderr。例如，下面的函数调用具有将 stdin 重新分配给文件 inputData 的效果，该文件是以读访问模式打开的。后续使用 stdin 进行的 I/O 操作都是在 inputData 文件中执行的，就好像在程序执行时 stdin 被重定向到这个文件一样。

```
if ( freopen ("inputData", "r", stdin) == NULL ) {
    ...
}
```

```
int fscanf (filePtr, format, arg1, arg2, ..., argn)
```

上述函数从 filePtr 标识的文件中，按照字符串 format 指定的格式读取数据项。读取的值存储在 format 之后指定的参数中，每个参数必须是一个指针。format 中允许使用的格式字符与 scanf()函数中的格式字符相同（参见第 15 章）。fscanf()函数会返回成功读取并赋值的项的个数（不包括%n 的赋值），如果在转换第一个项之前到达文件末尾，则返回 EOF。

```
int fseek (filePtr, offset, mode)
```

上述函数将指定文件定位到与某个基准位置相距 offset（它是一个 long int 型变量）字节的位置，这个基准位置可以是文件起始位置、文件当前位置或文件末尾位置，具体取决于 mode 的值（它是一个整数）。如果 mode 等于 SEEK_SET，则基准位置是文件起始位置。如果 mode 等于 SEEK_CUR，则基准位置是文件当前位置。如果 mode 等于 SEEK_END，则基准位置是文件末尾位置。SEEK_SET、SEEK_CUR 和 SEEK_END 定义在<stdio.h>中。

在区分文本文件和二进制文件的系统中，二进制文件可能不支持 SEEK_END。对于文本文件，offset 要么为 0，要么为之前调用 ftell()返回的值。在后一种情况下，mode 必须设置为 SEEK_SET。

如果 fseek()调用不成功，则返回一个非 0 值。

```
int fsetpos (filePtr, fpos)
```

上述函数将与 filePtr 关联的文件的当前位置设置为 fpos 指向的值，fpos 类型为 fpos_t（定义在<stdio.h>中）。如果 fsetpos()调用成功则返回 0，失败则返回非 0 值。参见 fgetpos()。

```
long ftell (filePtr)
```

上述函数返回与 filePtr 关联的文件中当前位置的相对偏移量，以字节为单位。如果调用失败则返回-1L。

```
size_t fwrite (buffer, size, n, filePtr)
```

上述函数将 buffer 中的 n 个数据项写入指定的文件。每个数据项的长度都是 size 字节。返回成功写入的数据项个数。

```
int getc (filePtr)
```

上述函数从指定的文件读取并返回下一个字符。如果发生错误或到达文件末尾，则返回 EOF。

```
int getchar (void)
```

上述函数从 stdin 读取并返回下一个字符。如果发生错误或到达文件末尾，则返回 EOF。

```
char *gets (buffer)
```

上述函数从 stdin 中读取字符到 buffer 中，直到读取到一个换行符为止。换行符不会存储在 buffer 中，字符串以空字符结尾。如果在读取过程中发生错误，或者没有读取到任何字符，则返回一个空指针；否则，返回 buffer。*gets()函数已从 ANSI C11 标准中删除，但你可能会在旧代码中看到此函数，因此了解该函数的功能是有好处的。

```
void perror (message)
```

上述函数将最后一个错误的解释写入 stderr，并在前面加上 message 指向的字符串。例如，如果 fopen()调用失败，下面的代码会产生一条错误消息，这可能向用户提供更多关于失败原因的详细信息。

```
#include <stdlib.h>
#include <stdio.h>
if ( (in = fopen ("data", "r")) == NULL ) {
    perror ("data file read");
    exit (EXIT_FAILURE);
}
```

```
int printf (format, arg1, arg2, ..., argn)
```

上述函数将指定的参数按照字符串 format 指定的格式写入 stdout（参见第 15 章）。返回写入的字符数。

```
int putc (c, filePtr)
```

上述函数将 c 的值作为 unsigned char 型写入指定的文件。如果成功，则返回 c；否则返回 EOF。

```
int putchar(c)
```

上述函数将 c 的值作为 unsigned char 型写入 stdout。如果成功，则返回 c；否则返回 EOF。

```
int puts (buffer)
```

上述函数将 buffer 中包含的字符写入 stdout，直到遇到一个空字符为止。换行符会自动写入最后一个字符（这与 fputs()函数不同）。发生错误时，返回 EOF。

```
int remove (fileName)
```

上述函数删除指定的文件。失败时返回一个非 0 值。

```
int rename (fileName1, fileName2)
```

上述函数将文件 fileName1 重命名为 fileName2，失败时返回非 0 值。

```
void rewind (filePtr)
```

上述函数将指定的文件重置到起始位置。

```
int scanf (format, arg1, arg2, ..., argn)
```

上述函数根据字符串 format 指定的格式从 stdin 读取项（参见第 15 章）。format 之后的参数必须都是指针。如果函数执行成功，则返回成功读取并分配的数据项个数（不包括对%n 的赋值）。如果在任何数据项转换之前遇到文件末尾，则返回 EOF。

```
FILE *tmpfile (void)
```

上述函数以写更新模式（“r+b”）创建并打开一个临时二进制文件，如果发生错误，则返回空。当程序终止时，临时文件会自动删除。（还有一个名为 tmpnam 的函数可用于创建一个独一无二的临时文件。）

```
int ungetc (c, filePtr)
```

上述函数有效地将一个字符“放回”指定的文件。该字符实际上并不写入文件，而是放置在与该文件关联的缓冲区中。当下一次调用 getc()时会返回这个字符。不能连续调用 ungetc()函数向文件中“放回”一个字符，也就是说，在再次调用 ungetc()之前，必须对文件进行读操作。如果字符“放回”成功，则 ungetc()函数返回 c；否则，返回 EOF。

B.6 内存中的格式转换函数

函数 sprintf()和 sscanf()用于在内存中进行数据转换。这两个函数类似于 fprintf()和 fscanf()函数，只是它们的第一个参数不是 FILE 指针而是一个字符串。当使用这两个函数时你应该在程序中包含头文件<stdio.h>。

```
int sprintf (buffer, format, arg1, arg2, ..., argn)
```

上述语句表示根据字符串 format 指定的格式对指定的参数进行转换（参见第 15 章），并放置到 buffer 指向的字符数组中。一个空字符会自动放置在 buffer 中的字符串末尾。函数会返回放置在 buffer 中的字符数，不包括空字符。例如，下面的代码会生成一个字符串"/usr/data2/2015"并将其存储在 fname 中。

```
int version = 2;
char fname[125];
  ...
sprintf (fname, "/usr/data%i/2015", version);
```

下面的语句从 buffer 中读取由字符串 format 指定的值，并将其保存在 format 后面对应的指针参数中（参见第 15 章）。

```
int sscanf (buffer, format, arg1, arg2, ..., argn)
```

sscanf()函数会返回成功转换的数据项个数。例如，下面的代码将字符串"July"存储在 month 中，将整数值 16 存储在 day 中，将整数值 2014 存储在 year 中。

```
char buffer[] = "July 16, 2014", month[10];
int day, year;
  ...
sscanf (buffer, "%s %d, %d", month, &day, &year);
```

再看下面的代码，其将第一个命令行参数（argv[1]指向的）转换为浮点数，并检查 sscanf()的返回值，看看是否成功地从 argv[1]读取了一个数字。（有关将字符串转换为数字的其他方法，请参见 B.7 节描述的例程。）

```
#include <stdio.h>
#include <stdlib.h>

if ( sscanf (argv[1], "%f", &fval) != 1 ) {
    fprintf (stderr, "Bad number: %s\n", argv[1]);
    exit (EXIT_FAILURE);
}
```

B.7 字符串转换为数字

下面的函数将字符串转换为数字。要使用这些函数，需要在你的程序中包含头文件<stdlib.h>：

```
#include <stdlib.h>
```

在接下来的描述中，s 是一个指向以空字符结尾的字符串的指针，end 是一个指向字符指针的指针，base 是一个 int 型变量。所有的函数都会跳过字符串的前置空白字符，并在遇到与要转换的数值类型不匹配的字符时停止扫描。

```
double atof (s)
```

上述函数将 s 指向的字符串转换为 double 型数值，并返回转换后的结果。

```
int atoi (s)
```

上述函数将 s 指向的字符串转换为 int 型数值，并返回转换后的结果。

```
int atol (s)
```

上述函数将 s 指向的字符串转换为 long int 型数值，并返回转换后的结果。

```
int atoll (s)
```

上述函数将 s 指向的字符串转换为 long long int 型数值，并返回转换后的结果。

```
double strtod (s, end)
```

上述函数将 s 指向的字符串转换为 double 型数值，并返回转换后的结果。如果 end 不是一个空指针，则将一个指向终止本次扫描的字符的指针，保存在 end 所指向的字符指针中。例如，下面的代码将 123.456 的值存储在 value 中。strtod 将 char 型指针变量 end 设置为指向 buffer 中终止扫描的字符。在本例中，它被设置为指向字符'x'。

```
#include <stdlib.h>
    ...
char buffer[] = " 123.456xyz", *end;
double value;
    ...
value = strtod (buffer, &end);
```

```
float strtof (s, end)
```

上述函数类似于 strtod()，只是将其参数转换为 float 型变量。

```
long int strtol (s, end, base)
```

上述函数将 s 指向的字符串转换为 long int 型数值，并返回结果。base 是一个范围为 2～36（包括 2 和 36）的基数。根据基数对整数进行解读。如果 base 为 0，则整数可以表示为十进制、八进制（以 0 为前导）或十六进制（以 0x 或 0X 为前导）。如果 base 为 16，则可以选择在该值前面加上一个 0x 或 0X。如果 end 不是一个空指针，则一个指向终止扫描的字符的指针会被保存在 end 所指向的字符指针中。

```
long double strtold (s, end)
```

上述函数类似于 strtod()，只不过会将其参数转换为 long double 型变量。

```
long long int strtoll (s, end, base)
```

上述函数类似于 strtol()，只不过返回的是一个 long long int 型数值。

```
unsigned long int strtoul (s, end, base)
```

上述函数将 s 指向的字符串转换为 unsigned long int 型数值，并返回结果。其余参数的含义与 strtol()的参数的含义相同。

```
unsigned long long int strtoull (s, end, base)
```

上述函数将 s 指向的字符串转换为 unsigned long long int 型数值，并返回结果。其余参数的含义与 strtol()的参数的含义相同。

B.8　动态内存分配函数

下列函数可用于动态分配和释放内存。对于这些函数，n 和 size 表示一个类型为 size_t 的整数，而 pointer 表示一个 void 指针。要使用这些函数，需要在你的程序中加入下面这行代码：

```
#include <stdlib.h>
```

```
void *calloc (n, size)
```

上述函数为 n 个数据项分配连续的空间，其中每个数据项的长度为 size 字节。分配的空间全部会被初始化为 0。如果成功，则返回一个指向已分配空间的指针；如果失败，则返回一个空指针。

```
void free (pointer)
```

上述函数返回一个 pointer 指向的内存块，该内存块是之前由 calloc()、malloc()或 realloc()调用分配的。

```
void *malloc (size)
```

上述函数分配 size 字节的连续空间，如果成功，则返回一个指向已分配内存块起始位置的指针，否则，返回一个空指针。

```
void *realloc (pointer, size)
```

上述函数将先前分配的内存块大小更改为 size 字节，返回一个指向新块（可能已经移动）的指针，或者在发生错误时返回一个空指针。

B.9　数学函数

下面列出的是一些数学函数。要使用这些函数，需要在你的程序中包含以下语句：

```
#include <math.h>
```

标准头文件<tgmath.h>定义了一些泛型宏，这些宏可用于调用数学或复杂数学库中的函数，而无须关心参数类型。例如，你可以根据参数类型和返回值类型使用以下 6 个不同的平方根函数：

```
double sqrt (double x)
float sqrtf (float x)
long double sqrtl (long double x)
double complex csqrt (double complex x)
float complex csqrtf (float complex f)
long double complex csqrtl (long double complex)
```

不必担心如何调用这 6 个函数，你可以包含<tgmath.h>而不是<math.h>和<complex.h>，只需要使用名为 sqrt 的“通用”版本的函数。定义在<tgmath.h>中的宏会确保调用正确的函数。

回到<math.h>，下面的宏可用于测试以参数形式给出的浮点数的特定属性：

```
int fpclassify (x)
```

将 x 划分为 NaN （FP_NAN）、无限（FP_INFINITE）、正常（FP_NORMAL）、低精度（FP_SUBNORMAL）、零（FP_ZERO）或其他一些由具体实现定义的类别；每个 FP_×××的值定义在<math.h>中。

```
int isfin (x)
```

上述函数判断 x 是否表示一个有限值。

```
int isinf (x)
```

上述函数判断 x 是否表示一个无限值。

```
int isgreater (x, y)
```

上述函数判断 x 是否大于 y。

```
int isgreaterequal (x, y)
```

上述函数判断 x 是否大于或等于 y。

```
int islessequal (x, y)
```

上述函数判断 x 是否小于或等于 y。

```
int islessgreater (x, y)
```

上述函数判断 x 是否小于或大于 y（即 x 与 y 不相等）。

```
int isnan (x)
```

上述函数判断 x 是否为 NAN（即不是一个数字）。

```
int isnormal (x)
```

上述函数判断 x 是否为正常数值。

```
int isunordered (x, y)
```

上述函数判断 x 和 y 是否没有顺序（例如，其中的一个或两个可能是 NAN）。

```
int signbit (x)
```

上述函数判断 x 的符号是否为负。

在接下来的函数列表中，x、y 和 z 的类型都为 double 型；r 是用弧度表示的角度，其类型为 double 型；n 是一个 int 型值。

```
double acos (x)
```
[1]

上述函数返回 x 的反余弦值，作为一个以弧度表示的角度，其取值范围为[0, π]。x 的取值范围为[−1, 1]。

```
double acosh (x)
```

上述函数返回 x 的反双曲余弦值，x≥1。

1 math 库中包含 float、double 和 long double 版本的 math 函数，它们接收并返回 float、double 和 long double 型值。这里只总结了 double 版本。对于 float 版本来说它们有相同的名称，只不过在末尾有一个 f（例如 acosf）。而 long double 版本在末尾有一个 l（例如 acosl）。

```
double asin (x)
```

上述函数返回 x 的反正弦值，以弧度表示角度，其取值范围为[−π/2, π/2]。x 的取值范围为[−1, 1]。

```
double asinh (x)
```

上述函数返回 x 的反双曲正弦值。

```
double atan (x)
```

上述函数返回 x 的反正切值，以弧度表示角度，其取值范围为[−π/2, π/2]。

```
double atanh (x)
```

上述函数返回 x 的反双曲正切值，$|x| \leqslant 1$。

```
double atan2 (y, x)
```

上述函数返回 y/x 的反正切值，以弧度表示角度，其取值范围为[−π, π]。

```
double ceil (x)
```

上述函数返回大于或等于 x 的最小整数值。注意，返回的值是 double 型值。

```
double copysign (x, y)
```

上述函数返回一个值，其大小为 x 的大小，符号为 y 的符号。

```
double cos (r)
```

上述函数返回 r 的余弦值。

```
double cosh (x)
```

上述函数返回 x 的双曲余弦值。

```
double erf (x)
```

上述函数计算并返回 x 的误差函数。

```
double erfc (x)
```

上述函数计算并返回 x 的互补误差函数。

```
double exp (x)
```

上述函数返回 e^x 的值。

```
double expm1 (x)
```

上述函数返回 e^x-1 的值。

```
double fabs (x)
```

上述函数返回 x 的绝对值。

```
double fdim ( x, y)
```

上述函数中，如果 x>y，则返回 x−y 的值；否则，返回 0。

```
double floor (x)
```

上述函数返回小于或等于 x 的最大整数值。注意，返回的值是 double 型值。

```
double fma (x, y, z)
```

上述函数返回$(x \times y) + z$的值。

```
double fmax (x, y)
```

上述函数返回 x 和 y 的最大值。

```
double fmin (x, y)
```

上述函数返回 x 和 y 的最小值。

```
double fmod (x, y)
```

上述函数返回 x 除以 y 的浮点余数。结果的符号是 x 的符号。

```
double frexp (x, exp)
```

上述函数将 x 分为一个归一化的小数和一个 2 的幂。返回的小数的取值范围为[0.5,1]，并将指数部分存储在 exp 指向的整数中。如果 x 为 0，则返回值和存储的指数都为 0。

```
int hypot (x, y)
```

上述函数返回 $\sqrt{x^2 + y^2}$ 的值。

```
int ilogb (x)
```

上述函数提取 x 的指数，将其作为一个有符号整数返回，即以 2 为底的 x 的对数的整数部分。

```
double ldexp (x, n)
```

上述函数返回 $x \times 2^n$ 的值。

```
double lgamma (x)
```

上述函数返回 x 的伽马函数的绝对值的自然对数。

```
double log (x)
```

上述函数返回 x（x≥0）的自然对数。

```
double logb (x)
```

上述函数返回 x 的有符号指数，即以 2 为底的 x 的对数。

```
double log1p (x)
```

上述函数返回 ln(x +1)（x≥−1）的值。

```
double log2 (x)
```

上述函数返回 $\log_2 x$（x≥0）的值。

```
double log10 (x)
```

上述函数返回 lgx（x≥0）的值。

```
long int lrint (x)
```

上述函数将 x 四舍五入到最接近的 long 型整数，并返回结果（如果小数点后第一位为 5，则返回最接近 x 的 long 型偶数）。

```
long long int llrint (x)
```

上述函数将 x 四舍五入到最接近的 long long 型整数，并返回结果（如果小数点后第一位为 5，则返回最接近 x 的 long long 型偶数）。

```
long long int llround (x)
```

上述函数将 x 四舍五入到最接近的 long long int 型整数，并返回结果。中间的值总是向远离 0 的方向四舍五入（所以 0.5 总是四舍五入为 1）。

```
long int lround (x)
```

上述函数将 x 四舍五入到最接近的 long int 型整数，并返回结果。中间的值总是向远离 0 的方向四舍五入（所以 0.5 总是四舍五入为 1）。

```
double modf (x, ipart)
```

上述函数提取 x 的小数部分和整数部分。小数部分会被直接返回，而整数部分会保存在 ipart 指向的类型为 double 的对象中。

```
double nan (s)
```

上述函数根据 s 指向的字符串指定的内容返回一个 NaN（如果可以的话）。

```
double nearbyint (x)
```

上述函数以浮点格式返回与 x 最接近的整数。

```
double nextafter (x, y)
```

上述函数返回 x 在 y 方向上的下一个可表示的值。

```
double nexttoward (x, ly)
```

上述函数返回 x 在 y 方向上的下一个可表示的值。与 nextafter()类似，只是这里的第二个参数的类型为 long double。

```
double pow (x, y)
```

上述函数返回 x^y 的值。如果 x<0，则 y 必须是一个整数。如果 x=0，y 必须大于 0。

```
double remainder (x, y)
```

上述函数返回 x 除以 y 的余数。

```
double remquo (x, y, quo)
```

上述函数返回 x 除以 y 的余数，并将商存储在 quo 指向的整数对象中。

```
double rint (x)
```

上述函数以浮点格式返回最接近 x 的整数。如果结果的值不等于 x，则可能引发浮点异常。

```
double round (x)
```

上述函数将 x 的值四舍五入到最接近的整数，并以浮点格式返回。中间的值总是向远离 0 的方向四舍五入（所以 0.5 总是四舍五入为 1.0）。

```
double scalbln (x, n)
```

上述函数返回 $x \times FLT\_RADIX^n$ 的值，其中 n 的类型为 long int 型。

```
double scalbn (x, n)
```

上述函数返回 $x \times FLT\_RADIX^n$ 的值。

```
double sin (r)
```

上述函数返回 r 的正弦值。

```
double sinh (x)
```

上述函数返回 x 的双曲正弦值。

```
double sqrt (x)
```

上述函数返回 $\sqrt{x}$ （x≥0）的值。

```
double tan (r)
```

上述函数返回 r 的正切值。

```
double tanh (x)
```

上述函数返回 x 的双曲正切值。

```
double tgamma (x)
```

上述函数返回 x 的伽马函数。

```
double trunc (x)
```

上述函数将参数 x 截断为一个整数值，返回的数值类型为 double 型。

复数运算

头文件<complex.h>中定义了用于处理复数的各种类型定义和函数。表 B.7 中列出了定义在这个文件中的几个宏。

表 B.7　<complex.h>头文件中定义的宏

定义	含义
complex	类型_Complex 的替代名称
_Complex_I	用于指定复数虚部的宏（例如，4 + 6.2 * _Complex_I 是指 4 + 6.2i）
imaginary	类型_Imaginary 的替代名称；仅当实现支持虚数类型时才有定义
_Imaginary_I	用于指定虚数虚部的宏

下面介绍执行复数运算的函数，其中 y 和 z 的类型是 double complex 型，x 的类型是 double 型，n 的类型是 int 型。

```
double complex cabs (z)
```
[1]

上述函数返回 z 的复数绝对值。

```
double complex cacos (z)
```

上述函数返回 z 的复数反余弦值。

```
double complex cacosh (z)
```

上述函数返回 z 的复数反双曲余弦值。

1　复数数学库包含这些函数的 float complex、double complex 和 long double complex 版本的函数，它们接收和返回 float complex、double complex 和 long double complex 型值。这里只总结了 double complex 版本。float complex 版本的名称相同，只是末尾添加一个 f（例如 cacosf）。long double complex 版本在末尾添加一个 l（例如 cacosl）。

```
double carg (z)
```

上述函数返回 z 的相位角。

```
double complex casin (z)
```

上述函数返回 z 的复数反正弦值。

```
double complex casinh (z)
```

上述函数返回 z 的复数反双曲正弦值。

```
double complex catan (z)
```

上述函数返回 z 的复数反正切值。

```
double complex catanh (z)
```

上述函数返回 z 的复数反双曲正切值。

```
double complex ccos (z)
```

上述函数返回 z 的复数余弦值。

```
double complex ccosh (z)
```

上述函数返回 z 的复数双曲余弦值。

```
double complex cexp (z)
```

上述函数返回 z 的复数自然指数。

```
double cimag (z)
```

上述函数返回 z 的虚部。

```
double complex clog (z)
```

上述函数返回 z 的复数自然对数。

```
double complex conj (z)
```

上述函数返回 z 的共轭复数（反转其虚部的符号）。

```
double complex cpow (y, z)
```

上述函数返回复数幂函数 y^z 的值。

```
double complex cproj (z)
```

上述函数返回 z 在黎曼球面上的投影。

```
double complex creal (z)
```

上述函数返回 z 的实部。

```
double complex csin (z)
```

上述函数返回 z 的复数正弦值。

```
double complex csinh (z)
```

上述函数返回 z 的复数双曲正弦值。

```
double complex csqrt (z)
```

上述函数返回 z 的复数平方根。

```
double complex ctan (z)
```

上述函数返回 z 的复数正切值。

```
double complex ctanh (z)
```

上述函数返回 z 的复数双曲正切值。

B.10 通用函数

标准 C 语言库中的一些函数并不完全符合上述任何一类。要使用这些函数，请在你的程序中包含头文件<stdlib.h>。

```
int abs (n)
```

上述函数返回 int 型参数 n 的绝对值。

```
void exit (n)
```

上述函数终止程序执行，关闭任何打开的文件并返回由其 int 型参数 n 指定的退出状态。在<stdlib.h>中定义的 EXIT_SUCCESS 和 EXIT_FAILURE 可以分别用于返回成功或失败的退出状态。标准 C 语言库中其他一些你可能想要使用的相关函数是 abort()和 atexit()。

```
char *getenv (s)
```

上述函数返回一个由 s 指向的环境变量的值的指针，如果环境变量不存在，则返回一个空指针。*getenv()函数的工作方式依赖于具体的系统。

例如，在 UNIX 系统中，下面的代码可以用来获取用户的 HOME 变量的值，并将返回的指针存储在 homedir 中。

```
char *homedir;
    ...
homedir = getenv ("HOME");
```

```
long int labs (l)
```

上述函数返回 long int 型参数 l 的绝对值。

```
long long int llabs (ll)
```

上述函数返回 long long int 型参数 ll 的绝对值。

```
void qsort (arr, n, size, comp_fn)
```

上述函数对 void 指针 arr 指向的数据数组进行排序。数组中有 n 个元素，每个元素的长度都是 size 字节。n 和 size 的类型是 size_t。第四个参数的类型是“指向函数的指针，该函数返回 int 型值，并接收两个 void 指针作为参数”。每当需要比较数组中的两个元素时，qsort()都会调用这个函数，并向它传递指向要进行比较的元素的指针。由用户提供的函数会比较这两个元素，如果第一个元素小于、等于或者大于第二个元素，则分别返回小于 0、等于 0 或大于 0 的值。

下面这个例子展示了如何使用 qsort()对一个包含 1000 个整数的数组 data 进行排序：

```
#include <stdlib.h>
    ...
int main (void)
{
    int data[1000], comp_ints (void *, void *);
        ...
    qsort (data, 1000, sizeof(int), comp_ints);
        ...
}

int comp_ints (void *p1, void *p2)
{
    int i1 = * (int *) p1;
    int i2 = * (int *) p2;
    return i1 - i2;
}
```

另一个函数 bsearch()在这里没有描述，它接收的参数与 qsort()接收的类似，对一个有序数组进行二分搜索。

```
int rand (void)
```

上述函数返回一个取值范围在[0, RAND_MAX]的随机数，其中 RAND_MAX 定义在<stdlib.h>中，最小值为 32767。请参见 srand()。

```
void srand (seed)
```

上述函数为随机数生成器设定种子，seed 的类型为 unsigned int 型。

```
int system (s)
```

上述函数将 s 指向的字符数组中包含的命令递交给系统执行，并返回一个系统定义的值。

如果 s 是一个空指针，并且有一个命令处理器可以执行你的命令，则 system 返回一个非 0 值。

例如，在 UNIX 系统中，下面的调用系统会创建一个名为/usr/tmp/data 的文件夹（假设你拥有相应的权限）。

```
system ("mkdir /usr/tmp/data");
```

附录 C

使用 GCC 编译程序

本附录总结一些常用的 gcc 命令行选项。有关所有命令行选项的信息，请在 UNIX 系统中输入并执行命令 man gcc 进行查询。你还可以访问 GCC 官网以获得完整的在线文档。

本附录总结 GCC 4.9 中可用的命令行选项，不包含其他厂商添加的扩展选项。

C.1 通用命令格式

gcc 命令的通用格式如下，由方括号标识的项是选填项。

```
gcc [options] file [file ...]
```

列表中的每个文件都由 GCC 编译，这通常会涉及预处理、编译、汇编和链接，可以使用命令行选项来修改这一顺序。

每个输入文件的扩展名决定了该文件的解释方式。扩展名可以使用-x 命令行选项改变（请参阅 GCC 文档）。表 C.1 列出了一些常用的源文件扩展名。

表 C.1 常用的源文件扩展名

扩展名	含义
.c	C 语言源文件
.cc、.cpp	C++语言源文件
.h	头文件
.m	Objective-C 源文件
.pl	Perl 源文件
.o	对象（预编译文件）

C.2 命令行选项

表 C.2 列出了在编译 C 语言程序时一些常用的 gcc 命令行选项。

表 C.2 常用的 gcc 命令行选项

选项	含义	示例
`--help`	显示常用命令行选项的摘要信息	`gcc --help`
`-c`	不链接文件，使用.o 作为每个对象文件的扩展名来保存对象文件	`gcc -c enumerator.c`
`-dumpversion`	显示当前 GCC 版本	`gcc -dumpversion`
`-g`	包括调试信息，通常与 gdb 一起使用（如果支持多个调试器，请使用 `-ggdb`）	`gcc -g testprog.c -o testprog`
`-D id` `-D id=value`	在第一种情况下，向预处理器定义标识符 id，其值为 1。在第二种情况下，向预处理器定义标识符 id 并将其值设置为 value	`gcc -D DEBUG test.c` `gcc -D DEBUG=3 test.c`

续表

选项	含义	示例
-E	只对文件进行预处理，并将结果写入标准输出；用于检查预处理的结果	gcc -E enumerator.c
-I dir	将目录 dir 添加到要搜索头文件的目录列表中；在搜索其他标准目录之前，会先搜索该目录	gcc -I/users/steve/include x.c
-llibrary	根据库指定的文件解析库引用。这个选项应该在需要库函数的文件之后指定。链接器会搜索一个名为 liblibrary.a 的文件的标准位置（参见选项-L dir）	gcc mathfuncs.c -lm
-L dir	将目录 dir 添加到要搜索库文件的目录列表中。在搜索其他标准目录之前，会先搜索该目录	gcc -L /users/steve/lib x.c
-o execfile	将可执行文件放在名为 execfile 的文件中	gcc dbtest.c -o dbtest
-Olevel	根据 level 指定的级别优化代码的执行速度，允许的取值是 1、2 或 3。如果没有指定级别，则默认值为 1。数值越大，说明优化程度越高，在使用 GDB 之类的调试器时，可能会导致更长的编译时间和更小的调试能力	gcc -O3 m1.c m2.c -o mathfuncs
-std=standard	指定 C 语言文件的标准。[1]对于没有 GNU 扩展的 ANSI C11 来说，可以使用 c11	gcc -std=c99 mod1.c mod2.c
-warning	打开 warning 指定的警告信息。可用的选项有 all（用于获得对大多数程序有用的可选警告信息）以及 error（用于将所有警告信息转换为错误信息，从而迫使你修正它们）	gcc -Werror mod1.c mod2.c

1 当前的默认值是 gnu89，表示带有 GNU 扩展的 ANSI C90。当实现所有 C99 特性时，将更改为 gnu99（表示带有 GNU 扩展的 ANSI C99）。

附录 D

常见的程序错误

本附录总结 C 语言中一些很常见的编程错误，它们没有任何特定的顺序。了解这些错误将有望帮助你在自己的程序中避免它们。

1. 分号位置错误

例如：

```
if ( j == 100 );
     j = 0;
```

在前面的语句中，j 的值总是会被设置为 0，因为右括号后面的分号放错了位置。请记住，这个分号在语法上是有效的（它表示空语句），因此编译器不会产生错误。同样的错误在 while 和 for 循环中也经常发生。

2. 混淆运算符“=”和运算符“==”

这种错误通常发生在 if、while 或 do 语句中。

例如：

```
if ( a = 2 )
    printf ("Your turn.\n");
```

上述语句完全有效，其效果是将 2 赋给 a，然后执行 printf()调用。printf()函数总是会被调用，因为 if 语句中包含的表达式的值总是非 0（它的值是 2）。

3. 省略原型声明

例如：

```
result = squareRoot (2);
```

如果 squareRoot()是在程序后面定义的，或者是在另一个文件中定义的，并且没有显式地声明，则编译器会假定该函数返回一个 int 型值。此外，编译器会将浮点数参数转换为 double 型参数，将_Bool、char 和 short 型参数转换为 int 型参数。其他的参数不进行转换。请记住，对于你调用的**所有**函数（无论是显式地调用的函数，还是通过在程序中包含正确的头文件来隐式地调用的函数），在程序中都包含原型声明永远是最安全的，即使之前已经定义了它们。

4. 混淆各种运算符的优先级

例如：

```
while ( c = getchar () != EOF )
     ...
```

在 while 语句中，首先将 getchar()返回的值与 EOF 比较，这是因为不相等测试运算符的优先级高于赋值运算符的优先级。赋给 c 的值是测试的结果：如果 getchar()返回的值不等于

EOF 则为 1，否则为 0。

又如：

```
if ( x & 0xF == y )
    ...
```

在 if 语句中，首先将整型常量 0xF 和 y 比较，因为相等测试运算符的优先级高于任何按位运算符的优先级。然后将测试的结果（0 或 1）与 x 的值进行与运算。

5. 混淆字符型常量和字符串

下面的语句将单个字符赋给 text。

```
text = 'a';
```

而下面的语句将一个指向字符串"a"的指针赋给 text。

```
text = "a";
```

在第一种情况下，text 通常被声明为 char 型变量，而在第二种情况下，它应该被声明为“指向 char 型的指针”型变量。

6. 对数组使用错误的边界值

例如：

```
int a[100], i, sum = 0;
  ...
for ( i = 1; i <= 100; ++i )
  sum += a[i];
```

数组的有效索引范围是从 0 到元素个数减 1。因此，上述循环是不正确的，因为 a 的最后一个有效索引是 99，而不是 100。这条语句的编写者也可能打算从数组的第一个元素开始索引，因此，应该将 i 的初始值设置为 0。

7. 忘记在数组中为字符串末尾的空字符预留额外的位置

请记住，在声明字符数组时，要预留足够大的空间以存储字符串末尾的空字符。例如，如果你想在字符串末尾存储一个空字符，则需要一个拥有 6 个位置的字符数组来存储字符串"hello"。

8. 在引用结构体成员时，将运算符“->”和运算符“.”混淆

请记住，运算符“.”用于结构体变量，而运算符“->”用于结构体指针变量。因此，如果 x 是一个结构体变量，则使用 x.m 来引用 x 的成员 m；而如果 x 是一个指向结构体的指针，则使用 x->m 来引用 x 所指向的结构体的成员 m。

9. 在 scanf()调用中省略非指针变量前的&

例如：

```
int number;
  ...
scanf ("%i", number);
```

请记住，在 scanf()调用中，出现在格式字符串之后的所有参数都必须是指针。

10. 在初始化一个指针之前使用了它

例如：

```
char *char_pointer;
*char_pointer = 'X';
```

只有将指针变量指向某一位置之后，才能对它应用间接运算符。在这个例子中，char_pointer 从来没有被设置指向任何位置，因此给它赋值是没有意义的。

11. 省略了 switch 语句中 case 末尾的 break 语句

请记住，如果一个 case 的末尾没有包含 break 语句，那么将继续执行下一个 case。

12. 在一个预处理器定义的末尾插入一个分号

这种情况经常发生，因为让所有语句都以分号结束已经成为一种习惯。请记住，在#define 语句中，出现在定义名称右侧的所有内容都会被直接替换到程序中。

例如：

```
#define END_OF_DATA 999;
```

如果将上面的定义用到下面的表达式中会导致语法错误：

```
if ( value == END_OF_DATA )
    ...
```

因为在预处理后编译器会看到下面的语句：

```
if ( value == 999; )
    ...
```

13. 省略了宏定义中参数周围的括号

例如：

```
#define reciprocal(x) 1 / x
    ...
w = reciprocal (a + b);
```

上面的赋值语句将按照下面的方式进行错误求值：

```
w = 1 / a + b;
```

14. 省略了任何语句的右括号或右引号

例如：

```
total_earning = (cash + (investments * inv_interest) + (savings * sav_interest);
printf("Your total money to date is %.2f, total_earning);
```

在第一行中，使用内嵌的括号将等式的每一部分分隔开来，使这一行代码更具可读性，但总是有可能遗漏右括号（或者在某些情况下，添加了太多右括号）。第二行要发送给 printf() 函数的字符串缺少了一个右引号。这两种情况都会导致编译错误，但有时错误会被识别为来自不同的行，这取决于编译器在后面的行中是使用括号还是引号来完成表达式，从而将缺失的字符移到程序后面的位置的。

15. 在程序中使用标准 C 语言库函数时，没有在程序中包含库函数定义所在的头文件

例如：

```
double answer = sqrt(value1);
```

如果这个程序中没有使用#include 包含<math.h>头文件，将产生一个 sqrt()未定义的错误。

16. 在#define 语句中，宏名称与其参数列表之间留有一个空格

例如：

```
#define MIN (a,b) ( ( (a) < (b) ) ? (a) : (b) )
```

上面的定义是不正确的，因为预处理器会将定义名称后的第一个空格视为该名称定义的开始。例如，有如下的语句：

```
minVal = MIN (val1, val2);
```

在这种情况下，上面的语句会被预处理器扩展为下面所示的结果，这显然并不是我们想要的结果。

```
minVal = (a,b) ( ( (a) < (b) ) ? (a) : (b) )(3,2);
```

17. 在宏调用中使用有副作用的表达式

例如：

```
#define SQUARE(x) (x) * (x)
    ...
w = SQUARE (++v);
```

对 SQUARE 宏的调用会导致 v 加 2，因为预处理器会将该语句扩展为：

```
w = (++v) * (++v);
```

附录 E 参考资源

本附录包含一些可供选择的资源列表，你可以查阅这些资源以了解更多信息（有些信息来自网络，有些来自图书）。

E.1 C 语言

C 语言已经有 40 多年的历史了，所以 C 语言相关的信息并不缺乏，以下只是冰山一角。

E.1.1 图书

《C 程序设计语言（第 2 版·新版）》（*The C Programming Language, 2nd Ed.*，Brian W. Kernighan、Dennis M. Ritchie 著，1988 年出版）一直都是 C 语言的经典参考书。这是第一本关于 C 语言的书，创造了这门语言的 Dennis M. Ritchie 参与了编写。尽管这本书已经超过了 35 岁，且它的最新版本是第 2 版，但它仍然被认为是一本不可或缺的参考书。

《C 语言参考手册（原书第 5 版）》（*C: A Reference Manual*，*5th Ed.*，Samuel P. Harbison III、Guy L. Steele Jr.著，2002 年出版）是 C 语言程序员的另一本优秀的参考书。

《C 标准库》（*The Standard C Library*，P. J. Plauger 著，1992 年出版）涵盖了标准 C 语言库，但正如你从出版日期发现的，这本书没有涵盖任何 ANSI C99 增加的内容（如复杂的数学库）。

E.1.2 网站

你可以在 ANSI 官网购买官方的 ANSI C 标准。在搜索框中输入 9899:2011 并按 Enter 键可以查找 ANSI C11 标准。

你可以在 The Open Group 官网中找到很多优秀的库函数参考资源，包含非 ANSI C 函数。

你可以在 GNU 官网中找到大量有用的手册，包括关于 CVS、GDB、make 以及其他 UNIX 命令行工具的手册。

E.1.3 网络论坛

comp.lang.c 是一个致力于 C 语言编程的网络论坛。你可以在这里提出问题，也可以在你获得更多经验后帮助其他人。观察别人的讨论也是很有用的。

E.2 C 语言编译器和集成开发环境

以下是一些 C 语言编译器和 IDE，你可以下载和/或购买 C 语言编译器和 IDE，以及获取在线文档。

E.2.1 GCC

由自由软件基金会（Free Software Foundation，FSF）开发的 C 语言编译器称为 GCC。你可以从 GCC 官网免费下载 C 语言编译器。

E.2.2 MinGW

如果你想开始在 Windows 环境中编写 C 语言程序，可以在 MinGW 官网下载 GCC，也可以考虑下载 MSYS 作为一个易于使用的 Shell 工作环境。

E.2.3 Cygwin

Cygwin 官网提供运行在 Windows 系统中的类 Linux 环境。可以免费获得这个开发环境。

E.2.4 Visual Studio

Visual Studio 是一款微软的 IDE，它允许你使用各种不同的程序设计语言来开发应用程序。

E.2.5 CodeWarrior

CodeWarrior 最初由 Metrowerks 提供，现在由一家名为 Freescale 的公司提供。CodeWarrior 是一款专业的 IDE，可以在各种操作系统（包括 Linux、macOS、Solaris 和 Windows）上运行。

E.2.6 Code::Blocks

Code::Blocks 是一款免费的 IDE，你可以使用它在各种平台（包括 Windows、Linux 和 macOS）上开发 C、C++和 FORTRAN 应用程序。